电子与信息工程系列

信号与系统要点解析和学习指导

KEY POINTS ANALYSIS AND STUDY GUIDE OF SIGNALS AND SYSTEMS

张腊梅 主 编
张钧萍 副主编

哈爾濱工業大學出版社
HARBIN INSTITUTE OF TECHNOLOGY PRESS

内容简介

本书是《信号与系统》(张晔主编，哈尔滨工业大学出版社出版)的辅助教材，与主教材相对应共分8章，每章由学习要求、重点和难点提示、要点解析与解题提要、深入思考和典型习题五个相互关联的部分组成。

本书可作为电子信息工程、通信工程、信息工程、自动控制工程、计算机等专业的学生学习“信号与系统”课程的辅导教材，也可以作为相关专业研究生考试的复习指导书。

图书在版编目(CIP)数据

信号与系统要点解析和学习指导/张腊梅主编. —哈尔滨:哈尔滨工业大学出版社，2022.7

ISBN 978-7-5767-0317-7

Ⅰ.①信… Ⅱ.①张… Ⅲ.①信号系统－高等学校－教学参考资料 Ⅳ.①TN911.6

中国版本图书馆CIP数据核字(2022)第134580号

策划编辑　许雅莹
责任编辑　李长波
封面设计　屈　佳
出版发行　哈尔滨工业大学出版社
社　　址　哈尔滨市南岗区复华四道街10号　邮编150006
传　　真　0451－86414749
网　　址　http://hitpress.hit.edu.cn
印　　刷　黑龙江艺德印刷有限责任公司
开　　本　787 mm×1 092 mm　1/16　印张16.25　字数395千字
版　　次　2022年7月第1版　2022年7月第1次印刷
书　　号　ISBN 978-7-5767-0317-7
定　　价　38.00元

前言

PREFACE

信号与系统是电子与信息科学的理论基础，也是信号处理课程群（信号与系统、数字信号处理、随机信号分析等）的核心课程。“信号与系统”课程涉及内容广泛，系统性与理论性强，涉及很多物理概念，应用大量如高等数学和复变函数等数学工具，因而课程内容与解题方法较难理解与掌握。

按照相关课程的教学要求，结合编者多年的教学实践经验，作为主教材《信号与系统》（张晔主编，哈尔滨工业大学出版社出版）的辅助教材，基于主教材的连续和离散相对应、时域和变换域并行、信号和系统相辅相成的立体架构，本书与主教材相对应，共分 8 章，每章由学习要求、重点和难点提示、要点解析与解题提要、深入思考和典型习题五个相互关联的部分组成。

学习要求、重点和难点提示部分明确了本章知识点需要掌握的程度和重难点；要点解析与解题提要部分提炼了基本理论、基本概念、基本方法和重要公式及基本变换对，并进行归纳和对比，以提高对本课程概念、理论、方法与应用的理解与认识水平；深入思考部分引导读者对相关原理和概念的关注和进一步思考；典型习题部分选取有代表性、具有较强灵活性、系统性与综合性的例题，给出详尽分析与解题思路，力求对解题中涉及的共性问题及解题技巧进行详尽分析，提供分析与处理问题的方法，其中一些题目给出了多种解答途径与处理方法，对题中涉及的概念、原理、解题方法及解题中易出现的问题及错误，也进行了深入分析与阐述，分析与解答过程中，注重课程各部分内容间的相互关联与结合。

本书可作为电子信息工程、通信工程、信息工程、自动控制工程、计算机等专业的学生学习“信号与系统”课程的辅导教材，也可以作为相关专业研究生考试的复习指导书。

感谢张晔对本书编写工作的指导，感谢胡航、俞洋、刘旺提供的帮助。研究生庄迪、缪昊霞、江旭、李家瑞、杨子睿、韩方舟、刘天赐、吕伟等完成了一些辅助性工作，本书参考了一些相关教材和学习指导书，在此一并致谢。

限于编者水平，对于书中的疏漏和不足之处，恳请读者指正。

编　者

2022 年 2 月

目 录

CONTENTS

第 1 章 信号与系统分析的理论基础

本章是本书的基础，介绍信号与系统的基本概念，为线性非时变连续系统的分析计算和系统特性的研究奠定必要的基础，包括正交函数，冲激信号抽样性质，信号波形变换，系统线性、非时变及因果性的判断和卷积等内容。

1.1 学习要求

（1）了解信号的定义与分类。

（2）了解基本信号（直流信号、矩形信号、复指数信号、抽样信号）的定义与性质。

（3）掌握单位阶跃信号、单位冲激信号的定义和性质。

（4）掌握连续信号的基本运算，尤其要注意微分与积分运算以及时移与展缩变换。

（5）深刻理解连续信号的时域分解 —— 时域分析。

（6）深刻理解卷积积分定义、运算规律及主要性质，掌握卷积积分的图解法和解析计算。

（7）了解系统的描述、分类及特性。

（8）重点掌握线性非时变系统的特性和判定。

1.2 重点和难点提示

1. 线性非时变系统的特性和判定

由于本书主要研究线性非时变系统的时域分析与变换域分析，因此线性非时变特性分析是本章的重点。要能够判断系统是否为线性非时变系统，牢固掌握并能熟练运用定义判定系统的线性特性、非时变特性。

在判断具有初始状态的系统是否线性时，应从可分解性、零输入响应线性与零状态响应线性三个方面来判断，若系统的输出响应可分解为零输入响应与零状态响应之和，且系统的零输入响应对所有的初始状态呈现线性特性，系统的零状态响应对所有的输入信号呈现线性特性，满足三个条件，则为线性系统；否则，为非线性系统。

在判断系统的非时变特性时，不涉及系统的初始状态。一般，若系统零状态响应中除了激励外，仍含有时间变量，则为时变系统。

2. 卷积的求解和作用

卷积是本书的核心内容，占有最重要的位置。卷积计算是本章难点，利用定义进行卷积积分的解析计算就是连续信号的积分过程，较为复杂。计算卷积的图解法物理意义明确，易于确定卷积积分或离散信号卷积和的上下限及卷积结果的存在时间，利于理解卷积的过程。卷积不只是信号间的一种运算，更重要的是线性非时变系统分析的主要工具，即求解系统零状态响应的主要形式。

在学习变换域分析法后，包括第 4 章的拉普拉斯变换法及第 7 章的 Z 变换法，可利用拉普拉斯变换法计算卷积积分，用 Z 变换方法计算卷积和，可使卷积计算过程大大简化。可将本章中所有与卷积有关的问题用变换域方法求解，再与时域解法的结果进行比较。

1.3　要点解析与解题提要

1.3.1　信号的基础知识

1. 奇异信号及其性质

单位阶跃信号 $u(t)$、单位冲激信号 $\delta(t)$ 是连续信号中两个最基本的奇异信号；二者间的关系及冲激信号的重要性质归纳于表 1.1。

表 1.1　两个基本奇异信号及其重要性质

基本信号	$u(t)$	$\delta(t)$
	单位阶跃信号	单位冲激信号
定义	$u(t)=\begin{cases}0 & (t<0)\\ 1 & (t>0)\end{cases}$	$\begin{cases}\delta(t)=0 \quad (t\neq 0)\\ \int_{-\infty}^{\infty}\delta(t)\mathrm{d}t=1\end{cases}$
波形	$u(t)$ 1 0 t	$\delta(t)$ (1) 0 t
$\delta(t)$ 与 $u(t)$ 的关系	$u(t)=\int_{-\infty}^{t}\delta(\tau)\mathrm{d}\tau$	$\delta(t)=\frac{\mathrm{d}u(t)}{\mathrm{d}t}$
奇异信号的重要性质	阶跃信号的单边性： 非因果信号 $f(t)$ 乘 $u(t)$ 后变成因果信号 $f(t)u(t)=\begin{cases}0 & (t<0)\\ f(t) & (t>0)\end{cases}$ 因此，利用阶跃信号可以将分段定义的信号表示为定义在 $(-\infty,\infty)$ 上的封闭表达式	筛选性： $f(t)\delta(t-t_0)=f(t_0)\delta(t-t_0)$ 抽样性： $\int_{-\infty}^{\infty}f(t)\delta(t-t_0)\mathrm{d}t=f(t_0)$ 尺度特性： $\delta(at)=\frac{1}{\lvert a\rvert}\delta(t)$ 冲激信号为偶函数： $\delta(-t)=\delta(t)$

续表 1.1

<table>
<tr><td rowspan="2">基本信号</td><td>$u(t)$</td><td>$\delta(t)$</td></tr>
<tr><td>单位阶跃信号</td><td>单位冲激信号</td></tr>
<tr><td rowspan="2">奇异信号的重要性质</td><td>单位阶跃信号的积分为单位斜坡函数：
$$r(t)=\int_{-\infty}^{t}u(\tau)\mathrm{d}\tau=\begin{cases}t & (t\geqslant 0)\\0 & (t<0)\end{cases}$$
r(t)
1
0　1　t</td><td>单位冲激信号的导数为单位冲激偶函数：
$$\delta'(t)=\begin{cases}\dfrac{\mathrm{d}\delta(t)}{\mathrm{d}t} & (t=0)\\0 & (t\neq 0)\end{cases}$$
δ′(t)
(∞)
0　t
(−∞)
单位冲激偶函数的性质：
$$f(t)\delta'(t)=f(0)\delta'(t)-f'(0)\delta(t)$$
$$\int_{-\infty}^{\infty}f(t)\delta'(t)\mathrm{d}t=-f'(0)$$</td></tr>
<tr><td>利用阶跃信号来表示符号函数：
$$\mathrm{sgn}(t)=u(t)-u(-t)$$
sgn(t)
1
0　t
-1
符号函数在跳变点也不予定义，但也有时规定为 $\mathrm{sgn}(0)=0$</td><td>单位冲激序列 $\delta_{T_s}(t)$ 为
$$\delta_{T_s}(t)=\sum_{n=-\infty}^{+\infty}\delta(t-nT_s)$$
δ_{T_s}(t)
(1)
…　…
−T_s　0　T_s　t</td></tr>
</table>

2. 基本信号

信号的种类很多，因此分类标准也不相同。基本信号是工程实际与理论研究中常用的信号，复杂信号可以由一系列基本信号组合而成。常用的基本信号的定义与特点见表 1.2。

表 1.2　基本信号的定义与特点

基本信号	定义	波形	特点
直流信号	$f(t)=A$ $(-\infty<t<+\infty)$	f(t) A 0　t	非时限信号

续表1.2

基本信号	定义	波形	特点
正弦信号	$f(t)=A\cos(\omega t+\phi)$ $(-\infty<t<+\infty)$		非时限 周期信号
矩形脉冲信号	$g_\tau(t)=\begin{cases}1 & \left(-\frac{\tau}{2}<t<\frac{\tau}{2}\right)\\0 & (其他)\end{cases}$		有时限信号
单位斜坡信号	$r(t)=tu(t)=\begin{cases}0 & (t<0)\\t & (t\geqslant 0)\end{cases}$		$\frac{\mathrm{d}r(t)}{\mathrm{d}t}=u(t)$ $\frac{\mathrm{d}^2r(t)}{\mathrm{d}t^2}=\delta(t)$ $\int_{-\infty}^{t}r(\tau)\mathrm{d}\tau=\frac{1}{2}t^2u(t)$
实指数信号	$f(t)=A\mathrm{e}^{\alpha t}$		常数 α 大于零、等于零和小于零三种情况
复指数信号	$f(t)=A\mathrm{e}^{st}$ $(-\infty<t<\infty)$	$s=\sigma+\mathrm{j}\omega$;$A$ 一般为实数,也可为复数	
抽样函数	$\mathrm{Sa}(t)=\frac{\sin t}{t}$ $(-\infty<t<\infty)$		$\mathrm{Sa}(-t)=\mathrm{Sa}(t)$ $\mathrm{Sa}(0)=\lim\limits_{t\to 0}\frac{\sin t}{t}=1$ $\int_{-\infty}^{\infty}\mathrm{Sa}(t)\mathrm{d}t=\pi$
	$\mathrm{Sa}(t)$ 函数为实变量 t 的偶函数,在 t 的正、负两方向上振幅都逐渐衰减,特别是当 $t=\pm\pi,\pm 2\pi,\pm 3\pi,\cdots$ 时,函数值为零		

普通信号可以用一个复指数信号统一概括,即

$$f(t)=A\mathrm{e}^{st}\quad(-\infty<t<+\infty)$$

式中,$s=\sigma+\mathrm{j}\omega$;$A$ 一般为实数,也可为复数。

根据 σ 与 ω 的不同情况,$f(t)$ 可表示下列几种常见的普通信号。

$$f(t)=Ae^{st}\Rightarrow\begin{cases}\text{当 } s=0 \text{ 时(即 } \sigma=0,\omega=0 \text{ 时)} & f(t)=A\text{(直流信号)}\\ \text{当 } s=\text{实数时(即 } \sigma\neq 0,\omega=0 \text{ 时)} & f(t)=Ae^{\sigma t}\text{(实指数信号)}\\ \text{当 } s=\text{虚数时(即 } \sigma=0,\omega\neq 0\text{)} & f(t)=A(\cos\omega t+\mathrm{j}\sin\omega t)\\ & \text{(正弦信号与余弦信号)}\\ \text{当 } s=\text{复数时(即 } \sigma\neq 0,\omega\neq 0 \text{ 时)} & f(t)=Ae^{\sigma t}(\cos\omega t+\mathrm{j}\sin\omega t)\\ & \text{(振幅变化的正、余弦信号)}\end{cases}$$

3. 信号的时域运算

连续时间信号的基本时域运算有加、减、乘、微分、积分、卷积以及信号在时域里进行翻转、时移、展缩(尺度)变换以及三者的结合变换。常用连续信号的基本时域运算简要地归纳于表 1.3 中。

表 1.3　连续信号的时域运算

运算	运算关系式	文字说明或图形示意	
加减运算	$y(t)=f_1(t)+f_2(t)$	两个信号相加(减)后形成一个新的信号,其任意时刻的数值等于两个信号在同一时刻的数值之和(差)	
乘运算	$y(t)=f_1(t)\cdot f_2(t)$	两个信号相乘后形成一个新的信号,其任意时刻的数值等于两个信号在同一时刻的数值的乘积	
数乘运算	$y(t)=af(t)$	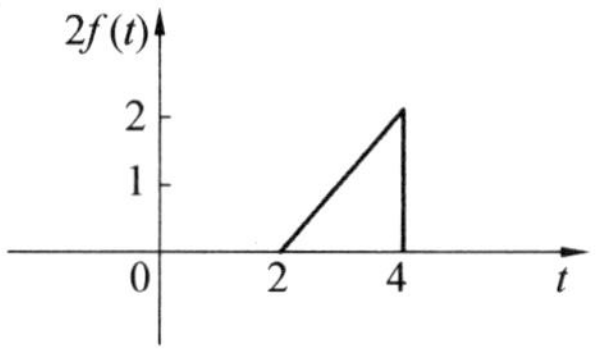	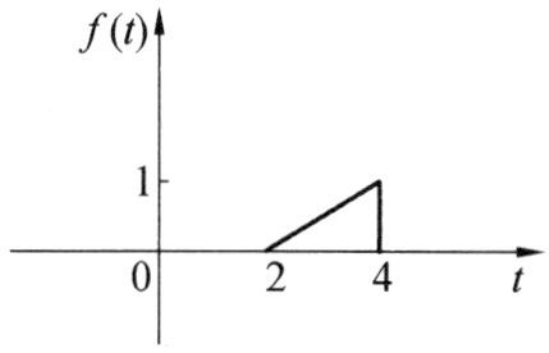
微分运算	$y(t)=\dfrac{\mathrm{d}f(t)}{\mathrm{d}t}$	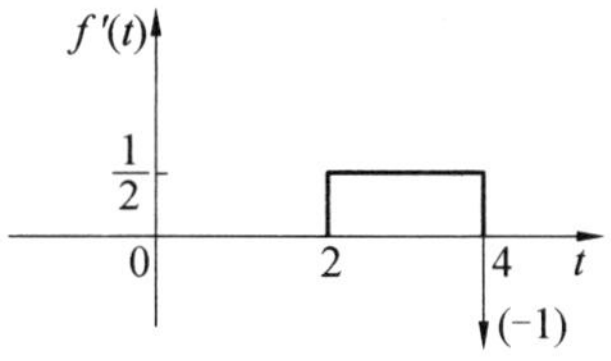	函数若有第一类间断点,对函数微分时,在间断点处将出现冲激信号
积分运算	$y(t)=\int_{-\infty}^{t}f(\tau)\mathrm{d}\tau$	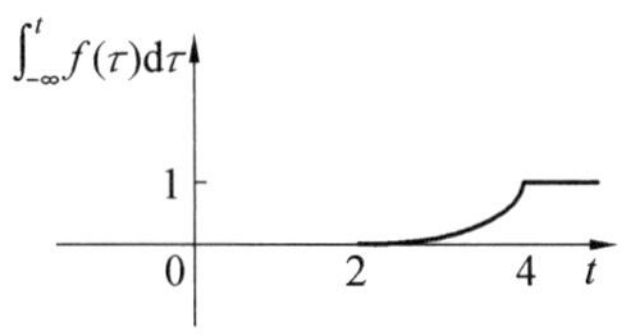	
翻转	$f(-t)$	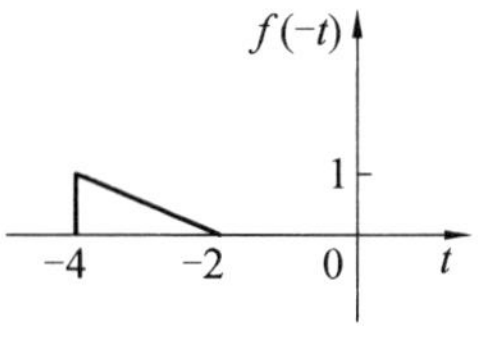	信号时域运算中翻转、时移和尺度变换都是针对 $f(t)$ 的时间变量 t 而言的

续表1.3

运算	运算关系式	文字说明或图形示意	
时移	$f(t\pm t_0)$	$f(t-2)$ 图形（1；0，4，6，t）	信号时域运算中翻转、时移和尺度变换都是针对 $f(t)$ 的时间变量 t 而言的
尺度变换	$f(at)$	$f(2t)$ 图形（1；0，1，2，4，t）	
翻转、时移、尺度变换三者组合变换	$f(-at+b)$	$f(-2t+3)$ 图形（1；$-\frac{1}{2}$，0，$\frac{1}{2}$，t）	对于同时翻转、时移、尺度变换三者的组合变换，$f(-at+b)$ 写成 $f\left[-a\left(t-\frac{b}{a}\right)\right]$，更好理解

函数若有第一类间断点，对函数微分时，在间断点处将出现冲激信号微分或积分后信号波形的变化。积分使信号波形变得平滑，可用 4 个奇异信号的关系说明，即 $\delta'(t)\xrightarrow{积分}\delta(t)\xrightarrow{积分}u(t)\xrightarrow{积分}tu(t)$，如图 1.1 所示。可见，积分过程中波形逐渐平滑：在 $t=0$ 时刻，$\delta'(t)$ 在瞬时时刻信号值从 0 分别跳变到 ∞ 和 $-\infty$；而 $\delta(t)$ 信号值只从 0 跳变到 ∞；$u(t)$ 的跳变值减小，只是跳变到一个确定值 1；而 $tu(t)$ 已没有跳变。

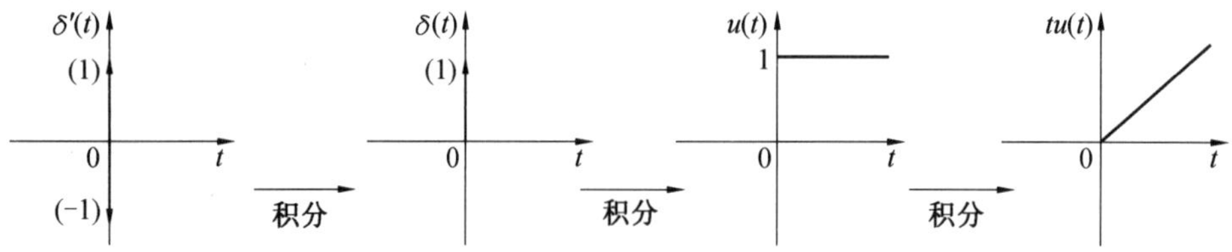

图 1.1　奇异信号的积分

上述过程可等效表示为：$tu(t)\xrightarrow{微分}u(t)\xrightarrow{微分}\delta(t)\xrightarrow{微分}\delta'(t)$，如图 1.2 所示。可见，微分后信号波形平滑性变差，并出现跳变，甚至不稳定：$tu(t)$ 波形连续；$u(t)$ 从 0 跳变为常数；$\delta(t)$ 从 0 跳变为 ∞；$\delta'(t)$ 从 0 分别跳变到 ∞ 和 $-\infty$。

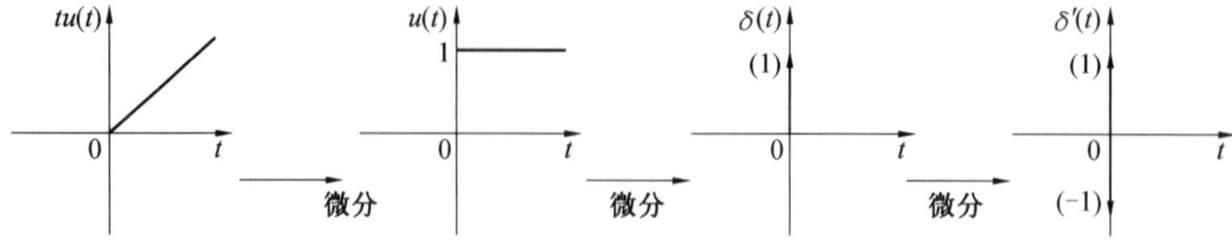

图 1.2　奇异信号的微分

4. 卷积积分

表 1.4 归纳了卷积积分的定义及基本运算性质。

表 1.4　卷积积分的定义及基本运算性质

定义	$y(t)=f_1(t)*f_2(t)=\int_{-\infty}^{\infty}f_1(\tau)f_2(t-\tau)\mathrm{d}\tau$	
运算步骤	变量替换 → 翻转 → 平移 → 相乘积分	
积分限确定	(1) $f_1(t)$、$f_2(t)$ 均为因果信号，则 $y(t)=\int_{0-}^{t}f_1(\tau)f_2(t-\tau)\mathrm{d}\tau$ (2) $f_1(t)$ 为因果信号，$f_2(t)$ 为无时限信号，则 $y(t)=\int_{0-}^{\infty}f_1(\tau)f_2(t-\tau)\mathrm{d}\tau$ (3) $f_1(t)$ 为无时限信号，$f_2(t)$ 为因果信号，则 $y(t)=\int_{-\infty}^{t}f_1(\tau)f_2(t-\tau)\mathrm{d}\tau$ (4) $f_1(t)$、$f_2(t)$ 均为无时限信号，则 $y(t)=\int_{-\infty}^{\infty}f_1(\tau)f_2(t-\tau)\mathrm{d}\tau$	
运算性质	交换律	$f_1(t)*f_2(t)=f_2(t)*f_1(t)$
	分配律	$f_1(t)*[f_2(t)\pm f_3(t)]=f_1(t)*f_2(t)\pm f_1(t)*f_3(t)$
	结合律	$f_1(t)*[f_2(t)*f_3(t)]=[f_1(t)*f_2(t)]*f_3(t)$
	积分	$\int_{-\infty}^{t}f_1(\tau)*f_2(\tau)\mathrm{d}\tau=f_1(t)*\int_{-\infty}^{t}f_2(\tau)\mathrm{d}\tau=f_2(t)*\int_{-\infty}^{t}f_1(\tau)\mathrm{d}\tau$
	微分	$\dfrac{\mathrm{d}[f_1(t)*f_2(t)]}{\mathrm{d}t}=\dfrac{\mathrm{d}f_1(t)}{\mathrm{d}t}*f_2(t)=f_1(t)*\dfrac{\mathrm{d}f_2(t)}{\mathrm{d}t}$
	微分积分	$\dfrac{\mathrm{d}f_1(t)}{\mathrm{d}t}*\int_{-\infty}^{t}f_2(\tau)\mathrm{d}\tau=\int_{-\infty}^{t}f_1(\tau)\mathrm{d}\tau*\dfrac{\mathrm{d}f_2(t)}{\mathrm{d}t}=f_1(t)*f_2(t)$ 注：应用微分和微分积分两个性质要满足 $f_1(-\infty)=f_2(-\infty)=0$
	时移性	若 $f_1(t)*f_2(t)=y(t)$，则 $f_1(t-t_1)*f_2(t-t_2)=y(t-t_1-t_2)$
运算方法	(1) 图解法，确定积分限是关键 (2) 解析法，利用函数式与卷积的性质计算，两点注意：一是积分限如何确定，二是积分之后如何用阶跃信号表示积分结果的有效存在时间	

为了便于应用，把一些常用函数卷积积分归纳于表 1.5，以备查用。

表 1.5　常用函数卷积积分表

序号	$f_1(t)$	$f_2(t)$	$f_1(t)*f_2(t)=f_2(t)*f_1(t)$
1	$f(t)$	$\delta(t)$	$f(t)$
	$f(t)$	$\delta(t-t_0)$	$f(t-t_0)$
2	$f(t)$	$\delta'(t)$	$f(t)*\delta'(t)=f'(t)*\delta(t)=f'(t)$

续表1.5

序号	$f_1(t)$	$f_2(t)$	$f_1(t)*f_2(t)=f_2(t)*f_1(t)$
3	$f(t)$	$u(t)$	$\int_{-\infty}^{t} f(\tau)\mathrm{d}\tau$
	$f(t)$	$u(t-t_0)$	$\int_{-\infty}^{t} f(\tau-t_0)\mathrm{d}\tau=\int_{-\infty}^{t-t_0} f(\tau)\mathrm{d}\tau$
4	$u(t)$	$u(t)$	$tu(t)$
5	$u(t)-u(t-t_1)$	$u(t)$	$tu(t)-(t-t_1)u(t-t_1)$
6	$u(t)-u(t-t_1)$	$u(t)-u(t-t_2)$	$tu(t)-(t-t_1)u(t-t_1)-(t-t_2)u(t-t_2)+$ $(t-t_1-t_2)u(t-t_1-t_2)$
7	$\mathrm{e}^{at}u(t)$	$\mathrm{e}^{at}u(t)$	$t\mathrm{e}^{at}u(t)$
8	$\mathrm{e}^{a_1t}u(t)$	$\mathrm{e}^{a_2t}u(t)$	$\frac{1}{a_1-a_2}(\mathrm{e}^{a_1t}-\mathrm{e}^{a_2t})u(t)$

5. 信号的时域分解

信号分析的主要途径就是信号分解,即将信号分解为某些基本信号的线性组合。信号的分解可以在时域或变换域中进行,从而导致了信号分析的时域或变换域方法。信号的时域分解是将信号分解为一系列基本单元信号(阶跃信号或冲激信号)的叠加,即将信号按时间分解为无穷多个分量。

设光滑曲线代表任意有始信号 $f(t)$,则这样的信号可以用一系列阶跃信号之和来近似地表示(见图 1.3)。在 $\Delta t\to 0$ 的极限情况下,将任意信号近似地表示为阶跃信号加权和的形式为

$$f(t)=f(0)u(t)+\int_0^t f'(\tau)u(t-\tau)\mathrm{d}\tau \tag{1.1}$$

式中,τ 为积分变量。

式(1.1)表明,在时域分析中可将任意信号表示为无限多个小阶跃信号相叠加的叠加积分。其物理意义为:在幅度上将信号分解为无穷多个分量,并对各幅度的信号分量进行叠加。

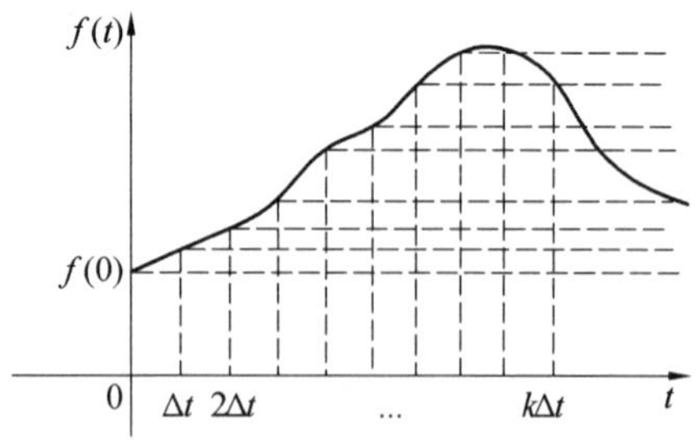

图 1.3　用阶跃信号之和表示任意信号

阶跃信号分解是对信号波形在纵轴(幅度轴)进行分解,而冲激信号分解是对信号波形在横轴(时间轴)进行分解(见图 1.4),即

$$f(t)=\int_{0^-}^t f(\tau)\delta(t-\tau)\mathrm{d}\tau \tag{1.2}$$

式中，$\delta(t-\tau)$ 用于表示任意时刻 τ 处的冲激函数；$f(\tau)$ 表示该时刻的信号值；积分表示将所有时刻的信号叠加，τ 为积分变量。式(1.2) 表明，在时域分析中可将任意信号表示为无限多个冲激信号相叠加的叠加积分。

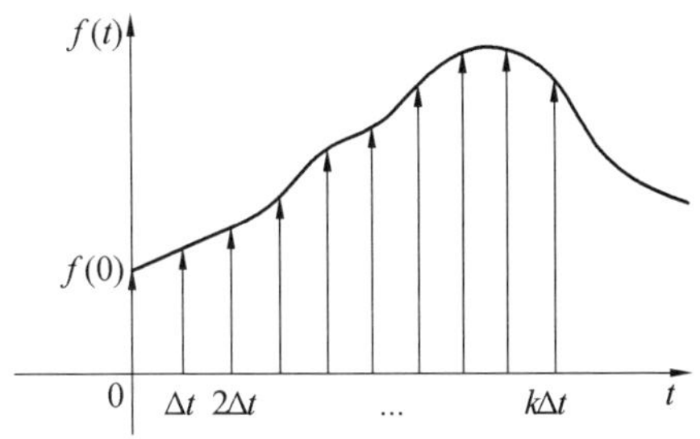

图 1.4　用冲激信号之和表示任意信号

1.3.2　系统的基础知识

1. 系统的基本概念

由若干个相互依赖、相互作用的事物组合而成的具有特定功能的整体称为系统，如图 1.5 所示。

图 1.5　激励、系统与响应

信号与系统是相互依存的整体。信号必定是由系统产生、发送、传输与接收，离开系统没有孤立存在的信号；系统的重要功能就是对信号进行加工、变换与处理，没有信号的系统就没有存在的意义。

激励、响应和系统的关系见表 1.6。

表 1.6　激励、响应和系统的关系

系统分析	激励 + 系统 → 响应	对于给定的某个具体系统，求出它对于给定激励时所产生的响应
系统综合	激励 + 响应 → 系统	根据实际提出的对于给定激励和响应的要求，设计出具体实现这种功能的系统
信号检测、识别	系统 + 响应 → 激励	根据获取的响应和已知某个系统，求其对应的激励

系统理论主要研究两类问题：系统分析与系统综合。系统分析是对于给定的某个具体系统，求出它对于给定激励时所产生的响应；系统综合是根据实际提出的对于给定激励和响应的要求，设计出具体实现这种功能的系统。分析与综合虽各有不同的条件和方法，但二者是密切相关的，分析是综合的基础。

为了能够对系统进行分析，就需要把系统的功能用数学形式表示，即建立系统的数学模型，这是进行系统分析的第一步。第二步就是运用数学方法来求解数学模型，例如解出系统在一定的初始条件和一定的激励下的输出响应，这是系统分析过程，系统分析可分为时域法和变换域法，后续的学习中会一一介绍。

2. 系统的分类

相对于信号分类，系统的分类方法与其描述系统物理特性的数学模型有关。不同类型的系统由于其数学模型的表现形式不同，可以有不同的分类方法。可以从多种角度来观察、分析研究系统的特征，提出对系统进行分类的方法。

(1) 连续时间系统与离散时间系统。

一种常用的系统分类法是按输入系统的信号与系统输出的信号是连续时间信号还是离散时间信号来分类。若系统的输入和输出都是连续时间信号，则此类系统称为连续时间系统；若系统的输入和输出都是离散时间信号，则此类系统称为离散时间系统。一般 R、L、C 电路都是连续时间系统，而数字计算机则是典型的离散时间系统。实际应用中，离散时间系统经常与连续时间系统组合运用，此时称为混合系统。

(2) 线性系统与非线性系统。

不论连续系统还是离散系统，均可细分为线性系统与非线性系统。一般来说，线性系统是指由线性元件组成的系统；非线性系统则是含有非线性元件的系统。例如由线性元件 R、L、C 组成的系统就是线性系统；含有非线性元件(例如三极管) 的系统就是非线性系统。本书主要涉及线性系统，重点介绍线性非时变系统。

(3) 时变系统与非时变系统。

线性系统或非线性系统又可细分为时变系统与非时变系统。如果系统的参数不随时间的变化而变化，则此类系统称为非时变系统或定常系统；如果系统的参量随时间而改变，则称其为时变系统或参变系统。

(4) 因果系统与非因果系统。

因果系统中系统的输出仅与当前及过去的输入有关，而与将来的输入无关，也就是说，因果系统的响应不会出现在输入信号激励系统的以前时刻。因果系统也称为物理可实现系统。反之，则为非因果系统或物理不可实现系统。

3. 线性非时变系统

本书重点讨论线性非时变系统。系统分析的基本出发点是系统的线性特性和非时变特性。下面重点介绍线性非时变系统的基本性质。设激励 $e(t)$、$e_1(t)$、$e_2(t)$ 产生的响应分别为 $r(t)$、$r_1(t)$、$r_2(t)$，即 $e(t)\rightarrow r(t)$，$e_1(t)\rightarrow r_1(t)$，$e_2(t)\rightarrow r_2(t)$，并设 α、β 为任意常数，则线性非时变系统的性质见表 1.7。

表 1.7　线性非时变系统的性质

性质	表达式
(1) 齐次性	$\alpha e(t)\rightarrow \alpha r(t)$
(2) 叠加性	$e_1(t)+e_2(t)\rightarrow r_1(t)+r_2(t)$

续表1.7

性质	表达式
(3) 线性	$\alpha e_1(t)+\beta e_2(t)\rightarrow \alpha r_1(t)+\beta r_2(t)$
(4) 非时变性	$e(t-\tau)\rightarrow r(t-\tau)$
(5) 微分性	$\frac{\mathrm{d}e(t)}{\mathrm{d}t}\rightarrow\frac{\mathrm{d}r(t)}{\mathrm{d}t}$
(6) 积分性	$\int_{-\infty}^{t}e(\tau)\mathrm{d}\tau\rightarrow\int_{-\infty}^{t}r(\tau)\mathrm{d}\tau$
(7) 因果性	$t>0$ 时作用于系统的激励 $e(t)$，$t<0$ 时不会在系统中产生响应

4. 信号与系统分析概述

信号与系统分析，可以分为信号分析和系统分析，信号分析就是信号的分解或变换过程，信号分析正是为了进一步的系统分析。信号与系统分析的理论基础是线性叠加原理。信号与系统分析的基本过程如图 1.6 所示。

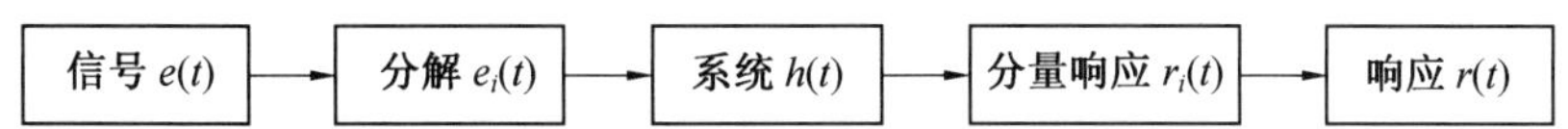

图 1.6　信号与系统分析的基本过程

为了对任意信号 $e(t)$ 通过系统 $h(t)$ 进行分析，首先需要对信号 $e(t)$ 进行分析，也就是通过某种数学手段，把信号 $e(t)$ 分解成或变换为易于处理的典型信号形式；然后对每个分解的信号分量 $e_i(t)$ 分别通过系统 $h(t)$，如果所涉及的系统是线性非时变系统，它们将分别产生各自的分量响应 $r_i(t)$；最后根据叠加原理，将各自分量响应 $r_i(t)$ 进行叠加即可得系统总响应 $r(t)$。这就是本书进行信号与系统分析的基本出发点。

1.4　深入思考

1. 一个信号可否既是能量信号又是功率信号？可否既不是能量信号又不是功率信号？

2. 单位冲激信号有什么特性？

3. 信号的时域分解有哪几种方法？

4. 如何判断一个系统为线性系统？线性系统是否一定为非时变系统？

5. 如果某系统对某些输入信号其输出滞后输入，可否断定该系统为因果系统？

6. 信号与系统为何是不可分割的整体？

7. 两个等宽的矩形脉冲信号的卷积结果为等腰三角形，两个不等宽的矩形脉冲信号的卷积结果为等腰梯形，且该梯形的上底为两矩形脉冲信号宽度之差，下底等于两矩形脉冲信号宽度之和，上述结论是否正确？

8. 两个有限时宽信号的卷积的有效存在时间范围怎么确定？

1.5　典型习题

1.1　写出图 1.7 所示各波形的函数表达式。

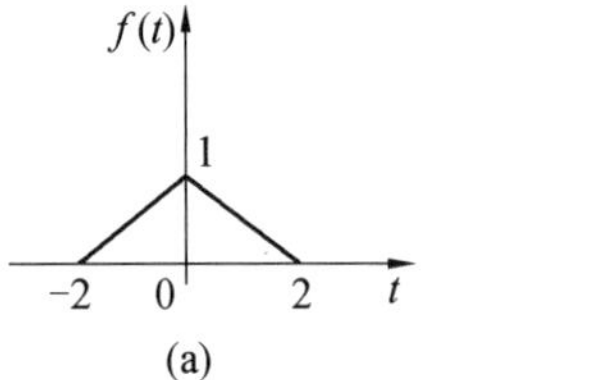

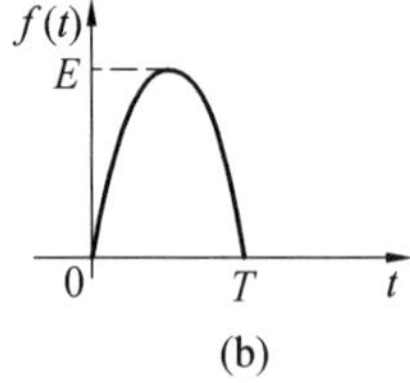

图 1.7　题 1.1 图

【分析与解答】

(a)

$$f(t)=\begin{cases}\dfrac{1}{2}t+1 & (-2\leqslant t<0)\\[2mm] -\dfrac{1}{2}t+1 & (0\leqslant t\leqslant 2)\end{cases}$$

或

$$f(t)=\left(\frac{1}{2}t+1\right)[u(t+2)-u(t)]+\left(-\frac{1}{2}t+1\right)[u(t)-u(t-2)]$$

(b)

$$f(t)=E\sin\left(\frac{\pi t}{T}\right)[u(t)-u(t-T)]$$

1.2　已知信号 $f(t)$ 的波形如图 1.8 所示，绘出信号 $f(-3t-2)$ 的波形。

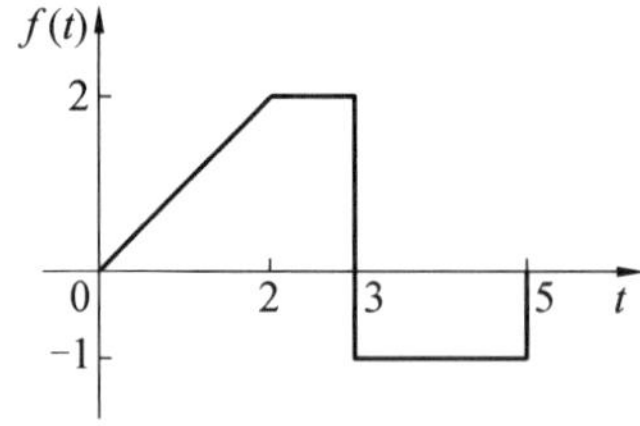

图 1.8　题 1.2 图

【分析与解答】

$f(-3t-2)$ 包含翻转、压缩和时移运算，将 $f(-3t-2)$ 改写为 $f\left[-3\left(t+\frac{2}{3}\right)\right]$，可以按先压缩再翻转，最后时移的顺序处理，即 $f(t)\xrightarrow{\text{压缩 } t\to 3t}f(3t)\xrightarrow{\text{翻转}}f(-3t)\xrightarrow{\text{左移 } 2/3}f(-3t-2)$，如图 1.9 所示。

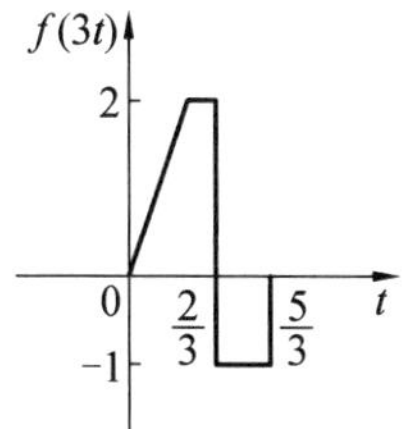

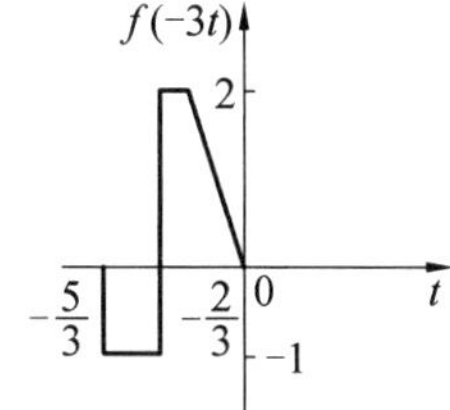

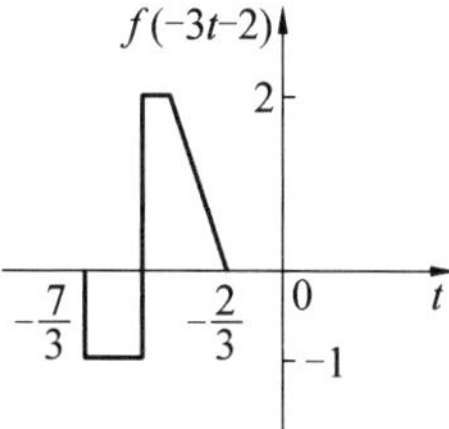

图 1.9　题 1.2 答图

1.3　试画出下列信号的波形，其中 $-\infty < t < +\infty$，并分析它们的区别。

(1) $f(t)=\sin\left(\frac{\pi}{2}t\right)u(t)$；　　(2) $f(t)=\sin\left(\frac{\pi}{2}t\right)u(t-1)$；

(3) $f(t)=\sin\left[\frac{\pi}{2}(t-1)\right]u(t)$；　　(4) $f(t)=\sin\left[\frac{\pi}{2}(t-1)\right]u(t-1)$。

【分析与解答】

本题主要考察信号时移性质以及根据 $u(t)$ 确定信号范围。题中各信号的波形如图 1.10 所示。

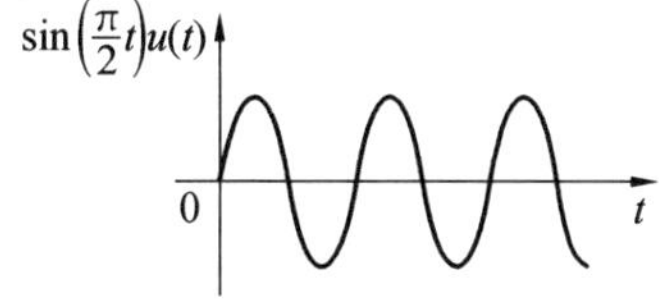

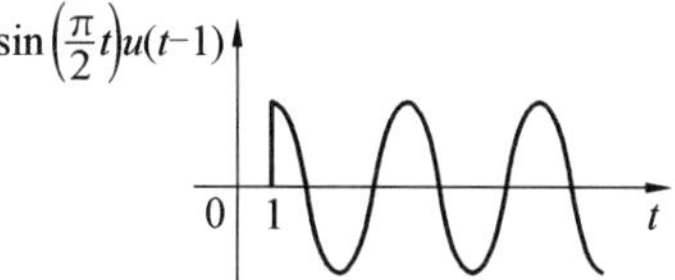

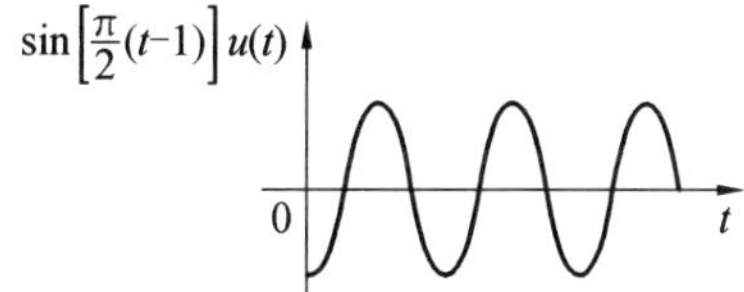

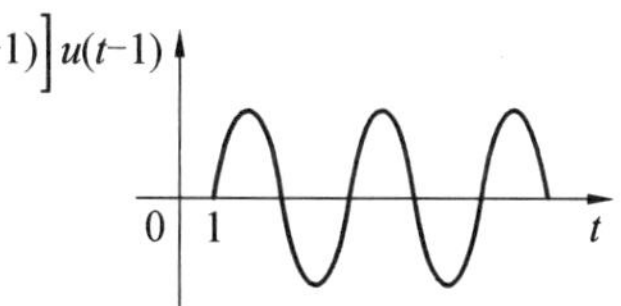

图 1.10　题 1.3 各信号波形

1.4　利用冲激信号的抽样特性，计算下列函数值。

(1) $\int_{-\infty}^{\infty}\sin(t)\delta\left(t-\frac{\pi}{4}\right)\mathrm{d}t$；　　(2) $\int_{-4}^{+6}\mathrm{e}^{-2t}\delta(t+8)\mathrm{d}t$；

(3) $\int_{-\infty}^{+\infty}\delta(2t-3)(3t^2+t-5)\mathrm{d}t$；　　(4) $\int_{0}^{4}(t+2)\delta(2-4t)\mathrm{d}t$；

(5) $\int_{-\infty}^{\infty}\mathrm{e}^{-\mathrm{j}\omega_0 t}[\delta(t+T)-\delta(t-T)]\mathrm{d}t$；　　(6) $\int_{-\infty}^{\infty}\mathrm{e}^{-2(t-\tau)}\delta(\tau-3)\mathrm{d}\tau$；

(7) $\int_{-2}^{3}\delta'(t-1)\mathrm{e}^{-3t}u(t)\mathrm{d}t$；　　(8) $\int_{1}^{3}\delta'(t+2)\sin(3t)\mathrm{d}t$。

【分析与解答】

在利用冲激信号的抽样特性时，应注意积分区间是否包含冲激信号 $\delta(t-t_0)$ 的 $t=t_0$ 时刻，若包含 $t=t_0$，则积分等于 $f(t_0)$，否则等于 0。对于冲激偶信号的抽样特性，同样也应注意积分区间。此外，对于 $\delta(at+b)$ 形式的冲激信号，要先利用冲激信号的展缩特性将其化

为$\frac{1}{|a|}\delta\left(t+\frac{b}{a}\right)$形式后，才可利用冲激信号的抽样特性。

(1)$\int_{-\infty}^{\infty}\sin t\delta\left(t-\frac{\pi}{4}\right)\mathrm{d}t=\sin t\big|_{t=\frac{\pi}{4}}=\frac{\sqrt{2}}{2}$。

(2) 由于积分区间不包含 $t=-8$，故$\int_{-4}^{+6}\mathrm{e}^{-2t}\delta(t+8)\mathrm{d}t=0$。

(3)$\int_{-\infty}^{+\infty}\delta(2t-3)(3t^2+t-5)\mathrm{d}t=\int_{-\infty}^{+\infty}\frac{1}{2}\delta\left(t-\frac{3}{2}\right)(3t^2+t-5)\mathrm{d}t$

$$=\frac{1}{2}\left[3\times\left(\frac{3}{2}\right)^2+\frac{3}{2}-5\right]=\frac{13}{8}。$$

(4)$\int_{0}^{4}(t+2)\delta(2-4t)\mathrm{d}t=\int_{0}^{4}\frac{1}{4}\delta\left(t-\frac{1}{2}\right)(t+2)\mathrm{d}t=\frac{5}{8}$。

(5)$\int_{-\infty}^{\infty}\mathrm{e}^{-\mathrm{j}\omega_0 t}[\delta(t+T)-\delta(t-T)]\mathrm{d}t=\mathrm{e}^{\mathrm{j}\omega_0 T}-\mathrm{e}^{-\mathrm{j}\omega_0 T}=2\mathrm{j}\sin\omega_0 T$。

(6) 利用冲激信号的抽样特性，可得

$$\int_{-\infty}^{\infty}\mathrm{e}^{-2(t-\tau)}\delta(\tau-3)\mathrm{d}\tau=\mathrm{e}^{-2(t-\tau)}\big|_{\tau=3}=\mathrm{e}^{-2(t-3)}$$

也可以利用冲激信号的卷积特性计算，即

$$\int_{-\infty}^{\infty}\mathrm{e}^{-2(t-t)}\delta(\tau-3)\mathrm{d}\tau=\mathrm{e}^{-2t}*\delta(t-3)=\mathrm{e}^{-2(t-3)}$$

(7)$\int_{-2}^{3}\delta'(t-1)\mathrm{e}^{-3t}u(t)\mathrm{d}t=\int_{0}^{3}\delta'(t-1)\mathrm{e}^{-3t}\mathrm{d}t=-(\mathrm{e}^{-3t})'\big|_{t=1}=3\mathrm{e}^{-3}$。

(8) 由于积分区间不包含 $t=-2$，故$\int_{1}^{3}\delta'(t+2)\sin 3t\mathrm{d}t=0$。

1.5 试证明 $\cos t,\cos 2t,\cdots,\cos nt$($n$ 为整数) 是在区间$(0,2\pi)$ 中的正交函数集；并证明该函数集是否为区间$(0,\pi/2)$ 中的正交函数集。

【分析与解答】

两函数 $f_1(t)$ 和 $f_2(t)$ 在(t_1,t_2) 内正交的条件为$\int_{t_1}^{t_2}f_1(t)f_2(t)\mathrm{d}t=0$，则

$$\int_0^{2\pi}\cos mt\cos nt\mathrm{d}t=\frac{1}{2}\int_0^{2\pi}\cos(m+n)t\mathrm{d}t+\frac{1}{2}\int_0^{2\pi}\cos(m-n)t\mathrm{d}t$$

$$=\frac{1}{2(m+n)}\sin(m+n)t\Big|_0^{2\pi}+\frac{1}{2(m-n)}\sin(m-n)t\Big|_0^{2\pi}=0$$

所以函数集在区间$(0,2\pi)$ 正交。

同理

$$\int_0^{\pi/2}\cos mt\cos nt\mathrm{d}t=\frac{1}{2(m+n)}\sin(m+n)t\Big|_0^{\pi/2}+\frac{1}{2(m-n)}\sin(m-n)t\Big|_0^{\pi/2}$$

$$=\frac{1}{2(m+n)}\sin\frac{m+n}{2}\pi+\frac{1}{2(m-n)}\sin\frac{m-n}{2}\pi$$

若 m 和 n 同为偶数或奇数，上式为零，否则不为零，所以，上式不恒为 0。所以函数集在$(0,\pi/2)$ 内不正交。

1.6 判断下列系统是否是线性、非时变、因果系统。

(1)$r(t)=e(t)+1$；　(2)$r(t)=\int_{-\infty}^{t}e(\tau)\mathrm{d}\tau$；

(3)$r(t)=e(2t)$。

【分析与解答】

系统线性和非时变性都是用于描述系统输入－输出关系的一种特性，由激励与响应间的关系决定，与零输入响应无关。设激励 $e(t)$、$e_1(t)$、$e_2(t)$ 产生的响应分别为 $r(t)$、$r_1(t)$、$r_2(t)$，即 $e(t)\rightarrow r(t)$，$e_1(t)\rightarrow r_1(t)$，$e_2(t)\rightarrow r_2(t)$，并设 α、β 为任意常数。若满足 $\alpha e_1(t)+\beta e_2(t)\rightarrow \alpha r_1(t)+\beta r_2(t)$，则系统为线性系统。若满足 $e(t-\tau)\rightarrow r(t-\tau)$，则系统为非时变系统。若系统的输出仅与当前及过去的输入有关，而与将来的输入无关，则系统为因果系统。

(1) 因为 $e_3(t)=\alpha e_1(t)+\beta e_2(t)\Rightarrow r_3(t)=e_3(t)+1=\alpha e_1(t)+\beta e_2(t)+1\neq \alpha r_1(t)+\beta r_2(t)$，所以非线性；

因为 $e_1(t)=e(t-t_0)\Rightarrow r_1(t)=e_1(t)+1=e(t-t_0)+1=r(t-t_0)$，所以非时变；

因为响应不与未来激励有关，所以因果。

(2) 积分就是求和运算，所以满足线性。

因为

$$e_1(t)=e(t-t_0)\Rightarrow r_1(t)=\int_{-\infty}^{t}e_1(\tau)\mathrm{d}\tau=\int_{-\infty}^{t}e(\tau-t_0)\mathrm{d}\tau\overset{\tau-t_0=\lambda}{=}\int_{-\infty}^{t-t_0}e(\lambda)\mathrm{d}\lambda$$

$$r(t-t_0)=\int_{-\infty}^{t-t_0}e(\tau)\mathrm{d}\tau=r_1(t)$$

所以非时变。

从积分式看出，响应 $r(t)$ 不与未来激励有关，所以因果。

(3) 因为 $e_3(t)=\alpha e_1(t)+\beta e_2(t)\Rightarrow r_3(t)=e_3(2t)=\alpha e_1(2t)+\beta e_2(2t)=\alpha r_1(t)+\beta r_2(t)$，所以线性；

因为 $e_1(t)=e(t-t_0)\Rightarrow r_1(t)=e_1(2t)=e(2t-t_0)\neq e[2(t-t_0)]=r(t-t_0)$，所以时变；

因为 $r(t)=e(2t)$，若 $t=1$，则 $r(1)=e(2)$，响应超前于激励，所以非因果。

1.7　已知系统的输入输出关系如下，其中 $e(t)$、$r(t)$ 分别为连续时间系统的输入和输出，判断这些系统是否为线性、非时变系统。

(1)$r''(t)+2r'(t)+5r(t)=e'(t)+2e(t)$；

(2)$r'(t)+tr(t)=e(t)+2$；

(3)$r''(t)+2r'(t)+5r(t)=e^2(t)$。

【分析与解答】

若系统的激励和响应的关系用微分方程来表示，则常系数微分方程描述的系统都是非时变的系统，线性微分方程描述的系统都是线性的系统。因此，常系数线性微分方程描述的系统都是线性非时变的系统。

因此，(1) 线性、非时变；(2) 非线性、时变；(3) 非线性、非时变。

1.8　已知系统的输入输出关系如下，其中 $e(t)$、$r(t)$ 分别为连续时间系统的输入和输出，$r(0)$ 为初始状态，判断这些系统是否为线性系统。

(1)$r(t)=4r(0)+2\frac{\mathrm{d}e(t)}{\mathrm{d}t}$;

(2)$r(t)=r^2(0)+3te(t)$;

(3)$r(t)=r(0)\sin 2t+\int_0^t e(\tau)\mathrm{d}\tau$。

【分析与解答】

在判断具有初始状态的系统是否线性时,应从三个方面来判断。一是可分解性,即系统的输出响应可分解为零输入响应和零状态响应之和;二是零输入线性,系统的零输入响应必须对所有的初始状态呈现线性特性;三是零状态线性,系统的零状态响应必须对所有的输入信号呈现线性特性。只有这三个条件都符合,该系统才为线性系统。

(1)$r(t)$ 具有可分解性,零输入响应 $r_{zi}(t)=4r(0)$ 具有线性特性。

对零状态响应 $r_{zs}(t)=2\frac{\mathrm{d}e(t)}{\mathrm{d}t}$,设输入 $e(t)=\alpha e_1(t)+\beta e_2(t)$,则

$$\begin{aligned}r_{zs}(t)&=T[\alpha e_1(t)+\beta e_2(t)]=2\frac{\mathrm{d}[\alpha e_1(t)+\beta e_2(t)]}{\mathrm{d}t}\\&=2\alpha\frac{\mathrm{d}[e_1(t)]}{\mathrm{d}t}+2\beta\frac{\mathrm{d}[e_2(t)]}{\mathrm{d}t}=\alpha r_{zs1}(t)+\beta r_{zs2}(t)\end{aligned}$$

也具有线性特性。

故系统为线性系统。一般,若系统的零状态响应 $r_{zs}(t)$ 是输入信号 $e(t)$ 的微分,则该微分系统是线性系统。

(2)$r(t)$ 具有可分解性,零状态响应 $r_{zs}(t)=3te(t)$ 具有线性特性,但零输入响应 $r_{zi}(t)=r^2(0)$ 非线性,所以该系统是非线性系统。

(3)$r(t)$ 具有可分解性,零输入响应 $r_{zi}(t)=r(0)\sin 2t$ 具有线性特性,零状态响应 $r_{zs}(t)=\int_0^t e(\tau)\mathrm{d}\tau$,设输入 $e(t)=\alpha e_1(t)+\beta e_2(t)$,则

$$\begin{aligned}r_{zs}(t)&=T[\alpha e_1(t)+\beta e_2(t)]=\int_0^t[\alpha e_1(\tau)+\beta e_2(\tau)]\mathrm{d}\tau\\&=\alpha\int_0^t e_1(\tau)\mathrm{d}\tau+\beta\int_0^t e_2(\tau)\mathrm{d}\tau=\alpha r_{zs1}(t)+\beta r_{zs2}(t)\end{aligned}$$

也具有线性特性。

所以系统是线性系统。一般,若系统的零状态响应 $r_{zs}(t)$ 是输入信号 $e(t)$ 的积分,则该积分系统是线性系统。

1.9 判断下列系统是否为非时变系统,其中 $e(t)$ 为输入信号,$r(t)$ 为零状态响应。

(1)$r(t)=\sin e(t)$; (2)$r(t)=\sin t\cdot e(t)$;

(3)$r(t)=\sin t+\frac{\mathrm{d}e(t)}{\mathrm{d}t}$; (4)$r(t)=\int_{-\infty}^t e(\tau)\mathrm{e}^{t-\tau}\mathrm{d}\tau$。

【分析与解答】

在判断系统的非时变特性时,不涉及系统的初始状态,只考虑系统的零状态响应。若满足 $e(t-\tau)\rightarrow r(t-\tau)$,则系统为非时变系统。

(1) 因为

$$r_1(t)=T[e(t-t_0)]=\sin[e(t-t_0)]=r(t-t_0)$$

所以该系统为非时变系统。

(2) 因为

$$r_1(t)=T[e(t-t_0)]=\sin te(t-t_0)$$

而

$$r(t-t_0)=\sin(t-t_0)\cdot e(t-t_0)\neq r_1(t)$$

所以该系统为时变系统。

(3) 因为

$$r_1(t)=T[e(t-t_0)]=e(t-t_0)+\frac{\mathrm{d}e(t-t_0)}{\mathrm{d}t}=r(t-t_0)$$

所以该系统为非时变系统。

(4) 因为

$$r_1(t)=T[e(t-t_0)]=\int_{-\infty}^{t}e(\tau-t_0)\mathrm{e}^{t-\tau}\mathrm{d}\tau \xlongequal{\lambda=\tau-t_0}\int_{-\infty}^{t-t_0}e(\lambda)\mathrm{e}^{t-t_0-\lambda}\mathrm{d}\lambda$$

而

$$r(t-t_0)=\int_{-\infty}^{t-t_0}e(\tau)\mathrm{e}^{t-t_0-\tau}\mathrm{d}\tau=r_1(t)$$

所以该系统为非时变系统。

1.10　若 $f_1(t)=f_2(t)=u(t)-u(t-1)$，计算函数 $f_1(t)$ 与 $f_2(t)$ 的卷积 $f(t)=f_1(t)*f_2(t)$。

【分析与解答】

解法一：根据卷积积分的定义 $f_1(t)*f_2(t)=\int_{-\infty}^{+\infty}f_1(\tau)f_2(t-\tau)\mathrm{d}\tau$ 进行解析计算，在应用卷积定义进行直接卷积时，有两点需要特别注意：一是积分限如何确定，二是积分之后如何用阶跃信号表示积分结果的有效存在时间。一般卷积积分中被积函数含有一个非翻转函数带有的阶跃信号因子，一个翻转函数带有的阶跃信号因子。二者结合构成一个门函数，门函数的边界就是积分上下限。卷积积分有效存在时间总是以阶跃信号来表示。应根据变量 τ 在门函数左边界处的值，来确定阶跃信号所应具有的起始时刻。

$$\begin{aligned}f_1(t)*f_2(t)&=\int_{-\infty}^{+\infty}[u(\tau)-u(\tau-1)][u(t-\tau)-u(t-\tau-1)]\mathrm{d}\tau\\&=\int_{-\infty}^{+\infty}u(\tau)u(t-\tau)\mathrm{d}\tau-\int_{-\infty}^{+\infty}u(\tau)u(t-\tau-1)\mathrm{d}\tau-\\&\quad\int_{-\infty}^{+\infty}u(\tau-1)u(t-\tau)\mathrm{d}\tau+\int_{-\infty}^{+\infty}u(\tau-1)u(t-\tau-1)\mathrm{d}\tau\\&=\int_0^t\mathrm{d}\tau u(t)-\int_0^{t-1}\mathrm{d}\tau u(t-1)-\int_1^t\mathrm{d}\tau u(t-1)+\int_1^{t-1}\mathrm{d}\tau u(t-2)\\&=tu(t)-2(t-1)u(t-1)+(t-2)u(t-2)\end{aligned}$$

为直观反映信号的波形特点，可以写为分段函数，即

$$f(t)=\begin{cases}t & (0\leqslant t<1)\\2-t & (1\leqslant t\leqslant 2)\\0 & (\text{其他})\end{cases}$$

解法二：利用图解法求解，画出 $f_1(t)=f_2(t)=u(t)-u(t-1)$ 的图形，如图 1.11 所示。

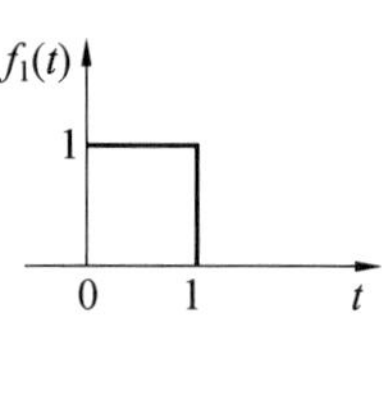

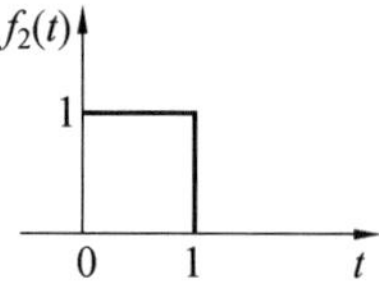

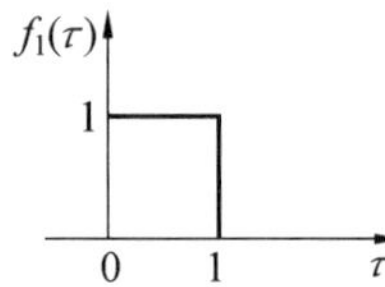

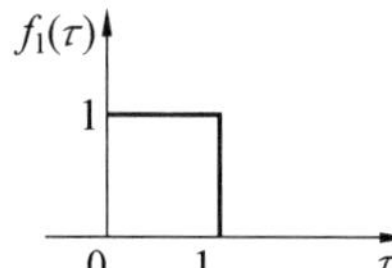

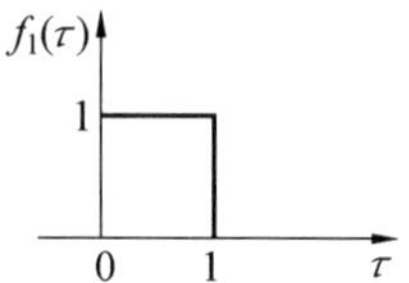

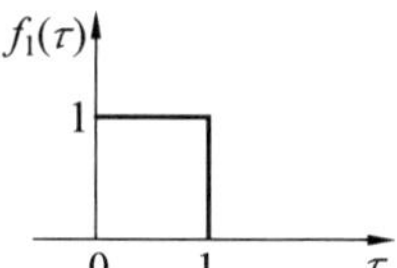

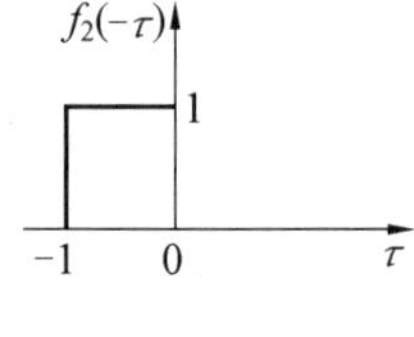

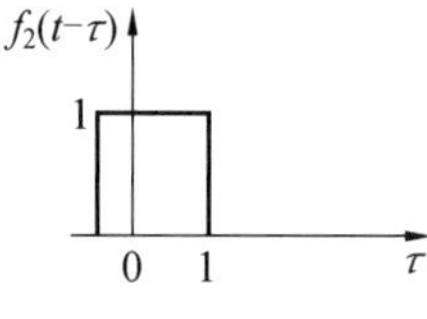

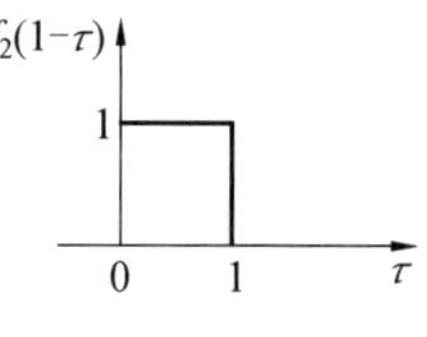

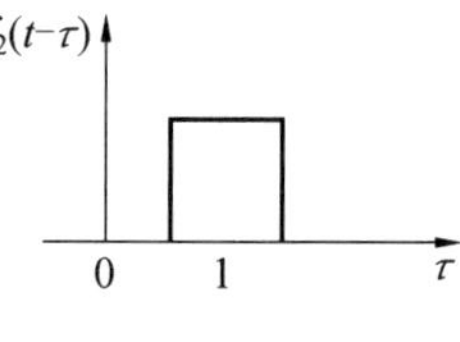

$t=0$ $0<t<1$ $t=1$ $1<t\leqslant 2$

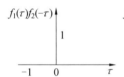

$f_1(\tau)f_2(-\tau)$
1
-1 0 τ

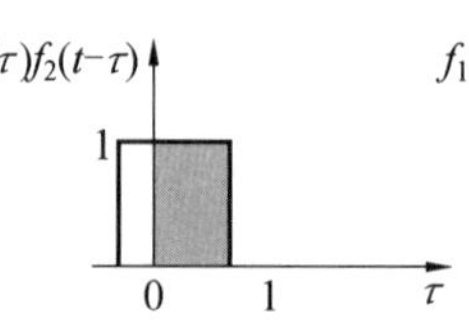

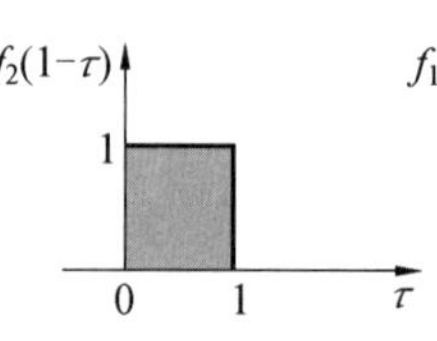

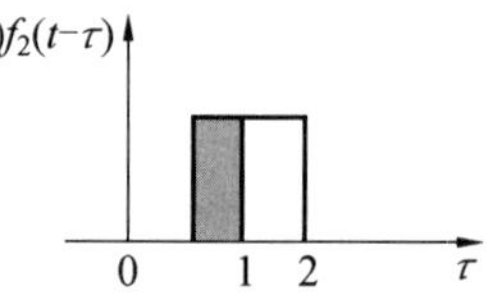

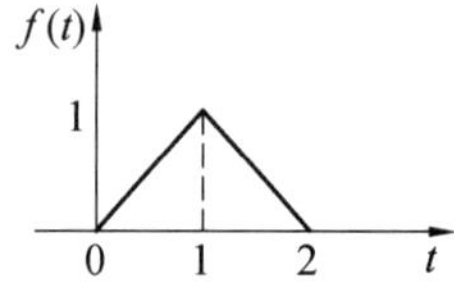

图 1.11　两个矩形脉冲的卷积

由图 1.11 可以得到

$$f(t)=\begin{cases} t & (0\leqslant t<1) \\ 2-t & (1\leqslant t\leqslant 2) \\ 0 & (\text{其他}) \end{cases}$$

1.11　利用图解法画出图 1.12 所示 $f_1(t)$ 与 $f_2(t)$ 的卷积。

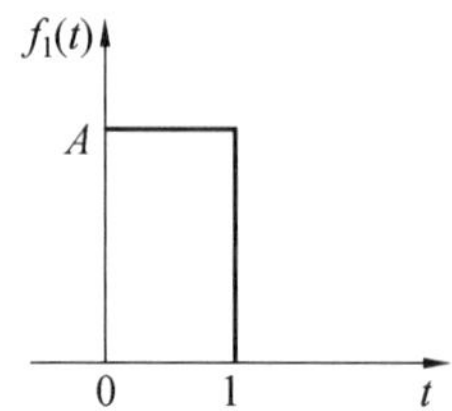

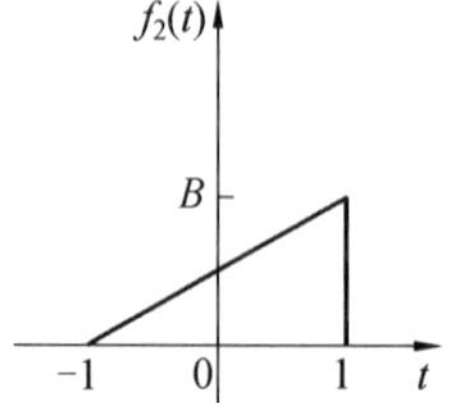

图 1.12　题 1.11 图

【分析与解答】

由题得

$$f_1(t)=A \quad (0 \leqslant t \leqslant 1)$$

$$f_2(t)=\frac{B}{2}t+\frac{B}{2} \quad (-1 \leqslant t \leqslant 1)$$

图解法求解卷积过程如图 1.13 所示。

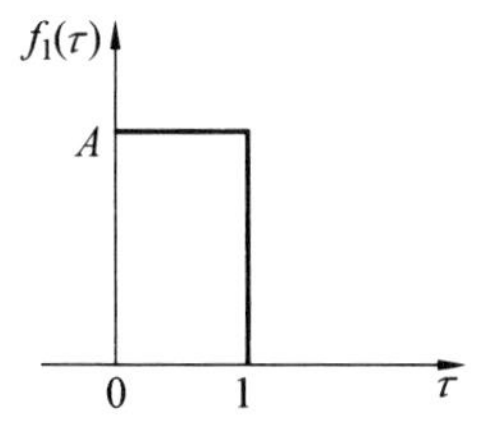

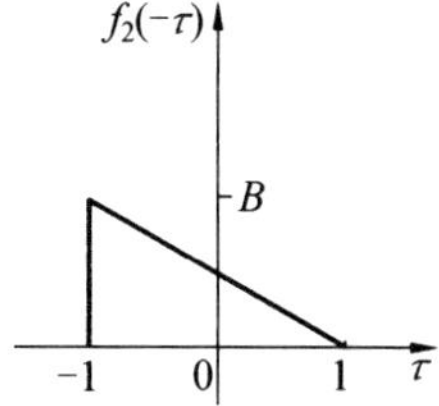

$t<-1$　　　　无交集

$-1 \leqslant t<0$

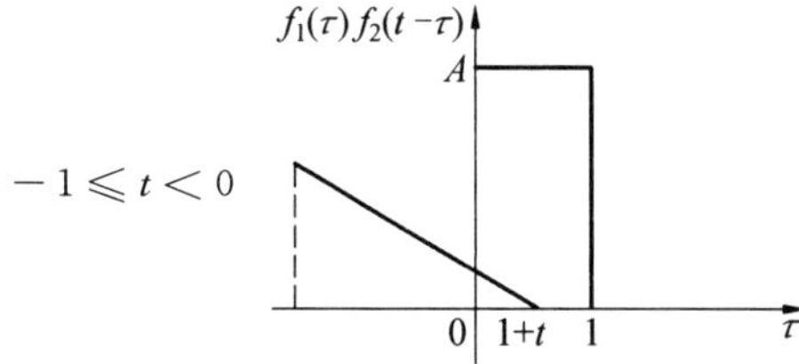

$$f(t)=f_1(t)*f_2(t)=\int_0^{1+t} f_1(\tau)f_2(t-\tau)\mathrm{d}\tau$$

$$=\int_0^{1+t} A\cdot\frac{1+t-\tau}{2}B\mathrm{d}\tau=\frac{AB}{4}(1+t)^2$$

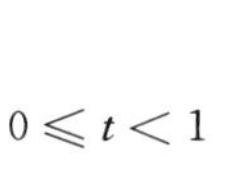

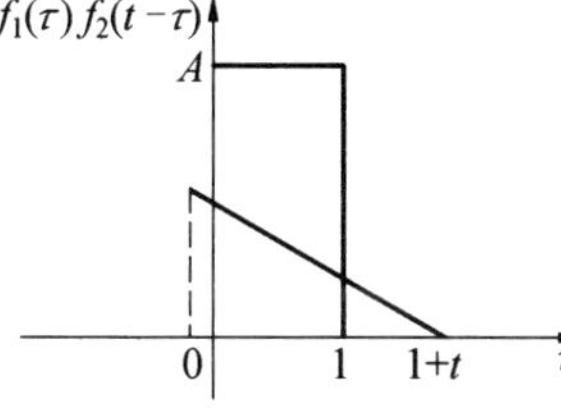

$$f(t)=f_1(t)*f_2(t)=\int_0^{1} f_1(\tau)f_2(t-\tau)\mathrm{d}\tau$$

$$=\int_0^{1} A\cdot\frac{1+t-\tau}{2}B\mathrm{d}\tau=AB\left(\frac{t}{2}+\frac{1}{4}\right)$$

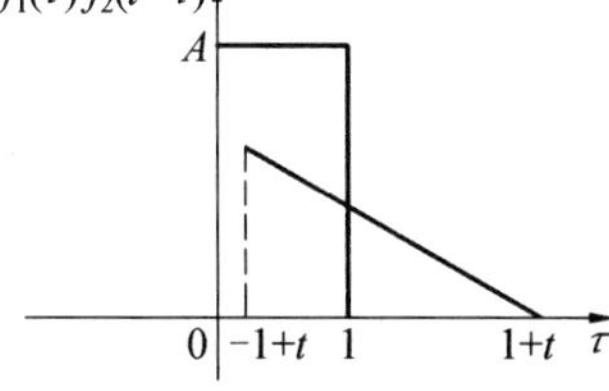

$$f(t)=f_1(t)*f_2(t)=\int_{-1+t}^{1} f_1(\tau)f_2(t-\tau)\mathrm{d}\tau$$

$$=\int_{-1+t}^{1} A\cdot\frac{1+t-\tau}{2}B\mathrm{d}\tau=AB\left(1-\frac{1}{4}t^2\right)$$

$t>2$　　　　无交集

综上

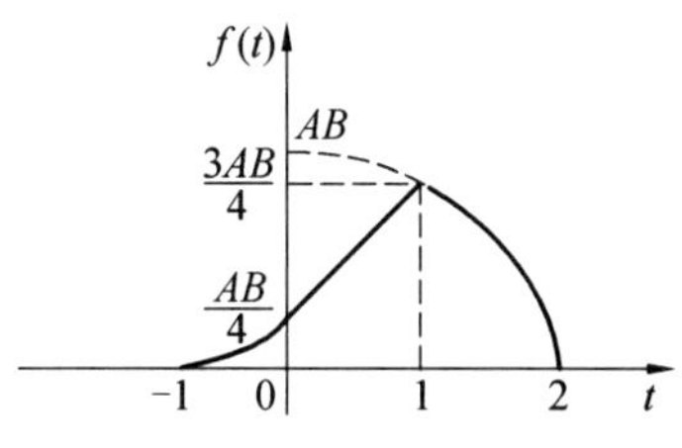

$$f(t)=f_1(t)*f_2(t)=\begin{cases}\frac{AB}{4}(1+t)^2 \\ AB\left(\frac{t}{2}+\frac{1}{4}\right) \\ AB\left(1-\frac{1}{4}t^2\right) \\ 0\end{cases}$$

图 1.13　题 1.11 答图

1.12 利用卷积积分的性质计算图 1.14 所示信号 $e(t)$ 和 $h(t)$ 的卷积积分，并画出 $e(t)*h(t)$ 的图形。

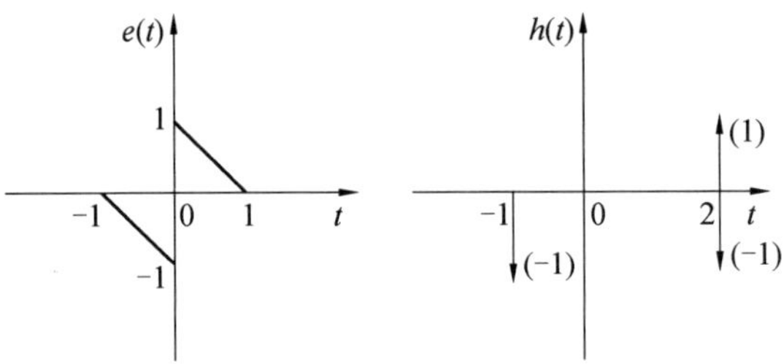

图 1.14 题 1.12 图

【分析与解答】

利用卷积的延时特性和微分特性，以及单位冲激信号的卷积性质，可得

$$r(t)=e(t)*h(t)=e(t)*(-\delta(t+1)+\delta'(t-2))=-e(t+1)+e'(t-2)$$

卷积结果波形如图 1.15 所示。

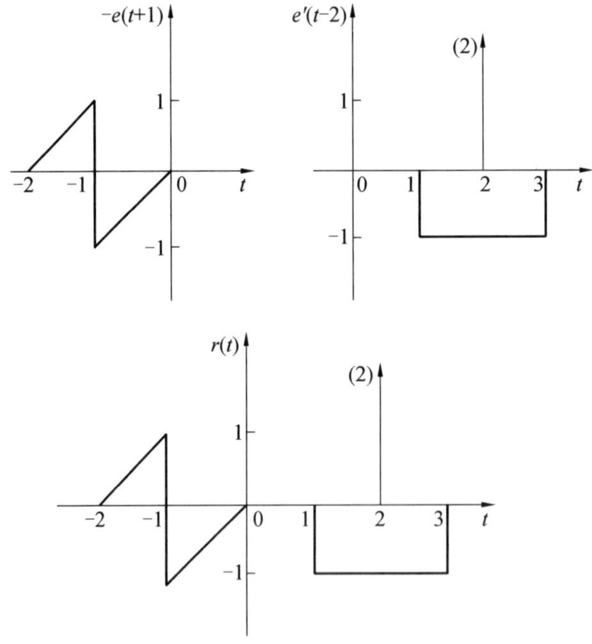

图 1.15 题 1.12 答图

1.13 计算下列卷积积分。

(1) $[\delta(t+1)+2\delta(t-1)]*[\delta(t-1)-\delta(t-3)]$；

(2) $[u(t)-u(t-1)]*[u(t-2)-u(t-3)]$；

(3) $[u(t+1)-u(t-1)]*[\delta(t+5)-\delta(t-5)]$；

(4) $2e^{-2t}u(t)*3e^{-t}u(t)$；

(5) $2e^{-2(t-1)}u(t-1)*3e^{-t}u(t-2)$。

【分析与解答】

(1) 利用卷积积分的分配律和延时特性,可得

$[\delta(t+1)+2\delta(t-1)]*[\delta(t-1)-\delta(t-3)]$

$=\delta(t+1)*\delta(t-1)+2\delta(t-1)*\delta(t-1)-\delta(t+1)*\delta(t-3)-2\delta(t-1)*\delta(t-3)$

$=\delta(t)+\delta(t-2)-2\delta(t-4)$

(2) 利用 $u(t)*u(t)=r(t)$,以及卷积积分的分配律和平移特性,可得

$[u(t)-u(t-1)]*[u(t-2)-u(t-3)]$

$=u(t)*u(t-2)-u(t)*u(t-3)-u(t-1)*u(t-2)+u(t-1)*u(t-3)$

$=r(t-2)-2r(t-3)+r(t-4)$

(3) 利用卷积积分的分配律和平移特性以及单位冲激信号的卷积,可得

$[u(t+1)-u(t-1)]*[\delta(t+5)-\delta(t-5)]$

$=u(t+1)*\delta(t+5)-u(t-1)*\delta(t+5)-u(t+1)*\delta(t-5)+u(t-1)*\delta(t-5)$

$=u(t+6)-u(t+4)-u(t-4)+u(t-6)$

(4) 根据卷积积分的定义,可得

$$\begin{aligned}2e^{-2t}u(t)*3e^{-t}u(t)&=\int_{-\infty}^{\infty}2e^{-2\tau}u(\tau)\cdot 3e^{-(t-\tau)}u(t-\tau)d\tau\\&=6\left[\int_0^t e^{-2\tau}e^{-(t-\tau)}d\tau\right]u(t)=6(e^{-t}-e^{-2t})u(t)\end{aligned}$$

(5) 利用卷积的平移性质,可得

$$\begin{aligned}2e^{-2(t-1)}u(t-1)*3e^{-t}u(t-2)&=2e^{-2(t-1)}u(t-1)*3e^{-2}e^{-(t-2)}u(t-2)\\&=6e^{-2}[e^{-(t-3)}-e^{-2(t-3)}]u(t-3)\end{aligned}$$

1.14　已知某线性非时变系统的初始储能为 0,当系统激励为 $e_1(t)$ 时系统响应为 $r_1(t)$,如图 1.16 所示,试画出当系统激励为 $e_2(t)$ 时系统响应 $r_2(t)$ 的波形。

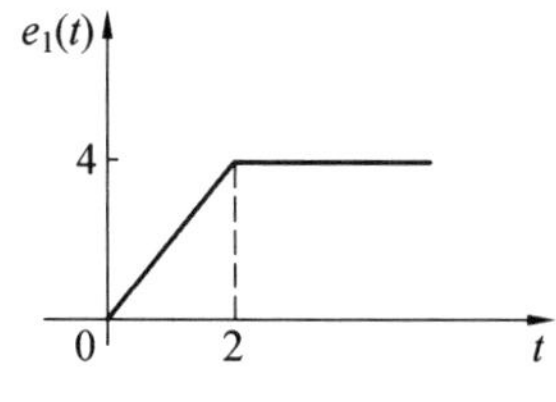

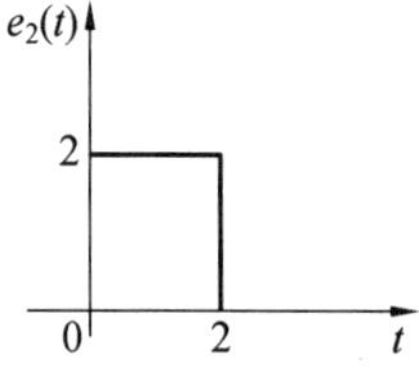

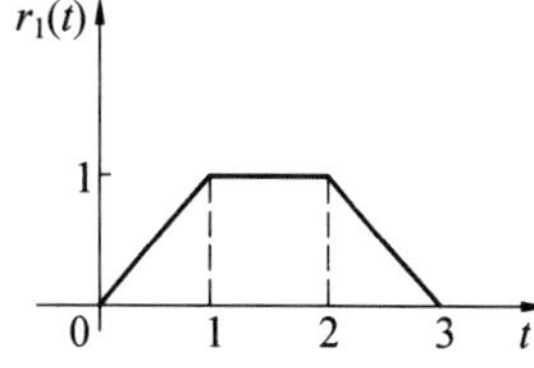

图 1.16　题 1.14 图

【分析与解答】

通过对比 $e_1(t)$ 和 $e_2(t)$ 的波形或表达式,可得 $e_2(t)=\dfrac{de_1(t)}{dt}$。

因为

$$e_1(t)*h(t)=r_1(t)$$

则

$$r_2(t)=e_2(t)*h(t)=\frac{de_1(t)}{dt}*h(t)=\frac{d}{dt}[e_1(t)*h(t)]=\frac{dr_1(t)}{dt}$$

所以 $r_2(t)$ 的图形如图 1.17 所示。

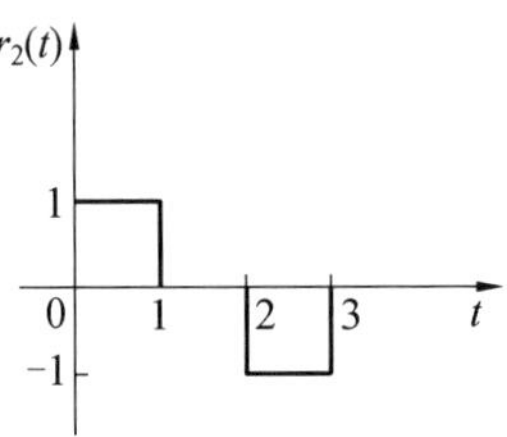

图 1.17　题 1.14 答图

1.15　已知某系统 $r_1(t)=e(t)*h(t)=\mathrm{e}^{-t}(t\geqslant 0)$，求响应 $r_2(t)=e(at)*h(at)(a\neq 0)$。

【分析与解答】

已知

$$r_1(t)=e(t)*h(t)=\int_{-\infty}^{+\infty}e(\tau)\cdot h(t-\tau)\mathrm{d}\tau=\mathrm{e}^{-t}\quad(t\geqslant 0)$$

而

$$r_2(t)=e(at)*h(at)=\int_{-\infty}^{+\infty}e(a\tau)\cdot h(t-a\tau)\mathrm{d}\tau$$

若 $a>0$，令 $m=a\tau$，则

$$r_2(t)=\frac{1}{a}\int_{-\infty}^{+\infty}e(m)\cdot h(t-m)\,\mathrm{d}m=\frac{1}{a}\mathrm{e}^{-m}=\frac{1}{a}\mathrm{e}^{-at}\quad(m\geqslant 0,t\geqslant 0)$$

若 $a<0$，令 $m=a\tau$，则

$$r_2(t)=\frac{1}{-a}\int_{-\infty}^{+\infty}e(m)\cdot h(t-m)\,\mathrm{d}m=-\frac{1}{a}\mathrm{e}^{-m}=-\frac{1}{a}\mathrm{e}^{-at}\quad(m\geqslant 0,t\geqslant 0)$$

即

$$r_2(t)=e(at)*h(at)=\frac{1}{|a|}r_1(at)\quad(a\neq 0)$$

后续，利用第 3 章傅里叶变换的尺度性质，更好理解卷积的尺度变化。但如果求解 $e(at)*h(bt)(a\neq b)$ 的卷积，则变为一个新的卷积运算。

1.16　已知某线性非时变系统若激励为 $e_1(t)=u(t)$，其响应为 $r_1(t)=(1-\mathrm{e}^{-2t})u(t)$，若激励为 $e_2(t)=\cos 2t$，其响应为 $r_2(t)=\frac{1}{\sqrt{2}}\cos\left(2t-\frac{\pi}{4}\right)$；则若激励为 $e_3(t)=2u(t)-2u(t-1)+4\cos(2t-4)$，求输出响应 $r_3(t)$。

【分析与解答】

根据已知条件，有

$$e_1(t)=u(t)\Rightarrow r_1(t)=(1-\mathrm{e}^{-2t})u(t)$$

$$e_2(t)=\cos 2t\Rightarrow r_2(t)=\frac{1}{\sqrt{2}}\cos\left(2t-\frac{\pi}{4}\right)$$

由系统的线性非时变可知

$$e_4(t)=2u(t)-2u(t-1)\Rightarrow r_4(t)=2(1-\mathrm{e}^{-2t})u(t)-2[1-\mathrm{e}^{-2(t-1)}]u(t-1)$$

$$e_5(t)=4\cos(2t-4)=4\cos 2(t-2)\Rightarrow r_5(t)=4\times\frac{1}{\sqrt{2}}\cos\left[2(t-2)-\frac{\pi}{4}\right]$$

$$=\frac{4}{\sqrt{2}}\cos\left(2t-4-\frac{\pi}{4}\right)$$

因此当激励为 $e_3(t)=2u(t)-2u(t-1)+4\cos(2t-4)=e_4(t)+e_5(t)$ 时，根据线性非时变，得系统的响应为

$$r_3(t)=r_4(t)+r_5(t)=2(1-\mathrm{e}^{-2t})u(t)-2[1-\mathrm{e}^{-2(t-1)}]u(t-1)+\frac{4}{\sqrt{2}}\cos\left(2t-4-\frac{\pi}{4}\right)$$

1.17　已知周期为 T 的单位冲激序列 $\delta_T(t)=\sum\limits_{m=-\infty}^{+\infty}\delta(t-mT)$ 如图 1.18(a) 所示，式中 m 为整数。如果信号 $f_0(t)$ 如图 1.18(b) 所示，试求 $f(t)=f_0(t)*\delta_T(t)$，并画出其波形。

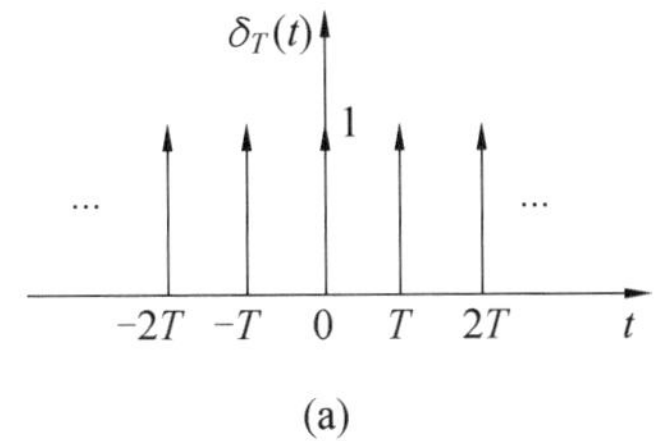

(a)

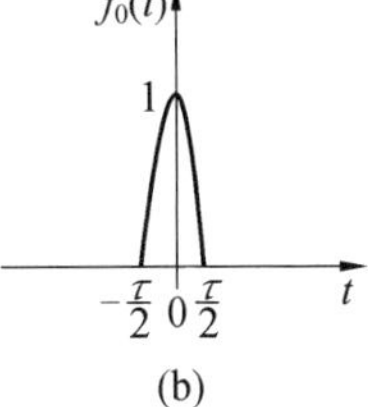

(b)

图 1.18　题 1.17 图

【分析与解答】

已知 $\delta_T(t)=\sum\limits_{m=-\infty}^{+\infty}\delta(t-mT)$ 为单位冲激序列，根据单位冲激信号的卷积性质 $f(t)*\delta(t-t_0)=f(t-t_0)$，任意信号与单位冲激信号的卷积相当于将信号搬移到冲激信号的位置，因此

$$f(t)=f_0(t)*\delta_T(t)=f_0(t)*\sum_{m=-\infty}^{+\infty}\delta(t-mT)$$

$$=\sum_{m=-\infty}^{+\infty}f_0(t)*\delta(t-mT)=\sum_{m=-\infty}^{+\infty}f_0(t-mT)$$

因此，$f(t)=f_0(t)*\delta_T(t)$ 为一个 $f_0(t)$ 以 T 为周期进行延拓的周期信号。

周期信号既可以表示为 $f_0(t)$ 的周期延拓 $f(t)=\sum\limits_{m=-\infty}^{+\infty}f_0(t-mT)$，也可以表示为 $f_0(t)$ 与单位冲激序列 $\delta_T(t)=\sum\limits_{m=-\infty}^{+\infty}\delta(t-mT)$ 的卷积。这两种表示方式在后续周期信号的频谱分析时还有应用。

如果 $\tau<T$，则周期信号的波形 $f(t)$ 如图 1.19 所示。

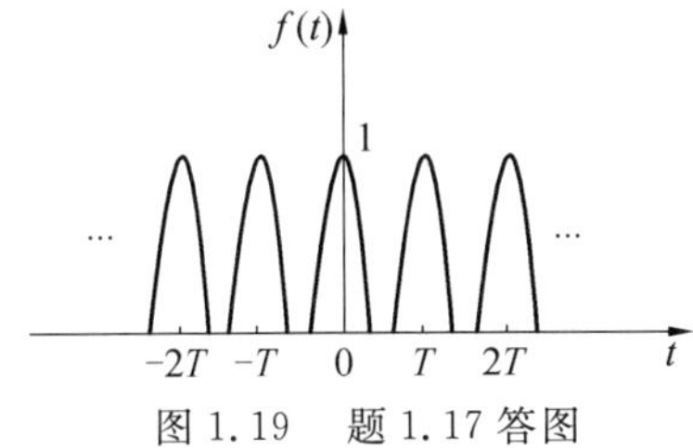

图 1.19　题 1.17 答图

第 2 章 连续时间信号与系统的时域分析

本章主要内容为基于时域方法进行线性非时变连续时间系统的响应求解及系统特性分析。经典解法通过解微分方程来求解系统响应，根据微分方程解中不同分量形式上的特点，划分为齐次解及特解两个分量。齐次解称为系统的自由响应分量，特解称为受迫响应分量。

现代卷积方法物理意义明确，按照产生系统响应的原因，将系统的全响应分解为依赖于系统初始状态的零输入响应和依赖于系统输入信号的零状态响应两个分量，其中零状态响应可以利用 $e(t) * h(t)$ 来求得。

2.1 学习要求

(1) 掌握线性非时变连续系统的时域描述，能够建立描述系统激励 $e(t)$ 与响应 $r(t)$ 关系的微分方程。

(2) 了解用微分方程的经典法求解线性非时变连续系统的自由响应与受迫响应。

(3) 能够根据微分方程的特征根与系统的初始条件，求系统的零输入响应 $r_{zi}(t)$。

(4) 深刻理解系统单位冲激响应 $h(t)$ 与阶跃响应 $g(t)$ 的意义，掌握冲激响应 $h(t)$ 的求法和应用。

(5) 牢固掌握应用卷积积分求线性非时变连续系统的零状态响应 $r_{zs}(t)$。

(6) 深刻理解系统全响应 $r(t)$ 的三种分解方式：零输入响应与零状态响应，自由响应与受迫响应，暂态响应与稳态响应；并能够判断全响应中各个分解成分。

(7) 掌握线性非时变连续系统的模拟框图描述，能够实现微分方程与模拟框图的转换。

2.2 重点和难点提示

单位冲激响应的物理含义以及利用单位冲激响应求解零状态响应的卷积积分过程是本章的重点，根据系统微分方程两端奇异函数平衡原理进行单位冲激响应的时域求解过程是难点。首先需要根据系统微分方程两端奇异函数平衡原理，确定 $h(t)$ 中的冲激函数及其导数项，然后再利用微分方程的特征根确定单位冲激响应的函数形式，最后将 $\delta(t)$ 和 $h(t)$ 函数式分别代入微分方程的右端和左端，令左右两端对应项系数相等，联立求解系数。计算过

程中可以利用第 1 章介绍的单位冲激函数 $\delta(t)$ 性质进行化简运算，后续可以利用第 4 章的拉普拉斯变换法求解单位冲激响应。

零状态响应可以利用单位冲激响应 $h(t)$ 与外加激励 $e(t)$ 的卷积积分 $e(t)*h(t)$ 来求解，针对以解析式表示的 $h(t)$ 和 $e(t)$，其卷积积分的过程可以利用第 1 章介绍的解析计算过程求解。因此利用现代卷积积分方法求解零状态响应虽然物理含义明确，但是求解过程繁杂，后续可以利用第 4 章介绍的拉普拉斯变换法求解，能使求解过程大大简化。学习第 4 章后，可将本章中所有计算 $r_{zs}(t)$ 的问题再用拉普拉斯变换法求解，并与本章时域法的结果进行比较。

2.3　要点解析与解题提要

2.3.1　连续系统的微分方程及系统的全响应

描述线性非时变系统激励 $e(t)$ 与响应 $r(t)$ 的微分方程为常系数线性非齐次常微分方程，即

$$
\begin{aligned}
&a_n\frac{\mathrm{d}^n r(t)}{\mathrm{d}t^n}+a_{n-1}\frac{\mathrm{d}^{n-1} r(t)}{\mathrm{d}t^{n-1}}+\cdots+a_1\frac{\mathrm{d}r(t)}{\mathrm{d}t}+a_0 r(t)\\
=&b_m\frac{\mathrm{d}^m e(t)}{\mathrm{d}t^m}+b_{m-1}\frac{\mathrm{d}^{m-1} e(t)}{\mathrm{d}t^{m-1}}+\cdots+b_1\frac{\mathrm{d}e(t)}{\mathrm{d}t}+b_0 e(t)
\end{aligned}
\tag{2.1}
$$

系统微分方程的解即为系统的全响应 $r(t)$。

2.3.2　系统的零输入响应

1. 零输入响应的定义

没有外加激励信号的作用，即 $e(t)=0$，仅由系统起始状态 $t=0^-$ 所产生的响应，称为系统的零输入响应 $r_{zi}(t)$。

2. 零输入响应的时域求法

系统的零输入响应是由起始状态产生的，满足齐次方程的解，因此零输入响应具有指数函数形式，即 $C\mathrm{e}^{\alpha t}$，其中 α 为特征方程的根。

若 $\alpha_1,\alpha_2,\cdots,\alpha_n$ 为 n 阶微分方程式的 n 个单根（不论实根、虚根或复数根），则该系统的零输入响应表示为

$$
r_{zi}(t)=C_1\mathrm{e}^{\alpha_1 t}+C_2\mathrm{e}^{\alpha_2 t}+\cdots+C_n\mathrm{e}^{\alpha_n t}=\sum_{i=1}^{n}C_i\mathrm{e}^{\alpha_i t} \tag{2.2}
$$

如果微分方程的特征根有重根，例如 α_1 是 K 重根（实根、虚根或复数根），其余 $n-K$ 个 $\alpha_{K+1},\cdots,\alpha_n$ 都是单根，则系统的零输入响应为

$$
r_{zi}(t)=\sum_{i=1}^{K}C_i t^{i-1}\mathrm{e}^{\alpha_1 t}+\sum_{i=K+1}^{n}C_i\mathrm{e}^{\alpha_i t} \tag{2.3}
$$

其中，$C_1,C_2,\cdots,C_n$ 为待定系数，应由系统零输入响应的初始值及各阶导数的初始条件（这里是 0^- 条件）$r_{zi}(0^-),r'_{zi}(0^-),\cdots,r_{zi}^{(n-1)}(0^-)$（或者写成 $r(0^-),r'(0^-),\cdots,r^{(n-1)}(0^-)$）联立求解。

注意:自由响应和零输入响应都是满足齐次方程的解,都具有特征根的指数函数形式,二者的主要差别在于确定指数函数的系数方法不同。齐次解的系数要同时由系统的起始状态(0^+ 条件)和激励信号来决定,而零输入响应的系数与激励信号无关,仅由系统的起始状态(0^- 条件)决定。

2.3.3 系统的零状态响应

1. 冲激响应 $h(t)$ 的定义与意义

单位冲激激励 $\delta(t)$ 在零状态系统中产生的响应 $h(t)$ 称为单位冲激响应,简称冲激响应。冲激响应 $h(t)$ 完全是由系统本身决定的,与外界因素无关,因此,$h(t)$ 是系统特性的时域表示。

因此,单位冲激响应 $h(t)$ 满足的微分方程为

$$\begin{aligned}&a_n\frac{\mathrm{d}^n h(t)}{\mathrm{d}t^n}+a_{n-1}\frac{\mathrm{d}^{n-1}h(t)}{\mathrm{d}t^{n-1}}+\cdots+a_1\frac{\mathrm{d}h(t)}{\mathrm{d}t}+a_0h(t)\\&=b_m\frac{\mathrm{d}^m\delta(t)}{\mathrm{d}t^m}+b_{m-1}\frac{\mathrm{d}^{m-1}\delta(t)}{\mathrm{d}t^{m-1}}+\cdots+b_1\frac{\mathrm{d}\delta(t)}{\mathrm{d}t}+b_0\delta(t)\end{aligned}\tag{2.4}$$

2. 冲激响应 $h(t)$ 的时域求法

(1) 根据系统微分方程两端奇异函数平衡原理,确定 $h(t)$ 中的冲激函数及其导数项。

微分方程(2.4) 右端为冲激函数 $\delta(t)$ 和它的各阶导数,即各阶的奇异函数,左端是冲激响应 $h(t)$ 和它的各阶导数。待求的 $h(t)$ 函数式应保证左、右两端奇异函数相平衡。

微分方程中,响应与激励最高微分项阶数的关系有三种情况,决定了 $h(t)$ 的三种不同形式。

① 常规情况。微分方程左侧响应最高微分项阶数高于右侧激励最高微分项阶数,此时系统对激励具有积分作用,而没有幅度放大(或衰减)作用。如微分方程$\frac{\mathrm{d}r(t)}{\mathrm{d}t}=2e(t)$,输入一输出关系等效为 $r(t)=\int_0^t 2e(\tau)\mathrm{d}\tau$,也就是说当 $m<n$ 时,方程式左端的$\frac{\mathrm{d}^n h(t)}{\mathrm{d}t^n}$项应包含冲激函数的 m 阶导数$\frac{\mathrm{d}^m\delta(t)}{\mathrm{d}t^m}$,以便与右端匹配,依次有$\frac{\mathrm{d}^{n-1}h(t)}{\mathrm{d}t^{n-1}}$项对应$\frac{\mathrm{d}^{m-1}\delta(t)}{\mathrm{d}t^{m-1}}$项等等,此时 $h(t)$ 中不包含 $\delta(t)$ 及其微分项。

② 响应与激励最高微分项阶数相同。此时系统除积分外,还有幅度放大(或衰减) 作用,即 $n=m$ 时,$h(t)$ 中包含 $\delta(t)$ 项,但不包含其微分项。

③ 响应最高阶微分项阶数低于激励,系统有微分作用。如$\frac{\mathrm{d}r(t)}{\mathrm{d}t}=2\frac{\mathrm{d}^3e(t)}{\mathrm{d}t^3}$,等效于 $r(t)=2\frac{\mathrm{d}^2e(t)}{\mathrm{d}t^2}$,即系统对输入具有二阶微分作用。当 $m>n$ 时,$h(t)$ 中包含 $\delta(t)$ 及其导数项。

(2) 确定冲激响应 $h(t)$ 的函数形式。

因为 $\delta(t)$ 及其各阶导数在 $t>0$ 时都等于零,所以微分方程(2.4) 右端在 $t>0$ 时恒等于零,$\delta(t)$ 信号的加入引起了系统能量的储存,而在 $t=0^+$ 以后,系统的外加激励不复存在,只有冲激 $\delta(t)$ 引入的能量起作用,即把冲激信号源转换为非零的起始条件,故单位冲激响

应的函数形式必然与零输入响应相同，具有特征根指数函数形式。

综合考虑微分方程中响应与激励最高微分项阶数以及特征根的单根或重根，可以得到单位冲激响应的表达形式，见表 2.1。

表 2.1　单位冲激响应的表达形式

响应与激励最高微分项阶数关系	单根或重根	单位冲激响应的表达形式
$m<n$	特征方程只包括 n 个单根	$h(t)=\sum_{i=1}^{n}K_i e^{\alpha_i t}u(t)$
	设 α_1 是 K 重根，其余 $n-K$ 个 $\alpha_{K+1},\cdots,\alpha_n$ 都是单根	$h(t)=\sum_{i=1}^{K}K_i t^{i-1}e^{\alpha_1 t}u(t)+\sum_{i=K+1}^{n}K_i e^{\alpha_i t}u(t)$
$m\geqslant n$ 例如，$m=n+1$	特征方程只包括单根	$h(t)=\sum_{i=1}^{n}K_i e^{\alpha_i t}u(t)+K_{n+1}\delta(t)+K_{n+2}\delta'(t)$

(3) 确定 $h(t)$ 表达式中各系数 K_i。

先将 $\delta(t)$ 代入微分方程(2.4)右端得 $\delta(t)$ 及其各次导数项，再将 $h(t)$ 函数式代入微分方程(2.4)左端，得 $\delta(t)$ 及其各次导数项。令左右两端对应项系数相等，可列出 n 个代数方程，联立求解代数方程，即可求得系数 K_i。

3. 用卷积积分法求系统的零状态响应

线性非时变系统对任意激励 $e(t)$ 的零状态响应 $r_{zs}(t)$，可用 $e(t)$ 与系统单位冲激响应 $h(t)$ 的卷积积分求得，即

$$r_{zs}(t)=e(t)*h(t)=\int_{-\infty}^{\infty}e(\tau)h(t-\tau)\mathrm{d}\tau=h(t)*e(t)=\int_{-\infty}^{\infty}h(\tau)e(t-\tau)\mathrm{d}\tau \quad (2.5)$$

若 $e(t)$ 为因果信号，系统为因果系统，则此时 $h(t)$ 也必为因果信号，故式(2.5)的积分限可改写为从 0^- 时刻开始，即

$$r_{zs}(t)=e(t)*h(t)=\int_{0^-}^{\infty}e(\tau)h(t-\tau)\mathrm{d}\tau=h(t)*e(t)=\int_{0^-}^{\infty}h(\tau)e(t-\tau)\mathrm{d}\tau \quad (2.6)$$

4. 阶跃响应 $g(t)$ 的定义与求法

系统以单位阶跃信号 $u(t)$ 作为激励信号时，所产生的零状态响应称为单位阶跃响应，或简称阶跃响应，以 $g(t)$ 表示。

冲激响应 $h(t)$ 与阶跃响应 $g(t)$ 完全是由系统本身决定的，与外界因素无关，因此，$h(t)$ 和 $g(t)$ 是系统特性的时域表示，并且这两种响应之间必然存在关系。

因有

$$h(t)=\frac{\mathrm{d}g(t)}{\mathrm{d}t} \quad (2.7)$$

所以

$$g(t)=\int_{-\infty}^{t}h(\tau)\mathrm{d}\tau \quad (2.8)$$

单位阶跃响应也可以看作是激励信号为单位阶跃信号 $u(t)$ 时所产生的零状态响应，因此可利用 $u(t)$ 与冲激响应的卷积积分求得

$$g(t)=u(t)*h(t)=\int_{-\infty}^{t}h(\tau)\mathrm{d}\tau \tag{2.9}$$

2.3.4 连续时间系统响应求解方法的分析和比较

1. 微分方程的经典解法

通过数学问题求解微分方程，将系统的完全解分为齐次解及特解两个分量。将齐次解称为系统的自由响应分量，特解称为受迫响应分量。自由响应与受迫响应的划分只是基于其信号形式。

特解形式与激励 $e(t)$ 类似，这是因为方程右侧代入 $e(t)$ 后，为 $e(t)$ 及其各阶微分项的线性组合，而方程左侧为特解及其各阶微分项的线性组合；因而只有特解形式与 $e(t)$ 类似，两端才能保持平衡，方程才能成立。典型激励信号对应的特解形式见表 2.2。

表 2.2 典型激励信号对应的特解形式

自由项	特解 $r_p(t)$
E	B
t^p	$B_pt^p+B_{p-1}t^{p-1}+\cdots+B_1t+B_0$
$\mathrm{e}^{\alpha t}$（α 不是特征根）	$B\mathrm{e}^{\alpha t}$
$\mathrm{e}^{\alpha t}$（α 为特征根）	$Bt\mathrm{e}^{\alpha t}$
$\cos\omega t$	$B_1\cos\omega t+B_2\sin\omega t$
$\sin\omega t$	
$t^p\mathrm{e}^{\alpha t}\cos\omega t$	$(B_pt^p+B_{p-1}t^{p-1}+\cdots+B_1t+B_0)\mathrm{e}^{\alpha t}\cos\omega t+$
$t^p\mathrm{e}^{\alpha t}\sin\omega t$	$(D_pt^p+D_{p-1}t^{p-1}+\cdots+D_1t+D_0)\mathrm{e}^{\alpha t}\sin\omega t$

求解自由响应系数的过程很复杂，要首先根据特征根确定自由响应形式，再求出受迫响应表达式，二者相加得到全响应形式；为求解自由响应中的系数，需要代入全响应的初始条件，即 0^+ 条件。在经典求解系统响应的过程中，尽管齐次解的形式依赖于系统特性而与激励信号形式无关，但齐次解的系数 A 却与激励信号有关，即在激励信号 $e(t)$ 加入后 $t=0^+$ 受其影响的状态。

经典解法是一种纯数学方法，无法突出系统响应的物理概念。若激励信号发生变化或初始条件发生变化，都必须全部重新求解完全响应。如果微分方程右边激励项较复杂，则难以处理。

2. 系统响应的初始条件

信号作用于系统有一个起始时刻，定义激励开始作用于系统的瞬时时刻为 0 时刻。显然，0^+ 条件已包括激励的作用，因此 $r(0^+)$ 包含了零状态响应分量 $r_{zs}(0^+)$。而在实际应用中，系统往往已知的是激励信号 $e(t)$ 加入前 0^- 的状态，其反映激励作用前瞬时时刻的系统初始储能。因而如采用经典解法，必须根据微分方程由 0^- 条件确定 0^+ 条件，为此需要求响应在 0 时刻的跳变。系统在 0 时刻的跳变可以利用冲激函数平衡法，根据微分方程右端自

由项中是否包含冲激函数 $\delta(t)$ 及其导数来判断系统在 0 时刻是否发生跳变。如果包含 $\delta(t)$ 及其导数，则在 $t=0$ 处发生跳变，否则不发生跳变。

因为系统的全响应可以分解为零输入响应 $r_{zi}(t)$ 和零状态响应 $r_{zs}(t)$，当 $t=0$ 时，系统的初始条件也由两部分组成，即 $r(0)=r_{zi}(0)+r_{zs}(0)$，如果考虑到系统响应 $r(t)$ 在 $t=0$ 点可能存在跳变，则初始条件也可用 $t=0^-$ 和 $t=0^+$ 两种情况表示。假定，在 $t<0$ 时，激励信号是不存在的，故而仅由外加激励信号所产生的零状态响应也不存在，并且非时变系统的内部参数不发生变动，因而可以推导求出系统的跳变值为 $r(0^+)-r(0^-)=r_{zs}(0^+)=r_{zs}(t)\big|_{t=0}$，及利用后续求解得到的零状态响应 $r_{zs}(t)$ 在 $t=0^+$ 时的取值。同理可以推得 $r(t)$ 各阶导数的跳变量。

3. 现代方法分别求 $r_{zi}(t)$ 及 $r_{zs}(t)$

现代方法物理意义明确，且计算过程比解微分方程容易。$r_{zi}(t)$ 的形式易确定，由特征根决定(与自由响应形式类似)；而求解系数只需 0^- 条件，且只需解线性方程组。

零状态响应 $r_{zs}(t)$ 求解复杂，需由微分方程求出 $h(t)$(形式通常与自由响应及 $r_{zi}(t)$ 类似，但激励微分项最高阶数高于响应(即系统阶数) 时，$h(t)$ 中还包括 $\delta(t)$ 及微分项)，再求单位冲激响应 $h(t)$ 与外加激励 $e(t)$ 的卷积积分 $e(t)*h(t)$。

4. 各种响应分量之间的关系

全响应中各响应分量的关系较复杂。无论是自由响应和受迫响应，还是零输入响应和零状态响应，它们的共同出发点都是把系统的总响应分解成分量响应之和的形式来考虑。

全响应可按三种方式分解：

(1) 全响应＝零输入响应 $r_{zi}(t)$＋零状态响应 $r_{zs}(t)$；

(2) 全响应＝自由响应＋受迫响应；

(3) 全响应＝暂态响应＋稳态响应。

所不同的是主要体现在自由响应和零输入响应、受迫响应和零状态响应考虑的时间参考点不同，导致在确定其系数时的不同。$r_{zi}(t)$ 与自由响应形式类似，但其系数由 0^- 决定，而自由响应的系数与 0^+ 有关，一般系统往往给定系统 0^- 时的状态，这样在计算系统自由响应时，需要把系统的 0^- 转换为 0^+。如果在 $t=0$ 加入信号时系统发生跳变，即 $0^+\neq 0^-$，则自由响应中除了包含初始状态产生的成分外，还包含系统激励产生的成分，显然自由响应包含的信号成分多于 $r_{zi}(t)$，因而 $r_{zi}(t)$ 为自由响应的一部分。另外，$r_{zs}(t)$ 中的一部分属于自由响应，另一部分为受迫响应。如果在 $t=0$ 加入信号时系统不发生跳变，即 $0^+=0^-$，则此时在形式上自由响应等于零输入响应，受迫响应等于零状态响应。

系统各种响应分量之间的关系如图 2.1 所示。

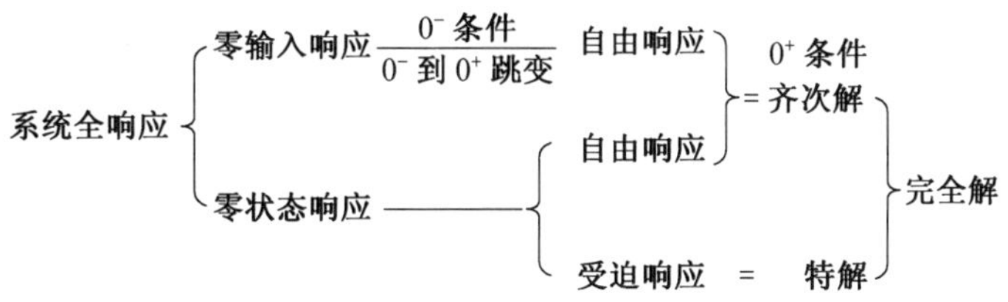

图 2.1　系统各种响应分量之间的关系

5. 关于系统线性的进一步说明

系统线性和非时变性都是用于描述系统输入－输出关系的一种特性，由激励与零状态响应间的关系决定，与零输入响应无关，这是因为零输入响应不是由外部激励引起的。但是在建立了系统的零输入响应和零状态响应的概念之后，需要分别讨论，也就是分为零输入线性和零状态线性。具体解释为，对于外加激励信号 $e(t)$ 和相应的响应 $r(t)$，若系统的起始状态 $t=0^-$ 为零，此时系统只有零状态响应 $r_{zs}(t)$，即 $r(t)=r_{zs}(t)$，则用常系数线性微分方程描述的系统是线性和非时变的。

如果起始状态不为零，由于零输入响应 $r_{zi}(t)$ 的存在，系统响应 $r(t)$ 对外加激励 $e(t)$ 不满足叠加性和均匀性，也不满足非时变性，因此是非线性时变系统。同时由于零输入分量的存在，响应的变化不可能只发生在激励变化之后，因而系统也是非因果的。也就是说，此时的系统只有在起始状态为零的条件下，才是线性非时变的，而且也是因果的，这就是零状态线性。

从另一方面考虑，零输入响应与系统初始储能呈线性关系(即均匀性)，即零输入响应随初始储能的变化而线性变化。单独对零输入响应 $r_{zi}(t)$ 而言，系统也满足叠加性和均匀性，因而定义为零输入线性。

因为任意线性系统的响应都可分解为零输入响应与零状态响应两部分之和，因此，判断一个系统是否为线性系统，应从三个方面来判断：

(1) 具有可分解性，$r(t)=r_{zi}(t)+r_{zs}(t)$；

(2) 零输入线性，系统的零输入响应必须对所有的初始状态呈现线性特性；

(3) 零状态线性，系统的零状态响应必须对所有的输入信号呈现线性特性。

6. 周期信号通过线性非时变系统的零状态响应

设激励信号是周期为 T 的周期信号，

$$e(t)=\sum_{n=-\infty}^{\infty}e_0(t-nT) \tag{2.10}$$

其中，$e_0(t)$ 为其主周期 $(-T/2,T/2)$ 内的信号。设 $e_0(t)$ 的零状态响应为 $r_0(t)$，即

$$e_0(t)\to r_0(t) \tag{2.11}$$

由系统非时变性

$$e_0(t-nT)\to r_0(t-nT) \tag{2.12}$$

从而

$$e(t)=\sum_{n=-\infty}^{\infty}r_0(t-nT) \tag{2.13}$$

可见响应为 $r_0(t)$ 的周期延拓，其周期仍为 T。也就是在周期信号作用下，线性非时变系统的零状态响应也为周期信号，且周期与激励信号相同。

2.3.5 系统模拟与系统框图

1. 系统模拟

系统模拟并不是指在实验室仿制真实系统，而是指数学意义上的模拟，或者说，所用的

模拟装置与原系统在输入输出关系上可以用同样的数学模型来描述。

对于连续系统的模拟要用三种基本运算器,加法器、标量乘法器、积分器,来模拟给定系统。本章给出时间域的运算关系,来模拟系统的微分方程。第 4 章复频域的运算关系,也可以来模拟微分方程或系统函数 $H(s)$,二者是完全等效的。

三种基本运算器的表示符号及其输入与输出的关系见表 2.3。

表 2.3　基本运算器的表示符号及其输入与输出的关系

名称	时域表示	复频域表示
加法器	$e_1(t)$, $e_2(t)$ → Σ → $r(t)$ $r(t)=e_1(t)+e_2(t)$	$E_1(s)$, $E_2(s)$ → Σ → $R(s)$ $R(s)=E_1(s)+E_2(s)$
标量乘法器	$e(t)$ → a → $r(t)$ $r(t)=ae(t)$	$E(s)$ → a → $R(s)$ $R(s)=aE(s)$
积分器 (零状态)	$e(t)$ → ∫ → $r(t)$ $r(t)=\int_0^t e(\tau)\mathrm{d}\tau$	$E(s)$ → ∫ → $R(s)$ $R(s)=\frac{E(s)}{s}$
积分器	$e(t)$ → ∫ → Σ ($r(0)$) → $r(t)$ $r(t)=r(0)+\int_0^t e(\tau)\mathrm{d}\tau$	$E(s)$ → ∫ → Σ ($\frac{r(0)}{s}$) → $R(s)$ $R(s)=\frac{E(s)}{s}+\frac{r(0)}{s}$

2. 系统框图

构成系统模拟框图的规则如下:

(1) 把微分方程输出函数最高阶导数项保留在等式左边,把其他各项一起移到等式右边;

(2) 将最高阶导数作为第一个积分器的输入,其输出作为第二个积分器的输入,以后每经过一个积分器,输出函数的导数阶数就降低一阶,直到获得输出函数为止;

(3) 把各个阶数降低了的导函数及输出函数分别通过各自的标量乘法器,一起送到第一个积分器前的加法器与输入函数相加,加法器的输出就是最高阶导数。这就构成了一个完整的系统模拟图。

对于二阶微分方程

$$r''(t)+a_1r'(t)+a_0r(t)=b_1e'(t)+b_0e(t) \tag{2.14}$$

其模拟框图如图 2.2 所示。

对于一般的 n 阶系统的微分方程

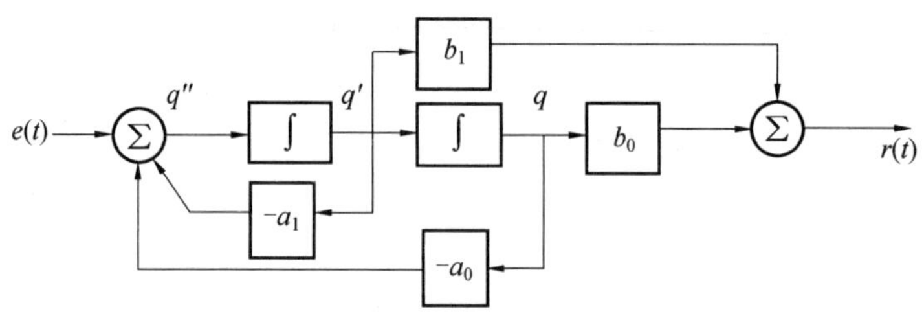

图 2.2　标准二阶系统的模拟框图

$$r^{(n)}(t)+a_{n-1}r^{(n-1)}(t)+\cdots+a_1r'(t)+a_0r(t)$$
$$=b_me^{(m)}(t)+b_{m-1}e^{(m-1)}(t)+\cdots+b_1e'(t)+b_0e(t)$$

设式中 $m=n-1$,则其系统模拟框图的结构如图 2.3 所示。

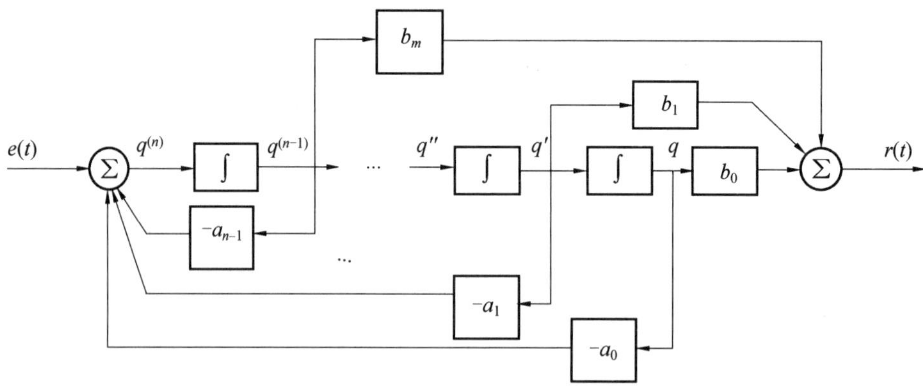

图 2.3　标准 n 阶系统的模拟框图

一个系统是由许多部件或单元组成的,将这些部件或单元用相应的方框表示,然后将这些方框按系统的功能要求连接起来而构成的图,称为系统的框图表示。复杂系统可以是由若干个子系统按照某种连接组合而成,表 2.4 列出了系统框图的连接关系。

表 2.4　系统框图的连接关系

连接关系	时域表示	复频域表示
串联	$e(t)\to h_1(t)\to h_2(t)\to\cdots\to h_n(t)\to r(t)$ $h(t)=h_1(t)*h_2(t)*\cdots*h_n(t)$	$E(s)\to H_1(s)\to H_2(s)\to\cdots\to H_n(s)\to R(s)$ $H(s)=H_1(s)\cdot H_2(s)\cdot\cdots\cdot H_n(s)$
并联	$e(t)$ → $h_1(t)$, $h_2(t)$, ⋮, $h_n(t)$ → Σ → $r(t)$ $h(t)=h_1(t)+h_2(t)+\cdots+h_n(t)$ $=\sum_{i=1}^{n}h_i(n)$	$E(s)$ → $H_1(s)$, $H_2(s)$, ⋮, $H_n(s)$ → Σ → $R(s)$ $H(s)=H_1(s)+H_2(s)+\cdots+H_n(s)$ $=\sum_{i=1}^{n}H_i(s)$

2.4　深入思考

1.连续时间信号分解为冲激信号的线性组合有何实际意义？

2.若 $r(t)=e(t)*h(t)$，则是否有 $r(t-\tau)=e(t-\tau)*h(t-\tau)$？

3.单位冲激响应是系统在 $\delta(t)$ 激励下产生的零状态响应，为什么又说它与输入无关？

4.线性非时变系统零状态响应为输入信号与单位冲激响应的卷积，其物理含义是什么？

5.为什么说系统的单位冲激响应 $h(t)$ 既可以认为是零状态响应，也可认为是零输入响应？

2.5　典型习题

2.1　已知系统微分方程、初始条件和激励信号，试分别判断在起始点是否发生跳变，如果有跳变，计算其跳变值。

(1) $\dfrac{\mathrm{d}r(t)}{\mathrm{d}t}+2r(t)=e(t),r(0^-)=0,e(t)=u(t)$；

(2) $\dfrac{\mathrm{d}r(t)}{\mathrm{d}t}+2r(t)=3\dfrac{\mathrm{d}e(t)}{\mathrm{d}t},r(0^-)=0,e(t)=u(t)$；

(3) $2\dfrac{\mathrm{d}^2r(t)}{\mathrm{d}t^2}+3\dfrac{\mathrm{d}r(t)}{\mathrm{d}t}+4r(t)=\dfrac{\mathrm{d}e(t)}{\mathrm{d}t},r(0^-)=1,r'(0^-)=1,e(t)=u(t)$。

【分析与解答】

采用 $\delta(t)$ 函数平衡法求解，即微分方程两边 δ 函数的最高次项应保持平衡。

(1)(左) $r'(t)\xrightarrow{\text{平衡}}u(t)$ (右)

$\Rightarrow r(t)\longrightarrow tu(t)$，$r(t)$ 在 $t=0$ 处连续则无跳变，故 $r(t)$ 在 $t=0$ 处无跳变

$\Rightarrow r(0^+)-r(0^-)=0\Rightarrow r(0^+)=r(0^-)=0$

(2) $r'(t)\longrightarrow 3u'(t)=3\delta(t)$

$\Rightarrow r(t)\longrightarrow 3u(t)$，$r(t)$ 在 $t=0$ 处有跳变，跳变值为 3

$\Rightarrow r(0^+)-r(0^-)=3\Rightarrow r(0^+)=r(0^-)+3=3$

(3) $2r''(t)\longrightarrow u'(t)=\delta(t)$

$\Rightarrow r'(t)\longrightarrow \dfrac{1}{2}u(t)$，$r'(t)$ 在 $t=0$ 处有跳变，跳变值为 $\dfrac{1}{2}$

$\Rightarrow r'(0^+)-r'(0^-)=\dfrac{1}{2}\Rightarrow r(0^+)=r(0^-)+\dfrac{1}{2}=\dfrac{3}{2}$

$\Rightarrow r(t)\longrightarrow \dfrac{1}{2}tu(t)$，$r(t)$ 在 $t=0$ 处无跳变

$\Rightarrow r(0^+)=r(0^-)=1$

因为跳变值 $r(0^+)-r(0^-)=r_{zs}(0^+)$，所以可以先求出 $r_{zs}(t)$，取其 $t=0^+$ 时刻的值即可

得到 $r(0^+)$。

2.2 已知系统微分方程$\frac{\mathrm{d}^2 r(t)}{\mathrm{d}t^2}+3\frac{\mathrm{d}r(t)}{\mathrm{d}t}+2r(t)=\frac{\mathrm{d}e(t)}{\mathrm{d}t}+3e(t)$，初始条件：$r(0^-)=1$、$r'(0^-)=2$ 和激励信号 $e(t)=u(t)$。试求其全响应，并指出其零输入响应、零状态响应、自由响应和受迫响应，写出 0^+ 时刻的边界值。

【分析与解答】

(1) 求零输入响应。

根据微分方程得到特征方程 $\alpha^2+3\alpha^2+2=0$，求得特征根 $\alpha_1=-1,\alpha_2=-2$，因此，零输入响应为 $r_{zi}(t)=C_1\mathrm{e}^{-t}+C_2\mathrm{e}^{-2t}$。

将初始条件 $r(0^-)=1$、$r'(0^-)=2$ 代入零输入响应，得

$$\begin{cases}C_1+C_2=1\\-C_1-2C_2=2\end{cases}\Rightarrow\begin{cases}C_1=4\\C_2=-3\end{cases}$$

所以零输入响应为 $r_{zi}(t)=4\mathrm{e}^{-t}-3\mathrm{e}^{-2t}$。

(2) 冲激响应。

设系统冲激响应函数为 $h(t)=(K_1\mathrm{e}^{-t}+K_2\mathrm{e}^{-2t})u(t)$，对其求导和求二阶导，有

$$\begin{aligned}h'(t)&=(-K_1\mathrm{e}^{-t}-2K_2\mathrm{e}^{-2t})u(t)+(K_1\mathrm{e}^{-t}+K_2\mathrm{e}^{-2t})\delta(t)\\&=(-K_1\mathrm{e}^{-t}-2K_2\mathrm{e}^{-2t})u(t)+(K_1+K_2)\delta(t)\end{aligned}$$

$$h''(t)=(K_1\mathrm{e}^{-t}+4K_2\mathrm{e}^{-2t})u(t)-(K_1+2K_2)\delta(t)+(K_1+K_2)\delta'(t)$$

将 $h(t)$、$h'(t)$、$h''(t)$ 代入微分方程左侧，有

$$\begin{aligned}&(K_1\mathrm{e}^{-t}+4K_2\mathrm{e}^{-2t})u(t)-(K_1+2K_2)\delta(t)+(K_1+K_2)\delta'(t)+\\&3(-K_1\mathrm{e}^{-t}-2K_2\mathrm{e}^{-2t})u(t)+3(K_1+K_2)\delta(t)+2(K_1\mathrm{e}^{-t}+K_2\mathrm{e}^{-2t})u(t)\\=&(2K_1+K_2)\delta(t)+(K_1+K_2)\delta'(t)\end{aligned}$$

将 $\delta(t)$ 代入方程右侧有 $\delta'(t)+3\delta(t)$，得

$$\begin{cases}K_1+K_2=1\\2K_1+K_2=3\end{cases}\Rightarrow\begin{cases}K_1=2\\K_2=-1\end{cases}$$

所以系统冲激响应函数为 $h(t)=(2\mathrm{e}^{-t}-\mathrm{e}^{-2t})u(t)$。

(3) 零状态响应。

根据系统的激励信号以及系统冲激响应可以得到零状态响应如下：

$$\begin{aligned}r_{zs}(t)&=h(t)*e(t)=(2\mathrm{e}^{-t}-\mathrm{e}^{-2t})u(t)*u(t)\\&=\left[\int_0^t(2\mathrm{e}^{-\tau}-\mathrm{e}^{-2\tau})\mathrm{d}\tau\right]u(t)=\left(-2\mathrm{e}^{-t}+\frac{1}{2}\mathrm{e}^{-2t}+\frac{3}{2}\right)u(t)\end{aligned}$$

(4) 全响应。

$$r(t)=r_{zi}(t)+r_{zs}(t)=\left(2\mathrm{e}^{-t}-\frac{5}{2}\mathrm{e}^{-2t}+\frac{3}{2}\right)u(t)$$

由于自由响应分量的函数形式仅依赖于系统特性(特征根)而与激励无关，因此受迫响应分量的函数形式由激励信号导出的自由项形式决定。

所以，自由响应为

$$r_h(t)=\left(2\mathrm{e}^{-t}-\frac{5}{2}\mathrm{e}^{-2t}\right)u(t)$$

受迫响应为

$$r_p(t)=\frac{3}{2}u(t)$$

$$r_{zs}(0^+)=r_{zs}(t)\mid_{t=0}=-2e^{-t}+\frac{1}{2}e^{-2t}+\frac{3}{2}\bigg|_{t=0}=0$$

$$r(0^+)-r(0^-)=r_{zs}(0^+)\Rightarrow r(0^+)=r(0^-)+r_{zs}(0^+)=1$$

或

$$r(0^+)=r(t)\mid_{t=0}=\left(2e^{-t}-\frac{5}{2}e^{-2t}+\frac{3}{2}\right)\bigg|_{t=0}=1$$

$$r'_{zs}(t)=(2e^{-t}-e^{-2t})u(t)+\left(-2e^{-t}+\frac{1}{2}e^{-2t}+\frac{3}{2}\right)\delta(t)$$

$$r'_{zs}(0^+)=r'_{zs}(t)\mid_{t=0}=1$$

$$r'(0^+)=r'(0^-)+r'_{zs}(0^+)=2+1=3$$

另也可以根据系统响应导数计算 $t=0$ 时刻的取值：

$$r'(0^+)=r'(t)\mid_{t=0}=(-2e^{-t}+5e^{-2t})\mid_{t=0}=3$$

也可利用齐次解和特解来获得自由响应和受迫响应：

① 求自由响应。根据微分方程得到特征方程及特征根分别为

$$\alpha^2+3\alpha+2=0,\quad \alpha_1=-1,\alpha_2=-2$$

设齐次解为

$$r_h(t)=A_1e^{-t}+A_2e^{-2t}$$

② 受迫响应。根据激励信号 $e(t)=u(t)$，设特解为 $r_p(t)=B$；代入题中给出的微分方程，得

$$2B=3u(t)\Rightarrow B=\frac{3}{2}$$

所以特解为 $r_p(t)=\frac{3}{2}u(t)$。

进一步，完全解可以写为

$$r(t)=r_h(t)+r_p(t)=A_1e^{-t}+A_2e^{-2t}+\frac{3}{2}$$

将 $r(0^+)$、$r'(0^+)$ 代入有

$$\begin{cases}A_1+A_2+\dfrac{3}{2}=1\\-A_1-2A_2=3\end{cases}\Rightarrow\begin{cases}A_1=2\\A_2=-\dfrac{5}{2}\end{cases}$$

综上，自由响应为 $r_h(t)=\left(2e^{-t}-\frac{5}{2}e^{-2t}\right)u(t)$，受迫响应为 $r_p(t)=\frac{3}{2}u(t)$，全响应为 $r(t)=\left(2e^{-t}-\frac{5}{2}e^{-2t}+\frac{3}{2}\right)u(t)$，$0^+$ 时刻的边界值 $r(0^+)=1$，$r'(0^+)=3$。

2.3　若系统激励为 $e(t)$，响应为 $r(t)$，求微分方程 $\frac{dr(t)}{dt}+2r(t)=\frac{d^2e(t)}{dt^3}+3\frac{de(t)}{dt}+3e(t)$ 所描述系统的冲激响应。

【分析与解答】

系统冲激响应的形式由特征根决定，为特征根的指数形式，当方程右边阶数大于或等于左边阶数($m \geqslant n$)时，冲激响应函数 $h(t)$ 中还应当包含 $\delta(t)$ 函数及其导数项(等于只包含 $\delta(t)$ 项)。

由微分方程$\frac{\mathrm{d}r(t)}{\mathrm{d}t}+2r(t)=\frac{\mathrm{d}^2e(t)}{\mathrm{d}t^2}+3\frac{\mathrm{d}e(t)}{\mathrm{d}t}+3e(t)$，可知方程右边阶数 2 大于左边阶数 1，因此 $h(t)$ 中应该包括 $\delta(t)$ 和 $\delta'(t)$，根据微分方程求得特征根为 $\alpha=-2$，因此冲激响应函数 $h(t)$ 为

$$h(t)=K_1\delta'(t)+K_2\delta(t)+K_3\mathrm{e}^{-2t}u(t)$$

求得

$$h'(t)=K_1\delta''(t)+K_2\delta'(t)+K_3\delta(t)-2K_3\mathrm{e}^{-2t}u(t)$$

代入微分方程

$$K_1\delta''(t)+(2K_1+K_2)\delta'(t)+(2K_2+K_3)\delta(t)=\delta''(t)+3\delta'(t)+3\delta(t)$$

根据冲激函数平衡原则，等式两端对应项系数相等，求得 $K_1=1,K_2=1,K_3=1$。所以

$$h(t)=\delta'(t)+\delta(t)+\mathrm{e}^{-2t}u(t)$$

2.4 已知系统冲激响应函数 $h(t)$，判断下列线性非时变系统是否因果、稳定。

(1)$h(t)=\mathrm{e}^{-|t|}\sin\omega_0 t$；　　(2)$h(t)=\mathrm{e}^{at}u(-t)$。

【分析与解答】

连续时间线性非时变系统稳定的充分必要条件为$\int_{-\infty}^{\infty}|h(t)|\mathrm{d}t=S<\infty$，连续时间线性非时变系统是因果系统的充分必要条件为 $h(t)=0,t<0$。

(1) 由于$\int_{-\infty}^{\infty}|h(t)|\mathrm{d}t=\int_{-\infty}^{\infty}|\mathrm{e}^{-|t|}\sin\omega_0 t|\mathrm{d}t<\int_{-\infty}^{\infty}|\mathrm{e}^{-|t|}|\mathrm{d}t=2$，为有限值，故系统稳定。又由于 $h(t)\neq 0,t<0$，所以系统不是因果系统。

(2) 由于$\int_{-\infty}^{\infty}|h(t)|\mathrm{d}t=\int_{-\infty}^{0}\mathrm{e}^{at}\mathrm{d}t=\frac{1}{a}\mathrm{e}^{at}\big|_{-\infty}^{0}$，当 $a>0$ 时，$\int_{-\infty}^{\infty}|h(t)|\mathrm{d}t=\frac{1}{a}$ 为有限值，故系统稳定；当 $a\leqslant 0$ 时，$\int_{-\infty}^{\infty}|h(t)|\mathrm{d}t\rightarrow\infty$，不是有限值，故系统不稳定。又由于 $h(n)\neq 0,t<0$，所以系统不是因果系统。

2.5 某一阶线性非时变系统，在相同的初始状态下，当系统激励为 $e(t)$ 时，其全响应为 $r(t)=(2\mathrm{e}^{-t}+\cos 2t)u(t)$，当系统激励为 $2e(t)$ 时，其全响应为 $r(t)=(\mathrm{e}^{-t}+2\cos 2t)u(t)$，试求在同样的初始状态下，系统激励为 $4e(t)$ 时的系统全响应。

【分析与解答】

题中相同初始状态意味着系统的零输入响应 $r_{zi}(t)$ 相同。

已知，当系统的激励为 $e(t)$ 时，全响应为 $r(t)=(2\mathrm{e}^{-t}+\cos 2t)u(t)$；当系统的激励为 $2e(t)$ 时，全响应为 $r(t)=(\mathrm{e}^{-t}+2\cos 2t)u(t)$。

将全响应分解为零状态响应和零输入响应之和，有

$$e(t)\Rightarrow r(t)=2\mathrm{e}^{-t}+\cos 2t=r_{zi}(t)+r_{zs}(t)$$

$$2e(t) \Rightarrow r(t) = \mathrm{e}^{-t} + 2\cos 2t = r_{zi}(t) + 2r_{zs}(t)$$

可以得到，$r_{zi}(t) = 3\mathrm{e}^{-t}$，$r_{zs}(t) = \cos 2t - \mathrm{e}^{-t}$。

所以，当系统的激励为 $4e(t)$ 时，全响应为

$$r(t) = r_{zi}(t) + 4r_{zs}(t) = 4\cos 2t - 4\mathrm{e}^{-t} + 3\mathrm{e}^{-t} = (4\cos 2t - \mathrm{e}^{-t})u(t)$$

2.6　已知一个系统对激励 $e_1(t) = u(t)$ 的全响应为 $r_1(t) = 2\mathrm{e}^{-t}u(t)$，对激励 $e_2(t) = \delta(t)$ 的全响应为 $r_2(t) = \delta(t)$。

(1) 试求系统的零输入响应 $r_{zi}(t)$；

(2) 系统起始状态保持不变，求其对激励 $e_3(t) = \mathrm{e}^{-t}u(t)$ 的全响应 $r_3(t)$。

【分析与解答】

(1) 由题得

$$e_1(t) = u(t) \Rightarrow r_1(t) = 2\mathrm{e}^{-t}u(t)$$

$$e_2(t) = \delta(t) \Rightarrow r_2(t) = \delta(t)$$

将全响应分解为零状态响应和零输入响应之和，有

$$2\mathrm{e}^{-t}u(t) = r_{zi}(t) + g(t) \quad ①$$

$$\delta(t) = r_{zi}(t) + h(t) \quad ②$$

式 ① - 式 ② 得

$$g(t) - g'(t) = 2\mathrm{e}^{-t}u(t) - \delta(t) \quad ③$$

式 ③ 即为 $g(t)$ 的微分方程，对其进行如下求解：

齐次解为

$$g_h(t) = A\mathrm{e}^{t}u(t)$$

特解为

$$g_p(t) = B_1\mathrm{e}^{-t}u(t) + B_2\delta(t)$$

对其进行求导，得

$$g'_p(t) = -B_1\mathrm{e}^{-t}u(t) + B_1\delta(t) + B_2\delta'(t)$$

将 $g_p(t)$ 和 $g'_p(t)$ 代入微分方程，得

$$2B_1\mathrm{e}^{-t}u(t) + (B_2 - B_1)\delta(t) - B_2\delta'(t) = 2\mathrm{e}^{-t}u(t) - \delta(t)$$

利用方程两端对应项系数相等求解系数，得

$$B_1 = 1,\quad B_2 = 0$$

所以 $g_p(t) = \mathrm{e}^{-t}u(t)$。因此

$$g(t) = A\mathrm{e}^{t}u(t) + \mathrm{e}^{-t}u(t) \quad ④$$

由式 ③ 微分方程的 δ 函数平衡法，

$$g'(t) \to \delta(t) \Rightarrow g(t) \to u(t)$$

$u(t)$ 在 0 处存在跳变，即 $u(0^+) = g(0^+) = 1$，再结合式 ④，有

$$1 = 1 + A \Rightarrow A = 0$$

所以 $g(t) = \mathrm{e}^{-t}u(t)$，将其代入式 ① 中，得到

$$r_{zi}(t) = 2\mathrm{e}^{-t}u(t) - g(t) = \mathrm{e}^{-t}u(t)$$

(2) 由 $g(t)$ 可得系统冲激函数 $h(t)$

$$g(t)=\mathrm{e}^{-t}u(t)\Rightarrow h(t)=\delta(t)-\mathrm{e}^{-t}u(t)$$

当系统的激励 $e_3(t)=\mathrm{e}^{-t}u(t)$ 时，系统的全响应为

$$r_3(t)=r_{zi}(t)+h(t)*e_3(t)=(2-t)\mathrm{e}^{-t}u(t)$$

另外，此题还可以利用变换域求解(第 4 章)

$$\begin{cases}\dfrac{2}{s+1}=R_{zi}(s)+\dfrac{1}{s}H(s)\Rightarrow R_{zi}(s)=\dfrac{1}{s+1}\Rightarrow r_{zi}(t)=\mathrm{e}^{-t}u(t)\\ 1=R_{zi}(s)+H(s)\Rightarrow H(s)=\dfrac{s}{s+1}=1-\dfrac{1}{s+1}\Rightarrow h(t)=\delta(t)-\mathrm{e}^{-t}u(t)\end{cases}$$

2.7 已知某线性非时变连续系统，当其初始状态 $r(0^-)=2$ 时，系统的零输入响应 $r_{zi}(t)=6\mathrm{e}^{-4t}, t>0$。而在初始状态 $r(0^-)=8$ 以及输入激励 $e(t)$ 共同作用下产生的系统完全响应 $r_1(t)=3\mathrm{e}^{-4t}+5\mathrm{e}^{-t}, t>0$。试求：

(1) 当激励为 $e(t)$ 时，系统的零状态响应 $r_{zs}(t)$；

(2) 系统在初始状态 $r(0^-)=1$ 以及输入激励为 $3e(t-1)$ 共同作用下产生的系统完全响应 $r_2(t)$。

【分析与解答】

(1) 由于已知系统在初始状态 $r(0^-)=2$ 时，系统的零输入响应 $r_{zi}(t)=6\mathrm{e}^{-4t}, t>0$。根据线性系统的特性，则系统在初始状态 $r(0^-)=8$ 时，系统的零输入响应为 $4r_{zi}(t)$，即为 $24\mathrm{e}^{-4t}, t>0$。而且已知系统在初始状态 $r(0^-)=8$ 以及输入激励 $e(t)$ 共同作用下产生的系统完全响应为 $r_1(t)=3\mathrm{e}^{-4t}+5\mathrm{e}^{-t}, t>0$。故系统仅在输入激励 $e(t)$ 作用下产生的零状态响应 $r_{zs}(t)$ 为

$$r_{zs}(t)=r_1(t)-4r_{zi}(t)=3\mathrm{e}^{-4t}+5\mathrm{e}^{-t}-24\mathrm{e}^{-4t}=5\mathrm{e}^{-t}-21\mathrm{e}^{-4t}\quad(t>0)$$

(2) 同理，根据线性系统的特性，可以求得系统在初始状态 $r(0^-)=1$ 以及输入激励 $3e(t-1)$ 共同作用下产生的系统完全响应为

$$r_2(t)=\frac{1}{2}r_{zi}(t)+3r_{zs}(t-1)=3\mathrm{e}^{-4t}+3\left[5\mathrm{e}^{-(t-1)}-21\mathrm{e}^{-4(t-1)}\right]\quad(t>1)$$

2.8 设系统的微分方程为 $\dfrac{\mathrm{d}^2r(t)}{\mathrm{d}t^2}+5\dfrac{\mathrm{d}r(t)}{\mathrm{d}t}+6r(t)=e(t)$，已知 $e(t)=\mathrm{e}^{-t}u(t)$，求使系统全响应为 $r(t)=C\mathrm{e}^{-t}u(t)$ 时的系统起始状态 $r(0^-)$ 和 $r'(0^-)$，并确定常数 C 值。

【分析与解答】

由微分方程得，$\alpha^2+5\alpha+6=0\Rightarrow\alpha=-2, \alpha=-3$。

设零输入响应和系统冲激响应函数分别为

$$r_{zi}(t)=(C_1\mathrm{e}^{-2t}+C_2\mathrm{e}^{-3t})u(t)$$
$$h(t)=(K_1\mathrm{e}^{-2t}+K_2\mathrm{e}^{-3t})u(t)$$

对系统冲激响应函数求导，有

$$h'(t)=(-2K_1\mathrm{e}^{-2t}-3K_2\mathrm{e}^{-3t})u(t)+(K_1+K_2)\delta(t)$$
$$h''(t)=(4K_1\mathrm{e}^{-2t}+9K_2\mathrm{e}^{-3t})u(t)+(-2K_1-3K_2)\delta(t)+(K_1+K_2)\delta'(t)$$

推导得

$$\begin{cases}K_1+K_2=0\\-2K_1-3K_2+5K_1+5K_2=1\end{cases}\Rightarrow\begin{cases}K_1=1\\K_2=-1\end{cases}\Rightarrow h(t)=(\mathrm{e}^{-2t}-\mathrm{e}^{-3t})u(t)$$

$$\Rightarrow r_{zs}(t)=h(t)*e(t)=\left(-\mathrm{e}^{-2t}+\frac{1}{2}\mathrm{e}^{-3t}+\frac{1}{2}\mathrm{e}^{-t}\right)u(t)$$

又

$$r(t)=r_{zi}(t)+r_{zs}(t)=C_1\mathrm{e}^{-2t}+C_2\mathrm{e}^{-3t}-\mathrm{e}^{-2t}+\frac{1}{2}\mathrm{e}^{-3t}+\frac{1}{2}\mathrm{e}^{-t}=C\mathrm{e}^{-t}$$

推导得

$$\begin{cases}C_1=1\\C_2=-\dfrac{1}{2}\\C=\dfrac{1}{2}\end{cases}$$

得到零输入响应为

$$r_{zi}(t)=\left(\mathrm{e}^{-2t}-\frac{1}{2}\mathrm{e}^{-3t}\right)u(t)$$

进而得到系统起始状态为

$$r_{zi}(0^-)=r(0^-)=\frac{1}{2},\quad r'_{zi}(0^-)=r'(0^-)=-\frac{1}{2}$$

2.9　已知连续时间线性非时变系统 $r'(t)+ar(t)=e(t)(a\neq 0)$ 的完全响应为 $r(t)=3+2\mathrm{e}^{-3t}(t\geqslant 0)$，试求：

(1) 系统的自由响应和受迫响应；

(2)a 和 $r(0^-)$ 的值，$e(t)$ 的表示式；

(3) 系统的零输入响应和零状态响应；

(4)$r'(t)+ar(t)=e(t-1)$ 的零输入响应和零状态响应。

【分析与解答】

(1) 系统的完全响应 $r(t)$ 可以分解为自由响应 $r_h(t)$ 与受迫响应 $r_p(t)$ 之和。系统的自由响应 $r_h(t)$ 是指完全响应 $r(t)$ 中那些与系统特征根相对应的响应，而系统受迫响应 $r_p(t)$ 是指完全响应 $r(t)$ 中那些与外部激励相对应的响应。

由描述系统的微分方程可知，系统的特征根为 $s=-a(a\neq 0)$，其自由响应的形式为 $r_h(t)=A\mathrm{e}^{-at}$，因此，从完全响应可以看出，自由响应为

$$r_h(t)=2\mathrm{e}^{-3t}\quad(t\geqslant 0)$$

再由 $r(t)=r_h(t)+r_p(t)$ 即可求出受迫响应为

$$r_p(t)=r(t)-r_h(t)=3\quad(t\geqslant 0)$$

(2) 由自由响应 $r_h(t)=2\mathrm{e}^{-3t}$ 可以看出，$a=3$；由受迫响应 $r_p(t)=3$ 可以看出，输入激励的形式为 $e(t)=B$，将其代入微分方积可求出 $B=9$。因为输入信号在 $t=0$ 时刻加入，因此输入信号为

$$e(t)=9u(t)$$

由完全响应 $r(t)=3+2\mathrm{e}^{-3t}$ 可以求出，$r(0^+)=5$。对微分方程 $r'(t)+ar(t)=e(t)$ 两边

分别从 0^- 到 0^+ 积分，有

$$\int_{0^-}^{0^+}[r'(t)+ar(t)]\mathrm{d}t=\int_{0^-}^{0^+}e(t)\mathrm{d}t$$

由此可得

$$r(0^-)=r(0^+)=5$$

(3) 由 $r(0^-)$ 可求出零输入响应为

$$r_{zi}(t)=5\mathrm{e}^{-3t}\quad(t\geqslant 0)$$

零状态响应为

$$r_{zs}(t)=r(t)-r_{zi}(t)=3(1-\mathrm{e}^{-3t})u(t)$$

(4) 当输入信号 $e(t)$ 延时，则系统的零输入响应不变，仍然为

$$r_{zi}=5\mathrm{e}^{-3t}\quad(t\geqslant 0)$$

根据线性非时变系统特性，$r_{zs}(t)$ 做相应的延时，则

$$r_{zs}(t)=3[1-\mathrm{e}^{-3(t-1)}]u(t-1)$$

2.10 已知连续时间线性非时变系统 $r'(t)+ar(t)=e(t)(a\neq 0)$ 的完全响应为 $r(t)=(3+2t)\mathrm{e}^{-3t}(t\geqslant 0)$，试求：

(1)a 和 $r(0^-)$ 的值，$e(t)$ 的表示式；

(2) 系统的零输入响应和零状态响应；

(3)$r(0^-)=6$，$r'(t)+ar(t)=e'(t)$ 的零输入响应和零状态响应；

(4)$r(0^-)=6$，$r'(t)+ar(t)=e'(t)+2e(t-1)$ 的零输入响应和零状态响应。

【分析与解答】

(1) 该题与上一题的微分方程相同，但是全响应不同。由描述系统的微分方程可知，系统的特征根为 $s=-a(a\neq 0)$，其自由响应的形式为 $r_h(t)=A\mathrm{e}^{-at}$，从完全响应 $y(t)$ 可以看出，自由响应为 $r_h(t)=3\mathrm{e}^{-3t}(t\geqslant 0)$。因此，$a=3$。

系统的受迫响应 $r_p(t)=r(t)-r_h(t)=2t\mathrm{e}^{-3t}(t\geqslant 0)$，由受迫响应可以看出 $e(t)=K\mathrm{e}^{-3t}$，将 $r_p(t)$ 和 $e(t)$ 代入微分方程可求出 $K=2$。因为输入信号在 $t=0$ 时刻加入，因此输入信号为

$$e(t)=2\mathrm{e}^{-3t}u(t)$$

由完全响应 $r(t)=(3+2t)\mathrm{e}^{-3t}$ 可以求出，$r(0^+)=3$。对微分方程 $r'(t)+ar(t)=e(t)$ 两边分别从 0^- 到 0^+ 积分，有

$$\int_{0^-}^{0^+}[r'(t)+ar(t)]\mathrm{d}t=\int_{0^-}^{0^+}e(t)\mathrm{d}t$$

由此可得

$$r(0^-)=r(0^+)=3$$

(2) 由 $r(0^-)$ 可求出零输入响应为

$$r_{zi}(t)=3\mathrm{e}^{-3t}\quad(t\geqslant 0)$$

零状态响应为

$$r_{zs}(t)=r(t)-r_{zi}(t)=2t\mathrm{e}^{-3t}u(t)$$

(3) 若 $r(0^-)=6$，则系统的零输入响应为

$$r_{zi}(t)=6e^{-3t}\quad (t\geqslant 0)$$

若 $r'(t)+ar(t)=e'(t)$，表明系统的输入变化为 $e(t)\to e'(t)$，根据线性非时变系统的特性，系统的零状态响应也为原来零状态响应的微分，即

$$r_{zs}(t)=[2te^{-3t}u(t)]'=(2e^{-3t}-6te^{-3t})u(t)$$

(4) 若 $r(0^-)=6$，则系统的零输入响应为

$$r_{zi}=6e^{-3t}\quad (t\geqslant 0)$$

若 $r'(t)+ar(t)=e'(t)+2e(t-1)$，表明系统的输入变化为 $e(t)\to e'(t)+2e(t-1)$，根据线性非时变系统特性，可得

$$r_{zs}(t)=(2e^{-3t}-6te^{-3t})u(t)+4(t-1)e^{-3(t-1)}u(t-1)$$

2.11　已知某系统的激励为 $e(t)=\begin{cases}1 & (0\leqslant t\leqslant 1)\\ 0 & (\text{其他})\end{cases}$，单位冲激响应为 $h(t)=e\left(\dfrac{t}{\alpha}\right)$，$\alpha\neq 0$，试求系统响应 $r(t)$，并大致画出 $r(t)$ 的波形。

【分析与解答】

(1) 当 $\alpha\geqslant 1$ 时，$h(t)$ 相比 $e(t)$ 展宽，$r(t)=h(t)*e(t)=e\left(\dfrac{t}{\alpha}\right)*e(t)$，卷积过程如图2.4所示。

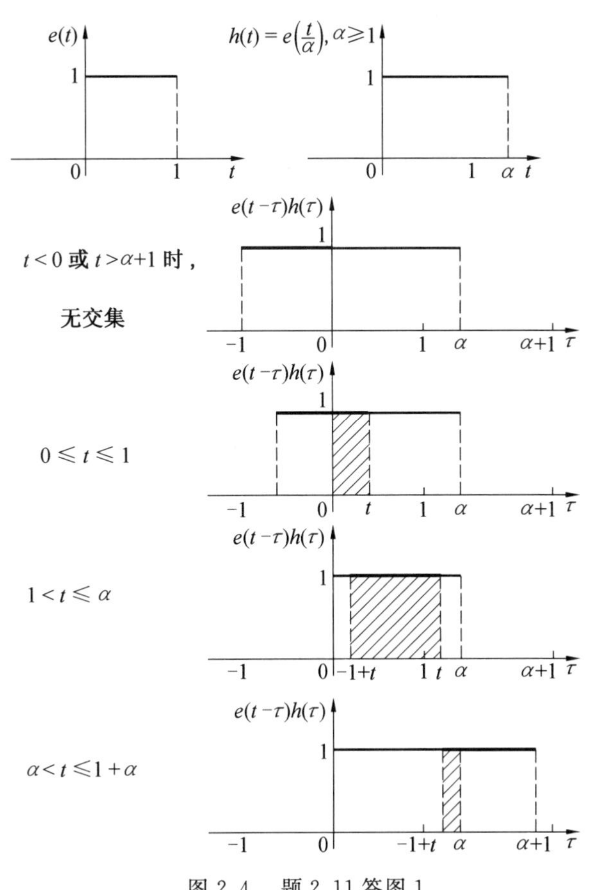

图 2.4　题 2.11 答图 1

最终得

$$r(t)=\begin{cases}0 & (t<0\text{ 或 }t>\alpha+1)\\ t & (0\leqslant t\leqslant 1)\\ 1 & (1<t\leqslant\alpha)\\ \alpha-t+1 & (\alpha<t\leqslant\alpha+1)\end{cases}$$

波形图如图 2.5 所示。

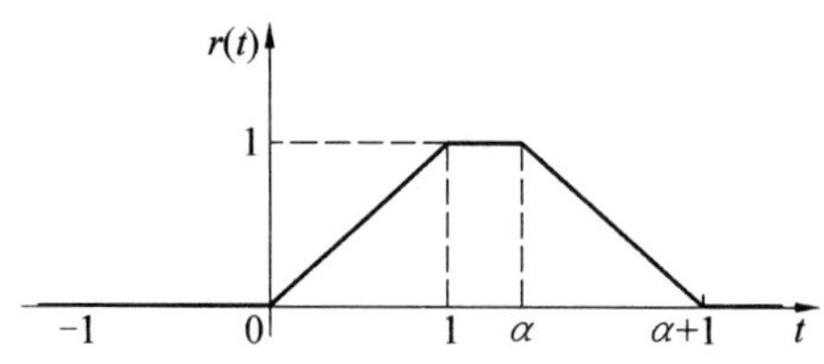

图 2.5　题 2.11 答图 2

(2) 当 $0<\alpha<1$ 时，$h(t)$ 相比 $e(t)$ 压缩，卷积过程如图 2.6 所示。

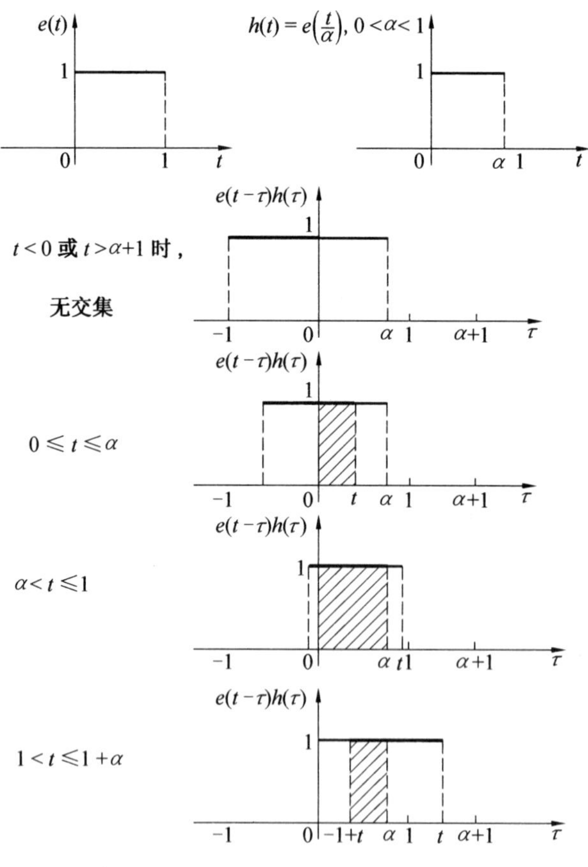

图 2.6　题 2.11 答图 3

最终得

$$r(t)=\begin{cases}0 & (t<0 \text{ 或 } t>\alpha+1)\\ t & (0\leqslant t\leqslant\alpha)\\ \alpha & (\alpha<t\leqslant 1)\\ \alpha-t+1 & (1<t\leqslant\alpha+1)\end{cases}$$

波形图如图 2.7 所示。

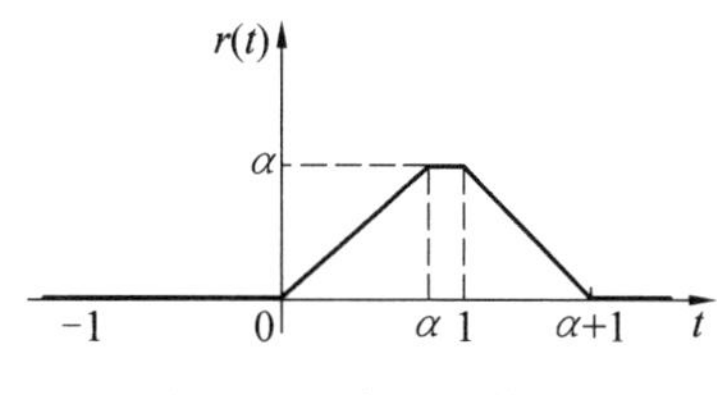

图 2.7　题 2.11 答图 4

2.12　某因果系统如图 2.8 所示，其中 $h_1(t)=\delta(t)+\delta'(t)h''_2(t)+4h'_2(t)+3h_2(t)=\delta(t)$，试求：

(1) 系统的单位冲激响应 $h(t)$；

(2) 列写系统的输入输出微分方程；

(3) 画出系统的模拟框图。

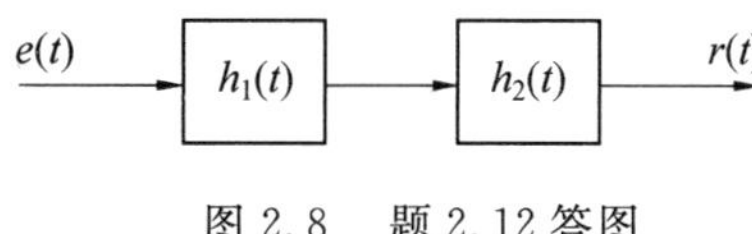

图 2.8　题 2.12 答图

【分析与解答】

(1) 题中有

$$h_1(t)=\delta(t)+\delta'(t)h''_2(t)+4h'_2(t)+3h_2(t)=\delta(t)$$

由 $h_2(t)$ 的微分方程求得 $h_2(t)$，由特征方程求得特征根如下：

$$\alpha^2+4\alpha+3=0\Rightarrow\alpha=-1,\alpha=-3$$

所以

$$h_2(t)=(K_1\mathrm{e}^{-t}+K_2\mathrm{e}^{-3t})u(t)$$

对上式分别求导和求二阶导 $h'_2(t)$、$h''_2(t)$，得

$$h'_2(t)=(-K_1\mathrm{e}^{-t}-3K_2\mathrm{e}^{-3t})u(t)+(K_1+K_2)\delta(t)$$

$$h''_2(t)=(K_1\mathrm{e}^{-t}+9K_2\mathrm{e}^{-3t})u(t)+(-K_1+K_2)\delta(t)+(K_1+K_2)\delta'(t)$$

将 $h_2(t)$、$h'_2(t)$ 和 $h''_2(t)$ 代入微分方程左端，得到

$$\begin{aligned}&(K_1\mathrm{e}^{-t}+9K_2\mathrm{e}^{-3t})u(t)+(-K_1+K_2)\delta(t)+(K_1+K_2)\delta'(t)+\\&4\cdot[(-K_1\mathrm{e}^{-t}-3K_2\mathrm{e}^{-3t})u(t)+(K_1+K_2)\delta(t)]+\\&3\cdot[(K_1\mathrm{e}^{-t}+K_2\mathrm{e}^{-3t})u(t)]=\delta(t)\end{aligned}$$

令两端对应项系数相等，得

$$\begin{cases}K_1+K_2=0\\-K_1+3K_2=1\end{cases}\Rightarrow\begin{cases}K_1=\dfrac{1}{2}\\K_2=-\dfrac{1}{2}\end{cases}$$

则

$$h_2(t)=\left(\frac{1}{2}e^{-t}-\frac{1}{2}e^{-3t}\right)u(t)$$

又根据系统串联，$h(t)=h_1(t)*h_2(t)$，得

$$h(t)=h_1(t)*h_2(t)=\left(\frac{1}{2}e^{-t}-\frac{1}{2}e^{-3t}-\frac{1}{2}e^{-t}+\frac{3}{2}e^{-3t}\right)u(t)=e^{-3t}u(t)$$

(2) 由 $\alpha=-3$，可得一阶系统特征方程 $\alpha+3=0$，由 $h(t)$ 函数式中没有 $\delta(t)$ 可知微分方程右侧阶数小于微分方程左侧阶数，由此可得微分方程为 $\frac{dr(t)}{dt}+3r(t)=e(t)$。

(3) 根据(2) 中的微分方程，得到系统的模拟框图如图 2.9 所示。

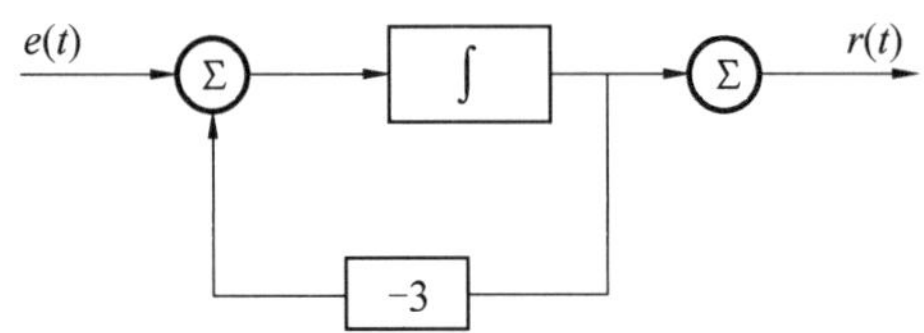

图 2.9　题 2.12 答图

2.13　已知某因果连续时间线性非时变系统的微分方程为

$$r''(t)+7r'(t)+10r(t)=2e'(t)+3e(t)\quad (t>0)$$

激励信号 $e(t)=e^{-t}u(t)$，初始状态 $r(0^-)=1, r'(0^-)=1$，试求：

(1) 系统的冲激响应 $h(t)$；

(2) 系统的零输入响应 $r_{zi}(t)$、零状态响应 $r_{zs}(t)$ 及完全响应 $r_1(t)$；

(3) 若 $e(t)=e^{-t}u(t-1)$，重求系统的完全响应 $r_2(t)$。

【分析与解答】

(1) 微分方程的特征根 $\alpha_1=-2, \alpha_2=-5$，且方程左端含有二阶导数，而方程右端仅有一阶导数，故设 $h(t)=(K_1e^{-2t}+K_2e^{-5t})u(t)$。将其代入微分方程 $h''(t)+7h'(t)+10h(t)=2\delta'(t)+3\delta(t)$，可求出待定系数 $K_1=-\frac{1}{3}, K_2=\frac{7}{3}$。因此，系统的冲激响应 $h(t)$ 为

$$h(t)=\left(-\frac{1}{3}e^{-2t}+\frac{7}{3}e^{-5t}\right)u(t)$$

(2) 由微分方程的特征根 $\alpha_1=-2, \alpha_2=-5$，可写出零输入响应的形式为

$$r_{zi}(t)=K_3e^{-2t}+K_4e^{-5t}\quad (t\geqslant 0)$$

由系统的初始状态 $r(0^-)=1, r'(0^-)=1$ 可求出其中的待定系数 $K_3=2, K_4=-1$。由此即得零输入响应为

$$r_{zi}(t)=2e^{-2t}-e^{-5t}\quad (t\geqslant 0)$$

系统的零状态响应为

$$r_{zs}(t)=e(t)*h(t)=e^{-t}u(t)*\left(-\frac{1}{3}e^{-2t}+\frac{7}{3}e^{-5t}\right)u(t)=\left(\frac{1}{4}e^{-t}+\frac{1}{3}e^{-2t}-\frac{7}{12}e^{-5t}\right)u(t)$$

系统的完全响应为

$$r_1(t)=r_{zi}(t)+r_{zs}(t)=\frac{1}{4}e^{-t}+\frac{7}{3}e^{-2t}-\frac{19}{12}e^{-5t}\quad (t>0)$$

(3) 输入信号改变，$e(t)=e^{-t}u(t-1)=e^{-1}e^{-(t-1)}u(t-1)$，但描述系统的微分方程不变，系统的初始状态不变。由于冲激响应只与描述系统的微分方程有关，故冲激响应 $h(t)$ 不变。由于零输入响应仅与系统的初始状态有关，故零输入响应 $r_{zi}(t)$ 不变。输入信号改变，系统的零状态响应也随之改变，利用线性非时变系统的特性可得

$$T[e^{-t}u(t-1)]=e^{-1}\left[\frac{1}{4}e^{-(t-1)}+\frac{1}{3}e^{-2(t-1)}-\frac{7}{12}e^{-5(t-1)}\right]u(t-1)$$

系统的完全响应为

$$r_2(t)=2e^{-2t}-e^{-5t}+e^{-1}\left[\frac{1}{4}e^{-(t-1)}+\frac{1}{3}e^{-2(t-1)}-\frac{7}{12}e^{-5(t-1)}\right]u(t-1)\quad(t\geqslant 0)$$

2.14　求图2.10所示连续时间线性非时变系统的单位冲激响应 $h(t)$，已知 $h_1(t)=u(t)$，$h_2(t)=2\delta(t-2)$，$h_3(t)=e^{-2t}u(t)$，$h_4(t)=e^{-3t}u(t)$。

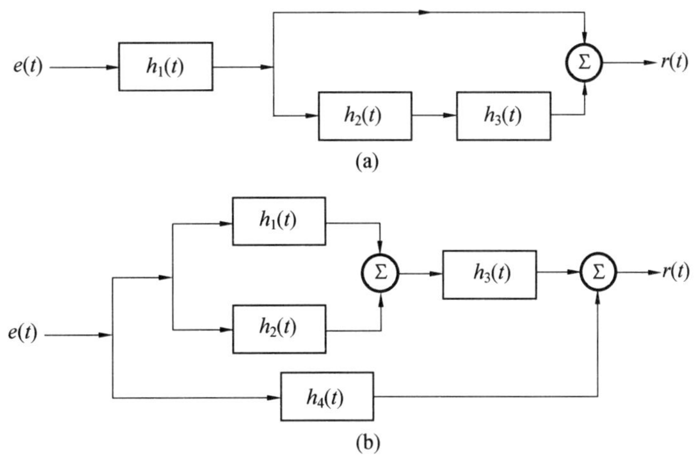

图2.10　题2.14图

【分析与解答】

(1) 根据各子系统的连接关系，可得

$$h(t)=h_1(t)*[\delta(t)+h_2(t)*h_3(t)]=u(t)*[\delta(t)+2\delta(t-2)*e^{-2t}u(t)]$$

利用卷积积分的性质，可得

$$h(t)=u(t)*\delta(t)+2\delta(t-2)*[u(t)*e^{-2t}u(t)]=u(t)+[1-e^{-2(t-2)}]u(t-2)$$

(2) 根据各子系统的连接关系，可得

$$h(t)=[h_1(t)+h_2(t)]*h_3(t)+h_4(t)=[u(t)+2\delta(t-2)]*e^{-2t}u(t)+e^{-3t}u(t)$$

利用卷积积分的性质，可得

$$\begin{aligned}h(t)&=u(t)*e^{-2t}u(t)+2\delta(t-2)*e^{-2t}u(t)+e^{-3t}u(t)\\&=\frac{1}{2}(1-e^{-2t})u(t)+2e^{-2(t-2)}u(t-2)+e^{-3t}u(t)\end{aligned}$$

2.15　已知信号 $f\left(2-\frac{t}{2}\right)$ 的波形如图2.11(a)所示，画出 $f(t)$ 的波形。

【分析与解答】

从 $f(t)$ 到 $f(at+b)$ 的波形变换过程为

$$f(t) \xrightarrow{|a|<1\text{扩展},|a|>1\text{压缩}} f(|a|t) \xrightarrow{\text{若 } a<0\text{ 翻转}} f(at) \xrightarrow{\frac{b}{a}>0\text{左移},\frac{b}{a}<0\text{右移}} f(at+b)$$

因此，从 $f(at+b)$ 到 $f(t)$ 的波形变换过程为

$$f(t) \xleftarrow[|a|>1\text{扩展},|a|<1\text{压缩}]{} f(|a|t) \xleftarrow[\text{若 } a<0\text{ 翻转}]{} f(at) \xleftarrow[\frac{b}{a}>0,\text{右移};\frac{b}{a}<0,\text{左移}]{} f(at+b)$$

$$f\left(2-\frac{t}{2}\right) \xrightarrow{\frac{b}{a}=-4<0\text{左移}} f\left(-\frac{t}{2}\right) \xrightarrow{a=-\frac{1}{2}<0\text{翻转}} f\left(\frac{t}{2}\right) \xrightarrow{a=\frac{1}{2},\text{压缩}} f(t)$$

过程如图 2.11(b) ～ (d) 所示。

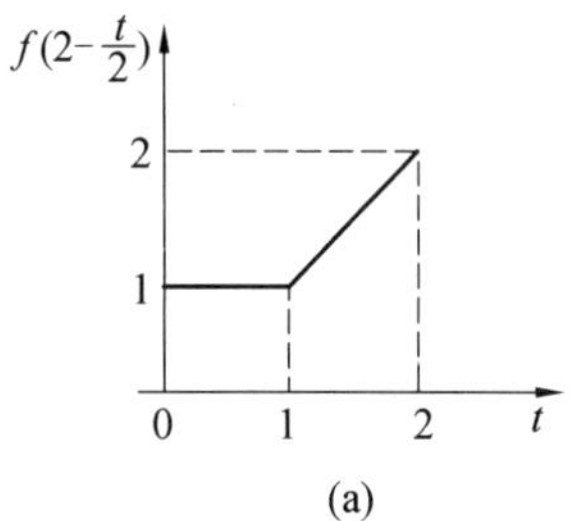

(a)

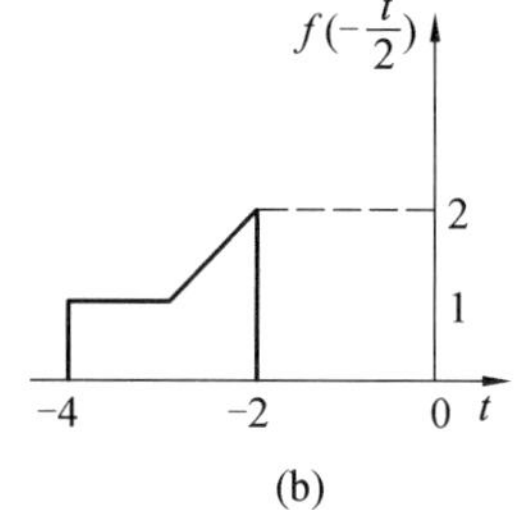

(b)

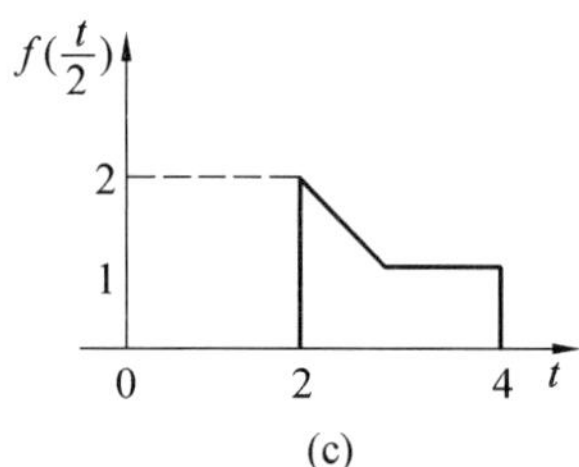

(c)

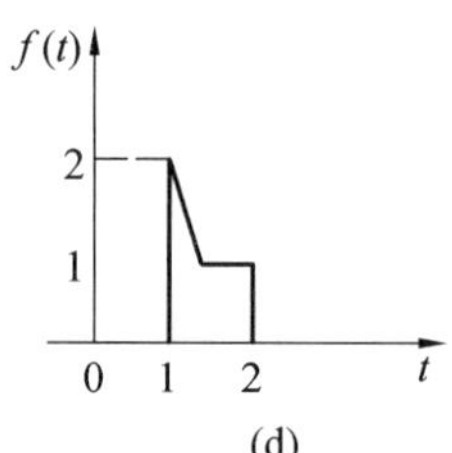

(d)

图 2.11　题 2.15 图

2.16　已知 $f(t)$ 的波形如图 2.12(a) 所示，求 $f(2-4t)$，并画出其波形。

【分析与解答】

$f(t)$ 可分解为三角脉冲 $f_1(t)$ 和冲激信号 $f_2(t)$ 两函数之和，即

$$f(t)=f_1(t)+f_2(t)$$

分析可知

$$f_1(t) \xrightarrow{|a|=4,\text{压缩}} f_1(4t) \xrightarrow{a=-4<0,\text{翻转}} f_1(-4t) \xrightarrow{\frac{b}{a}=-\frac{1}{2}<0,\text{右移}} f_1(2-4t)$$

由冲激信号的展缩特性，有

$$\delta(at+b)=\frac{1}{|a|}\delta(t+\frac{b}{a})$$

由 $f_2(t)=4\delta(t-6)$ 到 $f_2(2-4t)$，即

$$f_2(2-4t)=4\delta(2-4t-6)=4\delta(-4t-4)=\delta(t+1)$$

$f(2-4t)$ 的波形如图 2.12(b) 所示。

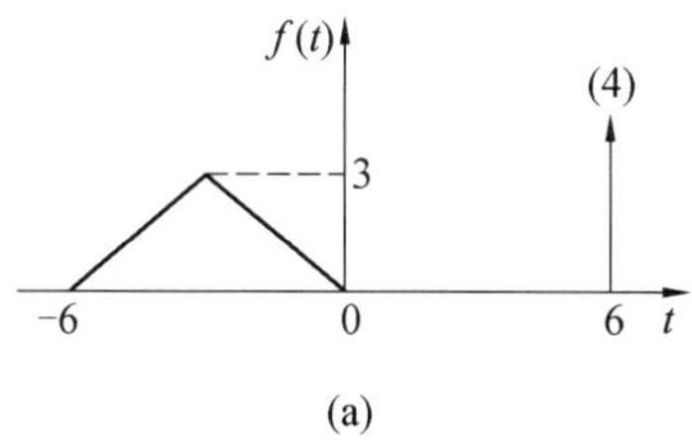

(a)

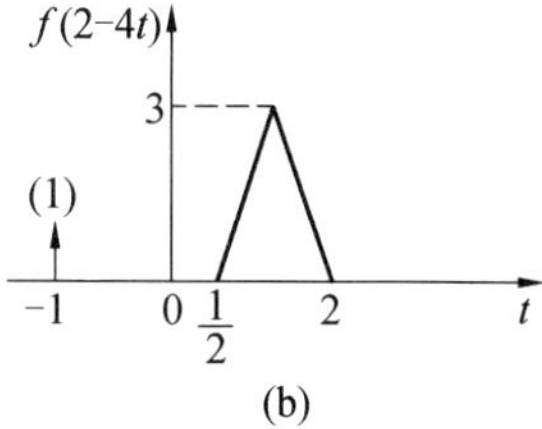

(b)

图 2.12　题 2.16 图

2.17　一线性非时变系统，起始状态一定。当输入 $e_1(t)=\delta(t)$ 时，系统的全响应 $r_1(t)=-3\mathrm{e}^{-t}u(t)$；当输入 $e_2(t)=u(t)$ 时，系统的全响应 $r_2(t)=u(t)-5\mathrm{e}^{-t}u(t)$，求当输入 $e_3(t)=5\mathrm{e}^{-2t}u(t)$ 时系统的全响应 $r_3(t)$。

【分析与解答】

设起始状态一定时的零输入响应为 $r_{zi}(t)$，单位冲激响应为 $h(t)$，单位阶跃响应为 $g(t)$，则

$$r_{zi}(t)+h(t)=r_1(t)=-3\mathrm{e}^{-t}u(t)$$

$$r_{zi}(t)+g(t)=r_2(t)=u(t)-5\mathrm{e}^{-t}u(t)$$

以上两式相减可得

$$g(t)-h(t)=u(t)-2\mathrm{e}^{-t}u(t)$$

对上式求导

$$g'(t)-h'(t)=\delta(t)+2\mathrm{e}^{-t}u(t)-2\delta(t)$$

又因为

$$g'(t)=h_1(t)$$

整理得

$$h'(t)-h(t)=\delta(t)-2\mathrm{e}^{-t}u(t)$$

按微分方程求 $h(t)$ 的奇异函数平衡法可以求得

$$h(t)=\mathrm{e}^{-t}u(t)$$

零输入响应为

$$r_{zi}(t)=r_1(t)-h(t)=-3\mathrm{e}^{-t}u(t)-\mathrm{e}^{-t}u(t)=-4\mathrm{e}^{-t}u(t)$$

设 $e_3(t)=5\mathrm{e}^{-2t}u(t)$ 产生零状态响应为 $r_{zs3}(t)$，则

$$r_{zs3}(t)=e_3(t)*h(t)=[5\mathrm{e}^{-2t}u(t)]*[\mathrm{e}^{-t}u(t)]=5\mathrm{e}^{-t}u(t)-5\mathrm{e}^{-2t}u(t)$$

输入 $e_3(t)=5\mathrm{e}^{-2t}u(t)$ 时，系统的全响应 $r_3(t)$ 为

$$r_3(t)=r_{zs3}(t)+r_{zi}(t)=\mathrm{e}^{-t}u(t)-5\mathrm{e}^{-2t}u(t)$$

第 3 章 连续时间信号与系统的频域分析

傅里叶变换与频谱分析是本书的核心内容，也是本书的难点，涉及的物理概念很多，较难理解。第 4 章连续信号拉普拉斯变换及第 7 章离散信号 Z 变换均可看作傅里叶变换的引申与推广。不同形式的信号其频谱特点不同，根据时域信号的连续或离散，周期或非周期性，应考虑 4 种信号的频谱：连续周期、连续非周期、离散非周期及离散周期信号。本章介绍其中两种信号的频谱，即连续非周期与连续周期信号。第 5 章介绍抽样（即离散非周期）信号的频谱，第 7 章中序列的离散时间傅里叶变换与抽样信号的频谱是等效的；而第 8 章离散傅里叶变换（DFT）为离散周期信号的频谱。

3.1 学习要求

（1）掌握三角形式和指数形式傅里叶级数的定义和求解。

（2）掌握实信号波形的对称性与傅里叶级数分解系数的关系。

（3）从数学、物理及工程角度深刻理解连续非周期信号频谱的概念。

（4）熟练掌握傅里叶变换的定义和基本性质，重点掌握卷积定理的含义和作用。

（5）熟练掌握典型连续非周期信号的频谱。

（6）掌握连续周期信号的傅里叶变换，从数学、物理及工程角度深刻理解周期信号频谱的概念。

（7）理解连续系统的频域分析基本原理。

（8）掌握连续系统频率响应的物理概念。

3.2 重点和难点提示

1. 连续周期信号的频谱分析

连续周期信号频谱的概念是信号频域分析的重要内容，掌握连续周期信号频谱的概念有助于理解其他信号的频谱。

构成连续时间周期信号的各频率虚指数 $e^{jn\omega_1 t}$（或正弦）分量的加权系数就是连续周期信号的频谱，即傅里叶级数的系数 c_n 就是连续周期信号的频谱。若将连续时间周期信号看成连续非周期信号的周期延拓，则连续时间周期信号的频谱 c_n 还可以利用连续非周期信号的傅里叶变换计算。

2. 连续非周期信号的频谱分析

当周期信号的周期 $T_1 \to \infty$ 时，周期信号就变成了非周期信号，由此可以利用周期信号的频谱推出非周期信号的频谱。学习这部分内容时，要注意掌握周期、非周期信号频谱的特点及两者的区别与相互关系。

非周期信号的频谱分析是通过傅里叶变换实现的，其物理含义与周期信号的频谱分析相似，可以两者对照来理解。在分析任意信号的频谱时，往往利用常用基本信号的频谱和傅里叶变换的特性来分析。因此，牢固掌握一些常用基本信号的频谱，灵活掌握和熟练运用傅里叶变换的基本性质是信号频域分析的关键。

3. 连续系统的频谱分析

系统频域分析法的基本思想与时域分析法是一致的。首先将激励信号分解为一系列不同幅度、不同频率的正弦信号，然后求出每一正弦信号单独通过系统的响应，并将这些响应在频域叠加，最后再变换回时域表示，即得到系统的零状态响应。

线性系统频域分析法的原理说明框图如图 3.1 所示，具体做法是，在系统的输入端，把系统的激励信号 $e(t)$ 通过傅里叶变换转换到频域 $E(\omega)$，在输出端，则将频域的输出响应 $R(\omega)$ 转换回时域 $r(t)$，而中间的所有运算都是在频域进行的。

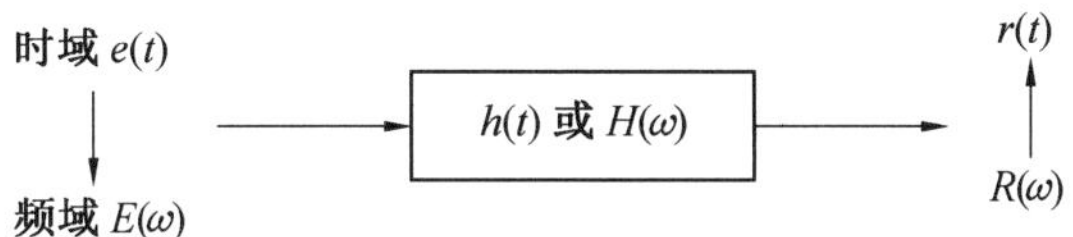

图 3.1　线性系统频域分析法的原理说明框图

3.3　要点解析与解题提要

3.3.1　周期信号的傅里叶级数

任意满足狄利克雷条件的周期信号都可以展开为傅里叶级数的三角函数形式与指数函数形式，傅里叶级数是一种完备正交函数分解。

1. 周期信号的三角形式傅里叶级数

对于任意周期为 T_1 的周期信号 $f(t)$，可以分解为(t_0, t_0+T_1)内的完备正交三角函数集$\{1, \cos n\omega_1 t, \sin n\omega_1 t\}$（$n$ 为正整数）中各函数分量的线性组合的形式，即

$$\begin{aligned} f(t) &= \frac{a_0}{2} + a_1\cos\omega_1 t + b_1\sin\omega_1 t + \cdots + a_n\cos n\omega_1 t + b_n\sin n\omega_1 t + \cdots \\ &= \frac{a_0}{2} + \sum_{n=1}^{\infty}(a_n\cos n\omega_1 t + b_n\sin n\omega_1 t) \end{aligned} \tag{3.1}$$

根据正交函数集的正交条件，可得三角形式傅里叶级数的系数 $a_n(n=0,1,2,\cdots)$ 和 $b_n(n=1,2,\cdots)$。

$$a_0 = \frac{2}{T_1}\int_{t_0}^{t_0+T_1} f(t)\,\mathrm{d}t \tag{3.2}$$

$$a_n=\frac{2}{T_1}\int_{t_0}^{t_0+T_1} f(t)\cos n\omega_1 t\mathrm{d}t \tag{3.3}$$

$$b_n=\frac{2}{T_1}\int_{t_0}^{t_0+T_1} f(t)\sin n\omega_1 t\mathrm{d}t \tag{3.4}$$

三角形式傅里叶级数的物理意义：周期信号分解为无穷多个正交函数分量的线性组合，其为第 1 章中正交函数分解方法在周期信号中的具体应用。

2. 三角形式傅里叶级数与周期信号波形对称性的关系

傅里叶级数与周期信号波形对称性的关系见表 3.1。

表 3.1　傅里叶级数与周期信号波形对称性的关系

对称性	表达式	傅里叶级数所含分量	系数 a_n	系数 b_n
偶函数，纵轴对称	$f(t)=f(-t)$	包括直流与余弦分量	$\frac{4}{T_1}\int_0^{T_1/2} f(t)\cos n\omega_1 t\mathrm{d}t$	0
奇函数，坐标原点对称	$f(t)=-f(-t)$	只有正弦项	0	$\frac{4}{T_1}\int_0^{T_1/2} f(t)\sin n\omega_1 t\mathrm{d}t$
偶谐函数，半周期重叠	$f(t)=f\left(t\pm\frac{T}{2}\right)$	包括直流和偶次谐波	$\frac{4}{T_1}\int_0^{T_1/2} f(t)\cos n\omega_1 t\mathrm{d}t$	$\frac{4}{T_1}\int_0^{T_1/2} f(t)\sin n\omega_1 t\mathrm{d}t$
奇谐函数，半周期镜像对称	$f(t)=-f\left(t\pm\frac{T}{2}\right)$	只有奇次谐波		

$f(t)$ 为偶函数时，包括直流与余弦分量（所有信号分量均为偶函数），不包含正弦分量。原因为：如果包含正弦分量则傅里叶级数展开式右侧出现奇函数，右侧信号不再为偶函数，不可能与 $f(t)$ 相同。

$f(t)$ 为奇函数时，不包括直流及余弦分量，只包含正弦分量（即所有信号分量均为奇函数）。原因为：如果其包含直流及余弦分量，则傅里叶级数展开式右侧出现偶函数，等式右侧不再是奇函数，不可能与 $f(t)$ 构成等式。

3. 周期信号的指数形式傅里叶级数

信号的三角形式傅里叶级数形成具有比较明确的物理意义，但运算起来不方便。因此，常常将周期信号 $f(t)$ 分解成指数形式傅里叶级数的形式。由于指数函数集 $\mathrm{e}^{\mathrm{j}n\omega_1 t}(n=0,\pm1,\pm2,\cdots)$ 在区间 (t_0,t_0+T_1) 内是完备正交函数集，因此，任意周期信号 $f(t)$ 都可以在区间 (t_0,t_0+T_1) 内用指数函数集的线性组合来分解表示，即

$$\begin{aligned}f(t)&=\sum_{n=-\infty}^{\infty} c_n\mathrm{e}^{\mathrm{j}n\omega_1 t}\\&=\cdots+c_{-n}\mathrm{e}^{-\mathrm{j}n\omega_1 t}+\cdots+c_{-2}\mathrm{e}^{-\mathrm{j}2\omega_1 t}+c_{-1}\mathrm{e}^{-\mathrm{j}\omega_1 t}+c_0+c_1\mathrm{e}^{\mathrm{j}\omega_1 t}+c_2\mathrm{e}^{\mathrm{j}2\omega_1 t}+\cdots+c_n\mathrm{e}^{\mathrm{j}n\omega_1 t}+\cdots\end{aligned} \tag{3.5}$$

指数形式傅里叶级数分解的加权系数 c_n 可由正交条件计算，即

$$c_n=\frac{1}{T_1}\int_{t_0}^{t_0+T_1} f(t)\mathrm{e}^{-\mathrm{j}n\omega_1 t}\mathrm{d}t \tag{3.6}$$

4. 三角形式傅里叶系数和指数形式傅里叶系数的关系

根据周期信号展开傅里叶级数的求解公式，可得指数形式傅里叶系数和三角形式傅里叶系数的关系为

$$c_n = \frac{1}{2}(a_n - \mathrm{j}b_n) \tag{3.7}$$

5. 周期矩形脉冲信号的频谱

三角形式傅里叶级数 $f(t)=\frac{a_0}{2}+\sum_{n=1}^{\infty}(a_n\cos n\omega_1 t+b_n\sin n\omega_1 t)$，可以写成纯余弦形式的三角形式傅里叶级数，即

$$f(t) = \frac{A_0}{2} + \sum_{n=1}^{\infty} A_n \cos(n\omega_1 t + \varphi_n) \tag{3.8}$$

将各分量的幅度 $A_n=\sqrt{a_n^2+b_n^2}$ 和相位 $\varphi_n=-\arctan\frac{b_n}{a_n}$ 对 $n\omega_1$ 的关系绘成线图，就可以清楚而直观地看出各频率分量的相对大小和相位关系，分别称为幅度频谱图和相位频谱图。同理，指数形式傅里叶级数展开式的系数 c_n 也可以写成幅度和相位的形式，$c_n=|c_n|\mathrm{e}^{\mathrm{j}\varphi_n}$，幅度 $|c_n|$ 和相位 φ_n 对 $n\omega_1$ 的关系也分别称为幅度频谱图和相位频谱图。

在典型周期信号的频谱分析中，矩形脉冲信号的频谱分析具有十分重要的意义。设周期矩形脉冲信号 $f(t)$ 的脉冲宽度为 τ，脉冲幅度为 E，重复周期为 T_1，如图 3.2 所示。

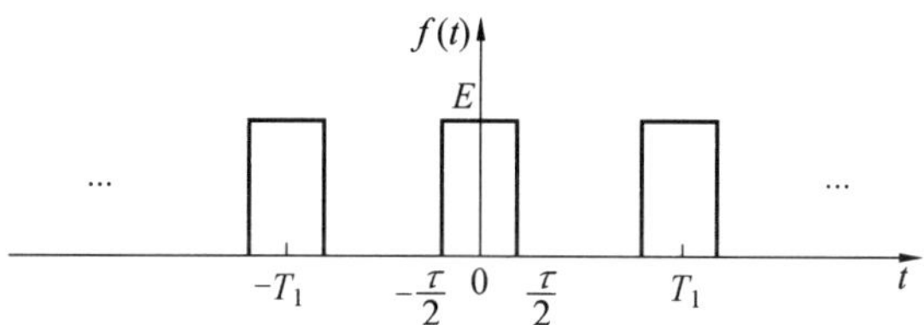

图 3.2　周期矩形脉冲信号

周期矩形脉冲信号的三角形式傅里叶级数为

$$\begin{aligned} f(t) &= \frac{E\tau}{T_1} + \frac{2E\tau}{T_1}\sum_{n=1}^{\infty}\mathrm{Sa}\left(\frac{n\pi\tau}{T_1}\right)\cos n\omega_1 t \\ &= \frac{E\tau}{T_1} + \sum_{n=1}^{\infty}\frac{2E\tau}{T_1}\left|\mathrm{Sa}\left(\frac{n\omega_1\tau}{2}\right)\right|\cos(n\omega_1 t+\varphi_n) \end{aligned} \tag{3.9}$$

或展成指数形式傅里叶级数，为

$$f(t) = \frac{E\tau}{T_1}\sum_{n=-\infty}^{\infty}\mathrm{Sa}\left(\frac{n\omega_1\tau}{2}\right)\mathrm{e}^{\mathrm{j}n\omega_1 t} \tag{3.10}$$

若给定 τ、T_1、E，就可以求出直流分量、基波和各谐波的幅度，如下所示：

$$\frac{a_0}{2} = \frac{E\tau}{T_1} \tag{3.11}$$

$$A_n = \frac{2E\tau}{T_1}\left|\mathrm{Sa}\left(\frac{n\pi\tau}{T_1}\right)\right|,\quad \varphi_n = \begin{cases} 0 & (a_n > 0) \\ \pm\pi & (a_n < 0) \end{cases} \tag{3.12}$$

$$c_n=\frac{1}{T_1}\int_{-\frac{\tau}{2}}^{\frac{\tau}{2}}E\mathrm{e}^{-\mathrm{j}n\omega_1 t}\mathrm{d}t=\frac{E\tau}{T_1}\mathrm{Sa}\left(\frac{n\omega_1\tau}{2}\right) \tag{3.13}$$

假设 $T_1=5\tau$，则周期矩形脉冲信号的幅度频谱 A_n 和相位频谱图 φ_n 分别如图 3.3(a) 和(b) 所示，图 3.3(c) 和(d) 分别为指数形式级数的幅度频谱 $|c_n|$ 和相位频谱 φ_n，若 c_n 为实数，可将幅度谱和相位谱合在一幅图，如图 3.3(e) 所示为复系数 c_n 画出的频谱。相对于三角形式级数，指数形式傅里叶级数谱线在原点两侧对称地分布，每个分量的幅度一分为二，在正、负频率相对应的位置上各为一半，只有把正、负频率上对应的两条谱线加起来才代表一个分量的幅度。应当指出，在复数频谱中出现的负频率完全是数学运算的结果，并没有任何物理意义。

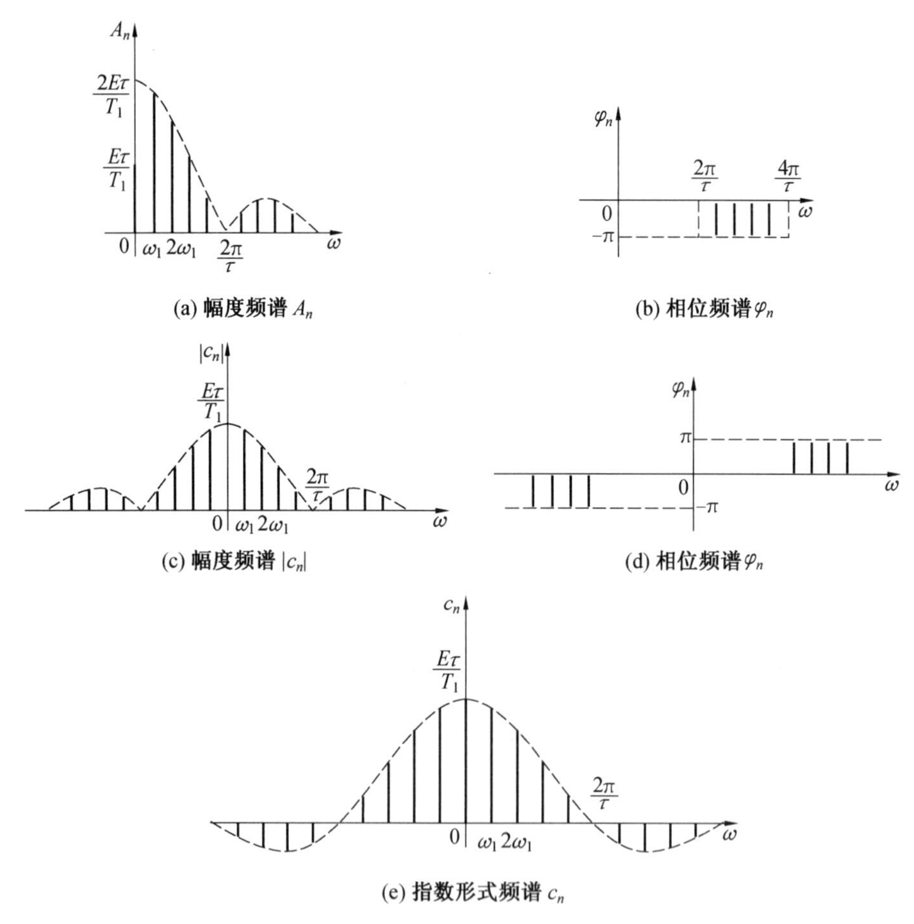

图 3.3　周期矩形信号的频谱

6. 周期信号频谱的特点

周期矩形脉冲信号的频谱具有如下特点：

(1) 周期矩形脉冲信号的频谱具有离散性。

周期矩形脉冲信号频谱的各谱线将以 ω_1 为间隔出现，当脉冲重复周期 T_1 越大，即 ω_1 越小时，谱线越靠近。可以试想，如果周期信号的周期 T_1 趋于无穷大，周期信号将变为非周期信号，其信号的谱线间隔将趋于 0，这样周期信号的离散谱将变为非周期信号的连续谱，这

一点将在下节傅里叶变换中详细介绍。

(2) 周期矩形脉冲信号的频谱具有谐波性。

周期矩形脉冲信号频谱的谱线只出现在基频 ω_1 的整数倍的谐波点 $n\omega_1$ 上。

(3) 周期矩形脉冲信号的频谱具有收敛性。

理论上讨论,任何周期信号的频谱均包含无限多条谐波谱线,也就是它可以分解为无穷多个频率分量,但它的主要能量一般要集中在第一零点以内,也就是集中在低频区。随着频率的增大,谱线幅度变化的总趋势呈收敛状,也就是高频成分越来越少,最后趋于 0。

这一点在实际的分析应用中是非常重要的。通常把集中周期信号平均功率 90% 以上的谐波频率范围定义为信号的频带宽度,简称为信号的带宽。信号的频带宽度 B 只与脉宽 τ 有关,而且是反比关系。这种信号的频宽与时宽成反比的性质是信号分析中最基本的特性,它将贯穿于信号与系统分析的全过程。它的物理解释为:如果信号的时宽 τ 较小(窄),说明信号变化较快,包含丰富的高频分量,因此相应的频宽 B 较大(宽),反之亦然。

3.3.2　非周期信号的傅里叶变换

1. 傅里叶变换的定义

任意非周期信号 $f(t)$,若满足狄利克雷条件,且在无穷区间绝对可积,则其频谱函数为

$$F(\omega)=\int_{-\infty}^{+\infty} f(t)\,\mathrm{e}^{-\mathrm{j}\omega t}\,\mathrm{d}t \tag{3.14}$$

式中,$F(\omega)$ 表示单位频率具有的信号频谱,也称为非周期信号的频谱密度函数。

因为被积函数包含复指数函数,因此 $F(\omega)$ 一般是复数,故可表示为

$$F(\omega)=|F(\omega)|\,\mathrm{e}^{\mathrm{j}\varphi(\omega)} \tag{3.15}$$

式中,$|F(\omega)|$ 是 $F(\omega)$ 的模,代表信号中各频率分量的相对大小,是频率 ω 的偶函数;$\varphi(\omega)$ 是 $F(\omega)$ 的相位函数,表示信号中各频率分量之间的相位关系,是 ω 的奇函数。

这里需说明的是,狄利克雷条件是对信号进行傅里叶变换的充分条件而非必要条件。若信号 $f(t)$ 满足条件

$$\int_{-\infty}^{\infty} |f(t)|\,\mathrm{d}t<\infty \tag{3.16}$$

则该信号的傅里叶变换 $F(\omega)$ 一定存在。不满足绝对可积条件的一些有用信号,如直流信号、单位阶跃信号、周期信号等,虽然并非绝对可积,但借助奇异函数(如冲激函数)的概念,其傅里叶变换也是存在的。

2. 傅里叶反变换

$F(\omega)$ 的傅里叶反变换定义式为

$$f(t)=\frac{1}{2\pi}\int_{-\infty}^{+\infty} F(\omega)\,\mathrm{e}^{\mathrm{j}\omega t}\,\mathrm{d}\omega \tag{3.17}$$

傅里叶正变换(FT)记为 $F(\omega)=\mathscr{F}\{f(t)\}$,$F(\omega)$ 称为 $f(t)$ 的频谱函数;傅里叶反变换(IFT)记为 $f(t)=\mathscr{F}^{-1}\{F(\omega)\}$,$f(t)$ 称为频谱函数 $F(\omega)$ 的原函数。傅里叶正变换、反变换组成一对互逆的积分变换,为简便起见,常用双箭头表示 $f(t)$ 和 $F(\omega)$ 的对应关系,记成

$$f(t)\leftrightarrow F(\omega)\quad 或\quad f(t)\overset{\mathscr{F}}{\leftrightarrow}F(\omega) \tag{3.18}$$

傅里叶反变换的求解，通常可以利用常用函数傅里叶变换对和基本性质直接写出；比较复杂形式的傅里叶反变换则采用部分分式法展开 $F(\omega)$ 为常用函数傅里叶变换代数和的形式，再利用常用函数傅里叶变换对，写出对应的各时间函数，最后把它们的代数和相加得到原函数 $f(t)$。

3. 傅里叶变换的物理含义

将傅里叶反变换改写如下：

$$f(t)=\frac{1}{2\pi}\int_{-\infty}^{+\infty}F(\omega)\mathrm{e}^{\mathrm{j}\omega t}\,\mathrm{d}\omega=\int_{-\infty}^{+\infty}\frac{F(\omega)\,\mathrm{d}\omega}{2\pi}\mathrm{e}^{\mathrm{j}\omega t} \tag{3.19}$$

物理意义：非周期信号可以分解为无穷多个角频率为 ω、复振幅为 $\frac{F(\omega)\,\mathrm{d}\omega}{2\pi}$ 的复指数信号 $H(s)$ 的线性组合。

因此，非周期信号和周期信号一样，可以分解为许多不同频率的正弦分量之和。所不同的是非周期信号的周期趋于无限大，基波频率趋于无限小，因此它包含了从零到无穷大的所有频率分量。同时，由于周期趋于无限大，对任意能量有限信号在各频率点上的分量幅度 $\frac{F(\omega)\,\mathrm{d}\omega}{2\pi}$ 趋于无限小。所以频谱不能再用幅度表示，而改用密度函数来表示。

4. 傅里叶级数与傅里叶变换的关系

单个脉冲信号 $f_0(t)$ 的傅里叶变换为 $F_0(\omega)$，可利用周期信号中的单周期信号频谱在谐波频率处的抽样得到 c_n，即

$$c_n=\frac{1}{T_1}F_0(\omega)\Big|_{\omega=n\omega_1} \tag{3.20}$$

周期脉冲序列的傅里叶级数的系数 c_n 等于单脉冲的傅里叶变换 $F_0(\omega)$ 在 $n\omega_1$ 频率点的值乘 $1/T_1$。因此利用单脉冲的傅里叶变换可以很方便地求出周期脉冲序列的傅里叶级数的系数。

非周期信号的频谱是频率 ω 的连续函数，在形状上与相应的周期信号频谱包络线相同。

5. 常用非周期信号的傅里叶变换对

掌握一些常用信号的傅里叶变换对是很重要的。典型信号的频谱，包括矩形脉冲信号、$\delta(t)$、$u(t)$、$\mathrm{e}^{-at}u(t)$、正弦（余弦）等，可作为结论直接应用。为了读者复习方便，表 3.2 归纳了常用非周期信号的傅里叶变换对。复杂信号的频谱可利用典型信号的频谱及傅里叶变换性质求解，尽量不用定义求解积分。

表 3.2 常用非周期信号的傅里叶变换对

序号	信号名称	时间函数	波形	频谱函数 $F(\omega)$	幅度谱 $\lvert F(\omega)\rvert$	相位谱 $\varphi(\omega)$
1	单位冲激	$\delta(t)$	$\delta(t)$ (1) 0 t	1	$F(\omega)$ 1 0 ω	$\varphi(\omega)=0$

续表3.2

序号	信号名称	时间函数	波形	频谱函数 $F(\omega)$	幅度谱 $\|F(\omega)\|$	相位谱 $\varphi(\omega)$
2	单位阶跃	$u(t)$		$\pi\delta(\omega)+\frac{1}{j\omega}$		
3	单边指数	$e^{-at}u(t)$ $(a>0)$		$\frac{1}{a+j\omega}$		
4	双边指数	$e^{-a\|t\|}$ $(a>0)$		$\frac{2a}{a^2+\omega^2}$		$\varphi(\omega)=0$
5	矩形脉冲	$g_\tau(t)=\begin{cases}E & (\|t\|<\frac{\tau}{2})\\ 0 & (\|t\|>\frac{\tau}{2})\end{cases}$		$E\tau\,\mathrm{Sa}\left(\frac{\omega\tau}{2}\right)$		
6	单位直流	1		$2\pi\delta(\omega)$		$\varphi(\omega)=0$
7	符号函数	$\mathrm{sgn}(t)=\begin{cases}-1 & (t<0)\\ 1 & (t>0)\end{cases}$		$\frac{2}{j\omega}$		

6. 非周期信号的频谱特点

由常用信号傅里叶变换对可以看出非周期信号的频谱具有以下特点：

(1) 连续性。任何存在傅里叶变换的非周期信号的频谱(幅度频谱、相位频谱)都是频率的连续曲线。

(2) 单位冲激信号 $\delta(t)$ 的频谱是均匀谱，除此以外的非周期信号的频谱都具有“收敛性”，即频谱函数的幅值随 $|\omega|$ 的增大而减小。

(3) 若 $f(t)$ 为 t 的实偶函数，则它的傅里叶变换 $F(\omega)$ 为 ω 的实偶函数，如表 3.2 中给出的矩形脉冲信号、双边指数函数、直流信号等的傅里叶变换；若 $f(t)$ 为 t 的实奇函数，则它的傅里叶变换 $F(\omega)$ 为 ω 的虚奇函数，如表 3.2 中给出的符号函数等的傅里叶变换；若 $f(t)$ 为非奇非偶的实函数，则它的傅里叶变换 $F(\omega)$ 为 ω 的一般复函数，如表 3.2 中给出的单边指数衰减信号、阶跃信号等的傅里叶变换。

(4) 若 $f(t)$ 满足绝对可积条件，它的傅里叶变换中不包含频域的冲激函数项，如表 3.2 中列出的矩形脉冲函数、单(双)边指数衰减信号等的傅里叶变换；若信号 $f(t)$ 不满足绝对可积条件，但存在傅里叶变换，并且 $f(-\infty)+f(\infty)\neq 0$，则它的傅里叶变换中都包含频域的冲激函数项，如表 3.2 中的直流信号、单位阶跃信号的傅里叶变换。因 $\mathrm{sgn}(-\infty)+\mathrm{sgn}(\infty)=0$，所以符号函数的傅里叶变换中不包含冲激函数项。

7. 傅里叶变换的基本性质

掌握傅里叶变换的基本性质如同掌握常用函数的傅里叶变换对一样重要。常常把二者结合应用于求复杂信号 $f(t)$ 的傅里叶变换 $F(\omega)$ 或由复杂形式的 $F(\omega)$ 求原函数 $f(t)$，而不必进行烦琐的积分运算。表 3.3 给出常用的傅里叶变换的重要性质，供读者查阅与记忆。

表 3.3　傅里叶变换的基本性质

序号	性质名称	时域 $f(t)$	频域 $F(\omega)$	说明
1	线性	$af_1(t)+bf_2(t)$	$aF_1(\omega)+bF_2(\omega)$	a, b 为常数
2	对称性	$F(t)$	$2\pi f(-\omega)$	
3	尺度变换	$f(at)$	$\frac{1}{\lvert a\rvert}F\left(\frac{\omega}{a}\right)$	$a\neq 0$
		$f(-t)$	$F(-\omega)$	$a=-1$
4	时移性	$f(t\pm t_0)$	$F(\omega)\mathrm{e}^{\pm \mathrm{j}\omega t_0}$	t_0 为常数
5	频移性	$\mathrm{e}^{\pm \mathrm{j}\omega_0 t}f(t)$	$F(\omega\mp\omega_0)$	ω_0 为常数
		$f(t)\cos\omega_0 t$	$\frac{1}{2}[F(\omega+\omega_0)+F(\omega-\omega_0)]$	
		$f(t)\sin\omega_0 t$	$\frac{\mathrm{j}}{2}[F(\omega+\omega_0)-F(\omega-\omega_0)]$	
6	时域微分	$\frac{\mathrm{d}^n f(t)}{\mathrm{d}t^n}$	$(\mathrm{j}\omega)^n F(\omega)$	
7	频域微分	$t^n f(t)$	$(\mathrm{j})^n \frac{\mathrm{d}^n F(\omega)}{\mathrm{d}\omega^n}$	
8	时域积分	$\int_{-\infty}^{t} f(x)\mathrm{d}x$	$\frac{F(\omega)}{\mathrm{j}\omega}+\pi F(0)\delta(\omega)$	
9	时域卷积	$f_1(t)*f_2(t)$	$F_1(\omega)F_2(\omega)$	
10	频域卷积	$f_1(t)f_2(t)$	$\frac{1}{2\pi}F_1(\omega)*F_2(\omega)$	
11	帕塞瓦尔定理	$\int_{-\infty}^{\infty} f^2(t)\mathrm{d}t$	$\frac{1}{2\pi}\int_{-\infty}^{\infty}\lvert F(\omega)\rvert^2\mathrm{d}\omega$	

注意：

(1) 在信号时域运算中，翻转、时移和尺度变换都是针对 $f(t)$ 的时间变量 t 而言，因此对于同时进行翻转、时移、尺度综合变换信号 $f(-at+b)$，要求其傅里叶变换，需要针对时间变量 t 分别根据对称性、尺度变换性和时移性进行处理。

(2) 在应用积分特性$\int_{-\infty}^{t} f(\tau)\mathrm{d}\tau \overset{\mathscr{F}}{\leftrightarrow} \frac{1}{\mathrm{j}\omega}F(\omega)$求解函数傅里叶变换时，要特别注意$F(0)=0$这个前提条件。

(3) 时域微分表明，在时域中对信号$f(t)$求导数，对应于频域中用$\mathrm{j}\omega$乘$F(\omega)$，应用此性质对微分方程两端求傅里叶变换，即可将微分方程变换成代数方程。从理论上讲，为微分方程的求解找到了一种新的方法。

(4) 时域卷积定理表明，两个信号在时域的卷积积分，对应了频域中两个信号频谱的乘积，由此可以把时域的卷积运算转换为频域的乘法运算。

8. 频谱以角频率为自变量时 2π 系数的产生

如对周期为T_1的周期信号，其角频率$\omega=\frac{2\pi}{T_1}$，单位为弧度／秒(rad/s)，傅里叶变换对为

$$\begin{cases} F(\omega)=\int_{-\infty}^{\infty} f(t)\mathrm{e}^{-\mathrm{j}\omega t}\,\mathrm{d}t \\ f(t)=\frac{1}{2\pi}\int_{-\infty}^{\infty} F(\omega)\mathrm{e}^{\mathrm{j}\omega t}\,\mathrm{d}\omega \end{cases} \tag{3.21}$$

可见以ω作为频域单位时，傅里叶反变换系数为$\frac{1}{2\pi}$，但这一常数不影响变换性质。

类似的有傅里叶变换的时域－频域对称性，即若$f(t)$为偶函数，则$F(t)\leftrightarrow 2\pi f(\omega)$，可见频谱函数中出现了系数$2\pi$，此外还包括频域卷积定理等。

因为与时间t(国际单位为 s) 对应的频率为f(国际单位为 Hz)，并且$f=\frac{1}{T_1}$为周期的倒数。如以f为自变量，即用$F(f)$表示$f(t)$的频谱，傅里叶变换对为

$$\begin{cases} F(f)=\int_{-\infty}^{\infty} f(t)\mathrm{e}^{-\mathrm{j}2\pi ft}\,\mathrm{d}t \\ f(t)=\frac{1}{2\pi}\int_{-\infty}^{\infty} F(f)\mathrm{e}^{\mathrm{j}2\pi t}\,\mathrm{d}(2\pi f)=\int_{-\infty}^{\infty} F(f)\mathrm{e}^{\mathrm{j}2\pi ft}\,\mathrm{d}f \end{cases} \tag{3.22}$$

这时，傅里叶反变换的系数为 1。

3.3.3　周期信号的傅里叶变换

1. 正弦(余弦) 信号的傅里叶变换

为求正弦(余弦) 信号频谱，可将其表示为复指数信号，后者又是实指数信号中指数项系数到复数的扩展，从而与实指数信号的频谱建立联系。利用欧拉公式，得到正弦(余弦) 的傅里叶变换，为

$$\mathscr{F}[\cos\omega_0 t]=\pi[\delta(\omega-\omega_0)+\delta(\omega+\omega_0)] \tag{3.23}$$

$$\mathscr{F}[\sin\omega_0 t]=\frac{\pi}{\mathrm{j}}[\delta(\omega-\omega_0)-\delta(\omega+\omega_0)] \tag{3.24}$$

正弦(余弦) 信号只有 1 个频率成分，频谱只包含位于$\pm\omega_0$处的冲激函数。

2. 一般周期信号的傅里叶变换

为了把周期信号与非周期信号的分析方法统一起来，周期信号频谱也可以用傅里叶变

换来表示。

设周期信号 $f(t)$ 的重复周期为 T_1，角频率为 ω_1，则其傅里叶变换为

$$F(\omega)=\mathscr{F}[f(t)]=2\pi\sum_{n=-\infty}^{\infty}c_n\delta(\omega-n\omega_1) \tag{3.25}$$

式中，c_n 是 $f(t)$ 的指数形式傅里叶级数的系数。因此周期信号 $f(t)$ 的傅里叶变换 $F(\omega)$ 是由一系列冲激函数所组成，这些冲激位于信号的谐波频率$(0,\pm\omega_1,\pm2\omega_1,\cdots)$处，每个冲激的强度等于 $f(t)$ 的指数形式傅里叶级数系数 c_n 的 2π 倍。

周期信号的频谱是离散的，这一点与傅里叶级数的频谱得出的结论是一致的。然而，由于傅里叶变换反映的是频谱密度的概念，因此周期信号的傅里叶变换不同于傅里叶级数，这里不是有限值，而是冲激函数，它表明在无穷小的频带范围内取得了无限大的频谱值。

3. 常用周期信号的傅里叶变换对

为了读者复习方便，和前面归纳总结的常用非周期信号的傅里叶变换对类似，表 3.4 归纳了常用周期信号的傅里叶变换对。

表 3.4　常用周期信号的傅里叶变换对

信号名称	时间函数 $f(t)$	波形	频谱函数 $F(\omega)$	幅度谱 $\|F(\omega)\|$	相位谱 $\varphi(\omega)$
周期余弦	$\cos\omega_0 t$		$\pi[\delta(\omega+\omega_0)+\delta(\omega-\omega_0)]$		$\varphi(\omega)=0$
周期正弦	$\sin\omega_0 t$		$\mathrm{j}\pi[\delta(\omega+\omega_0)-\delta(\omega-\omega_0)]$		
周期复指数函数	$\mathrm{e}^{\mathrm{j}\omega_0 t}$		$2\pi\delta(\omega-\omega_0)$		$\varphi(\omega)=0$
周期冲激序列	$\delta_{T_1}(t)=\sum_{n=-\infty}^{+\infty}\delta(t-nT_1)$		$\omega_1\sum_{n=-\infty}^{+\infty}\delta(\omega-n\omega_1)$		$\varphi(\omega)=0$

4. 周期信号傅里叶级数频谱和傅里叶变换频谱的对比

周期信号的频谱表示有两种形式：傅里叶级数与傅里叶变换。

周期信号的傅里叶级数为

$$f(t)=\sum_{n=-\infty}^{+\infty}c_n\mathrm{e}^{\mathrm{j}n\omega_1 t}$$

其中，$c_n=\frac{1}{T_1}\int_{-\frac{T_1}{2}}^{\frac{T_1}{2}} f(t)\mathrm{e}^{-\mathrm{j}n\omega_1 t}\mathrm{d}t$。

周期信号的傅里叶变换为

$$F(\omega)=2\pi\sum_{n=-\infty}^{+\infty}c_n\delta(\omega-n\omega_1)$$

傅里叶级数与傅里叶变换相比，计算更为复杂，原因：① 求傅里叶系数需计算积分，且积分区间只在信号 1 个周期内；② 指数形式傅里叶系数 c_n 一般为复数，三角形式傅里叶系数需求两个，即 a_n 和 b_n；③ 被积函数中包含 $\cos n\omega_1 t$ 或 $\sin n\omega_1 t$，积分复杂。傅里叶级数频谱为有限值，而傅里叶变换频谱为冲激函数。

二者物理意义不同：傅里叶级数为时域形式，自变量为 t，每个分量中 $A_n\cos(n\omega_1 t+\varphi_n)$，$A_n$ 描述该谐波频率的幅度，φ_n 描述该谐波频率的相位；但这种时域表达式描述了信号的频谱特性。而傅里叶变换是关于频率的函数，描述的是频谱密度。

3.3.4　连续系统的频域分析

1. 频域分析原理

用时域分析法求解系统的零状态响应，其过程是首先将激励信号分解为许多冲激函数，然后求每一个冲激函数的系统响应，最后将所有的冲激函数响应相叠加，运用卷积积分的方法求得系统的零状态响应，即

$$r_{zs}(t)=h(t)*e(t) \tag{3.26}$$

频域分析法的基本思想与时域分析法是一致的，求解过程也是类似的。在频域分析法中，首先将激励信号分解为一系列不同幅度、不同频率的正弦信号，然后求出每一正弦信号单独通过系统的响应，并将这些响应在频域叠加，最后再变换回时域表示，即得到系统的零状态响应。

具体做法是，在系统的输入端，把系统的激励信号 $e(t)$ 通过傅里叶变换转换到频域 $E(\omega)$，在输出端，则将频域的输出响应 $R_{zs}(\omega)$ 转换回时域 $r_{zs}(t)$，而中间的所有运算都是在频域进行的。图 3.4 给出了线性系统频域分析法的原理说明框图，其中 $E(\omega)$、$R_{zs}(\omega)$ 分别为 $e(t)$、$r_{zs}(t)$ 的频谱函数。

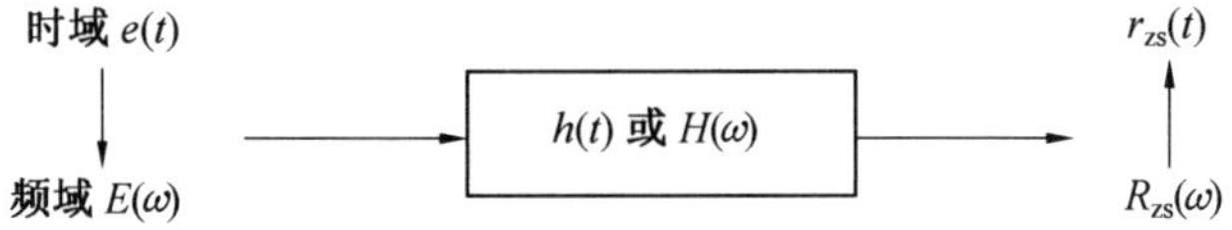

图 3.4　线性系统频域分析法的原理说明框图

2. 连续系统的频域系统函数 $H(\omega)$

连续系统的频域系统函数定义为

$$H(\omega)=\frac{R_{zs}(\omega)}{E(\omega)} \tag{3.27}$$

值得注意，对于 $H(\omega)$ 有两点说明：

(1) $H(\omega)$ 是描述系统的重要参数，与系统本身的特性有关，与激励无关，系统由于

$H(\omega)$ 的作用将导致输出信号相对于输入信号在幅度和相位两个方面发生变化。

(2) 若令系统的输入激励信号 $e(t)=\delta(t)$，则系统的零状态响应即为冲激响应 $h(t)$。由于 $\mathscr{F}[\delta(t)]=1$，故有 $\mathscr{F}[r(t)]=\mathscr{F}[h(t)]=H(\omega)$。因此，$H(\omega)$ 也就是系统冲激响应的傅里叶变换，$h(t)$ 和 $H(\omega)$ 从时域和频域两个侧面描述了同一个系统的特性。

一般来说，系统函数是 ω 的复函数，可写为

$$H(\omega)=|H(\omega)|\mathrm{e}^{\mathrm{j}\varphi(\omega)} \tag{3.28}$$

将 $|H(\omega)|\sim\omega$ 关系的曲线称为系统的幅频特性，将 $\varphi(\omega)\sim\omega$ 关系的曲线称为系统的相频特性。对于确定的系统，系统频率特性一定，可以求得其截止频率与通频带宽度。

3. 频域分析法的适用范围

频域分析法，即

$$R_{zs}(\omega)=H(\omega)E(\omega) \tag{3.29}$$

只适用于线性非时变系统，因为其是激励、系统特性及零状态响应三者间的时域关系

$$r_{zs}(t)=e(t)*h(t) \tag{3.30}$$

在频域上的表现，而该时域关系的应用前提是系统为线性非时变；非线性非时变系统的 $r_{zs}(t)$ 不能用卷积求。

与之类似，本书后面介绍的各种变换域分析方法，包括连续系统的复频域分析、离散系统的频域及 z 域分析等，均只适用于线性非时变系统。

4. 系统零状态响应频域分析方法与卷积积分法的关系

(1) 两种分析方法实质相同，只不过是采用单元信号不同。

(2) 分析域不同，卷积积分法 —— 时域，频域分析法 —— 频域。

傅里叶变换的时域卷积定理是联系两者的桥梁。

5. 连续系统的零状态响应

使用频域分析法计算系统零状态响应一般可归纳为表 3.5 所示步骤。

表 3.5　使用频域分析法计算系统零状态响应

步骤	非周期信号－傅里叶变换分析	周期信号－指数形式傅里叶级数分析
(1) 可以将信号分解为无穷多不同频率的虚指数信号的线性组合	$f(t)=\dfrac{1}{2\pi}\int_{-\infty}^{\infty}F(\omega)\mathrm{e}^{\mathrm{j}\omega t}\mathrm{d}\omega$ 求输入激励信号的傅里叶变换，得其频谱 $E(\omega)$	$f(t)=\sum_{n=-\infty}^{\infty}c_n\mathrm{e}^{\mathrm{j}n\omega_1 t}$ 求输入激励信号的傅里叶级数的系数 c_n
(2) 确定系统的系统函数	$H(\omega)$	$H(n\omega_1)=H(\omega)\vert_{\omega=n\omega_1}$
(3) 求系统各频率分量响应	求系统零状态响应 $r_{zs}(t)$ 的频谱 $R_{zs}(\omega)=H(\omega)E(\omega)$	求系统零状态响应 $r_{zs}(t)$ 的傅里叶级数的系数 $R_n=c_nH(n\omega_1)$

续表3.5

步骤	非周期信号－傅里叶变换分析	周期信号－指数形式傅里叶级数分析
(4) 从频域返回到时域,各频率分量响应相加得系统总响应	对 $R_{zs}(\omega)$ 求傅里叶反变换,得到系统的零状态响应 $r_{zs}(t)=\mathscr{F}^{-1}[R_{zs}(\omega)]$	求零状态响应的傅里叶级数展开式 $r_{zs}(t)=\sum_{n=-\infty}^{\infty}R_n e^{jn\omega_1 t}$
求解过程	$e(t)*h(t)=r_{zs}(t)$ ↓　↓　↑ $E(\omega)\cdot H(\omega)=R(\omega)$	$e(t)=\sum_{n=-\infty}^{\infty}c_n e^{jn\omega_1 t}*h(t)=\sum_{n=-\infty}^{\infty}R_n e^{jn\omega_1 t}=r_{zs}(t)$ ↓　↓　↑ $c_n\cdot H(n\omega_1)=R_n$
物理含义	非周期信号通过系统响应的频谱密度函数为 $H(\omega)E(\omega)$,即系统的功能就是对激励信号的各频率分量幅度进行加权,并对每个频率分量都产生各自的相位移,而加权值的大小和相位移的多少完全取决于系统函数 $H(\omega)$	周期信号通过系统响应的频谱也是位于 $\omega=n\omega_1$ 处的离散谱(其各谱线幅度的相对大小及初始相位与激励相比发生变化,由 $H(n\omega_1)$ 即谐波频率处的频率特性决定)。周期信号作用于线性系统,输出响应也为周期信号,呈傅里叶级数的形式

注:线性非时变系统的响应与激励相比,不可能产生新的频率成分,这由 $R_{zs}(\omega)=H(\omega)E(\omega)$ 决定。

3.4　深入思考

1. 连续周期信号可以进行傅里叶级数展开的条件是什么? 如何理解该条件?

2. 连续周期信号频谱有何特点? 其谱线间隔与什么有关?

3. 对连续时间信号进行傅里叶变换的条件是什么? 如何理解该条件?

4. 连续非周期信号频谱函数的物理含义是什么?

5. 连续周期信号频谱与连续非周期信号频谱的区别与联系是什么?

6. 连续周期信号傅里叶级数的频谱与傅里叶变换的频谱有何异同? 物理含义是什么?

7. 连续周期信号,利用时移性质求得的傅里叶变换 $\mathscr{F}[f(t)]=F_0(\omega)\sum_{n=-\infty}^{+\infty}e^{-jn\omega T_1}$ 与利用卷积定理求得的傅里叶变换 $F(\omega)=\omega_1 F_0(\omega)\sum_{n=-\infty}^{\infty}\delta(\omega-n\omega_1)$,这两种形式是否等价? 怎么证明?

8. 连续系统频率响应的物理含义及工程概念是什么?

9. 线性非时变系统的频域分析的原理、数学工具、步骤和优缺点是什么?

10. 连续系统频率响应的时域分析与频域分析有何区别与联系?

3.5　典型习题

3.1　已知如图 3.5 所示的周期矩形信号，分别求其三角形式和指数形式傅里叶级数，并画出相应的频谱图。

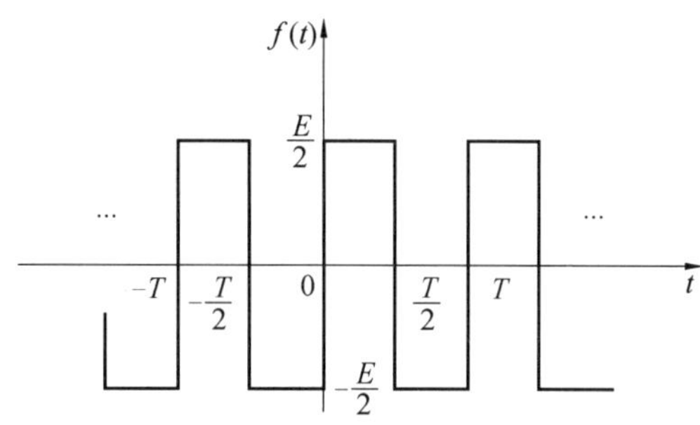

图 3.5　题 3.1 图

【分析与解答】

解法一：根据傅里叶级数的定义求解。

首先根据波形判断信号的对称性，包括奇偶性及奇谐偶谐性，从而简化运算。由图可知，信号为奇函数，三角形式傅里叶级数中只包含正弦分量，不包含直流及余弦分量；且为奇谐函数，傅里叶级数中只包含奇次谐波成分。因而信号傅里叶级数中只包括奇次谐波的正弦分量。

因为 $f(t)$ 为奇函数，所以 $a_n=0, a_0=0$，

$$b_n=\frac{2}{T}\left[\int_0^{\frac{T}{2}}\frac{E}{2}\sin n\omega_1 t\mathrm{d}t-\int_{\frac{T}{2}}^{T}\frac{E}{2}\sin n\omega_1 t\mathrm{d}t\right]=\frac{E}{n\pi}(1-\cos n\pi)=\begin{cases}\dfrac{2E}{n\pi} & (n\text{ 为奇数})\\ 0 & (n\text{ 为偶数})\end{cases}$$

所以三角形式傅里叶级数为

$$f(t)=\sum_{n=1}^{\infty}b_n\sin n\omega_1 t=\frac{2E}{\pi}\sum_{n=1}^{\infty}\left(\frac{1}{n}\sin n\omega_1 t\right)=\frac{2E}{\pi}\left(\sin\omega_1 t+\frac{1}{3}\sin 3\omega_1 t+\cdots\right)(n\text{ 为奇数})$$

或等效为

$$f(t)=\frac{2E}{\pi}\sum_{n=1}^{\infty}\left[\frac{1}{n}\cos\left(n\omega_1 t-\frac{\pi}{2}\right)\right]\quad(n\text{ 为奇数})$$

可以得到谐波频率处的幅度及相位谱，如图 3.6 所示。

幅度谱

$$|A_n|=\sqrt{a_n^2+b_n^2}=|b_n|=\frac{2E}{n\pi}\quad(n\text{ 为奇数})$$

相位谱 $\varphi_n=-\dfrac{\pi}{2}(n\text{ 为奇数})$，又因为

$$c_n=\frac{1}{2}(a_n-\mathrm{j}b_n)=\begin{cases}\dfrac{-\mathrm{j}E}{n\pi} & (n\text{ 为奇数}, \pm 1, \pm 3)\\ 0 & (n\text{ 为偶数})\end{cases}$$

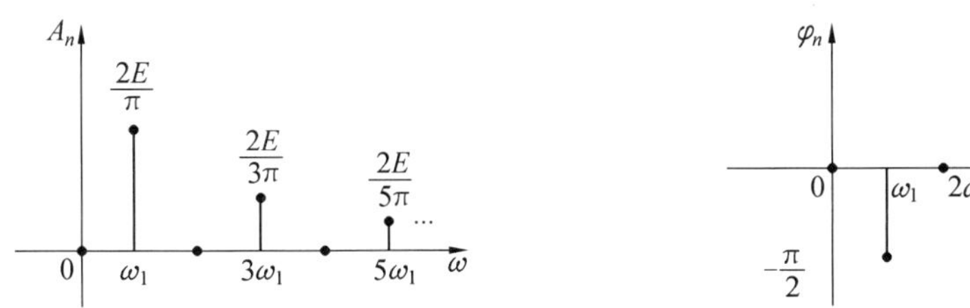

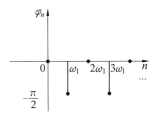

三角傅里叶级数的频谱图

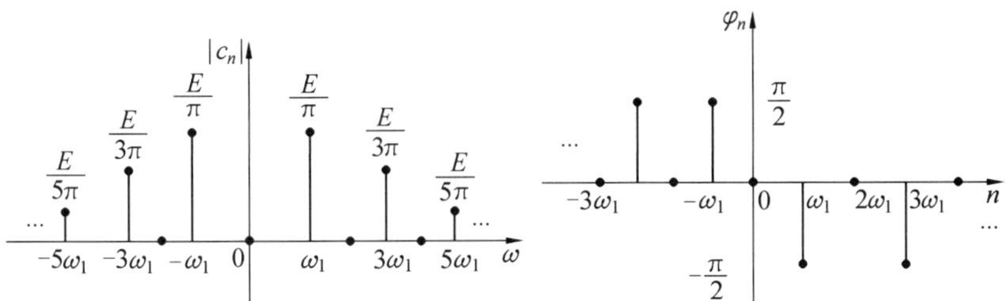

指数傅里叶级数的频谱图

图 3.6　题 3.1 答图

所以指数形式傅里叶级数为

$$f(t)=\sum_{n=-\infty}^{+\infty}c_n e^{jn\omega_1 t}=-\frac{jE}{\pi}\left[(e^{j\omega_1 t}-e^{-j\omega_1 t})+\frac{1}{3}(e^{j3\omega_{1t}}-e^{-j3\omega_1 t})+\cdots\right]$$

$$=\frac{2E}{\pi}\left(\sin\omega_1 t+\frac{1}{3}\sin 3\omega_1 t+\frac{1}{5}\sin 5\omega_1 t+\cdots\right)$$

这里 c_n 为复数,所以需要分别画出幅度谱 $|c_n|$ 和相位谱。

解法二:为避免求积分,也可先求单周期信号的频谱,单周期信号:

$$f_0(t)=-\frac{E}{2}\left[u\left(t+\frac{T}{2}\right)-u(t)\right]+\frac{E}{2}\left[u(t)-u\left(t-\frac{T}{2}\right)\right]$$

利用傅里叶变换时移性质: $f_0(t)$ 中, $t<0$ 部分为纵轴对称、幅度 $\frac{E}{2}$、脉冲宽度 $\frac{T}{2}$ 的矩形脉冲左移 $\frac{T}{4}$ 单位; $t>0$ 部分为其右移 $\frac{T}{4}$ 个单位;纵轴对称的矩形脉冲频谱为 Sa() 函数。

也可采用更简单方法,利用时域微分性质: $f_0(t)$ 由矩形脉冲组成,矩形脉冲的微分为 $\delta(t)$, $\delta(t)$ 的频谱容易求解。两个矩形脉冲的微分变为 4 个冲激信号,再合并:

$$\frac{df_0(t)}{dt}=-\frac{E}{2}\left[\delta\left(t+\frac{T}{2}\right)-\delta(t)\right]+\frac{E}{2}\left[\delta(t)-\delta\left(t-\frac{T}{2}\right)\right]$$

$$=E\delta(t)-\frac{E}{2}\left[\delta\left(t-\frac{T}{2}\right)+\delta\left(t+\frac{T}{2}\right)\right]$$

根据时移性质,

$$\mathscr{F}\left[\frac{df_0(t)}{dt}\right]=E-\frac{E}{2}(e^{-j\omega\frac{T}{2}}+e^{j\omega\frac{T}{2}})=E\left(1-\cos\frac{\omega T}{2}\right)$$

$1-\cos\dfrac{\omega T}{2}$ 可合并，约掉常数项：

$$\mathscr{F}\left[\frac{\mathrm{d}f_0(t)}{\mathrm{d}t}\right]=2E\sin^2\left(\frac{\omega T}{4}\right)$$

由时域微分性质，得到单周期信号 $f_0(t)$ 的频谱：

$$F_0(\omega)=\frac{2E\sin^2\left(\dfrac{\omega T}{4}\right)}{\mathrm{j}\omega}$$

根据单个脉冲信号 $f_0(t)$ 的傅里叶变换为 $F_0(\omega)$ 和周期信号中傅里叶级数的系数 c_n 的关系 $c_n=\dfrac{1}{T}F_0(\omega)\mid_{\omega=n\omega_1}$，有

$$c_n=\frac{1}{T}F_0(\omega)\mid_{\omega=n\omega_1}=\frac{2E}{T}\cdot\frac{\sin^2\left(\dfrac{n\omega_1 T}{4}\right)}{\mathrm{j}n\omega_1}$$

由周期与基波角频率关系 $T=\dfrac{2\pi}{\omega_1}$，得 $\omega_1 T=2\pi$，

$$c_n=\frac{E}{\mathrm{j}n\pi}\sin^2\left(\frac{n\pi}{2}\right)$$

由上式见，c_n 只包括虚部，因而 $a_0=a_n=0$，则傅里叶级数只包括正弦分量；且 n 为偶数时，$\sin\left(\dfrac{n\pi}{2}\right)=0$，$c_n=0$，因而傅里叶级数中只包括奇次谐波分量。这与前面根据波形分析的结果一致。

3.2 已知正弦信号经过对称限幅后输出信号如图 3.7 所示，求其基波、二次谐波和三次谐波的有效值。

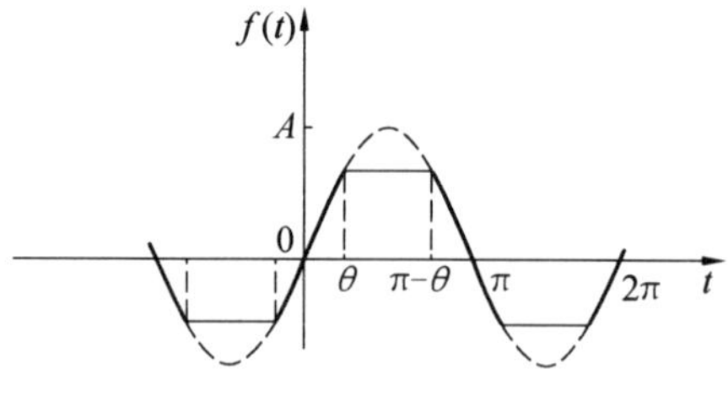

图 3.7　题 3.2 图

【分析与解答】

题中只要求确定谐波频率处的信号分量，无须求傅里叶级数。

由波形知 $f(t)$ 为奇函数，故不包括直流及余弦分量，只包括正弦成分；即 $a_0=a_n=0$。

$$b_n=\frac{2}{T}\int_0^T f(t)\sin n\omega_1 t\mathrm{d}t=\frac{2}{\pi}\int_0^{\pi}f(t)\sin nt\mathrm{d}t$$

基波：

$$b_1=\frac{2}{\pi}\int_0^{\pi}f(t)\sin t\mathrm{d}t=\frac{2}{\pi}\left(\int_0^{\theta}A\sin t\sin t\mathrm{d}t+\int_{\theta}^{\pi-\theta}A\sin\theta\sin t\mathrm{d}t+\int_{\pi-\theta}^{\pi}A\sin t\sin t\mathrm{d}t\right)$$

$$=\frac{A}{\pi}(2\theta+\sin 2\theta)$$

所以基波有效值为

$$\frac{b_1}{\sqrt{2}}=\frac{A}{\sqrt{2}\,\pi}(2\theta+\sin 2\theta)$$

二次谐波：

因为 $f(t)$ 为奇谐函数，只含有奇次谐波分量，所以 $b_2=0$，即 2 次谐波有效值为 0。

三次谐波：

$$\begin{aligned}b_3&=\frac{2}{\pi}\int_0^{\pi}f(t)\sin 3t\mathrm{d}t=\frac{2}{\pi}\left(\int_0^{\theta}A\sin t\sin 3t\mathrm{d}t+\int_{\theta}^{\pi-\theta}A\sin\theta\sin 3t\mathrm{d}t+\int_{\pi-\theta}^{\pi}A\sin t\sin 3t\mathrm{d}t\right)\\&=\frac{A}{3\pi}\left(\sin 2\theta+\frac{1}{2}\sin 4\theta\right)\end{aligned}$$

所以三次谐波有效值为

$$\frac{b_3}{\sqrt{2}}=\frac{A}{3\sqrt{2}\,\pi}\left(\sin 2\theta+\frac{1}{2}\sin 4\theta\right)$$

3.3　已知周期矩形信号 $f_1(t)$ 和 $f_2(t)$ 的波形如图 3.8 所示，$f_1(t)$ 的参数为 $\tau=0.5\ \mu\text{s}$、$T=1\ \mu\text{s}$、$E=1\ \text{V}$；$f_2(t)$ 的参数为 $\tau=1.5\ \mu\text{s}$、$T=3\ \mu\text{s}$、$E=3\ \text{V}$。分别求：

(1) $f_1(t)$ 和 $f_2(t)$ 的谱线间隔和带宽，频率单位以 kHz 表示；

(2) $f_1(t)$ 与 $f_2(t)$ 的基波幅度之比；

(3) $f_1(t)$ 的基波与 $f_2(t)$ 的三次谐波幅度之比。

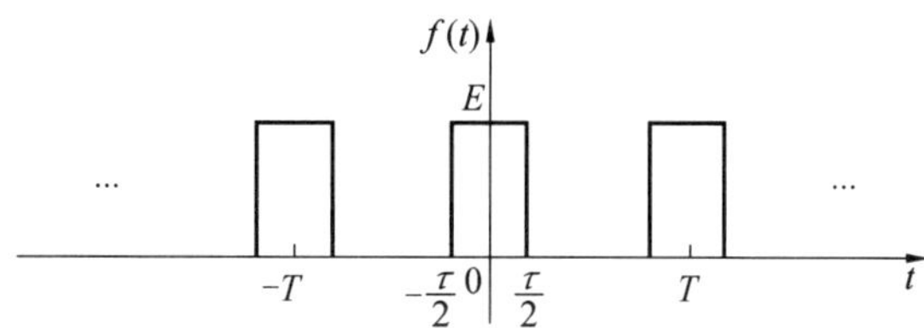

图 3.8　题 3.3 图

【分析与解答】

对于周期信号，其频谱中谱线间隔为 $\Delta f=\frac{1}{T}$，带宽为 $B=\frac{1}{\tau}$，已知 $f_1(t)$ 的参数为 $\tau=0.5\ \mu\text{s}$、$T=1\ \mu\text{s}$、$E=1\ \text{V}$；$f_2(t)$ 的参数为 $\tau=1.5\ \mu\text{s}$、$T=3\ \mu\text{s}$、$E=3\ \text{V}$。

(1) $f_1(t)$ 的谱线间隔为 $\Delta f_1=\frac{1}{T_1}=1\ 000\ \text{kHz}$，带宽为 $B_1=\frac{1}{\tau_1}=2\ 000\ \text{kHz}$；

$f_2(t)$ 的谱线间隔为 $\Delta f_2=\frac{1}{T_2}=\frac{1\ 000}{3}\text{kHz}$，带宽为 $B_2=\frac{1}{\tau_2}=\frac{2\ 000}{3}\text{kHz}$。

(2) 根据矩形脉冲的傅里叶级数展开式 $f(t)=\frac{E\tau}{T}+\frac{2E\tau}{T}\sum_{n=1}^{\infty}\text{Sa}\left(\frac{n\pi\tau}{T}\right)\cos n\omega_1 t$，谐波的幅度为 $A_n=\frac{2E\tau}{T}\left|\text{Sa}\left(\frac{n\pi\tau}{T}\right)\right|$。

因此，对于 $f_1(t)$，其基波幅度为

$$A_{11}=\frac{2E_1\tau_1}{T_1}\left|\text{Sa}\left(\frac{\pi}{2}\right)\right|=\frac{2}{\pi}E_1$$

对于 $f_2(t)$，其基波幅度为

$$A_{21}=\frac{2E_2\tau_2}{T_2}\left|\mathrm{Sa}\left(\frac{\pi}{2}\right)\right|=\frac{2}{\pi}E_2$$

因此，$f_1(t)$ 与 $f_2(t)$ 的基波幅度之比为 $\frac{A_{11}}{A_{21}}=\frac{1}{3}$。

(3) 对于 $f_2(t)$，其三次谐波幅度为

$$A_{23}=\frac{2E_2\tau_2}{T_2}\left|\mathrm{Sa}\left(\frac{3\pi}{2}\right)\right|=\frac{2}{3\pi}E_2$$

$f_1(t)$ 的基波幅度为

$$A_{11}=\frac{2E_1\tau_1}{T_1}\left|\mathrm{Sa}\left(\frac{\pi}{2}\right)\right|=\frac{2}{\pi}E_1$$

所以，$f_1(t)$ 的基波与 $f_2(t)$ 的三次谐波幅度之比为 $\frac{A_{11}}{A_{23}}=1$。

3.4 如图 3.9 所示为四种周期矩形信号，利用对称特性计算其频谱。有何结论？

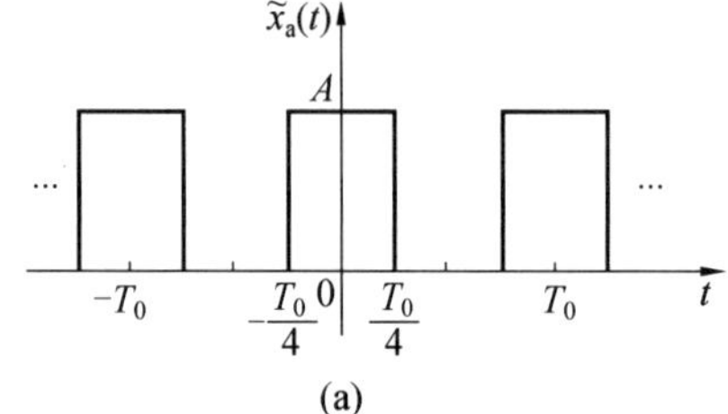

(a)

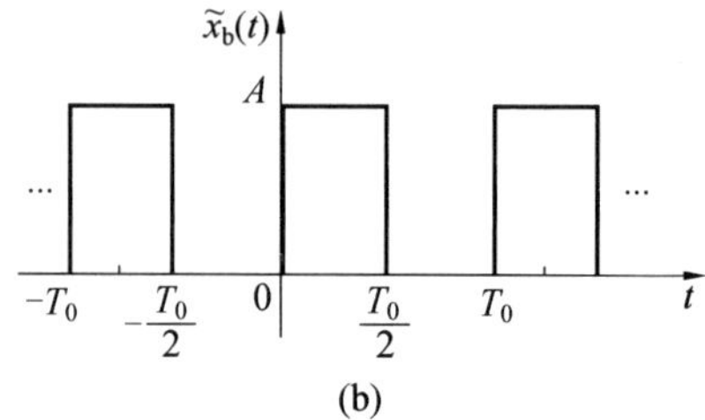

(b)

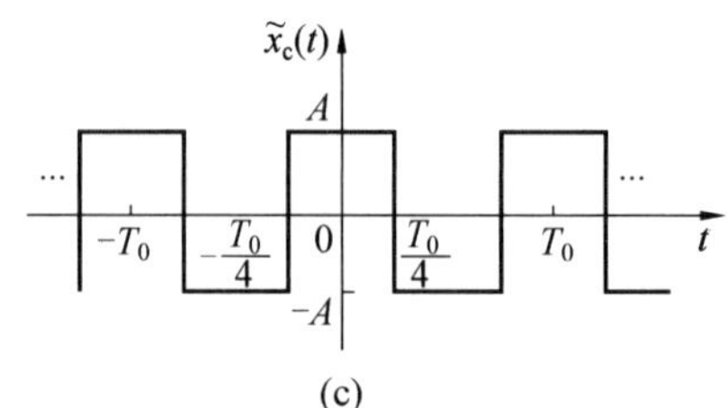

(c)

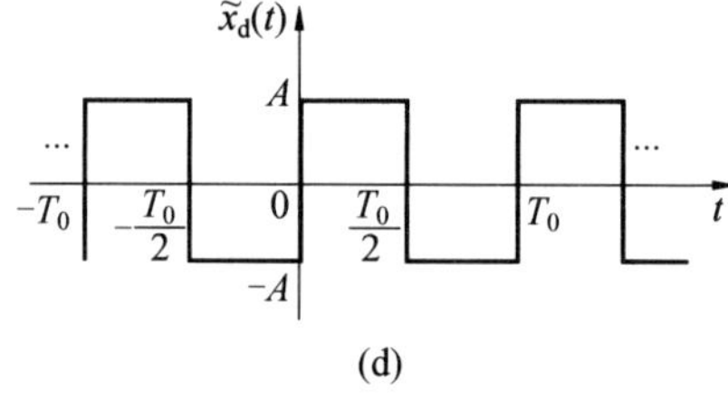

(d)

图 3.9　题 3.4 图

【分析与解答】

(a) $c_n=\frac{1}{T_0}\int_{-\frac{T_0}{4}}^{\frac{T_0}{4}}A\mathrm{e}^{-\mathrm{j}n\omega_0 t}\mathrm{d}t=\frac{A}{\mathrm{j}nT_0\omega_0}\left(\mathrm{e}^{\frac{\mathrm{j}n\omega_0 T_0}{4}}-\mathrm{e}^{-\frac{\mathrm{j}n\omega_0 T_0}{4}}\right)=\frac{A}{2}\mathrm{Sa}\left(\frac{n\pi}{2}\right)$

所以

$$\begin{aligned}\tilde{x}_a(t)&=\sum_{n=-\infty}^{\infty}\frac{A}{2}\mathrm{Sa}\left(\frac{n\pi}{2}\right)\mathrm{e}^{\mathrm{j}n\omega_0 t}\\&=\frac{A}{2}+\frac{2A}{\pi}\left(\cos\omega_0 t-\frac{1}{3}\cos 3\omega_0 t+\frac{1}{5}\cos 5\omega_0 t-\cdots\right)\end{aligned}$$

$\tilde{x}_a(t)$ 减去直流分量后为偶对称半波镜像信号，傅里叶级数展开式中只含有直流分量与余弦分量的奇次谐波。

(b) 从图形观察：$\tilde{x}_b(t)=\tilde{x}_a(t-\frac{T_0}{4})$

所以

$$\begin{aligned}\tilde{x}_b(t)&=\sum_{n=-\infty}^{\infty}\frac{A}{2}\mathrm{Sa}\left(\frac{n\pi}{2}\right)\mathrm{e}^{\mathrm{j}(n\omega_0 t-\frac{n\pi}{2})}\\&=\frac{A}{2}+\frac{2A}{\pi}\left(\sin\omega_0 t+\frac{1}{3}\sin 3\omega_0 t+\frac{1}{5}\sin 5\omega_0 t+\cdots\right)\end{aligned}$$

$\tilde{x}_b(t)$ 减去直流分量后为奇对称半波镜像信号，傅里叶级数展开式中只含有直流分量与正弦分量的奇次谐波。

(c) 从图形观察：$\tilde{x}_c(t)=2\tilde{x}_a(t)-A$

所以

$$\begin{aligned}\tilde{x}_c(t)&=\sum_{n=-\infty,n\neq 0}^{\infty}A\mathrm{Sa}\left(\frac{n\pi}{2}\right)\mathrm{e}^{\mathrm{j}n\omega_0 t}\\&=\frac{4A}{\pi}\left(\cos\omega_0 t-\frac{1}{3}\cos 3\omega_0 t+\frac{1}{5}\cos 5\omega_0 t-\cdots\right)\end{aligned}$$

$\tilde{x}_c(t)$ 为偶对称半波镜像信号，傅里叶级数展开式中只含有余弦分量的奇次谐波。

(d) 从图形观察：$\tilde{x}_d(t)=\tilde{x}_c(t-\frac{T_0}{4})$

所以

$$\begin{aligned}\tilde{x}_d(t)&=\sum_{n=-\infty,n\neq 0}^{\infty}A\mathrm{Sa}\left(\frac{n\pi}{2}\right)\mathrm{e}^{\mathrm{j}(n\omega_0 t-\frac{n\pi}{2})}\\&=\frac{4A}{\pi}\left(\sin\omega_0 t+\frac{1}{3}\sin 3\omega_0 t+\frac{1}{5}\sin 5\omega_0 t+\cdots\right)\end{aligned}$$

$\tilde{x}_d(t)$ 为奇对称半波镜像信号，傅里叶级数展开式中只含有正弦分量的奇次谐波。

3.5　已知周期函数 $f(t)$ 的 $\frac{1}{4}$ 周期 $\left(0\sim\frac{\pi}{4}\right)$ 的波形，如图 3.10 所示。根据下列各种情况的要求，画出 $f(t)$ 在一个周期 $\left(-\frac{\pi}{2}\sim\frac{\pi}{2}\right)$ 内的波形。

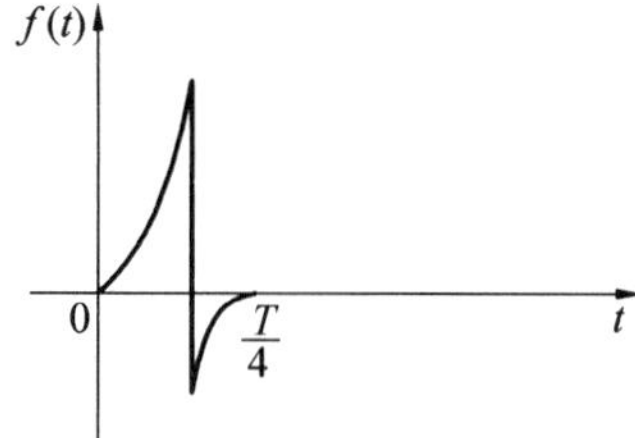

图 3.10　题 3.5 图

(1) $f(t)$ 是奇函数，只含有奇次谐波；

(2) $f(t)$ 是奇函数，只含有偶次谐波；

(3) $f(t)$ 是奇函数，含有偶次和奇次谐波；

(4) $f(t)$ 是偶函数，只含有奇次谐波；

(5) $f(t)$ 是偶函数，只含有偶次谐波；

(6) $f(t)$ 是偶函数,含有偶次和奇次谐波。

【分析与解答】

(1) 奇函数波形关于纵轴反对称,因而 $-\frac{T}{4}<t<0$ 部分的波形为 $0<t<\frac{T}{4}$ 部分沿纵轴翻转再沿横轴翻转:

$$f(t)=-f(-t)\quad\left(-\frac{T}{4}<t<0\right)$$

奇谐函数特点为波形在相邻半周期平移后反对称,则 $\frac{T}{4}<t<\frac{T}{2}$ 部分波形为 $-\frac{T}{4}<t<0$ 部分右移 $\frac{T}{2}$ 后沿横轴的翻转:

$$f(t)=-f\left(t-\frac{T}{2}\right)\quad\left(\frac{T}{4}<t<\frac{T}{2}\right)$$

$-\frac{T}{2}\leqslant t\leqslant-\frac{T}{4}$ 部分波形为 $\frac{T}{4}<t<\frac{T}{2}$ 部分关于纵轴的反对称形式:

$$f(t)=-f(-t)\quad\left(-\frac{T}{2}\leqslant t\leqslant-\frac{T}{4}\right)$$

或用另一种方法:由奇谐函数,根据 $0<t<\frac{T}{4}$ 部分得到 $-\frac{T}{2}\leqslant t\leqslant-\frac{T}{4}$ 部分的波形,后者为前者左移 $\frac{T}{2}$ 后沿横轴的翻转:

$$f(t)=-f\left(t+\frac{T}{2}\right)\quad\left(-\frac{T}{2}\leqslant t\leqslant-\frac{T}{4}\right)$$

再由奇对称性,$\frac{T}{4}<t<\frac{T}{2}$ 部分的波形为 $-\frac{T}{2}\leqslant t\leqslant-\frac{T}{4}$ 部分的反对称。波形如图 3.11(a) 所示。

(2) $f(t)$ 是奇函数,只有偶次谐波,意味着 $f(t)$ 是偶谐函数,因此,$f(t)$ 在一个 T 内的波形如图 3.11(b) 所示。

(3) $f(t)$ 是奇函数,同时含有偶次和奇次谐波,则意味着 $f(t)$ 既不是奇谐函数,也不是偶谐函数,只需要满足奇函数即可,因此 $f(t)$ 在一个 T 内的波形如图 3.11(c) 所示(答案不唯一)。

(4) $f(t)$ 是偶函数时画波形比奇函数容易,因为其关于纵轴对称,即 $-\frac{T}{4}<t<0$ 部分的波形关于 $0<t<\frac{T}{4}$ 部分为偶对称,即是其沿纵轴的翻转:

$$f(t)=f(-t)\quad\left(-\frac{T}{4}<t<0\right)$$

只含有奇次谐波,意味着 $f(t)$ 是奇谐函数,奇谐函数特点为波形在相邻半周期平移后反对称,则 $\frac{T}{4}<t<\frac{T}{2}$ 部分波形为 $-\frac{T}{4}<t<0$ 部分右移 $\frac{T}{2}$ 后沿横轴的翻转:

$$f(t)=-f\left(t-\frac{T}{2}\right)\quad\left(\frac{T}{4}<t<\frac{T}{2}\right)$$

$-\frac{T}{2} \leqslant t \leqslant -\frac{T}{4}$ 部分波形为$\frac{T}{4} < t < \frac{T}{2}$ 部分关于纵轴的反对称形式，

$$f(t) = -f(-t) \quad \left(-\frac{T}{2} \leqslant t \leqslant -\frac{T}{4}\right)$$

因此 $f(t)$ 在一个 T 内的波形如图 3.11(d) 所示。

(5) $f(t)$ 是偶函数，只有偶次谐波，意味着 $f(t)$ 是偶谐函数，因此，$f(t)$ 在一个 T 内的波形如图 3.11(e) 所示。

(6) $f(t)$ 是偶函数，同时包含偶次及奇次谐波，表明其相邻半周期内波形不满足奇谐函数的反对称性，也不满足偶谐函数的对称性（$-\frac{T}{2} < t < -\frac{T}{4}$ 部分的波形与 $0 < t < \frac{T}{4}$ 部分，以及 $-\frac{T}{4} < t < 0$ 部分与$\frac{T}{4} < t < \frac{T}{2}$ 部分，不满足平移$\frac{T}{2}$后的对称及反对称性）；无法由已知条件确定其相邻半周期波形，满足偶对称条件下其为任意。波形如图 3.11(f) 所示。

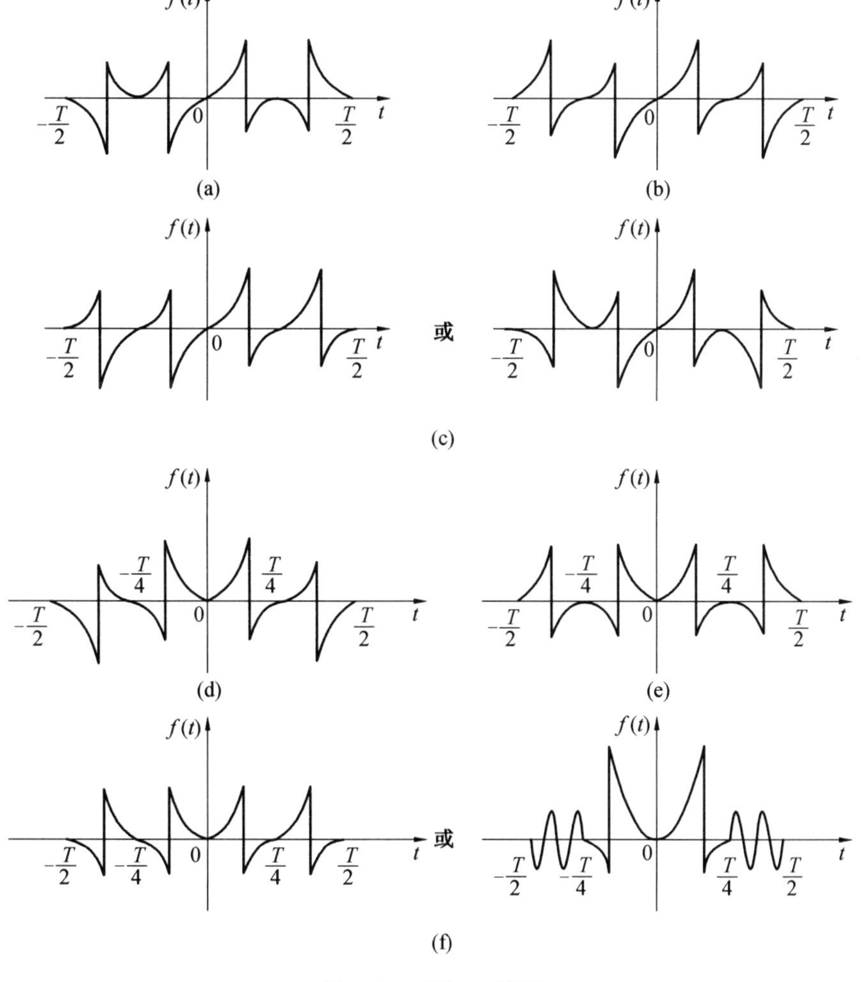

图 3.11　题 3.5 答图

3.6 证明单位阶跃信号的傅里叶变换 $\mathscr{F}[u(t)]=\pi\delta(\omega)+\dfrac{1}{\mathrm{j}\omega}$。

【分析与解答】

可以利用下列几种方法证明：

解法一：利用符号函数 $u(t)=\dfrac{1}{2}+\dfrac{1}{2}\mathrm{sgn}(t)$

已知变换对如下：

$$1\leftrightarrow 2\pi\delta(\omega)$$

$$\mathrm{sgn}(t)\leftrightarrow\frac{2}{\mathrm{j}\omega}$$

因此，结合上面的变换对，有

$$\mathscr{F}[u(t)]=\mathscr{F}\left[\frac{1}{2}\right]+\frac{1}{2}\mathscr{F}[\mathrm{sgn}(t)]=\frac{1}{2}2\pi\delta(\omega)+\frac{1}{2}\,\frac{2}{\mathrm{j}\omega}=\pi\delta(\omega)+\frac{1}{\mathrm{j}\omega}$$

解法二：利用矩形脉冲取极限表示 $u(t)=\lim\limits_{\tau\to\infty}[u(t)-u(t-\tau)]$

已知矩形脉冲 $u(t+\frac{\tau}{2})-u(t-\frac{\tau}{2})\leftrightarrow E\tau\,\mathrm{Sa}\left(\dfrac{\omega\tau}{2}\right)$

$$\begin{aligned}\mathscr{F}[u(t)]&=\lim_{\tau\to\infty}\{\mathscr{F}[u(t)-u(t-\tau)]\}\\&=\lim_{\tau\to\infty}\left[\frac{2}{\omega}\sin\frac{\omega\tau}{2}\mathrm{e}^{-\mathrm{j}\omega\tau/2}\right]\lim_{\tau\to\infty}\left[\frac{1}{\mathrm{j}w}(\mathrm{e}^{\mathrm{j}\omega\tau/2}-\mathrm{e}^{-\mathrm{j}\omega\tau/2})\mathrm{e}^{-\mathrm{j}\omega\tau/2}\right]\\&=\lim_{\tau\to\infty}\left[\frac{1}{\mathrm{j}\omega}-\frac{1}{\mathrm{j}\omega}\mathrm{e}^{-\mathrm{j}\omega\tau}\right]=\frac{1}{\mathrm{j}\omega}-\lim_{\tau\to\infty}\left[\frac{\cos\,\omega\tau}{\mathrm{j}\omega}-\frac{\sin\,\omega\tau}{\omega}\right]\end{aligned}$$

利用 $\lim\limits_{\tau\to\infty}\cos\,\omega\tau=0$，$\lim\limits_{\tau\to\infty}\dfrac{\tau}{\pi}\mathrm{Sa}(\omega\tau)=\delta(\omega)$（冲激函数的定义），所以 $\mathscr{F}[u(t)]=\dfrac{1}{\mathrm{j}\omega}+\pi\delta(\omega)$。

解法三：利用积分定理 $\displaystyle\int_{-\infty}^{t}f(\tau)\mathrm{d}\tau\leftrightarrow\frac{F(\omega)}{\mathrm{j}\omega}+\pi F(0)\delta(\omega)$

$$u(t)=\int_{-\infty}^{t}\delta(\tau)\mathrm{d}\tau$$

利用 $\delta(t)\leftrightarrow F(\omega)=F[\delta(t)]=1$，且 $F(0)=1$

$$\mathscr{F}[u(t)]=\frac{1}{\mathrm{j}\omega}+\pi\delta(\omega)$$

解法四：利用单边指数函数取极限 $u(t)=\lim\limits_{a\to 0}\mathrm{e}^{-at}(\tau\geqslant 0)$

利用 $f(t)=\mathrm{e}^{-at}(t\geqslant 0)\leftrightarrow F(\omega)=\dfrac{1}{a+\mathrm{j}\omega}$

$$\mathscr{F}[u(t)]=\lim_{a\to 0}\frac{1}{a+\mathrm{j}\omega}=\lim_{a\to 0}\frac{a}{a^2+\omega^2}-\lim_{a\to 0}\frac{\mathrm{j}\omega}{a^2+\omega^2}$$

因为

$$\lim_{a\to 0}\frac{2a}{a^2+w^2}=\begin{cases}0 & (\omega\neq 0)\\2\pi\delta(\omega) & (\omega=0)\end{cases}$$

所以

$$\mathscr{F}[u(t)]=\pi\delta(\omega)+\frac{1}{\mathrm{j}\omega}$$

3.7　求 $F(\omega)=u(\omega+\omega_0)-u(\omega-\omega_0)$ 的傅里叶变换的反变换。

【分析与解答】

解法一：直接利用反变换定义

$$f(t)=\frac{1}{2\pi}\int_{-\infty}^{\infty}F(\omega)\mathrm{e}^{\mathrm{j}\omega t}\mathrm{d}\omega=\frac{1}{2\pi}\int_{-\omega_0}^{\omega_0}\mathrm{e}^{\mathrm{j}\omega t}\mathrm{d}\omega=\frac{1}{2\pi\mathrm{j}t}[\mathrm{e}^{\mathrm{j}\omega_0 t}-\mathrm{e}^{-\mathrm{j}\omega_0 t}]=\frac{1}{\pi t}\sin\omega_0 t$$

解法二：利用傅里叶变换的对称性

因为 $F(\omega)=u(\omega+\omega_0)-u(\omega-\omega_0)$，并且 $u\left(t+\frac{\tau}{2}\right)-u\left(t-\frac{\tau}{2}\right)\leftrightarrow\tau\mathrm{Sa}\left(\frac{\omega\tau}{2}\right)$。

令 $\tau=2\omega_0$，利用傅里叶变换的对称性 $F(t)\leftrightarrow 2\pi f(-\omega)$，则 $F(\omega)$ 对应时域信号为

$$f(t)=\frac{1}{2\pi}2\omega_0\mathrm{Sa}\left(\frac{2\omega_0 t}{2}\right)=\frac{\omega_0}{\pi}\mathrm{Sa}(\omega_0 t)$$

3.8　求图 3.12 所示 $F(\omega)$ 的傅里叶反变换 $f(t)$。

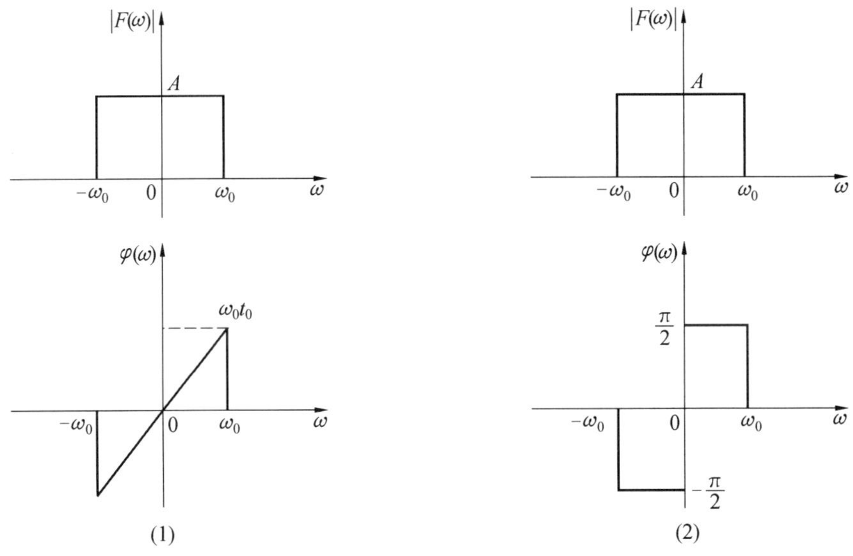

图 3.12　题 3.8 图

【分析与解答】

(1) 解法一：直接利用傅里叶反变换的定义求解。

根据 $F(\omega)$ 的图示，写出其表达式 $F(\omega)=A\mathrm{e}^{\mathrm{j}\omega t_0}(-\omega_0\leqslant\omega\leqslant\omega_0)$，直接代入傅里叶反变换的表达式，有

$$f(t)=\frac{1}{2\pi}\int_{-\infty}^{+\infty}F(\omega)\mathrm{e}^{\mathrm{j}\omega t}\mathrm{d}\omega=\frac{1}{2\pi}\int_{-\omega_0}^{\omega_0}A\mathrm{e}^{\mathrm{j}\omega t_0}\mathrm{e}^{\mathrm{j}\omega t}\mathrm{d}\omega=\frac{A\omega_0\sin\omega_0(t+t_0)}{\pi\omega_0(t+t_0)}$$

$$=\frac{A\omega_0}{\pi}\mathrm{Sa}\ (\omega_0(t+t_0))$$

解法二：利用矩形脉冲和抽样信号的对称性，有

$$F(\omega)=A(-\omega_0\leqslant\omega\leqslant\omega_0)\leftrightarrow\frac{A\omega_0}{\pi}\mathrm{Sa}(\omega_0 t)$$

再利用时移性，有

$$F(\omega)=A\mathrm{e}^{\mathrm{j}\omega t_0}(-\omega_0\leqslant\omega\leqslant\omega_0)\leftrightarrow f(t)=\frac{A\omega_0}{\pi}\mathrm{Sa}[\omega_0(t+t_0)]$$

（2）根据 $F(\omega)$ 的图示，写出其表达式

$$F(\omega)=\begin{cases}A\mathrm{e}^{\mathrm{j}\frac{\pi}{2}} & (0<\omega\leqslant\omega_0)\\ A\mathrm{e}^{-\mathrm{j}\frac{\pi}{2}} & (-\omega_0\leqslant\omega<0)\end{cases}$$

直接利用傅里叶反变换的定义求解，有

$$\begin{aligned}f(t)&=\frac{1}{2\pi}\int_{-\omega_0}^{0}A\mathrm{e}^{-\mathrm{j}\frac{\pi}{2}}\mathrm{e}^{\mathrm{j}\omega t}\mathrm{d}\omega+\frac{1}{2\pi}\int_{0}^{\omega_0}A\mathrm{e}^{\mathrm{j}\frac{\pi}{2}}\mathrm{e}^{\mathrm{j}\omega t}\mathrm{d}\omega\\&=\frac{-\mathrm{j}A}{2\pi}\int_{-\omega_0}^{0}\mathrm{e}^{\mathrm{j}\omega t}\mathrm{d}\omega+\frac{\mathrm{j}A}{2\pi}\int_{0}^{\omega_0}\mathrm{e}^{\mathrm{j}\omega t}\mathrm{d}\omega=\frac{-2A}{\pi t}\sin^2\left(\frac{\omega_0 t}{2}\right)\end{aligned}$$

3.9 已知 $\mathscr{F}[f(t)]=F(\omega)$，利用傅里叶变换的性质求下列信号的傅里叶变换。

(1) $tf(2t)$；　　(2) $(t-2)f(-2t)$；

(3) $f(2t-5)$；　　(4) $t\dfrac{\mathrm{d}f(t)}{\mathrm{d}t}$。

【分析与解答】

本题主要考察利用傅里叶变换的性质求信号的傅里叶变换。

(1)

$$\left.\begin{aligned}&f(2t)\leftrightarrow\frac{1}{2}F\left(\frac{\omega}{2}\right)\\&-\mathrm{j}tf(2t)\leftrightarrow\left[\frac{1}{2}F\left(\frac{\omega}{2}\right)\right]/\mathrm{d}\omega\end{aligned}\right\}tf(2t)\leftrightarrow\frac{\mathrm{j}}{2}\frac{\mathrm{d}F\left(\frac{\omega}{2}\right)}{\mathrm{d}\omega}$$

(2)

$$\left.\begin{aligned}&f(-2t)\leftrightarrow\frac{1}{2}F\left(-\frac{\omega}{2}\right)\\&-\mathrm{j}tf(-2t)\leftrightarrow\frac{\mathrm{d}\left[\frac{1}{2}F\left(-\frac{\omega}{2}\right)\right]}{\mathrm{d}\omega}\end{aligned}\right\}(t-2)f(-2t)\leftrightarrow\frac{\mathrm{j}}{2}\frac{\mathrm{d}F\left(-\frac{\omega}{2}\right)}{\mathrm{d}\omega}-F\left(-\frac{\omega}{2}\right)$$

(3)

$$f(2t)\leftrightarrow\frac{1}{2}F\left(\frac{\omega}{2}\right),\quad f(2t-5)=f\left[2\left(t-\frac{5}{2}\right)\right]\leftrightarrow\frac{1}{2}F\left(\frac{\omega}{2}\right)\mathrm{e}^{-\mathrm{j}\frac{5}{2}\omega}$$

(4)

$$\left.\begin{aligned}&\frac{\mathrm{d}f(t)}{\mathrm{d}t}\leftrightarrow\mathrm{j}\omega F(\omega)\\&-\mathrm{j}t\frac{\mathrm{d}f(t)}{\mathrm{d}t}\leftrightarrow\frac{\mathrm{d}[\mathrm{j}\omega F(\omega)]}{\mathrm{d}\omega}=\mathrm{j}F(\omega)+\mathrm{j}\omega\frac{\mathrm{d}F(\omega)}{\mathrm{d}\omega}\end{aligned}\right\}t\frac{\mathrm{d}f(t)}{\mathrm{d}t}\leftrightarrow-F(\omega)-\omega\frac{\mathrm{d}F(\omega)}{\mathrm{d}\omega}$$

3.10 如图 3.13 所示，信号 $f(t)$ 的傅里叶变换记为 $F(\omega)$，求 $F(0)$ 和 $\int_{-\infty}^{\infty}F(\omega)\mathrm{d}\omega$。

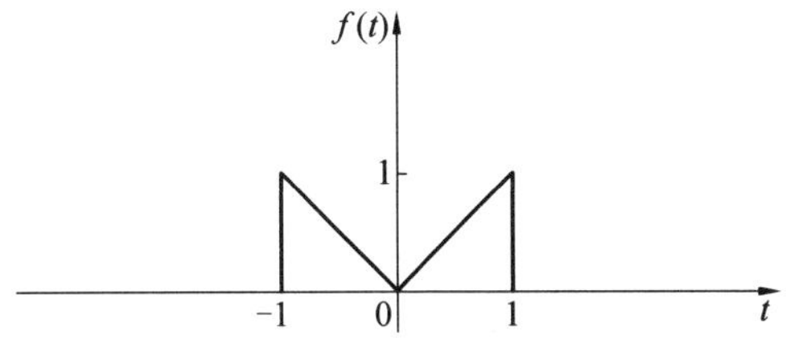

图 3.13　题 3.10 图

【分析与解答】

本题主要利用傅里叶变换的定义式的某种特殊取值求解。

根据傅里叶变换定义式 $F(\omega)=\int_{-\infty}^{\infty}f(t)\mathrm{e}^{-\mathrm{j}\omega t}\mathrm{d}t$，所以

$$F(0)=F(\omega)\big|_{\omega=0}=\int_{-\infty}^{\infty}f(t)\mathrm{d}t=1$$

根据傅里叶反变换定义式 $f(t)=\frac{1}{2\pi}\int_{-\infty}^{\infty}F(\omega)\mathrm{e}^{\mathrm{j}\omega t}\mathrm{d}\omega$，所以

$$\int_{-\infty}^{\infty}F(\omega)\mathrm{d}\omega=2\pi f(0)=0$$

3.11　利用频移、时移等特性，求图 3.14 所示信号的频谱函数。

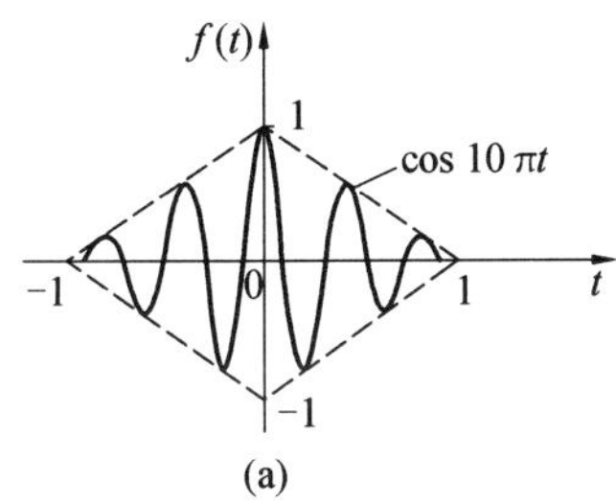

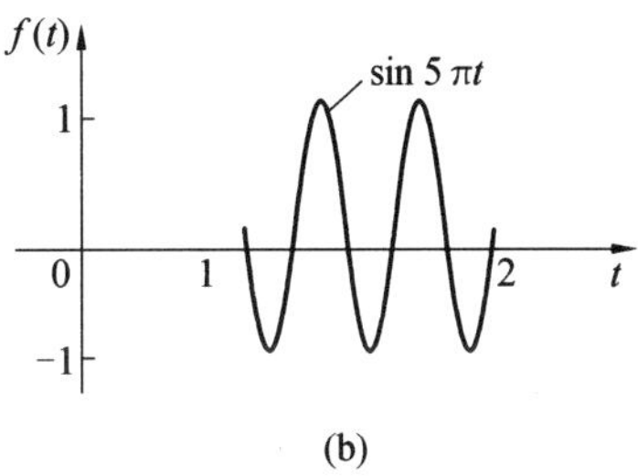

图 3.14　题 3.11 图

【分析与解答】

图(a) 所示的 $f(t)$ 为三角脉冲 $f_1(t)$ 和本振 $\cos 10\pi t$ 的调幅信号

$$f(t)=f_1(t)\cos 10\pi t\leftrightarrow\frac{1}{2}[F_1(\omega+10\pi)+F_1(\omega-10\pi)]$$

$$=\frac{1}{2}\left[\mathrm{Sa}^2\left(\frac{\omega+10\pi}{2}\right)+\mathrm{Sa}^2\left(\frac{\omega-10\pi}{2}\right)\right]$$

图(b) 所示的 $f(t)$ 为限定时间的正弦信号

$$f(t)=\sin 5\pi t[u(t-1)-u(t-2)]$$

$$\sin 5\pi t\leftrightarrow\mathrm{j}\pi[\delta(\omega+5\pi)-\delta(\omega-5\pi)]$$

$$u(t-1)-u(t-2)\leftrightarrow\mathrm{Sa}\,\frac{\omega}{2}\mathrm{e}^{-\mathrm{j}\omega\frac{3}{2}}$$

$$f(\omega)=\frac{1}{2\pi}\mathrm{j}\pi[\delta(\omega+5\pi)-\delta(\omega-5\pi)]*\mathrm{Sa}\left(\frac{\omega}{2}\right)\mathrm{e}^{-\mathrm{j}\omega\frac{3}{2}}$$

$$=\frac{\mathrm{j}}{2}\left[\mathrm{Sa}\left(\frac{\omega+5\pi}{2}\right)\mathrm{e}^{-\mathrm{j}\frac{3}{2}(\omega+5\pi)}-\mathrm{Sa}\left(\frac{\omega-5\pi}{2}\right)\mathrm{e}^{-\mathrm{j}\frac{3}{2}(\omega-5\pi)}\right]$$

3.12 利用傅里叶变换的对称性等，求下列信号的傅里叶变换，并粗略画出其频谱图。

(1) $f(t)=\dfrac{\sin 2\pi(t-2)}{\pi(t-2)}$； (2) $f(t)=\left(\dfrac{\sin 2\pi t}{2\pi t}\right)^2$。

【分析与解答】

傅里叶变换的对称性：$F(t)\leftrightarrow 2\pi f(-\omega)$。

(1) $f(t)=\dfrac{\sin[2\pi(t-2)]}{\pi(t-2)}=2\mathrm{Sa}[2\pi(t-2)]$

因为

$$E\left[u\left(t+\frac{\tau}{2}\right)-u\left(t-\frac{\tau}{2}\right)\right]\leftrightarrow E\tau\,\mathrm{Sa}\left(\frac{\omega\tau}{2}\right)$$

所以

$$F(\omega)=[u(\omega+2\pi)-u(\omega-2\pi)]\mathrm{e}^{-2\mathrm{j}\omega}$$

(2) $f(t)=\left[\dfrac{\sin(2\pi t)}{2\pi t}\right]^2=\mathrm{Sa}^2(2\pi t)$

因为 $g_\tau(t)*g_\tau(t)\leftrightarrow\tau^2\mathrm{Sa}^2\left(\dfrac{\omega\tau}{2}\right)$，利用对称性，有

$$\tau^2\mathrm{Sa}^2\left(\frac{t\tau}{2}\right)\leftrightarrow 2\pi\cdot g_\tau(\omega)*g_\tau(\omega)$$

令 $\tau=4\pi$，得

$$16\pi^2\mathrm{Sa}^2(2\pi t)\leftrightarrow 2\pi\cdot g_\tau(\omega)*g_\tau(\omega)$$

所以

$$F(\omega)=\frac{1}{8\pi}g_\tau(\omega)*g_\tau(\omega)=\frac{1}{8\pi}(4\pi-|\omega|)$$

3.13 试求图 3.15 所示信号的频谱函数。

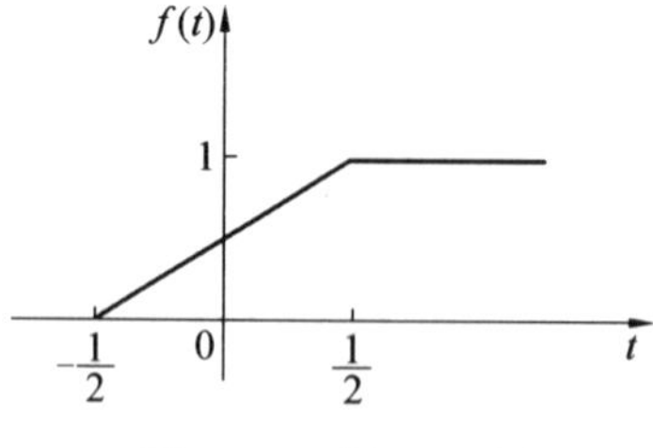

图 3.15 题 3.13 图

【分析与解答】

解法一：利用时域积分性质。

由题可知 $f(t)$ 为矩形脉冲 $g_1(t)$ 的积分，即

$$f(t)=\int_0^t g_1(\tau)\mathrm{d}\tau$$

$$g_1(t) \leftrightarrow G_1(\omega) = \mathrm{Sa}\left(\frac{\omega}{2}\right)$$

因为 $G_1(0)=1$，且 $f(t)=\int_{-\infty}^{t} g_\tau(\tau)\mathrm{d}\tau$，所以

$$F(\omega) = \frac{G_1(\omega)}{\mathrm{j}\omega} + \pi G_1(0)\delta(\omega) = \frac{\mathrm{Sa}\left(\frac{\omega}{2}\right)}{\mathrm{j}\omega} + \pi\delta(\omega)$$

解法二：将 $f(t)$ 看作为函数 $g_1(t)$ 和单位阶跃函数 $u(t)$ 的卷积

$$f(t) = g_1(t) * u(t)$$

$$\mathscr{F}[u(t)] = \pi\delta(\omega) + \frac{1}{\mathrm{j}\omega} \Rightarrow F(\omega) = G_1(\omega)\mathscr{F}[u(t)] = \mathrm{Sa}\left(\frac{\omega}{2}\right)\left[\pi\delta(\omega) + \frac{1}{\mathrm{j}\omega}\right]$$

$$= \pi\delta(\omega) + \frac{\mathrm{Sa}\left(\frac{\omega}{2}\right)}{\mathrm{j}\omega}$$

3.14　已知 $f(t) = \dfrac{\sin t \sin \frac{t}{2}}{\pi t^2}$，求 $f(t)$ 的傅里叶变换。

【分析与解答】

$$f(t) = \frac{\sin t \sin \frac{t}{2}}{\pi t^2} = \frac{1}{2\pi}\mathrm{Sa}(t)\mathrm{Sa}\left(\frac{t}{2}\right)$$

因为 $\mathrm{Sa}(t) \leftrightarrow \pi G_2(\omega)$，$\mathrm{Sa}\left(\frac{t}{2}\right) \leftrightarrow 2\pi G_1(\omega)$，根据频域卷积定理，得

$$F(\omega) = \left(\frac{1}{2\pi}\right)^2 \pi G_2(\omega) * 2\pi G_1(\omega) = \frac{1}{2}G_2(\omega) * G_1(\omega)$$

$$= \begin{cases} \frac{1}{2}t + \frac{3}{4} & \left(-\frac{3}{2} \leqslant t \leqslant -\frac{1}{2}\right) \\ \frac{1}{2} & \left(-\frac{1}{2} \leqslant t \leqslant \frac{1}{2}\right) \\ -\frac{1}{2}t + \frac{3}{4} & \left(\frac{1}{2} \leqslant t \leqslant \frac{3}{2}\right) \\ 0 & (\text{其他}) \end{cases}$$

波形如图 3.16 所示。

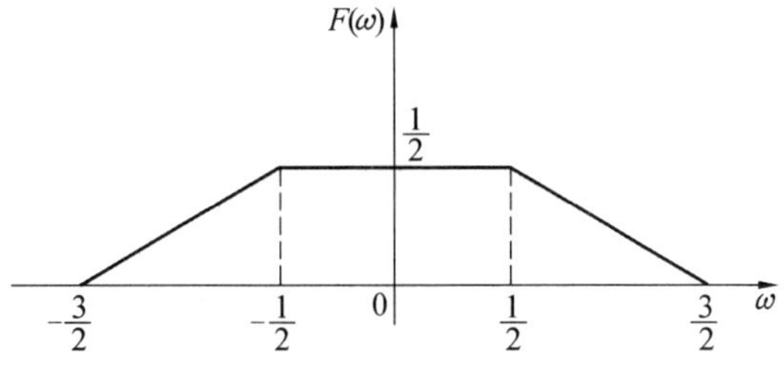

图 3.16　题 3.14 答图

3.15　已知 $f_1(t)$ 的傅里叶变换 $F_1(\omega)$，周期信号 $f_2(t)$ 与 $f_1(t)$ 有如图 3.17 所示关

系，试求 $f_2(t)$ 的傅里叶变换 $F_2(\omega)$。

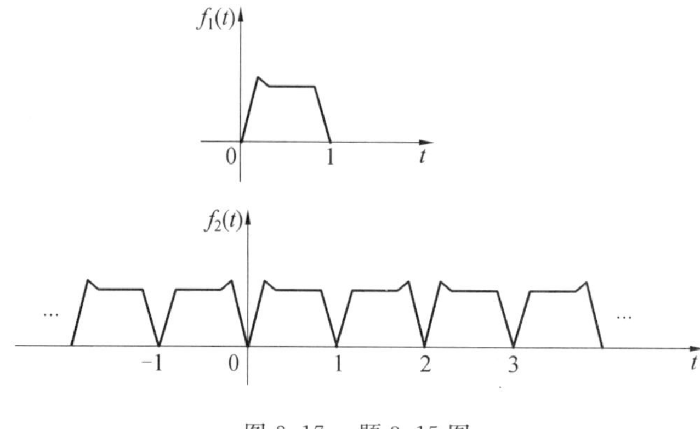

图 3.17　题 3.15 图

【分析与解答】

观察图中 $f_2(t)$ 与 $f_1(t)$，写出其关系表达式，然后利用傅里叶变换性质求解。

解法一：观察图中 $f_2(t)$ 与 $f_1(t)$ 的关系，有

$$f_2(t)=[f_1(t)+f_1(-t)]*\sum_{n=-\infty}^{+\infty}\delta(t-2n)$$

因为

$$\sum_{n=-\infty}^{+\infty}\delta_2(t-2n)\leftrightarrow\omega_1\sum_{n=-\infty}^{+\infty}\delta(\omega-n\omega_1)=\pi\sum_{n=-\infty}^{+\infty}\delta(\omega-n\pi)\quad\left(\omega_1=\frac{2\pi}{T_1}=\pi\right)$$

根据傅里叶变换的卷积定理，有

$$\begin{aligned}F_2(\omega)&=[F_1(\omega)+F_1(-\omega)]\pi\sum_{n=-\infty}^{+\infty}\delta(\omega-n\pi)\\&=\pi\sum_{n=-\infty}^{+\infty}[F_1(n\pi)+F_1(-n\pi)]\delta(\omega-n\pi)\end{aligned}$$

解法二：令 $f_0(t)=f_1(t)+f_1(-t)$，则 $f_2(t)$ 为 $f_0(t)$ 以 $T=2$ 为周期延拓的周期信号，$f_2(t)$ 的傅里叶级数(FS) 的系数为

$$c_n=\frac{1}{T}\int_{-1}^{1}f_0(t)\mathrm{e}^{-\mathrm{j}n\omega_1 t}\mathrm{d}t=\frac{1}{2}\left[\int_0^1 f_1(t)\mathrm{e}^{-\mathrm{j}n\omega_1 t}\mathrm{d}t+\int_{-1}^{0}f_1(-t)\mathrm{e}^{-\mathrm{j}n\omega_1 t}\mathrm{d}t\right]$$

因为 $F_1(\omega)=\int_0^1 f_1(t)\mathrm{e}^{-\mathrm{j}\omega t}$，所以

$$c_n=\frac{1}{2}[F_1(n\omega_1)+F_1(-n\omega_1)]\quad\left(\omega_1=\frac{2\pi}{T}=\pi\right)$$

所以

$$F_2(\omega)=2\pi\sum_{n=-\infty}^{+\infty}c_n\delta(\omega-n\omega_1)=\pi\sum_{n=-\infty}^{+\infty}[F_1(n\pi)+F_1(-n\pi)]\delta(\omega-n\pi)$$

解法三：令 $f_0(t)=f_1(t)+f_1(-t)$，利用傅里叶变换尺度特性，有

$$F_0(\omega)=[F_1(\omega)+F_1(-\omega)]$$

$f_2(t)$ 为 $f_0(t)$ 以 $T=2$ 为周期延拓的周期信号

$$f_2(t)=\sum_{n=-\infty}^{+\infty} f_0(t-2n)$$

因此，利用傅里叶变换时移性质，有

$$F_2(\omega)=F_0(\omega)\sum_{n=-\infty}^{+\infty}\mathrm{e}^{-\mathrm{j}2n\omega}=[F_1(\omega)+F_1(-\omega)]\sum_{n=-\infty}^{+\infty}\mathrm{e}^{-\mathrm{j}2n\omega}$$

3.16　试求图 3.18(a) 所示信号 $f(t)$ 的傅里叶变换，并根据该结果求图 3.18(b) 所示周期信号 $f_T(t)$ 的傅里叶级数。

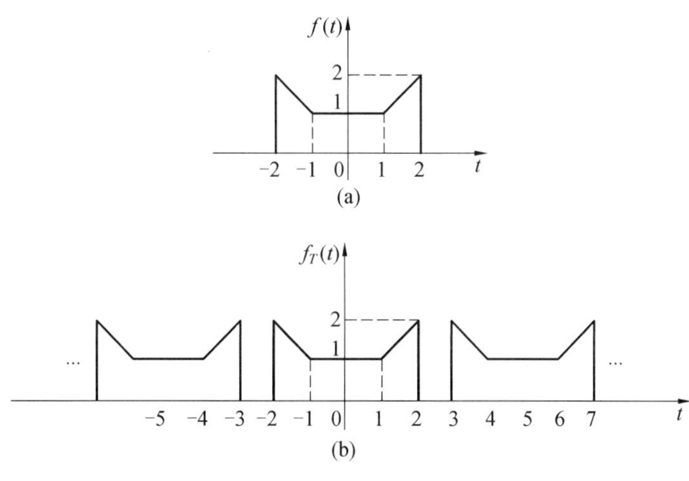

图 3.18　题 3.16 图

【分析与解答】

由图(a) 可得 $f(t)$ 的表达式为

$$f(t)=\begin{cases}-t & (-2\leqslant t<-1)\\ 1 & (-1\leqslant t\leqslant 1)\\ t & (1<t\leqslant 2)\end{cases}$$

$$\begin{aligned}F(\omega)&=\int_{-\infty}^{+\infty}f(t)\mathrm{e}^{-\mathrm{j}\omega t}\,\mathrm{d}t=\int_{-2}^{1}(-t)\mathrm{e}^{\mathrm{j}\omega t}\,\mathrm{d}t+\int_{-1}^{1}\mathrm{e}^{-\mathrm{j}\omega t}\,\mathrm{d}t+\int_{1}^{2}t\mathrm{e}^{\mathrm{j}\omega t}\,\mathrm{d}t\\&=\frac{4}{\omega}\sin 2\omega+\frac{2}{\omega^2}(\cos 2\omega-\cos\omega)\end{aligned}$$

由图(b) 和图(a) 的关系可得

$$f_T(t)=f(t)*\sum_{n=-\infty}^{+\infty}\delta_5(t-5n)$$

所以有

$$\begin{aligned}F_T(\omega)&=F(\omega)\frac{2\pi}{5}\sum_{n=-\infty}^{+\infty}\delta\left(\omega-\frac{2\pi}{5}n\right)\\&=\frac{8\pi}{5\omega}\sum_{n=-\infty}^{+\infty}\sin\left(\frac{4\pi}{5}n\right)\delta\left(\omega-\frac{2\pi}{5}n\right)+\frac{4\pi}{5\omega^2}\sum_{n=-\infty}^{+\infty}\left[\cos\left(\frac{4\pi}{5}n\right)-\cos\left(\frac{2\pi}{5}n\right)\right]\delta\left(\omega-\frac{2\pi}{5}n\right)\end{aligned}$$

指数形式傅里叶级数系数 c_n 和 $F_0(\omega)$ 的关系为

$$c_n=\frac{8}{5}\mathrm{Sa}(2\omega)+\frac{2}{5}\frac{1}{\omega^2}(\cos 2\omega-\cos\omega)\Big|_{\omega=n\omega_1=\frac{2\pi}{5}n}$$

$$=\frac{8}{5}\mathrm{Sa}\left(\frac{4\pi}{5}n\right)+\frac{5}{2n^2\pi^2}\left[\cos\left(\frac{4\pi}{5}n\right)-\cos\left(\frac{2\pi}{5}n\right)\right]$$

因此，$f_T(t)$ 的傅里叶级数为 $f_T(t)=\sum_{n=-\infty}^{+\infty}c_n\mathrm{e}^{\mathrm{j}n\omega_1 t}$。

3.17 已知某系统频率特性如图 3.19(a) 所示，试求在如图 3.19(b) 所示的周期激励信号 $e(t)$ 作用下系统的响应。

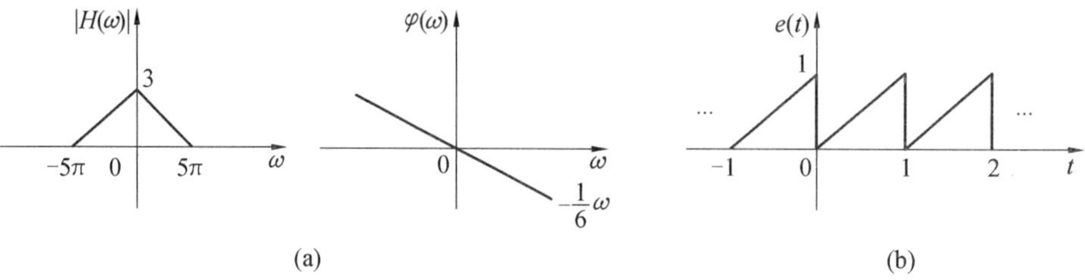

图 3.19 题 3.17 图

【分析与解答】

周期信号 $e(t)$ 的主值函数为

$$e_0(t)=t\quad(0\leqslant t\leqslant 1)$$

周期为

$$T_1=1$$

$$E_0(\omega)=\int_0^1 t\mathrm{e}^{-\mathrm{j}\omega t}\mathrm{d}t=\begin{cases}\dfrac{\mathrm{e}^{-\mathrm{j}\omega}}{-\mathrm{j}\omega}+\dfrac{\mathrm{e}^{-\mathrm{j}\omega}}{\omega^2}-\dfrac{1}{\omega^2} & (\omega\neq 0)\\ \dfrac{1}{2} & (\omega=0)\end{cases}$$

因为 $T_1=1$，将 $E_0(\omega)$ 和 ω_1 代入可化简为

$$E(\omega)=E_0(\omega)\omega_1\sum_{n=-\infty}^{+\infty}\delta(\omega-n\omega_1)=2\pi\sum_{n=-\infty}^{+\infty}E_0(2n\pi)\delta(\omega-2n\pi)$$

$$=\pi\delta(\omega)+\sum_{+\infty}\frac{\mathrm{j}}{n}\delta(\omega-2n\pi)$$

根据题中 $H(\omega)$ 的取值范围$(-5\pi,5\pi)$，$R(\omega)=H(\omega)E(\omega)$ 只可以存在 $0,\pm 2\pi,\pm 4\pi$ 上的取值，即

$$R(\omega)=H(\omega)E(\omega)$$

$$=2\pi\frac{1}{2}3\delta(\omega)+2\pi\frac{1}{\mathrm{j}2\pi}\frac{9}{5}\mathrm{e}^{\mathrm{j}\frac{\pi}{3}}\delta(\omega+2\pi)+2\pi\frac{1}{-\mathrm{j}2\pi}\frac{9}{5}\mathrm{e}^{-\mathrm{j}\frac{\pi}{3}}\delta(\omega-2\pi)+$$

$$2\pi\frac{1}{\mathrm{j}4\pi}\frac{3}{5}\mathrm{e}^{\mathrm{j}\frac{2\pi}{3}}\delta(\omega+4\pi)+2\pi\frac{1}{-\mathrm{j}4\pi}\frac{3}{5}\mathrm{e}^{-\mathrm{j}\frac{2}{3}\pi}\delta(\omega-4\pi)$$

$$=\frac{3}{2}2\pi\delta(\omega)+\frac{9}{5\pi}\mathrm{j}\pi\left[\delta(\omega-2\pi)\mathrm{e}^{-\mathrm{j}\frac{\pi}{3}}-\delta(\omega+2\pi)\mathrm{e}^{\mathrm{j}\frac{\pi}{3}}\right]+$$

$$\frac{3}{10\pi}\mathrm{j}\pi\left[\delta(\omega-4\pi)\mathrm{e}^{-\mathrm{j}\frac{2}{3}\pi}-\delta(\omega+4\pi)\mathrm{e}^{\mathrm{j}\frac{2}{3}\pi}\right]$$

$$r(t)=\mathscr{F}[R(\omega)]=\frac{3}{2}+\frac{9}{5\pi}\frac{\mathrm{j}}{2}\left(\mathrm{e}^{\mathrm{j}2\pi t}\mathrm{e}^{-\mathrm{j}\frac{\pi}{3}}-\mathrm{e}^{-\mathrm{j}2\pi t}\mathrm{e}^{\mathrm{j}\frac{\pi}{3}}\right)+\frac{3}{10\pi}\frac{\mathrm{j}}{2}\left(\mathrm{e}^{\mathrm{j}4\pi t}\mathrm{e}^{-\mathrm{j}\frac{2}{3}\pi}-\mathrm{e}^{-\mathrm{j}4\pi t}\mathrm{e}^{\mathrm{j}\frac{2}{3}\pi}\right)$$

$$=\frac{3}{2}+\frac{9}{5\pi}\frac{j}{2}\left[e^{j2\pi(t-\frac{1}{6})}-e^{-j2\pi(t-\frac{1}{6})}\right]+\frac{3}{10\pi}\frac{j}{2}\left[e^{j4\pi(t-\frac{1}{6})}-e^{-j4\pi(t-\frac{1}{6})}\right]$$

$$=\frac{3}{2}-\frac{9}{5\pi}\sin\left(2\pi t-\frac{\pi}{3}\right)-\frac{3}{10\pi}\sin\left(4\pi t-\frac{2}{3}\pi\right)$$

3.18　已知系统函数 $H(\omega)=\frac{1}{j\omega+2}$，激励信号 $e(t)=e^{-3t}u(t)$，试利用傅里叶分析法求响应 $r(t)$。

【分析与解答】

$$e(t)=e^{-3t}u(t)\Rightarrow E(\omega)=\frac{1}{j\omega+3}$$

$$\Rightarrow R(\omega)=H(\omega)E(\omega)=\frac{1}{j\omega+2}\frac{1}{j\omega+3}=\frac{1}{j\omega+2}-\frac{1}{j\omega+3}$$

$$\Rightarrow r(t)=\mathscr{F}^{-1}[R(\omega)]=(e^{-2t}-e^{-3t})u(t)$$

3.19　一个线性非时变连续时间系统，其系统函数为 $H(\omega)=\begin{cases}1 & (2\leqslant|\omega|\leqslant 7)\\0 & (其他)\end{cases}$，试求当激励信号 $e(t)$ 分别为下列各式时的系统响应 $r(t)$：

(1) $e(t)=2+3\cos 3t-5\sin(6t-30^\circ)+4\cos(13t-20^\circ)(-\infty<t<+\infty)$；

(2) $e(t)=1+\sum_{n=1}^{\infty}\frac{1}{n}\cos 2nt(-\infty<t<+\infty)$；

(3) $e(t)$ 如图 3.20 所示。

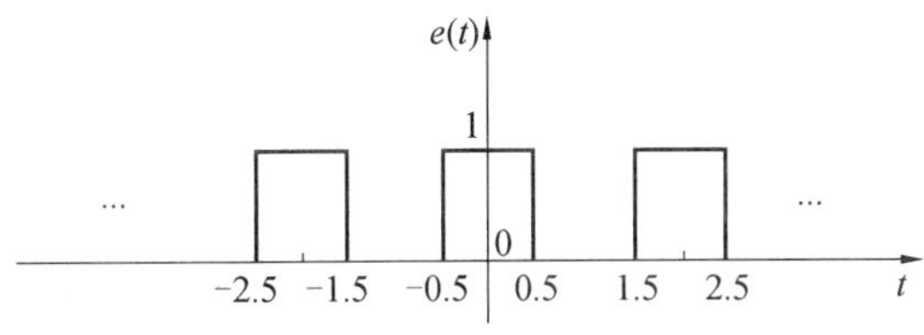

图 3.20　题 3.19 图

【分析与解答】

已知系统函数 $H(\omega)=\begin{cases}1 & (2\leqslant|\omega|\leqslant 7)\\0 & (其他)\end{cases}$，可知只有角频率 $2\leqslant|\omega|\leqslant 7$ 范围内的信号可通过。

(1) 因为 $e(t)=2+3\cos 3t-5\sin(6t-30^\circ)+4\cos(13t-20^\circ)(-\infty<t<+\infty)$，所以只有 $\cos 3t$，$\sin(6t-30^\circ)$ 分量可通过，即

$$r(t)=3\cos 3t-5\sin(6t-30^\circ)$$

(2) 因为 $e(t)=1+\sum_{n=1}^{\infty}\frac{1}{n}\cos 2nt(-\infty<t<+\infty)$ 为一系列不同角频率的余弦函数，通过该线性非时变连续时间系统，只有角频率 $2\leqslant|\omega|\leqslant 7$ 范围内的信号可通过，所以

$$r(t)=\cos 2t+\frac{1}{2}\cos 4t+\frac{1}{3}\cos 6t$$

(3) 根据 $e(t)$ 图形，求出其频谱为

$$E(\omega)=\pi\sum_{n=-\infty}^{+\infty}\mathrm{Sa}\left(\frac{n\pi}{2}\right)\delta_{\pi}(\omega-n\pi)$$

通过该线性非时变连续时间系统，只有角频率 $2\leqslant|\omega|\leqslant 7$ 范围内的信号可通过

$$R(\omega)=H(\omega)E(\omega)=2[\delta(\omega-\pi)+\delta(\omega+\pi)]$$

所以

$$r(t)=\frac{2}{\pi}\cos\pi t$$

3.20 已知信号 $e(t)$ 通过系统 $H(\omega)$ 后的输出响应为 $r_{zs}(t)$，今欲使 $e(t)$ 通过另一系统 $H_a(\omega)$ 后的输出响应为 $e(t)-r_{zs}(t)$，求此系统的频率响应。

【分析与解答】

由题目所给条件，可得

$$H_a(\omega)E(\omega)=E(\omega)-R_{zs}(\omega)=E(\omega)-H(\omega)E(\omega)$$

所以

$$H_a(\omega)=1-H(\omega)$$

3.21 已知某系统如图 3.21 所示，其中 $h_1(t)=\cos 100t$，$h_2(t)$ 的频谱 $H_2(\omega)=\mathrm{jsgn}(\omega)=\begin{cases}\mathrm{j} & (\omega>0)\\ -\mathrm{j} & (\omega<0)\end{cases}$，$h_3(t)=\sin 100t$。若输入信号 $e(t)$ 的频谱如图 3.21(b) 所示，求系统的输出 $r(t)$。

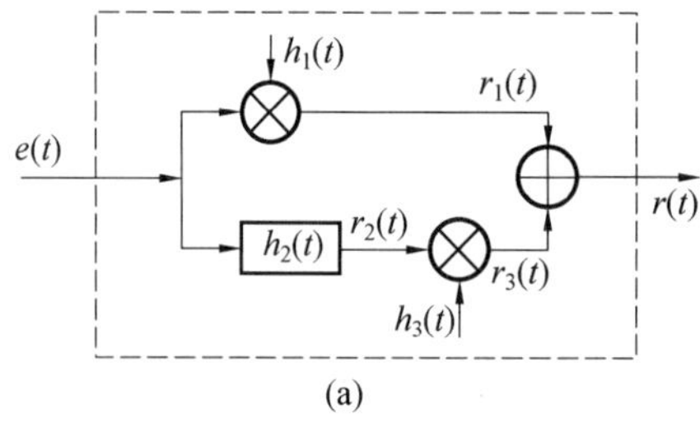

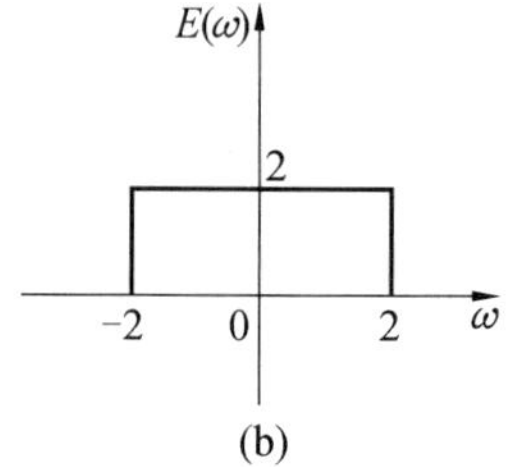

图 3.21 题 3.21 图

【分析与解答】

由图得

$$r_2(t)=e(t)*h_2(t)$$

变换到频域，有

$$\begin{aligned}R_2(\omega)&=E(\omega)H_2(\omega)=E(\omega)\cdot\mathrm{jsgn}(\omega)\\&=\begin{cases}\mathrm{j}E(\omega) & (\omega>0)\\ -\mathrm{j}E(\omega) & (\omega<0)\end{cases}=\begin{cases}2\mathrm{j} & (0<\omega<2)\\ -2\mathrm{j} & (-2<\omega<0)\end{cases}\end{aligned}$$

频谱计算结果如图 3.22 所示。

由图(a) 的系统关系得

$$r(t)=e(t)*h_1(t)+r_2(t)*h_3(t)=e(t)*\cos\omega t+r_2(t)*\sin\omega t$$

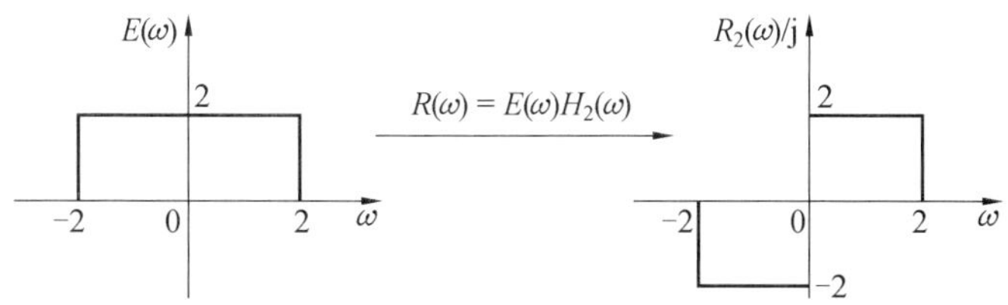

图 3.22　题 3.21 答图 1

同样将其变换到频域，得

$$
\begin{aligned}
R(\omega) &= R_1(\omega)+R_3(\omega) \\
&= \frac{1}{2}[E(\omega+100)+E(\omega-100)]+\frac{1}{2\mathrm{j}}[R_2(\omega-100)+R_2(\omega+100)] \\
&= G_4(\omega+100)+G_4(\omega-100)+G_2(\omega-101)-G_2(\omega-99)- \\
&\quad G_2(\omega+99)+G_2(\omega+101) \\
&= 2G_2(\omega-101)+2G_2(\omega+101)
\end{aligned}
$$

利用图 3.23 中图形更容易求解。

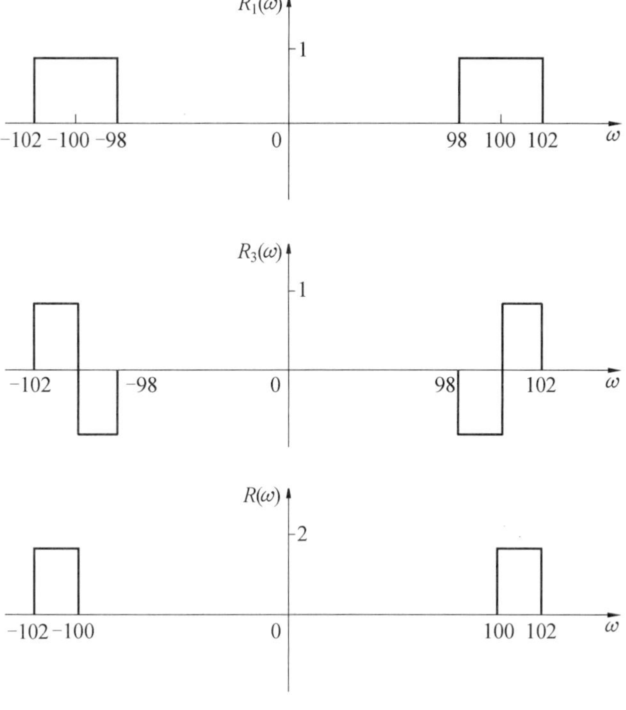

图 3.23　题 3.21 答图 2

将其变换到时域，得

$$
r(t)=\frac{4}{\pi}\mathrm{Sa}(t)\cos 101t
$$

3.22 如图 3.24 所示系统,已知 $f(t)\leftrightarrow F(\omega)$,$F(\omega)$、$H_1(\omega)$ 分别如图 3.24(b) 和(c) 所示,$g(t)=\sum_{n=-\infty}^{\infty}\delta(t-nT)$,$T=1/5$。

(1) 画出 $r_1(t)$、$r_2(t)$、$r_3(t)$ 的频谱 $R_1(\omega)$、$R_2(\omega)$、$R_3(\omega)$ 的图形;

(2) 如何设计 $H_2(\omega)$,可使 $y(t)=f(t)$,画出 $H_2(\omega)$ 的图形。

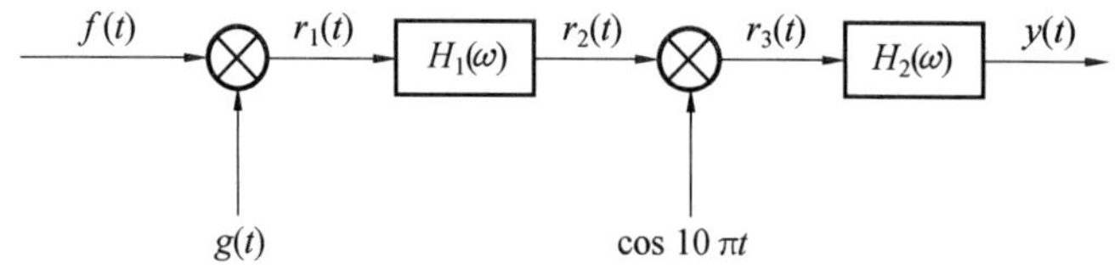

(a)

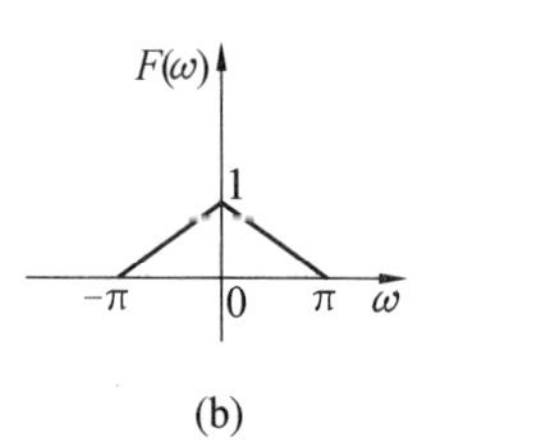

(b)

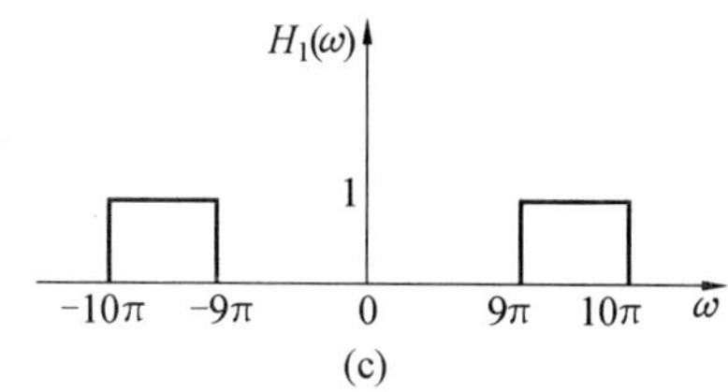

(c)

图 3.24 题 3.22 图

【分析与解答】

(1)$T=1/5$,$\omega_0=10\pi$

$$r_1(t)=f(t)g(t)\leftrightarrow R_1(\omega)=\frac{1}{2\pi}F(\omega)*\omega_0\sum_{n=-\infty}^{\infty}\delta(\omega-n\omega_0)=5\sum_{n=-\infty}^{\infty}F(\omega-10\pi n)$$

图形如图 3.25 所示。

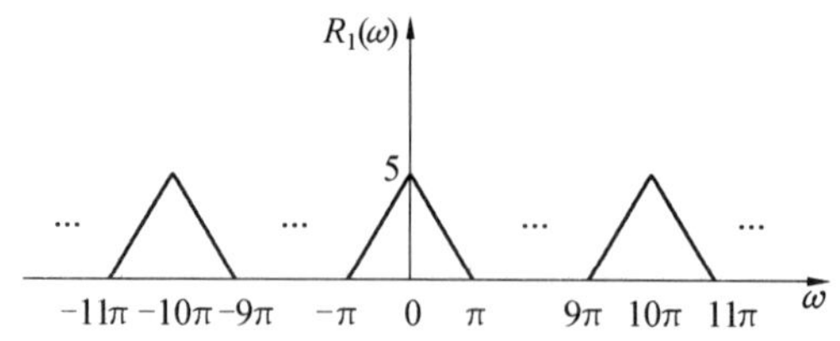

图 3.25 题 3.22 答图 1

$$R_2(\omega)=R_1(\omega)H_1(\omega)$$

图形如图 3.26 所示。

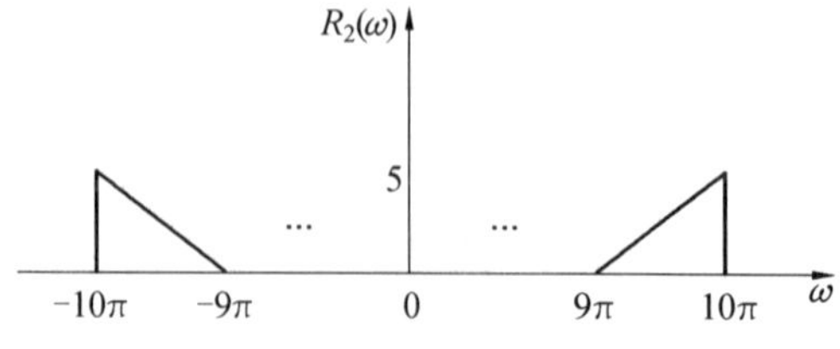

图 3.26 题 3.22 答图 2

$$r_3(t)=r_2(t)\cos 10\pi t \leftrightarrow \frac{1}{2}R_2(\omega_2+10\pi)+\frac{1}{2}R_2(\omega-10\pi)$$

图形如图 3.27 所示。

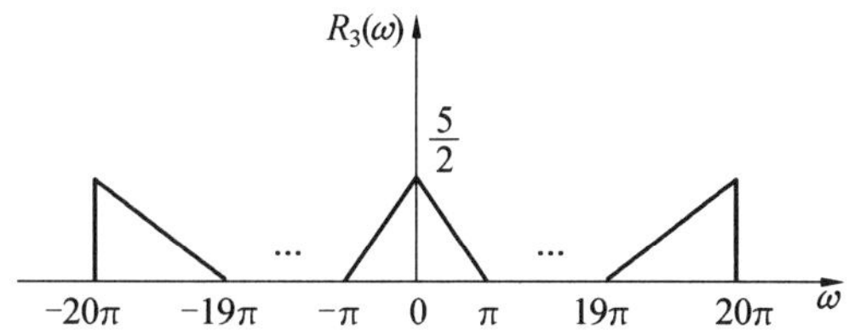

图 3.27　题 3.22 答图 3

(2)$Y(\omega)=R_3(\omega)H_2(\omega)$，要使 $y(t)=f(t)$，可以设计 $H_2(\omega)$ 为理想低通滤波器，截止频率 $\pi\leqslant\omega_c\leqslant 19\pi$ 即可。

图形如图 3.28 所示。

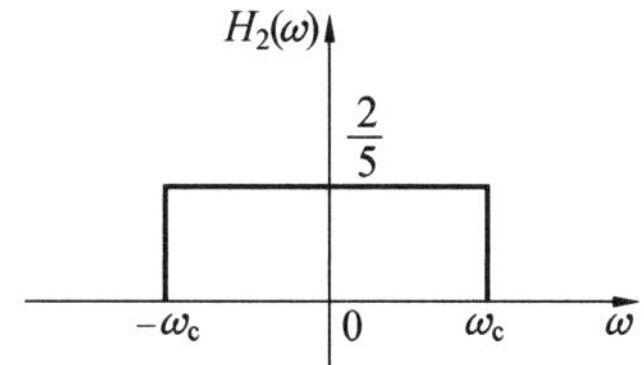

图 3.28　题 3.22 答图 4

3.23　图 3.29 所示为正交幅度调制原理框图，可以实现正交多路复用。两路载波信号的载频 ω_c 相同，但相位相差 90°。两路调制信号 $x_1(t)$ 和 $x_2(t)$ 都为带限信号，且最高频率为 ω_m。若 $\omega_c>\omega_m$，试证明：$y_1(t)=x_1(t)$，$y_2(t)=x_2(t)$。

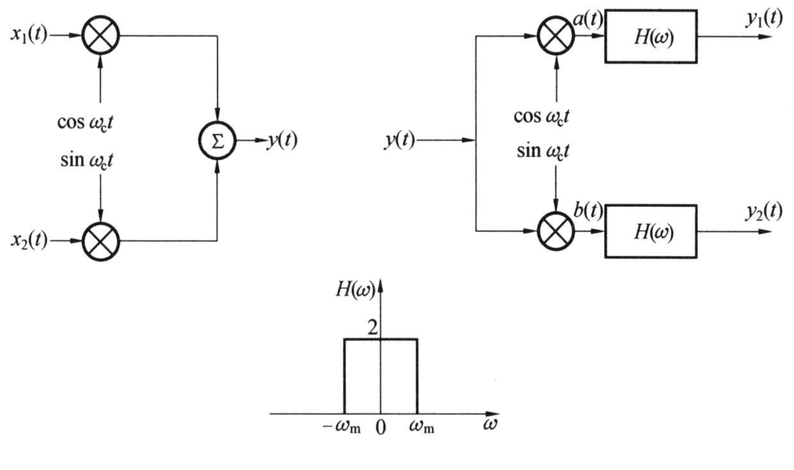

图 3.29　题 3.23 图

【分析与解答】

$$y(t)=x_1(t)\cos\omega_c t+x_2(t)\sin\omega_c t$$

$$\begin{aligned}a(t)=y(t)\cos\omega_c t&=[x_1(t)\cos\omega_c t+x_2(t)\sin\omega_c t]\cos\omega_c t\\&=x_1(t)\cos^2\omega_c t+x_2(t)\sin\omega_c t\cos\omega_c t\\&=0.5x_1(t)+0.5x_1(t)\cos 2\omega_c t+0.5x_2(t)\sin 2\omega_c t\end{aligned}$$

对上式进行傅里叶变换，可得

$$A(\mathrm{j}\omega)=\frac{1}{2}X_1(\omega)+\frac{1}{4}X_1(\omega-2\omega_c)+\frac{1}{4}X_1(\omega+2\omega_c)+\frac{1}{4\mathrm{j}}X_2(\omega-2\omega_c)-\frac{1}{4\mathrm{j}}X_2(\omega+2\omega_c)$$

信号 $a(t)$ 通过系统 $H(\mathrm{j}\omega)$ 的输出为

$$Y_1(\mathrm{j}\omega)=H(\mathrm{j}\omega)A(\mathrm{j}\omega)=X_1(\mathrm{j}\omega)$$

因此有

$$y_1(t)=x_1(t)$$

同理可证

$$y_2(t)=x_2(t)$$

3.24 在图 3.30 所示系统中，已知输入信号 $x(t)$ 的频谱 $X(\omega)$，试分析系统中 A、B、C、D 各点及 $y(t)$ 频谱并画出频谱图。

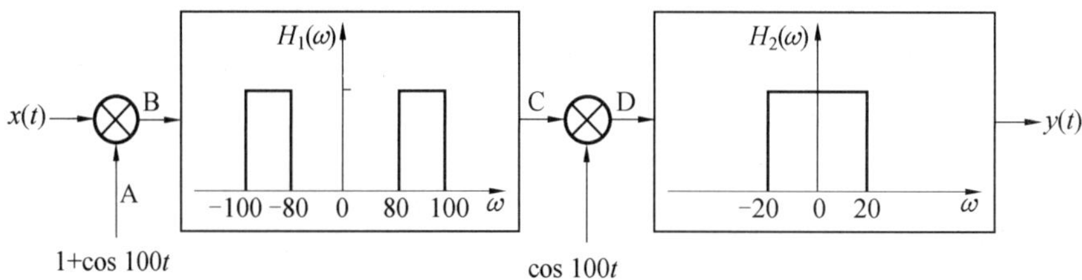

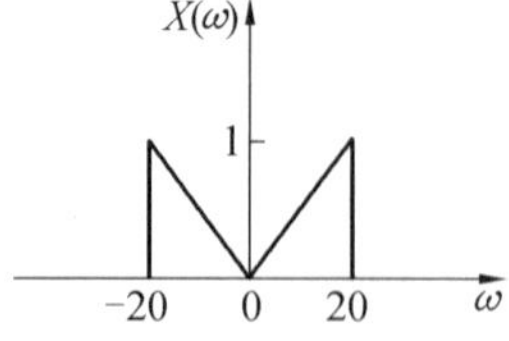

图 3.30 题 3.24 图

【分析与解答】

A、B、C、D 各点及 $y(t)$ 频谱分别如图 3.31(a) ～ (e) 所示。

(a)

(b)

(c)

(d)

(e)

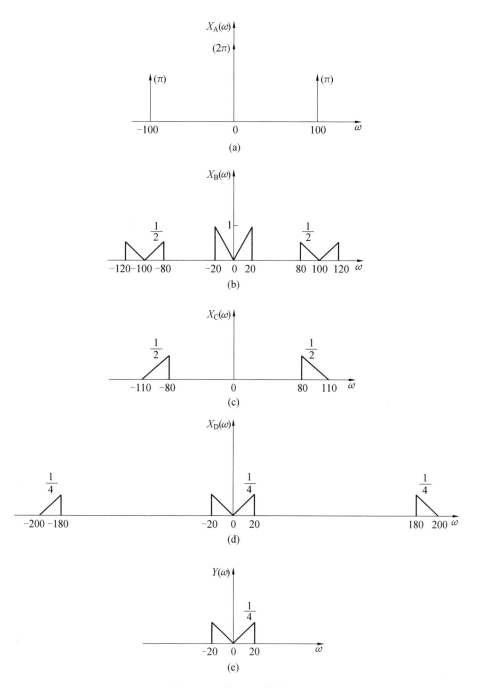

图 3.31　题 3.24 答图

第 4 章 连续时间信号与系统的复频域分析

本章首先从傅里叶变换导出拉普拉斯变换，把频域扩展为复频域，给出拉普拉斯变换的定义和收敛域，然后讨论拉普拉斯正、反变换以及拉普拉斯变换的一些基本性质；并以此为基础，着重讨论线性连续系统的复频域分析法，以及应用系统函数及其零、极点分析系统特性的概念，这些概念在系统理论中占有十分重要地位。

4.1 学习要求

(1) 熟练掌握信号单边拉普拉斯变换，熟记简单函数的拉普拉斯变换。

(2) 掌握拉普拉斯变换的基本性质，特别要注意时移性、频移性、时域微分、时域卷积的应用。

(3) 能利用基本信号的 s 域表示式和拉普拉斯变换性质，推导复杂的 s 域表示式。

(4) 掌握运用部分分式法和留数法求一些象函数的拉普拉斯反变换。

(5) 熟练应用复频域分析法分析计算较复杂的线性非时变系统的响应，包括全响应、零输入响应、零状态响应以及冲激响应和阶跃响应。

(6) 深刻理解复频域系统函数 $H(s)$ 的定义、物理意义，掌握用多种方法求解 $H(s)$。

(7) 掌握系统函数的零点、极点概念，深刻理解 $H(s)$ 的零、极点分布与单位冲激响应 $h(t)$ 的对应关系，根据系统函数进行系统特性分析(包括时域特性、频率响应、稳定性)。

(8) 会利用几何分析方法分析系统的频率特性 $H(\omega)$ 或滤波特性，尤其是幅频特性。

(9) 能够进行系统的微分方程、系统函数和系统模拟图的转换。

4.2 重点和难点提示

1. 连续时间系统的复频域分析

在复频域进行系统分析，求系统完全响应是本章的重点内容之一。利用信号单边拉普拉斯变换的微分特性可以将时域的微分方程映射为包含系统初始状态的 s 域代数方程，求解该代数方程即可同时得到系统的零输入响应和零状态响应，从而克服系统响应频域求解的不足，也避免了时域的复杂计算。

2. 连续时间系统的系统函数与系统特性分析

连续时间系统的系统函数 $H(s)$ 是描述连续时间系统特性的核心，应掌握 $H(s)$ 的定

义、物理概念和计算方法，掌握 $H(s)$ 零极点分布与系统时域特性 $h(t)$、频率响应 $H(\omega)$ 及系统稳定性的内在关系，掌握由系统函数通过几何分析法确定系统的滤波特性。

4.3　要点解析与解题提要

4.3.1　拉普拉斯变换

1. 拉普拉斯变换的定义

在实际工程中使用的信号都有起始时刻，令信号起始的时刻为时间坐标原点（$t=0$），为适应工程使用的方便，定义了单边拉普拉斯变换对。连续时间信号 $f(t)$ 的单边拉普拉斯变换对定义为

$$F(s)=\mathscr{L}[f(t)]=\int_{0^-}^{+\infty}f(t)\mathrm{e}^{-st}\mathrm{d}t \quad （正变换） \tag{4.1}$$

$$f(t)=\mathscr{L}^{-1}[F(s)]=\frac{1}{2\pi\mathrm{j}}\int_{\sigma-\mathrm{j}\infty}^{\sigma+\mathrm{j}\infty}F(s)\mathrm{e}^{st}\mathrm{d}s \quad （反变换） \tag{4.2}$$

其中，正变换式中积分下限取 0^-，主要考虑信号 $f(t)$ 在 $t=0$ 时刻可能有冲激函数，其导数项也能包含在积分区间之内。

2. 拉普拉斯变换存在的条件与收敛域

根据定义

$$F(s)=\int_{0^-}^{\infty}f(t)\mathrm{e}^{-st}\mathrm{d}t=\int_{0^-}^{\infty}f(t)\mathrm{e}^{-\sigma t}\mathrm{e}^{-\mathrm{j}\omega t}\mathrm{d}t \tag{4.3}$$

欲使 $F(s)$ 存在，则必须使 $f(t)\mathrm{e}^{-\sigma t}$ 满足条件

$$\lim_{t\to\infty}f(t)\mathrm{e}^{-\sigma t}=0 \quad (\sigma>\sigma_0) \tag{4.4}$$

在 s 平面上，满足上式的 σ 的取值范围，称为 $f(t)$ 或 $F(s)$ 的收敛域。

3. 常用信号的单边拉普拉斯变换

实际常见的许多信号，如 $\delta(t)$，$u(t)$，$\mathrm{e}^{-at}u(t)$，$t^nu(t)$，$\sin(\omega_0 t)u(t)$（或 $\cos(\omega_0 t)u(t)$），利用拉普拉斯变换定义，均可求出其拉普拉斯变换，结果可直接应用。其他信号的象函数无须记，可由典型信号象函数及拉普拉斯变换性质求出。现将常用信号及其单边拉普拉斯变换对列于表 4.1 中，利用此表可以方便地查出待求的象函数 $F(s)$ 或原函数 $f(t)$。

表 4.1　常用信号及其单位拉普拉斯变换对

序号	时间函数 $f(t)$	象函数 $F(s)$
1	$\delta(t)$	1
2	$\delta^{(n)}(t)$	s^n
3	$u(t)$	$\frac{1}{s}$
4	$t^nu(t)$	$\frac{n!}{s^{n+1}}$

续表4.1

序号	时间函数 $f(t)$	象函数 $F(s)$
5	$e^{-at}u(t)$	$\frac{1}{s+a}$
6	$t^n e^{-at}u(t)$	$\frac{n!}{(s+a)^{n+1}}$
7	$\sin(\omega_0 t)u(t)$	$\frac{\omega_0}{s^2+\omega_0^2}$
8	$\cos(\omega_0 t)u(t)$	$\frac{s}{s^2+\omega_0^2}$
9	$\sum_{n=0}^{\infty}\delta(t-nT)$	$\frac{1}{1-e^{-sT}}$
10	$\sum_{n=0}^{\infty}f_0(t-nT)$	$\frac{F_0(s)}{1-e^{-sT}}$

注:周期信号没有起始与终止时刻,有始信号为非周期信号。因此有始周期信号(如 $\sin(\omega_0 t)u(t)$)只是 $t>0$ 后波形重复,不是真正意义上的周期信号。

4. 拉普拉斯变换的基本性质

拉普拉斯变换的性质,揭示了信号 $f(t)$ 的时域特性与复频域特性 $F(s)$ 之间的关系。掌握拉普拉斯变换的性质如同掌握傅里叶变换性质一样重要,应用性质并结合常用信号的拉普拉斯变换对就能简便地求复杂信号的拉普拉斯变换或由复杂的象函数 $F(s)$ 求其对应的原函数 $f(t)$。表 4.2 列出了最常用的单边拉普拉斯变换的性质和定理。灵活运用表 4.1 与表 4.2,基本上能满足常见的一些函数的拉普拉斯变换运算。

表 4.2　拉普拉斯变换的基本性质

序号	性质名称	时间函数 $f(t)$	象函数 $F(s)$
1	齐次性	$af(t)$	$aF(s)$
2	叠加性	$f_1(t)+f_2(t)$	$F_1(s)+F_2(s)$
3	线性	$\alpha f_1(t)+\beta f_2(t)$	$\alpha F_1(s)+\beta F_2(s)$
4	尺度性	$f(at),a>0$	$\frac{1}{a}F\left(\frac{s}{a}\right)$
5	时移性	$f(t-t_0)u(t-t_0),\ t_0>0$	$F(s)e^{-st_0}$
6	复频移	$f(t)e^{s_0 t}$	$F(s-s_0)$
7	时域乘积	$f_1(t)f_2(t)$	$\frac{1}{2\pi j}F_1(s)*F_2(s)$
8	时域卷积	$f_1(t)*f_2(t)$	$F_1(s)F_2(s)$

续表4.2

序号	性质名称	时间函数 $f(t)$	象函数 $F(s)$
9	时域微分	$\frac{d}{dt}f(t)$	$sF(s)-f(0^-)$
		$\frac{d^n}{dt^n}f(t)$	$s^nF(s)-\sum_{r=0}^{n-1}s^{n-r-1}f^{(r)}(0^-)$
10	时域积分	$\int_{0^-}^{t}f(\tau)d\tau$	$\frac{F(s)}{s}$
		$\int_{-\infty}^{t}f(\tau)d\tau$	$\frac{F(s)}{s}+\frac{f^{(-1)}(0^-)}{s}$
11	复频域微分	$(t)^nf(t)$	$(-1)^n\frac{d^n}{ds^n}F(s)$
12	复频域积分	$\frac{f(t)}{t}$	$\int_{s}^{\infty}F(\tau)d\tau$
13	初值定理	$f(0^+)=\lim\limits_{t\to 0^+}f(t)=\lim\limits_{s\to\infty}sF(s)$，$F(s)$ 必须为真分式	
14	终值定理	$f(\infty)=\lim\limits_{t\to\infty}f(t)=\lim\limits_{s\to 0}sF(s)$，$F(s)$ 的极点都位于 s 平面的左半部且 $F(s)$ 在原点仅有单极点	
15	调制定理	$f(t)\cos\omega_0 t$	$\frac{1}{2}[F(s-j\omega_0)+F(s+j\omega_0)]$
		$f(t)\sin\omega_0 t$	$\frac{1}{2j}[F(s-j\omega_0)-F(s+j\omega_0)]$

终值定理使用条件

条件：$F(s)$ 的极点都位于 s 平面的左半部且 $F(s)$ 在原点仅有单极点。

原因：通常象函数为分式，可分解为部分分式之和，即

$$F(s)=\frac{K_1}{s-p_1}+\frac{K_2}{s-p_2}+\cdots+\frac{K_n}{s-p_n}=\sum_{i=1}^{n}\frac{K_i}{s-p_i} \tag{4.5}$$

则 $f(t)=\left[\sum_{i=1}^{n}K_i e^{p_i t}\right]u(t)$ 为指数信号的叠加，各指数信号的系数为其相应的部分分式的极点；若所有极点位于 s 平面左半平面，$p_i<0(i=1,\cdots,n)$，则各指数信号分量收敛，从而 $f(t)$ 收敛。若原点处有一阶极点，相应的部分分式为$\frac{1}{s}$，相应的信号分量为 $u(t)$，相当于等幅的指数信号，介于收敛与发散之间。若 $s=0$ 处有高阶极点，如 2 阶极点时相应的部分分式为$\frac{1}{s^2}$，对应的信号分量 $tu(t)$ 发散，因而终值不存在。如为任意 n 阶极点，部分分式为$\frac{1}{s^n}$，由时域微分性质得 $\mathscr{L}^{-1}\left[\frac{1}{s^n}\right]=t^{n-1}u(t)$，信号更发散。

5. 拉普拉斯变换与傅里叶变换的关系

(1) 拉普拉斯变换与傅里叶变换相比，计算简便的原因。

① 傅里叶变换对信号存在时间没有限制，计算频谱需在整个时间范围内积分；拉普拉斯变换一般考虑单边情况，积分范围只在正的时间范围内。原因在于：任何实际信号均有起

始时刻，从无穷远处时间就开始存在的信号是不存在的，这只是一个极限的概念。为处理方便，人为地将信号起始时刻定义为0时刻，则任何信号均可看作单边信号。

② 比较二者定义

$$\begin{cases} F(\omega)=\int_{-\infty}^{+\infty} f(t)\mathrm{e}^{-\mathrm{j}\omega t}\,\mathrm{d}t \\ F(s)=\int_{-\infty}^{+\infty} f(t)\mathrm{e}^{-st}\,\mathrm{d}t \end{cases} \tag{4.6}$$

$F(\omega)$ 的自变量为实变量，而 $F(s)$ 的自变量为复变量，为复变函数。用留数法求拉普拉斯反变换的理论基础，正是复变函数的柯西积分公式及留数辅助定理。

(2) 拉普拉斯变换与傅里叶变换在性质上的区别。

拉普拉斯变换是傅里叶变换的推广，其性质与傅里叶变换有很多类似之处，但也有很多不同，二者的区别见表4.3。

表4.3　傅里叶变换与拉普拉斯变换的区别

性质	傅里叶变换	拉普拉斯变换
时间平移	$f(t\pm t_0)\leftrightarrow F(\mathrm{j}\omega)\mathrm{e}^{\pm\mathrm{j}\omega t_0}$ 适用于右移及左移情况	由拉普拉斯变换的单边性，时间平移性质只适用于右移情况：$f(t-t_0)u(t-t_0)\leftrightarrow F(s)\mathrm{e}^{-st_0}$ 右移时，对信号进行单边拉普拉斯变换，不丢失原信号信息。左移时，原信号一部分移到纵轴左侧，不参与单边拉普拉斯变换，即信号一部分信息丢失，因而与平移前的拉普拉斯变换不存在对应关系
时间尺度变换	$f(at)\leftrightarrow \frac{1}{\lvert a\rvert}F\left(\frac{\omega}{a}\right)$ a 可以大于0，也可以小于0，即 $f(t)$ 可翻转	$f(at)\leftrightarrow \frac{1}{a}F\left(\frac{s}{a}\right)$ 需 $a>0$，即 $f(t)$ 不能进行翻转 原因：$f(t)$ 翻转后为左边信号，单边拉普拉斯变换的象函数将为0
时域微分	时域微分信号的频谱与信号初始值无关 原因：双边变换，起始时刻为 $-\infty$，不存在初始值问题	对信号微分进行拉普拉斯变换，将自动引入初始条件：如 $\frac{\mathrm{d}f(t)}{\mathrm{d}t}\leftrightarrow sF(s)-f(0^-)$ 原因：单边变换，信号初始值存在
时域积分	信号可能出现附加直流成分，从而在频域产生冲激项： $\int_{-\infty}^{t} f(\tau)\mathrm{d}\tau\leftrightarrow \frac{F(\omega)}{\mathrm{j}\omega}+\pi F(0)\delta(\omega)$ 积分后，增加的直流项为 $\frac{1}{2}F(0)$ 其中 $F(0)=\int_{-\infty}^{+\infty} f(t)\mathrm{d}t$ 为信号面积	单边信号，没有附加项 $\int_{0^-}^{t} f(\tau)\mathrm{d}\tau\leftrightarrow \frac{F(s)}{s}$ 双边信号，与信号初始值有关： $\int_{-\infty}^{t} f(\tau)\mathrm{d}\tau\leftrightarrow \frac{F(s)}{s}+\frac{\int_{-\infty}^{0^-} f(\tau)\mathrm{d}\tau}{s}=\frac{F(s)}{s}+\frac{f(0^-)}{s}$
时域和变换域对称性质	时域和频域具有对称性 $F(t)\leftrightarrow 2\pi f(-\omega)$	不存在

续表4.3

性质	傅里叶变换	拉普拉斯变换
初值终值定理	不存在	$f(0^+)=\lim\limits_{t\to 0^+}f(t)=\lim\limits_{s\to\infty}sF(s)$ $F(s)$ 必须为真分式 $f(\infty)=\lim\limits_{t\to\infty}f(t)=\lim\limits_{s\to 0}sF(s)$ $F(s)$ 极点都位于 s 左半平面且 $F(s)$ 在原点仅有单极点

(3) 由拉普拉斯变换直接得到傅里叶变换的条件。

由信号 $f(t)$ 的拉普拉斯变换可得到其傅里叶变换：

$$F(\omega)=F(s)\big|_{s=\mathrm{j}\omega} \tag{4.7}$$

即信号频谱 $F(\omega)$ 为其在 s 平面纵轴上的拉普拉斯变换 $F(s)$，显然这要求收敛域包括纵轴。对单边拉普拉斯变换，收敛域在 s 平面上某条直线的右侧，如收敛域包括纵轴，表明 σ 可取负数，即衰减因子 $\mathrm{e}^{-\sigma t}$ 可随 t 增加而递增的信号；为使 $f(t)\mathrm{e}^{-\sigma t}$ 收敛，$f(t)$ 应为衰减信号(或收敛)。因而 $f(t)$ 收敛是由拉普拉斯变换得到傅里叶变换的条件。

类似地，对连续系统，由系统函数直接求频率特性，即利用 $H(\omega)=H(s)\big|_{s=\mathrm{j}\omega}$ 的前提是 $h(t)$ 收敛，即系统稳定。

可以根据收敛域和虚轴的关系，判断信号是否存在傅里叶变换和拉普拉斯变换，如下：

① 当收敛域包含虚轴时，拉普拉斯变换和傅里叶变换均存在。

$$F(\omega)=F(s)\big|_{s=\mathrm{j}\omega}$$

② 当收敛域不包含虚轴时，拉普拉斯变换存在而傅里叶变换不存在。

③ 当收敛域的收敛边界位于虚轴时，拉普拉斯变换和傅里叶变换均存在。

$$F(\omega)=F(s)\big|_{s=\mathrm{j}\omega}+\pi\sum_{n}K_n\delta(\omega-\omega_n) \tag{4.8}$$

其中，ω_n 为虚轴上极点；K_n 为 ω_n 对应的部分分式分解系数。

4.3.2　求拉普拉斯反变换的常用方法

1. 部分分式展开法

$$F(s)=\frac{N(s)}{D(s)}=\frac{b_m s^m+b_{m-1}s^{m-1}+\cdots+b_1 s+b_0}{s^n+a_{n-1}s^{n-1}+\cdots+a_1 s+a_0} \tag{4.9}$$

若 $F(s)$ 为假分式，则先利用多项式相除，得到一个 s 的多项式与真分式之和的形式，即将 $F(s)$ 化成如下形式：

$$F(s)=\frac{N(s)}{D(s)}=B_0+B_1 s+B_2 s^2+\cdots+B_{m-n}s^{m-n}+\frac{N_1(s)}{D(s)} \tag{4.10}$$

对于多项式部分，对应的反变换是冲激函数 $\delta(t)$ 及其各阶导数项之和，即

$$B_0+B_1 s+B_2 s^2+\cdots\leftrightarrow B_0\delta(t)+B_1\delta'(t)+B_2\delta''(t)+\cdots \tag{4.11}$$

对于真分式 $\dfrac{N_1(s)}{D(s)}$，若含有 n 个不相等的极点 $p_i(i=1,2,\cdots,n)$，则

$$\frac{N_1(s)}{D(s)}=\frac{K_1}{s-p_1}+\frac{K_2}{s-p_2}+\cdots+\frac{K_i}{s-p_i}+\cdots+\frac{K_n}{s-p_n} \tag{4.12}$$

对于第 i 个极点 p_i，其系数 K_i 由下式确定，即

$$K_i=\frac{N_1(s)}{D(s)}(s-p_i)\big|_{s=p_i} \tag{4.13}$$

$F(s)=\frac{N(s)}{D(s)}$ 为真分式，若 $D(s)=s^n+a_{n-1}s^{n-1}+\cdots+a_1s+a_0=0$ 的根 $s=p_1$ 为 m 阶重根（m 重极点），其余的根为不相等的单阶极点，则可将 $F(s)$ 展开为

$$F(s)=\frac{K_{11}}{(s-p_1)^m}+\frac{K_{12}}{(s-p_1)^{m-1}}+\cdots+\frac{K_{1m}}{s-p_1}+\cdots+\frac{K_2}{s-p_2}+\frac{K_3}{s-p_3}+\cdots \tag{4.14}$$

系数 K_{1j} 由下式确定，即

$$K_{1j}=\frac{1}{(j-1)!}\frac{\mathrm{d}^{j-1}}{\mathrm{d}s^{j-1}}[F(s)(s-p_1)^m]\big|_{s=p_1} \tag{4.15}$$

其余系数 $K_2,K_3,\cdots$ 的求法与求单根的方法一样。

然后根据$\frac{K_i}{s-p_i}\leftrightarrow K_i\mathrm{e}^{p_it}u(t)$ 和 $t^n\mathrm{e}^{-at}u(t)\leftrightarrow\frac{n!}{(s+a)^{n+1}}$的对应关系，计算原函数 $f(t)$。部分分式展开法是求拉普拉斯反变换的重要方法，对 $F(s)$ 有不相等的单阶极点及含有二阶极点的情况，要求能熟练求其反变换。

2. 留数法

将拉普拉斯反变换的复变函数积分运算，转化为求被积函数 $F(s)$ 在其极点上的留数计算。即

$$f(t)=\frac{1}{2\pi\mathrm{j}}\int_{\sigma-\mathrm{j}\infty}^{\sigma+\mathrm{j}\infty}F(s)\mathrm{e}^{st}\,\mathrm{d}s=\frac{1}{2\pi\mathrm{j}}\oint F(s)\mathrm{e}^{st}\,\mathrm{d}s=\sum_{i=1}^{n}\mathrm{Res}[F(s)\mathrm{e}^{st},p_i] \tag{4.16}$$

若 p_i 为 $F(s)$ 的一阶极点，则该极点留数为

$$\mathrm{Res}[F(s)\mathrm{e}^{st},p_i]=F(s)\mathrm{e}^{st}(s-p_i)\big|_{s=p_i} \tag{4.17}$$

若 p_i 为 $F(s)$ 的 m 阶极点，则该极点留数为

$$\mathrm{Res}[F(s)\mathrm{e}^{st},p_i]=\frac{1}{(m-1)!}\frac{\mathrm{d}^{m-1}}{\mathrm{d}s^{m-1}}[F(s)\mathrm{e}^{st}(s-p_i)^m]\big|_{s=p_i} \tag{4.18}$$

与部分分式展开法相比，留数法的优点是，直接求得象函数 $F(s)$ 的时间函数 $f(t)$；不仅能处理有理函数，也能处理无理函数。

4.3.3 线性系统复频域分析法

1. 线性连续系统的复频域分析

求解思路：对微分方程取拉普拉斯变换得 s 域代数方程，解得响应象函数再取拉普拉斯反变换得响应的时域函数（图 4.1）。

$$e(t)=\int_{-\infty}^{+\infty}e(t)\delta(t-\tau)\mathrm{d}\tau$$

$$r_{zs}(t)=\int_{-\infty}^{+\infty}e(\tau)h(t-\tau)\mathrm{d}\tau=e(t)*h(t)$$

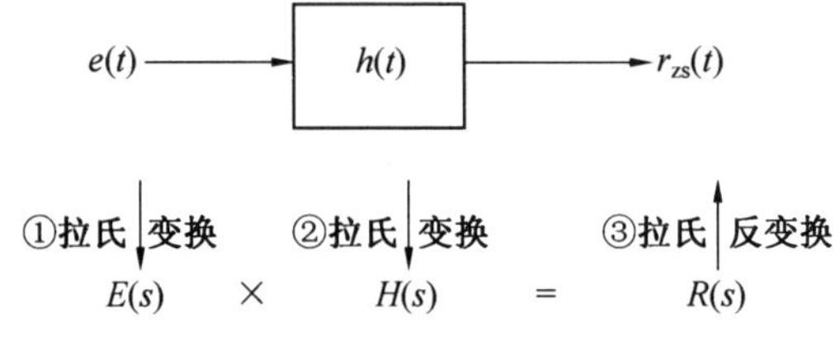

图 4.1　求解过程示意图

设线性非时变连续系统的激励为 $e(t)$，响应为 $r(t)$ 描述 n 阶系统的微分方程的一般形式可写为

$$\frac{\mathrm{d}^n r(t)}{\mathrm{d}t^n}+a_{n-1}\frac{\mathrm{d}^{n-1} r(t)}{\mathrm{d}t^{n-1}}+\cdots+a_1\frac{\mathrm{d}r(t)}{\mathrm{d}t}+a_0 r(t)=b_m\frac{\mathrm{d}^m e(t)}{\mathrm{d}t^m}+\cdots+b_1\frac{\mathrm{d}e(t)}{\mathrm{d}t}+b_0 e(t) \tag{4.19}$$

已知初始条件 $r(0^-),r'(0^-),\cdots,r^{n-1}(0^-),e(t)$ 为因果信号，求系统的零输入响应 $r_{zi}(t)$、零状态响应 $r_{zs}(t)$ 及全响应 $r(t)$。

对式(4.19) 两边取拉普拉斯变换并利用时域微分性质，得

$$(s^n+a_{n-1}s^{n-1}+\cdots+a_1 s+a_0)R(s)=(b_m s^m+\cdots+b_1 s+b_0)E(s)+\sum_{i=0}^{n-1}A_i(s)r^{(i)}(0^-) \tag{4.20}$$

解得

$$\begin{aligned}R(s)&=\frac{b_m s^m+b_{m-1}s^{m-1}+\cdots+b_1 s+b_0}{s^n+a_{n-1}s^{n-1}+\cdots+a_1 s+a_0}E(s)+\frac{\sum_{i=0}^{n-1}A_i(s)r^{(i)}(0^-)}{s^n+a_{n-1}s^{n-1}+\cdots+a_1 s+a_0}\\&=R_{zs}(s)+R_{zi}(s)\end{aligned} \tag{4.21}$$

上述求解思路可用图 4.2 所示的复频域框图表示。

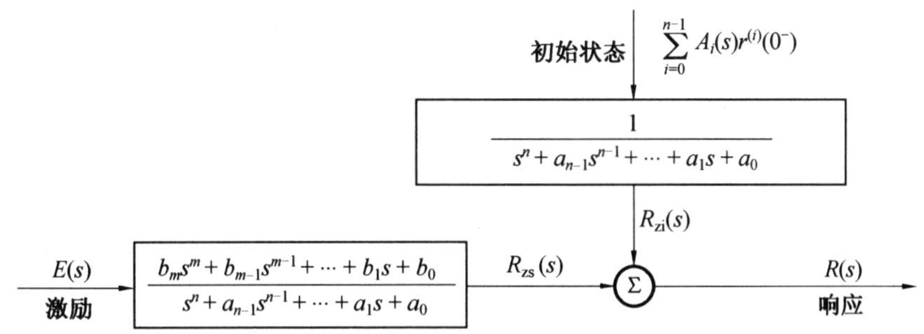

图 4.2　系统的复频域框图

2. 复频域分析法相对于时域分析法的优势

(1) 基于拉普拉斯变换的时域微分性质，可以将时域微分方程转化为复频域的代数方程，从而在复频域上求出响应的象函数，再进行拉普拉斯反变换，即可得到响应的时域解，求解系统响应时无须进行复杂的卷积运算。

(2) 根据单边拉普拉斯变换的定义和时域微分性质，对微分方程进行拉普拉斯变换，可

自动引入系统初始条件，从而一次求出全响应；而无须分别求 $r_{zi}(t)$ 及 $r_{zs}(t)$。

(3) 根据卷积定理，将时域的卷积运算转化为复频域的乘法运算，即 $e_1(t)*e_2(t)\leftrightarrow E_1(s)E_2(s)$。因而复频域分析时，在激励、系统函数及零状态响应三个量中已知任意两个，便可求出第三个。例如可以根据激励及零状态响应来确定系统函数：$H(s)=\dfrac{R_{zs}(s)}{E(s)}$。而对时域分析法，已知 $e(t)$ 及 $r_{zs}(t)$ 时，根据 $r_{zs}(t)=\int_{-\infty}^{\infty}e(\tau)h(t-\tau)\mathrm{d}\tau$ 不可能得到 $h(t)$，即无法由参与卷积的一个信号与卷积结果求出参与卷积的另一个信号，这也是时域分析法一个很大的局限。

3. 复频域分析法与频域分析法的关系

(1) 复频域分析法与频域分析法的关系。

信号拉普拉斯变换及系统复频域分析，与第 3 章的傅里叶变换及系统频域分析，在体系上并列，有很多类似之处，但又有较大区别。傅里叶变换具有明确的物理意义，反映信号在不同频率上的频谱或频谱密度分布，且连续和离散、周期和非周期信号的频谱具有不同的特点；与傅里叶分析相比，拉普拉斯变换主要作为数学工具用于计算，涉及的概念较少，物理意义不如频谱明确，但计算方便。

(2) 复频域分析法与频域分析法的适用范围。

用变换域方法进行系统分析时，如给出线性非时变连续时间系统输入－输出关系（如微分方程）或电路来求解系统响应时，复频域分析法是分析的有效工具，与傅里叶变换分析法相比，可以扩大信号变换的范围，而且求解比较简便，应用更为广泛。如果是与频谱有关的问题，如滤波器、系统带宽、求响应频谱等，应采用频域法。对于电路，如只求零状态响应，则不必列微分方程，根据电路结构可得到系统函数；如要求零输入响应，则需列微分方程。

(3) 求零状态响应 $r_{zs}(t)$ 时，频域与复频域分析法的适用范围。

为求解 $r_{zs}(t)$，通常变换域方法比时域法容易，因为无须计算卷积。对涉及滤波器或已知系统频率特性的问题，求 $r_{zs}(t)$ 应用频域法。但对一般系统的计算问题，利用拉普拉斯变换法比频域法容易。

4. 求连续系统全响应的方法

(1) 时域解微分方程。

分别求齐次解（自由响应）及特解（受迫响应），计算过程复杂，且需确定全响应的 0^+ 初始条件，无论是激励还是初始条件改变，都需要重新求解一遍微分方程。

(2) 时域分别求 $r_{zi}(t)$ 及 $r_{zs}(t)$。

求 $r_{zi}(t)$ 过程相对简单，但是由微分方程求 $h(t)$ 过程复杂，且求零状态响应 $r_{zs}(t)$ 需计算激励 $e(t)$ 和 $h(t)$ 卷积积分。

(3) 复频域法。

应用拉普拉斯变换的时域微分性质，对微分方程求拉普拉斯变换，并代入系统初始条件，可以一次求出全响应 $r(t)$，但求全响应过程烦琐，且无法直接区分 $r_{zi}(t)$ 及 $r_{zs}(t)$ 两个分量。

(4) 时域法求 $r_{zi}(t)$，复频域法求 $r_{zs}(t)$。

计算过程简单，且物理意义明确。时域法求 $r_{zi}(t)$ 较容易，只需确定特征根，再代入零输入响应初始条件求出待定系数。应用拉普拉斯变换的时域微分性质求解系统函数 $H(s)$ 时无须考虑初始条件，变换域求 $R_{zs}(s)$ 较简单。由 $r_{zs}(t)=\mathscr{L}^{-1}[H(s)E(s)]$ 知，$r_{zs}(t)$ 中包括两

个分量，一个分量形式由 $H(s)$ 极点（即微分方程特征根）决定，为自由响应分量；另一个分量形式由 $E(s)$ 极点决定，从而与 $e(t)$ 形式类似，为受迫响应分量。

4.3.4　连续系统的复频域系统函数 $H(s)$

1. 复频域系统函数 $H(s)$ 定义

复频域中的系统函数 $H(s)$ 定义为系统零状态响应和激励信号的拉普拉斯变换域之比，即

$$H(s)=\frac{R_{zs}(s)}{E(s)} \tag{4.22}$$

系统的冲激响应 $h(t)$ 和系统函数 $H(s)$ 是一对拉普拉斯变换 $H(s)\leftrightarrow h(t)$，根据此式可以很容易从系统函数 $H(s)$ 求得系统冲激响应 $h(t)$，反之亦可。

2. 求 $H(s)$ 的方法

(1) 由系统的单位冲激响应 $h(t)$ 求 $H(s)$，即 $H(s)=\mathscr{L}[h(t)]$。

(2) 对零状态系统的微分方程进行拉普拉斯变换，根据定义求 $H(s)=\dfrac{R_{zs}(s)}{E(s)}$。

(3) 根据系统的模拟图求 $H(s)$。

3. $H(s)$ 的零点和极点

描述一般 n 阶线性非时变系统的微分方程为

$$\begin{aligned}&\frac{\mathrm{d}^n r_{zs}(t)}{\mathrm{d}t^n}+a_{n-1}\frac{\mathrm{d}^{n-1} r_{zs}(t)}{\mathrm{d}t^{n-1}}+\cdots+a_1\frac{\mathrm{d}r_{zs}(t)}{\mathrm{d}t}+a_0 r_{zs}(t)\\&=b_m\frac{\mathrm{d}^m e(t)}{\mathrm{d}t^m}+b_{m-1}\frac{\mathrm{d}^{m-1}e(t)}{\mathrm{d}t^{m-1}}+\cdots+b_1\frac{\mathrm{d}e(t)}{\mathrm{d}t}+b_0 e(t)\end{aligned} \tag{4.23}$$

对上式等号两端同时进行拉普拉斯变换并经整理得

$$H(s)=\frac{R_{zs}(s)}{E(s)}=\frac{b_m s^m+b_{m-1}s^{m-1}+\cdots+b_1 s+b_0}{s^n+a_{n-1}s^{n-1}+\cdots+a_1 s+a_0}=\frac{B(s)}{A(s)} \tag{4.24}$$

将式(4.24)等号右边的分子 $B(s)$、分母 $A(s)$ 多项式各分解因式（设为单根情况），则有

$$H(s)=\frac{B(s)}{A(s)}=H_0\frac{(s-z_1)(s-z_2)\cdots(s-z_m)}{(s-p_1)(s-p_2)\cdots(s-p_n)}=H_0\frac{\prod\limits_{j=1}^{m}(s-z_j)}{\prod\limits_{i=1}^{n}(s-p_i)} \tag{4.25}$$

式中，H_0 为一常数；$p_1,p_2,\cdots,p_n$ 是方程 $A(s)=0$ 的根，称为系统函数 $H(s)$ 的极点；$z_1,z_2,\cdots,z_m$ 是方程 $B(s)=0$ 的根，称为系统函数 $H(s)$ 的零点。

将系统函数 $H(s)$ 的零点与极点画在 s 平面（复频率平面）上，称为 $H(s)$ 的极点零点分布图，简称极零图，其中零点用符号"。"表示，极点用符号"×"表示。

当一个系统函数的全部极点、零点以及 H_0 确定之后，这个系统函数也就可以完全确定。由于 H_0 只是一个比例常数，对 $H(s)$ 的函数形式没有影响，所以一个系统随变量 s 变化的特性可以完全由它的极点和零点表示。因此，在描述系统特性方面，系统函数 $H(s)$ 与极零图是等价的。

4. $H(s)$ 的应用

(1) 由系统函数 $H(s)$ 可直接写出系统的微分方程。

根据系统函数的定义 $H(s)=\dfrac{R_{zs}(s)}{E(s)}$，将 $H(s)$ 的分子分母写成多项式形式，即

$$H(s)=\frac{R_{zs}(s)}{E(s)}=\frac{b_m s^m+b_{m-1}s^{m-1}+\cdots+b_1 s+b_0}{s^n+a_{n-1}s^{n-1}+\cdots+a_1 s+a_0} \tag{4.26}$$

其变换形式为

$$R_{zs}(s)(s^n+a_{n-1}s^{n-1}+\cdots+a_1 s+a_0)=E(s)(b_m s^m+b_{m-1}s^{m-1}+\cdots+b_1 s+b_0) \tag{4.27}$$

因此描述一般 n 阶连续系统的微分方程为

$$\begin{aligned}&\frac{\mathrm{d}^n r(t)}{\mathrm{d}t^n}+a_{n-1}\frac{\mathrm{d}^{n-1}r(t)}{\mathrm{d}t^{n-1}}+\cdots+a_1\frac{\mathrm{d}r(t)}{\mathrm{d}t}+a_0 r(t)\\ =\,&b_m\frac{\mathrm{d}^m e(t)}{\mathrm{d}t^m}+b_{m-1}\frac{\mathrm{d}^{m-1}e(t)}{\mathrm{d}t^{m-1}}+\cdots+b_1\frac{\mathrm{d}e(t)}{\mathrm{d}t}+b_0 e(t)\end{aligned} \tag{4.28}$$

观察系统函数的分子分母的多项式阶数和系数与微分方程的左右两端微分方程的阶数和系数关系，可以容易实现微分方程和系统函数的转换。

(2) 求系统的单位冲激响应 $h(t)$，即 $h(t)=\mathscr{L}^{-1}\lfloor H(s)\rfloor$。

若系统函数为真分式且极点都为单阶极点，则系统的冲激响应为

$$h(t)=\mathscr{L}^{-1}[H(s)]=\mathscr{L}^{-1}\left[\sum_{i=1}^{n}\frac{K_i}{s-p_i}\right]=\sum_{i=1}^{n}K_i \mathrm{e}^{p_i t} \tag{4.29}$$

式中，p_i 为 $H(s)$ 的极点。

(3) $H(s)$ 的零、极点分布对 $h(t)$ 的影响。

已知 $H(s)$ 在 s 平面中零、极点的分布情况，就可以知道时域 $h(t)$ 的波形特性，见表 4.4。

表 4.4　极点分布对 $h(t)$ 的影响

极点类型	复频域表达式	时域表达式	时域波形
位于 s 轴的单极点	$\dfrac{1}{s}$	$u(t)$	
	$\dfrac{1}{s-1}$	$\mathrm{e}^{t}u(t)$	
	$\dfrac{1}{s+1}$	$\mathrm{e}^{-t}u(t)$	

续表4.4

极点类型	复频域表达式	时域表达式	时域波形
共轭极点	$\frac{1}{(s+\mathrm{j})(s-\mathrm{j})}$	$\sin(t)u(t)$	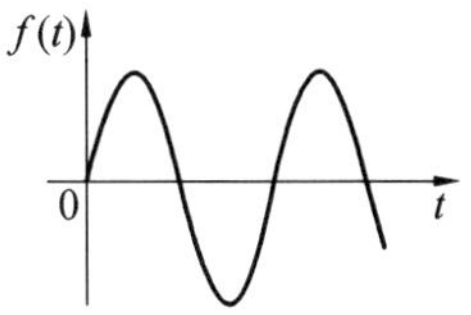
	$\frac{1}{(s+1+\mathrm{j})(s+1-\mathrm{j})}$	$\sin(t)\mathrm{e}^{-t}u(t)$	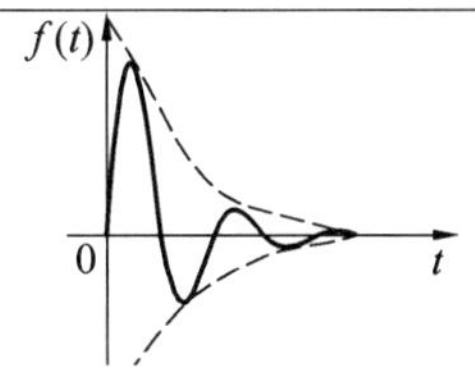
	$\frac{1}{(s-1+\mathrm{j})(s-1-\mathrm{j})}$	$\sin(t)\mathrm{e}^{t}u(t)$	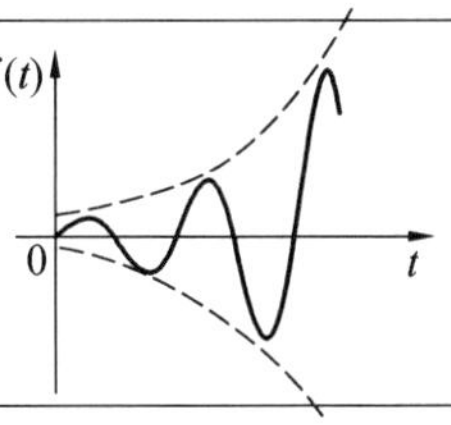
多重极点	若 $H(s)$ 具有多重极点，则所对应的时间函数可能具有 $t,t^2,t^3,\cdots$ 与指数相乘的形式，t 的幂次由极点阶数决定		

系统函数极点的时域影响小结：

① 极点落在左半平面，$h(t)$ 呈衰减趋势。

② 极点落在右半平面，$h(t)$ 呈增长趋势。

③ 极点落在虚轴上只有一阶极点，$h(t)$ 等幅振荡。

④ 极点落在原点只有一阶极点，$h(t)$ 等于 $u(t)$。

$H(s)$ 的极点确定了 $h(t)$ 的波形，即时域波形，对 $h(t)$ 的幅度（大小）和相位也有影响；$H(s)$ 的零点对 $h(t)$ 的波形无影响，只影响 $h(t)$ 的幅度和相位；但零点阶次的变化，既影响 $h(t)$ 的幅度和相位，又可能使 $h(t)$ 中包含有冲激函数 $\delta(t)$。典型极点和 $h(t)$ 的对应关系见表 4.5。

表 4.5　典型极点和 $h(t)$ 的对应关系

$H(s)$	s 平面上的零、极点	$h(t)$	时域波形
$\frac{1}{s}$	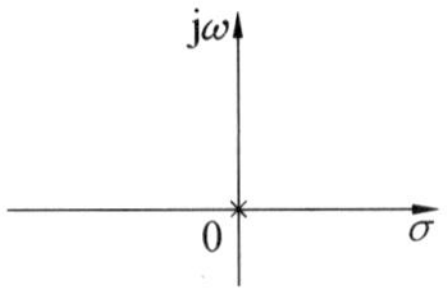	$u(t)$	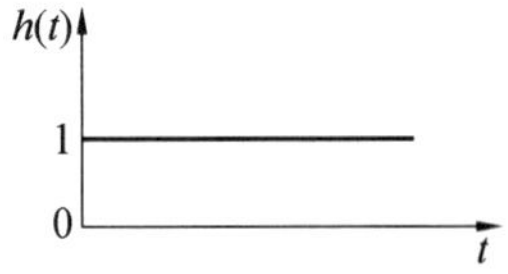
$\frac{1}{s^2}$	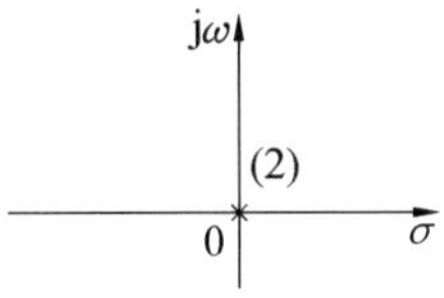 (2)	$tu(t)$	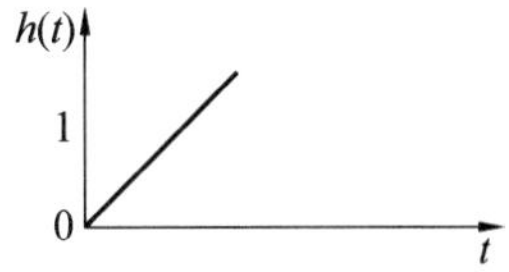

续表4.5

$H(s)$	s 平面上的零、极点	$h(t)$	时域波形
$\frac{1}{s-a}(a>0)$	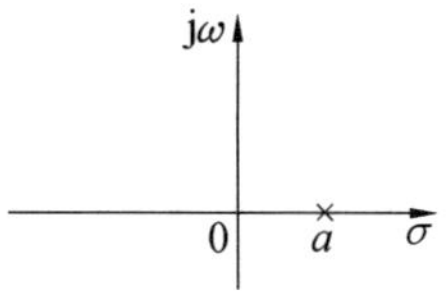	$e^{at}u(t)$	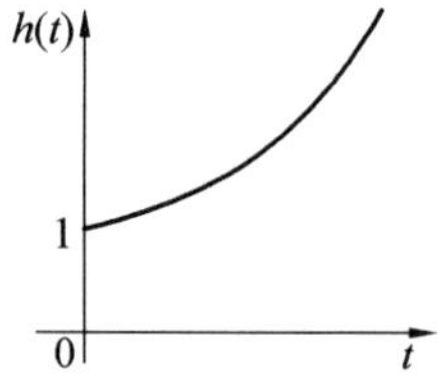
$\frac{1}{s+a}(a>0)$	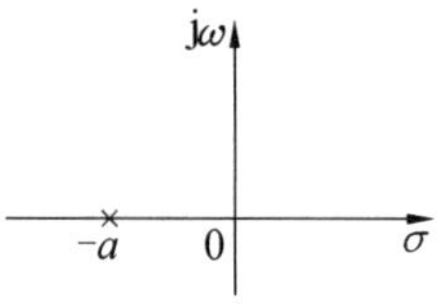	$e^{-at}u(t)$	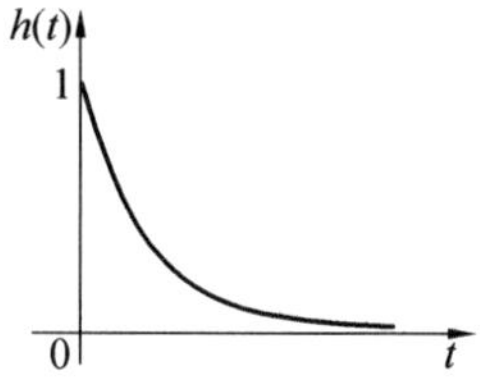
$\frac{1}{(s+a)^2}(a>0)$	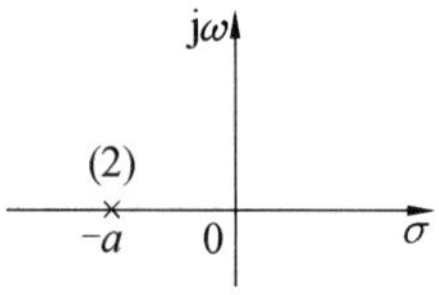	$te^{-at}u(t)$	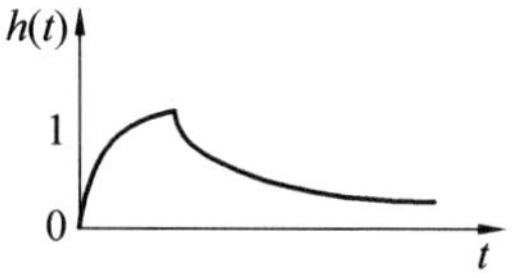
$\frac{\omega_0}{s^2+\omega_0^2}$	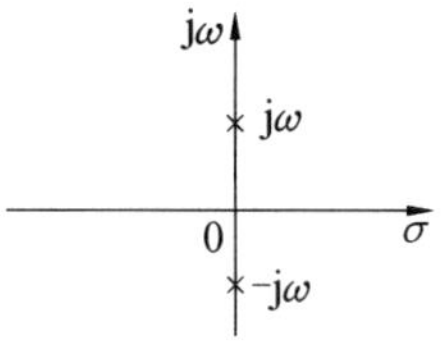	$\sin(\omega_0 t)u(t)$	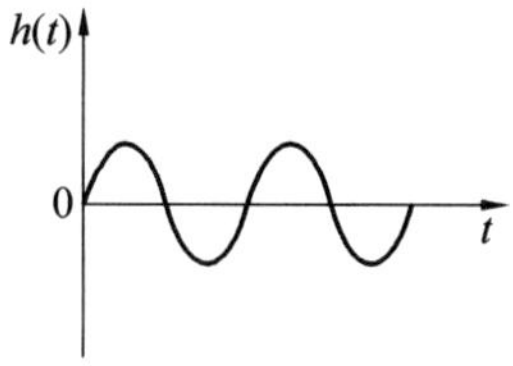
$\frac{2\omega_0 s}{(s^2+\omega_0^2)^2}$	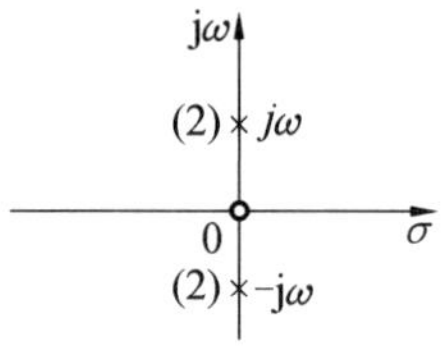	$t\sin(\omega_0 t)u(t)$	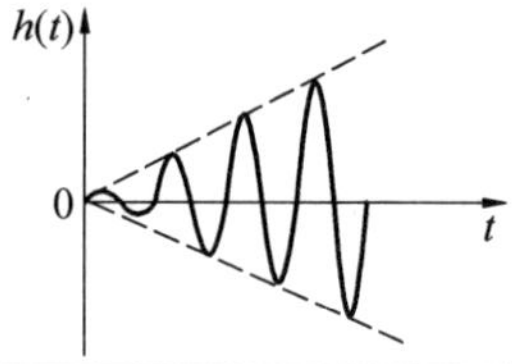
$\frac{s}{s^2+\omega_0^2}$	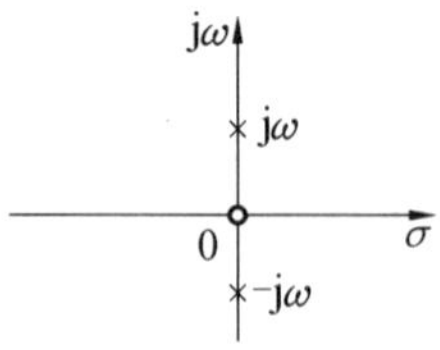	$\cos(\omega_0 t)u(t)$	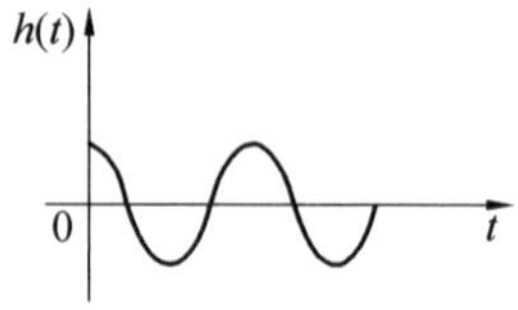
$\frac{\omega_0}{(s-a)^2+\omega_0^2}$ $(a>0)$	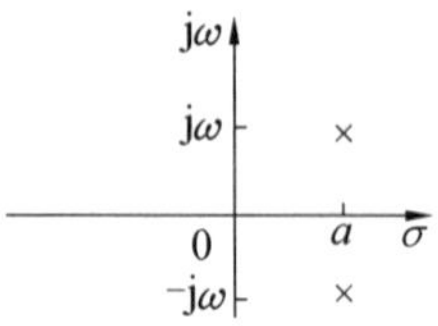	$e^{at}\sin(\omega_0 t)u(t)$	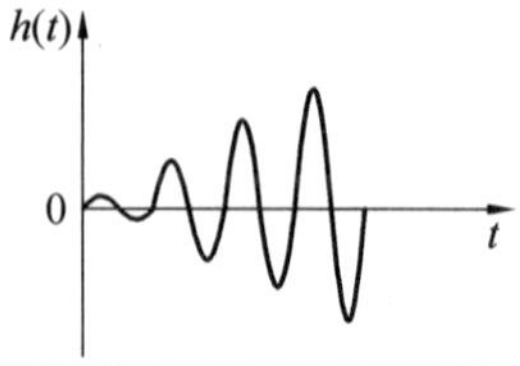

续表4.5

$H(s)$	s 平面上的零、极点	$h(t)$	时域波形
$\dfrac{\omega_0}{(s+a)^2+\omega_0^2}$ $(a>0)$		$e^{-at}\sin(\omega_0 t)u(t)$	
$\dfrac{1}{1-e^{-sT}}$		$\sum_{n=0}^{\infty}\delta(t-nT)$ (n 为整数)	

(4) 根据 $H(s)$ 的极点分布判断系统的稳定性。

若系统对有界的激励产生的响应也是有界的，则称为稳定系统，否则即为不稳定系统。系统具有稳定性的必要与充分条件是，在时域中系统的单位冲激响应 $h(t)$ 绝对可积，即

$$\int_{-\infty}^{\infty}\left|h(t)\right|\mathrm{d}t<\infty \tag{4.30}$$

其必要条件是

$$\lim_{t\to\pm\infty}h(t)=0 \tag{4.31}$$

根据 $H(s)$ 和 $h(t)$ 的关系可知，系统的稳定与否，就归结于 $A(s)=0$ 的根是否均有负的实部，表 4.6 给出了判定系统稳定性的一般方法。

表 4.6　系统稳定性的判定

类型	时域	复频域
系统稳定	$\int_{-\infty}^{\infty}\|h(t)\|\mathrm{d}t<\infty$ $t\to\infty$ 时，$h(t)\to 0$	$H(s)$ 的极点全部位于 s 平面的左半平面
临界稳定	$\int_{-\infty}^{\infty}\|h(t)\|\mathrm{d}t=$ 有限值 $t\to\infty$ 时，$h(t)$ 有界	$H(s)$ 的极点中，除了左半 s 平面上有极点外，只要在 $\mathrm{j}\omega$ 轴上至少有一对单阶的共轭极点，或在坐标原点上有一个单极点
系统不稳定	$\int_{-\infty}^{\infty}\|h(t)\|\mathrm{d}t\to\infty$ $t\to\infty$ 时，$h(t)\to\infty$	$H(s)$ 的极点中，只要至少有一个极点位于 s 平面的右半平面，或极点是分布于虚轴($\mathrm{j}\omega$)上且是重阶的

(5) 对给定的激励 $e(t)$，求系统的零状态响应 $r_{zs}(t)$。

求激励 $e(t)$ 的拉普拉斯变换 $E(s)$，即可求得 $R_{zs}(s)=H(s)E(s)$，则系统的零状态响应 $r_{zs}(t)=\mathscr{L}^{-1}[H(s)E(s)]$。

(6) $H(s)$ 极点分布对系统响应 $r(t)$ 的影响。

在 s 域,系统响应 $R(s)$ 与激励 $E(s)$ 和系统函数 $H(s)$ 之间的关系为 $R(s)=H(s)E(s)$。显然,系统响应 $R(s)$ 的零、极点完全由激励 $E(s)$ 和系统函数 $H(s)$ 的零、极点决定。如果 $R(s)$ 不包含多重极点,而且 $E(s)$ 和 $H(s)$ 没有相同的极点,则 $R(s)$ 可以用部分分式展开,即

$$R(s)=\sum_{i=1}^{n}\frac{K_i}{s-p_i}+\sum_{k=1}^{u}\frac{K_k}{s-p_k} \tag{4.32}$$

式中,p_i 是系统函数 $H(s)$ 的极点;p_k 是激励信号 $E(s)$ 的极点,它们一起决定了系统响应信号 $R(s)$ 的极点。对其进行拉普拉斯反变换,可得系统的时域响应为

$$r(t)=\sum_{i=1}^{n}K_i\mathrm{e}^{p_it}+\sum_{k=1}^{u}K_k\mathrm{e}^{p_kt} \tag{4.33}$$

不难看出,系统的响应信号 $r(t)$ 由两部分组成,第一部分由系统函数 $H(s)$ 的极点所形成,对应系统的自由响应 $r_{\mathrm{h}}(t)$,第二部分则由系统的激励信号 $E(s)$ 的极点形成,对应系统的受迫响应 $r_{\mathrm{p}}(t)$。尽管系统的 $r_{\mathrm{h}}(t)$ 的函数形式是由系统函数 $H(s)$ 的极点 p_i 所决定,与系统的激励函数形式无关,但其系数 K_i 却同时与 $E(s)$ 和 $H(s)$ 有关。也就是说,系统的自由响应 $r_{\mathrm{h}}(t)$ 的形式仅由 $H(s)$ 决定,但它的幅度和相位却同时受 $E(s)$ 和 $H(s)$ 的影响。同样,系统的受迫响应时间函数的形式仅取决于 $E(s)$,而其幅度和相位同时与 $E(s)$ 和 $H(s)$ 有关。

(7) 求系统的频率响应特性 $H(\omega)$。

所谓系统的频率响应特性,是指系统在正弦信号激励下稳态响应随信号频率的变化情况。

设系统函数为 $H(s)$,激励为 $e(t)=E_{\mathrm{m}}\sin\omega_0t$,则系统的正弦稳态响应为

$$r_{\mathrm{ss}}(t)=E_{\mathrm{m}}H_0\sin(\omega_0t+\varphi_0) \tag{4.34}$$

可见,在频率为 ω_0 的正弦激励信号作用之下,系统的稳态响应仍为同频率的正弦信号,但幅度乘系数 H_0、相位移动 φ_0,H_0 和 φ_0 由系统函数 $H(s)$ 在 ω_0 处的取值所决定

$$H(s)\big|_{s=\mathrm{j}\omega_0}=H(\omega_0)=H_0\mathrm{e}^{\mathrm{j}\varphi_0} \tag{4.35}$$

当正弦激励信号的频率 ω 改变时,将变量 ω 代入 $H(s)$ 之中,即可得到频率响应特性

$$H(s)\big|_{s=\mathrm{j}\omega}=H(\omega)=|H(\omega)|\mathrm{e}^{\mathrm{j}\varphi(\omega)} \tag{4.36}$$

式中,$|H(\omega)|$ 是幅频响应特性;$\varphi(\omega)$ 是相频响应特性(或相移特性)。

(8) 稳定系统的频率特性的几何分析法。

对于稳定和临界稳定系统,可令 $H(s)$ 中的 $s=\mathrm{j}\omega$ 而求得 $H(\mathrm{j}\omega)$,即

$$\begin{aligned}H(\omega)&=|H(\omega)|\mathrm{e}^{\mathrm{j}\varphi(\omega)}=H(s)\big|_{s=\mathrm{j}\omega}\\&=\frac{b_ms^m+b_{m-1}s^{m-1}+\cdots+b_1s+b_0}{s^n+a_{n-1}s^{n-1}+\cdots+a_1s+a_0}\bigg|_{s=\mathrm{j}\omega}\\&=\frac{b_m(\mathrm{j}\omega)^m+b_{m-1}(\mathrm{j}\omega)^{m-1}+\cdots+b_1\mathrm{j}\omega+b_0}{(\mathrm{j}\omega)^n+a_{n-1}(\mathrm{j}\omega)^{n-1}+\cdots+a_1\mathrm{j}\omega+a_0}\end{aligned} \tag{4.37}$$

将系统的频率特性 $H(\omega)$ 分子、分母进行因式分解,有

$$H(\omega)=H_0\frac{\prod_{j=1}^{m}(\mathrm{j}\omega-z_j)}{\prod_{i=1}^{n}(\mathrm{j}\omega-p_i)} \tag{4.38}$$

对于任意零点 z_j、极点 p_i，相应的复数因子(矢量)都可以表示为幅度和相位形式，即 $j\omega - z_j = N_j e^{j\psi_j}$，$j\omega - p_i = M_i e^{j\theta_i}$。如图 4.3 所示。

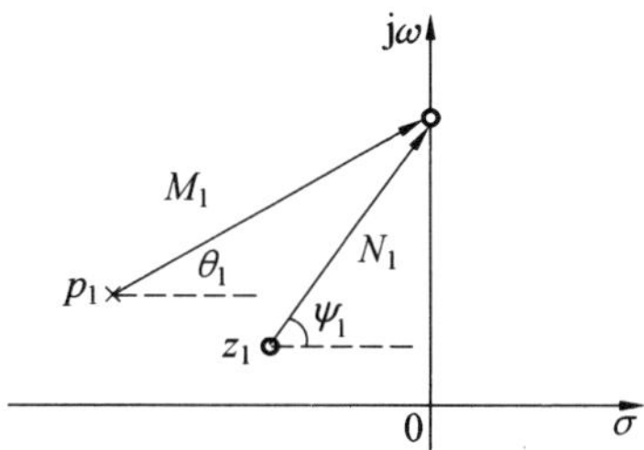

图 4.3　$j\omega - z_1$ 和 $j\omega - p_1$ 矢量

因此 $H(j\omega)$ 又可以表示为

$$H(\omega) = |H(\omega)| e^{j\varphi(\omega)} = H_0 \frac{N_1 e^{j\psi_1} N_2 e^{j\psi_2} \cdots N_m e^{j\psi_m}}{M_1 e^{j\theta_1} M_2 e^{j\theta_2} \cdots M_n e^{j\theta_n}} \tag{4.39}$$

因此系统的幅频与相频特性为

$$|H(\omega)| = H_0 \frac{N_1 N_2 \cdots N_i \cdots N_m}{M_1 M_2 \cdots M_r \cdots M_n} \tag{4.40}$$

$$\varphi(\omega) = (\psi_1 + \psi_2 + \cdots + \psi_m) - (\theta_1 + \theta_2 + \cdots + \theta_n) \tag{4.41}$$

上式中 N_j、ψ_j、M_i、θ_i 的值均可用作图法通过计算或者测量求得。故当 ω 沿 $j\omega$ 轴变化时，即可根据上式求得幅频特性 $|H(\omega)|$ 与相频特性 $\varphi(\omega)$。

5. 描述连续系统特性的不同方法间的关系

第 2 章、第 3 章及本章中，描述连续系统特性的方法微分方程、冲激响应、模拟框图、系统函数、极零图等几种描述形式，从不同角度描述了系统特性，并且可以相互转换，它们的相互求解的关系如图 4.4 所示。

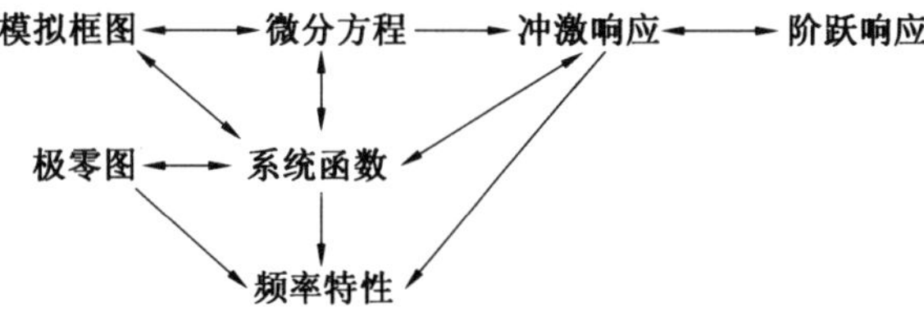

图 4.4　描述连续系统特性的不同方法间的关系

图中 ↔ 表示两个量可相互确定。如"模拟框图 ↔ 微分方程"表明根据模拟框图可得到微分方程，由微分方程也可画出模拟框图。而"→"表示只能由左侧的量确定右侧的量，如"微分方程 → 冲激响应"表明由微分方程可求出冲激响应，但由冲激响应无法直接得到微分方程。

由图可知，描述系统特性的方法中，系统函数 $H(s)$ 具有核心作用，由 $H(s)$ 可直接得到其他描述方式，这是变换域分析法的优势。而其他描述方式的转换可以借助 $H(s)$ 来实现，如由 $h(t)$ 无法在时域确定微分方程，但利用 $H(s) = \mathscr{L}[h(t)]$ 求出 $H(s)$，再由 $H(s)$ 可得到微分方程。

4.4 深入思考

1.信号单边拉普拉斯变换的积分下限为什么取 0^-？$e_1(t)=\sin\omega_0 t$，$e_2(t)=\sin(\omega_0 t)u(t+2)$ 和 $e_3(t)=\sin(\omega_0 t)u(t)$ 的单边拉普拉斯变换有何区别？

2.简述傅里叶变换和拉普拉斯变换的关系，什么类型的信号只存在拉普拉斯变换而不存在傅里叶变换？什么类型的信号拉普拉斯变换和傅里叶变换都存在？

3.系统模拟框图的构成为什么一般不采用微分器？

4.为什么 $H(s)$ 的全部极点位于 s 平面的左半平面，则系统稳定？

5.试根据信号分解的思想，说明系统响应的时域、频域和复频域分析的特点。

6.多种系统响应求解方法的优缺点和适用条件是什么？

4.5 典型习题

4.1 计算下列信号的拉普拉斯变换与傅里叶变换。

(1)$e^{-3t}u(t)$； (2)$e^{3t}u(t)$； (3)$\cos(2t)u(t)$。

【分析与解答】

可以根据收敛域和虚轴的关系，判断函数是否存在拉普拉斯变换与傅里叶变换：

(1) 当收敛域包含虚轴时，拉普拉斯变换和傅里叶变换均存在。

$$F(\omega)=F(s)\big|_{s=j\omega}$$

(2) 当收敛域不包含虚轴时，拉普拉斯变换存在而傅里叶变换不存在。

(3) 当收敛域的收敛边界位于虚轴时，拉普拉斯变换和傅里叶变换均存在。

$$F(\omega)=F(s)\big|_{s=j\omega}+\pi\sum_n K_n\delta(\omega-\omega_n)$$

因此得到题中三个函数的拉普拉斯变换与傅里叶变换，见表 4.7。

表 4.7 拉普拉斯变换与傅里叶变换

时域信号	傅里叶变换 $F(\omega)$	拉普拉斯变换 $F(s)$
$e^{-3t}u(t)$	$\dfrac{1}{j\omega+3}$	$\dfrac{1}{s+3}$
$e^{3t}u(t)$	不存在	$\dfrac{1}{s-3}$
$\cos(2t)u(t)$	$\dfrac{j\omega}{(j\omega)^2+2^2}+\dfrac{\pi}{2}[\delta(\omega+2)+\delta(\omega-2)]$	$\dfrac{s}{s^2+4}$

4.2 已知 $\mathscr{L}[x(t)]=X(s)=\dfrac{1}{s+1}$，利用拉普拉斯变换的性质求下列信号的单边拉普拉斯变换。

(1)$x_1(t)=x(t-1)$； (2)$x_2(t)=x(2t)$；

(3)$x_3(t)=x(2t-2)$； (4)$x_4(t)=e^{-t}x(t)$；

(5)$x_5(t)=x'(t)$；　　(6)$x_6(t)=tx(t)$；

(7)$x_7(t)=x(t)*x(2t)$；　　(8)$x_8(t)=x(2t)*x(2t)$。

【分析与解答】

(1) 由拉普拉斯变换的时移特性，可得

$$X_1(s)=X(s)e^{-s}=\frac{e^{-s}}{s+1}$$

(2) 由拉普拉斯变换的展缩特性，可得

$$X_2(s)=\frac{1}{2}X\left(\frac{s}{2}\right)=\frac{1}{2}\ \frac{1}{s/2+1}=\frac{1}{s+2}$$

(3)$x(2t-2)=x[2(t-1)]$，即将 $x(t)$ 压缩为原来的$\frac{1}{2}$，再右移 1 可得 $x(2t-2)$，故由拉普拉斯变换的展缩特性和时移特性，可得

$$X_3(s)=\frac{1}{2}X\left(\frac{s}{2}\right)e^{-s}=\frac{e^{-s}}{s+2}$$

(4) 由拉普拉斯变换的时域加权特性，可得

$$X_4(s)=X(s+1)=\frac{1}{s+2}$$

(5) 由拉普拉斯变换的微分特性，可得

$$X_5(s)=sX(s)-x(0^-)=\frac{s}{s+1}$$

(6) 由拉普拉斯变换的线性加权特性，可得

$$X_6(s)=-\frac{dX(s)}{ds}=\frac{1}{(s+1)^2}$$

(7) 由拉普拉斯变换的卷积特性，可得

$$X_7(s)=X(s)\ \frac{1}{2}X\left(\frac{s}{2}\right)=\frac{1}{(s+1)(s+2)}$$

(8) 由拉普拉斯变换的卷积特性，可得

$$X_8(s)=\frac{1}{4}X^2\left(\frac{s}{2}\right)=\frac{1}{(s+2)^2}$$

4.3　求下列函数的拉普拉斯变换。

(1)$t^2u(t-1)$；　　(2)$e^{-t}[u(t)-u(t-2)]$。

【分析与解答】

(1) 根据拉普拉斯变换的时移性质，可得 $u(t-1)=\frac{1}{s}e^{-s}$，再根据复频域微分 $(t)^n f(t)\leftrightarrow(-1)^n\frac{d^n}{ds^n}F(s)$，可得 $t^2u(t-1)$ 的拉普拉斯变换为

$$F(s)=\frac{d^2}{ds^2}\left(\frac{1}{s}e^{-s}\right)=\left(\frac{1}{s}+\frac{2}{s^2}+\frac{2}{s^3}\right)e^{-s}$$

(2) 为了使用拉普拉斯变换的时移性质，将 $e^{-t}[u(t)-u(t-2)]$ 改写为 $e^{-t}u(t)-e^{-2}e^{-(t-2)}u(t-2)$，再利用时移性质 $f(t-t_0)\leftrightarrow F(s)e^{-st_0}$，可得 $e^{-t}[u(t)-u(t-2)]t^2u(t-$

1）的拉普拉斯变换为

$$F(s)=\frac{1}{s+1}-\mathrm{e}^{-2}\ \frac{1}{s+1}\mathrm{e}^{-2s}=\frac{1}{s+1}(1-\mathrm{e}^{-2-2s})$$

4.4 试求图 4.5 所示周期信号的单边拉普拉斯变换。

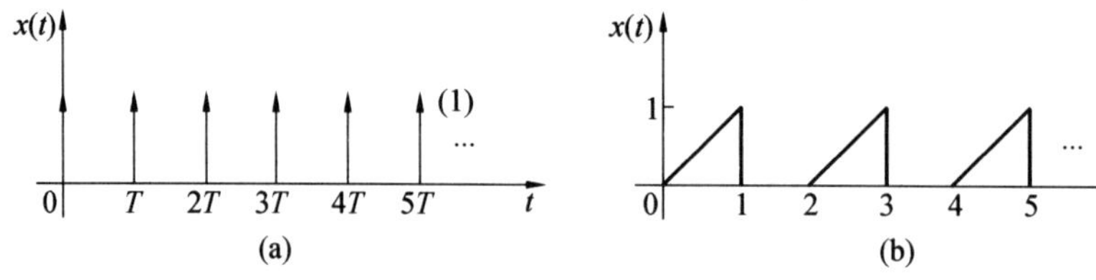

图 4.5 题 4.4 图

【分析与解答】

周期为 T 的单边周期信号 $x(t)$ 可以表示为第一个周期信号 $x_1(t)$ 以及时移 $x_1(t-nT)$ 的线性组合，即

$$x(t)=\sum_{n=0}^{\infty}x_1(t-nT)u(t-nT)$$

若计算出 $x_1(t)$ 的拉普拉斯变换 $X_1(s)$，利用拉普拉斯变换的时移特性和线性特性，即可求得单边周期信号的拉普拉斯变换为

$$\mathscr{L}[x(t)]=\sum_{k=0}^{\infty}\mathrm{e}^{-skT}X_1(s)=\frac{X_1(s)}{1-\mathrm{e}^{-sT}},\quad \mathrm{Re}[s]>0$$

(1)
$$x(t)=\sum_{k=0}^{n}\delta(t-nT)$$

由于

$$\delta(t)\overset{\mathscr{L}}{\leftrightarrow}1$$

所以

$$X(s)=\sum_{k=0}^{\infty}\mathrm{e}^{-nT_s}=\frac{1}{1-\mathrm{e}^{-T_s}},\quad \mathrm{Re}[s]>0$$

(2) 由图可知，$x_1(t)$ 可表示为

$$x_1(t)=r(t)-r(t-1)-u(t-1)$$

利用 $x_1(t)$ 可将 $x(t)$ 表示为

$$x(t)=\sum_{k=0}^{\infty}x_1(t-2n)u(t-2n)$$

因为

$$X_1(s)=\mathscr{L}[x_1(t)]=\frac{1}{s^2}-\frac{\mathrm{e}^{-s}}{s^2}-\frac{\mathrm{e}^{-s}}{s},\quad \mathrm{Re}[s]>-\infty$$

所以

$$X(s)=X_1(s)(1+\mathrm{e}^{-2s}+\mathrm{e}^{-4s}+\cdots)=\frac{X_1(s)}{1-\mathrm{e}^{-2s}}=\frac{1-\mathrm{e}^{-s}-s\mathrm{e}^{-s}}{s^2(1-\mathrm{e}^{-2s})},\quad \mathrm{Re}[s]>0$$

4.5 求下列函数的拉普拉斯反变换。

(1) $\ln\left(\frac{s}{s+9}\right)$；　　(2) $\frac{s\mathrm{e}^{-\pi s}}{s^2+5s+6}$；

(3) $\left(\frac{1-\mathrm{e}^{-s}}{s}\right)^2$；　　(4) $\frac{1-\mathrm{e}^{-(s+1)}}{(s+1)(1-\mathrm{e}^{-2s})}$。

【分析与解答】

一般应用性质并结合常用信号的拉普拉斯变换对就能简便地求复杂信号的拉普拉斯变换，或由复杂的象函数 $F(s)$ 求其对应的原函数 $f(t)$。

(1) 已知 $F(s)=\ln\frac{s}{s+9}=\ln s-\ln(s+9)$，利用对数导数 $\frac{\mathrm{d}\ln x}{\mathrm{d}x}=\frac{1}{x}$，可得 $\frac{\mathrm{d}F(s)}{\mathrm{d}s}=\frac{1}{s}-\frac{1}{s+9}$，再利用拉普拉斯变换复频域微分性质 $(-t)^n f(t)\leftrightarrow\frac{\mathrm{d}^n}{\mathrm{d}s^n}F(s)$，有

$$-tf(t)=[1-\mathrm{e}^{-9t}]u(t)\Rightarrow f(t)=\left(-\frac{1}{t}+\frac{1}{t}\mathrm{e}^{-9t}\right)u(t)$$

(2) 因为

$$F(s)=\frac{s\mathrm{e}^{-\pi s}}{s^2+5s+6}=\left(\frac{3}{s+3}-\frac{2}{s+2}\right)\mathrm{e}^{-\pi s}=F_1(s)\mathrm{e}^{-\pi s}$$

对于 $F_1(s)=\frac{3}{s+3}-\frac{2}{s+2}$，有

$$f_1(t)=(3\mathrm{e}^{-3t}-2\mathrm{e}^{-2t})u(t)$$

根据拉普拉斯变换的时移性质，有

$$f(t)=f_1(t-\pi)=[3\mathrm{e}^{-3(t-\pi)}-2\mathrm{e}^{-2(t-\pi)}]u(t-\pi)$$

(3) $\left(\frac{1-\mathrm{e}^{-s}}{s}\right)^2=\left(\frac{1}{s}-\frac{1}{s}\mathrm{e}^{-s}\right)^2=\frac{1}{s^2}-2\frac{1}{s^2}\mathrm{e}^{-s}+\frac{1}{s^2}\mathrm{e}^{-2s}$

$$f(t)=tu(t)-2(t-1)u(t-1)+(t-2)u(t-2)$$

(4) $F(s)=\frac{1-\mathrm{e}^{-(s+1)}}{(s+1)(1-\mathrm{e}^{-2s})}=\frac{1-\mathrm{e}^{-(s+1)}}{s+1}\frac{1}{1-\mathrm{e}^{-2s}}=F_1(s)\frac{1}{1-\mathrm{e}^{-2s}}$

求 $F_1(s)=\frac{1-\mathrm{e}^{-(s+1)}}{s+1}=\frac{1}{s+1}-\frac{1}{s+1}\mathrm{e}^{-(s+1)}$ 得反变换为

$$f_1(t)=\mathrm{e}^{-t}u(t)-\mathrm{e}^{-t}u(t-1)=\mathrm{e}^{-t}[u(t)-u(t-1)]$$

将 $\frac{1}{1-\mathrm{e}^{-2s}}$ 写成等比数列和的形式

$$\frac{1}{1-\mathrm{e}^{-2s}}=1+\mathrm{e}^{-2s}+\mathrm{e}^{-4s}+\mathrm{e}^{-6s}+\cdots$$

再根据拉普拉斯变换的时移性质，有

$$f(t)=\mathrm{e}^{-t}[u(t)-u(t-1)]+\mathrm{e}^{-(t-2)}[u(t-2)-u(t-3)]+\mathrm{e}^{-(t-4)}[u(t-4)-u(t-5)]+\cdots$$

4.6　求下列函数拉普拉斯反变换的初值与终值。

(1) $F(s)=\frac{2s}{s^2+2s+2}$；　　(2) $F(s)=\frac{s^2}{s^2+2s+2}$；　　(3) $F(s)=\frac{s^2+2s+3}{s(s+2)(s^2+4)}$。

【分析与解答】

利用拉普拉斯变换求对应原函数的初值和终值时，需要满足使用条件：

利用 $f(0^+)=\lim\limits_{t\to 0^+}f(t)=\lim\limits_{s\to\infty}sF(s)$ 时，要求 $F(s)$ 必须为真分式，若 $F(s)$ 不是真分式，需要将其写成 s 的多项式和真分式之和，再对真分式利用初值定理求初值。

利用 $f(\infty)=\lim\limits_{t\to\infty}f(t)=\lim\limits_{s\to 0}sF(s)$ 时，要求 $f(t)$ 必须有终值，即 $F(s)$ 极点都位于 s 左半平面且 $F(s)$ 在原点仅有单极点。

(1) $F(s)=\dfrac{2s}{s^2+2s+2}$ 为真分式，其极点都位于 s 左半平面，因此，直接利用初值定理和终值定理，有

$$f(0)=\lim_{s\to\infty}sF(s)=\lim_{s\to\infty}\frac{2s^2}{s^2+2s+2}=2$$

$$f(\infty)=\lim_{s\to 0}sF(s)=\lim_{s\to 0}\frac{2s^2}{s^2+2s+2}=0$$

(2) $F(s)=\dfrac{s^2}{s^2+2s+2}$ 不是真分式，可以写成

$$F(s)=1+\frac{-2s-2}{s^2+2s+2}=1+F_1(s)$$

对于真分式 $F_1(s)$，有

$$f(0^+)=\lim_{s\to\infty}sF_1(s)=\lim_{s\to\infty}\frac{-2s^2-2s}{s^2+2s+2}=-2$$

$$f(\infty)=\lim_{s\to 0}sF(s)=\lim_{s\to 0}\frac{2s^3}{s^2+2s+2}=0$$

(3) $F(s)$ 为真分式，直接利用初值定理，有

$$f(0^+)=\lim_{s\to\infty}sF(s)=\lim_{s\to\infty}s\frac{s^2+2s+3}{s(s+2)(s^2+4)}=0$$

由于 $F(s)$ 有极点位于虚轴，所以其终值不存在。

4.7 输入激励信号 $e_1(t)=e^{-t}u(t)$ 加到线性非时变连续时间系统，系统具有非零的初始条件 $r(0)$ 和 $r'(0)$，得到 $t\geqslant 0$ 时的响应为 $r_1(t)=3t+2-e^{-t}$；第二个输入激励信号 $e_2(t)=e^{-2t}u(t)$ 在同样初始条件 $r(0)$ 和 $r'(0)$ 下加到系统，得到 $t\geqslant 0$ 时的响应为 $r_2(t)=t+2-e^{-2t}$。试计算 $r(0)$ 和 $r'(0)$ 以及系统的冲激响应 $h(t)$。

【分析与解答】

对于线性非时变连续时间系统，其响应可分解为零输入响应与零状态响应两部分之和，并且零输入响应与系统初始储能呈线性关系，零状态响应必须对所有的输入信号呈现线性特性，即零输入响应随初始储能的变化而线性变化，零状态响应随输入信号的变化呈现线性特性。

设非零的初始条件 $r(0)$ 和 $r'(0)$ 时，系统的零输入响应为 $r_{zi}(t)$，根据线性关系，有

$$r_1(t)=3t+2-e^{-t}=r_{zi}(t)+r_{1zs}(t)=r_{zi}(t)+e_1(t)*h(t)$$

$$r_2(t)=t+2-e^{-2t}=r_{zi}(t)+r_{2zs}(t)=r_{zi}(t)+e_2(t)*h(t)$$

将 $r_1(t)$、$r_2(t)$ 两式作差得

$$2t-e^{-t}+e^{-2t}=[e_1(t)-e_2(t)]*h(t)$$

进行拉普拉斯变换，有

$$\frac{2}{s^2}-\frac{1}{s+1}+\frac{1}{s+2}=\left(\frac{1}{s+1}-\frac{1}{s+2}\right)H(s)$$

因此可以求得

$$H(s)=\frac{s^2+6s+4}{s^2}=1+\frac{6}{s}+\frac{4}{s^4}$$

所以

$$h(t)=\delta(t)+6u(t)+4tu(t)$$

因为 $r_1(t)=3t+2-\mathrm{e}^{-t}=r_{zi}(t)+e_1(t)*h(t)$，并且 $e_1(t)=\mathrm{e}^{-t}u(t)\leftrightarrow E_1(s)=\dfrac{1}{s+1}$，有 $R_1(s)=R_{zi}(s)+E(s)H(s)$，即 $\dfrac{3}{s^2}+\dfrac{2}{s}-\dfrac{1}{s+1}=R_{zi}(s)+\dfrac{1}{s+1}\dfrac{s^2+6s+4}{s^2}$。

因此求得，$R_{zi}(s)=\dfrac{-(s+1)}{s^2(s+1)}=\dfrac{-1}{s^2}$，根据拉普拉斯变换复频域微分性质 $(-t)^n f(t)\leftrightarrow \dfrac{\mathrm{d}^n}{\mathrm{d}s^n}F(s)$，有 $r_{zi}(t)=-tu(t)$，因此有

$$r_{zi}(0^-)=0,\quad r'_{zi}(0^-)=-u(t)-t\delta(t)=-1$$

4.8　已知激励信号 $e(t)=\mathrm{e}^{-t}$，零状态响应 $r(t)=\dfrac{1}{2}\mathrm{e}^{-t}-\mathrm{e}^{-2t}+\mathrm{e}^{3t}$，求此系统的冲激响应 $h(t)$。

【分析与解答】

时域分析时，系统的零状态响应可以写成 $r(t)=e(t)*h(t)$，无法由参与卷积的一个信号与卷积结果求出参与卷积的另一个信号，因此无法直接求得 $h(t)$。但是根据拉普拉斯变换的卷积定理 $f_1(t)*f_2(t)\leftrightarrow F_1(s)F_2(s)$，时域信号的卷积运算可以转换为变换域的乘积运算，因此可以求得系统函数 $H(s)$，再利用 $h(t)=\mathscr{L}^{-1}[H(s)]$，即可求得系统的单位冲激响应 $h(t)$。

$e(t)=\mathrm{e}^{-t}$ 的拉普拉斯变换为 $E(s)=\dfrac{1}{s+1}$；$r(t)=\dfrac{1}{2}\mathrm{e}^{-t}-\mathrm{e}^{-2t}+\mathrm{e}^{3t}$ 的拉普拉斯变换为

$$R(s)=\frac{1}{2}\frac{1}{s+1}-\frac{1}{s+2}+\frac{1}{s-3}$$

所以

$$H(s)=\frac{R(s)}{E(s)}=\frac{1}{2}+\frac{1}{s+2}+\frac{4}{s-3}$$

再利用部分分式，可求得

$$h(t)=\frac{1}{2}\delta(t)+\mathrm{e}^{-2t}u(t)+4\mathrm{e}^{3t}u(t)$$

4.9　已知某系统的系统函数 $H(s)$ 的极点位于 $s=-3$ 处，零点在 $s=-a$ 处，又已知 $H(\infty)=1$。在此系统的阶跃响应中，包含一项为 $k\mathrm{e}^{-3t}$，试问：若 a 从 0 变到 5，相应的 k 如何随之变化？

【分析与解答】

由系统极点为 $s=-3$，零点为 $s=-a$，可得 $H(s)=H_0\dfrac{s+a}{s+3}$，因为 $H(\infty)=1$，所以

$H_0=1$。

因为 $u(t) \Leftrightarrow E(s)=\frac{1}{s}$,利用拉普拉斯变换求得

$$R(s)=H(s)E(s)=\frac{s+a}{s+3}\frac{1}{s}=\frac{a}{3}\frac{1}{s}+\left(1-\frac{a}{3}\right)\frac{1}{s+3}$$

求拉普拉斯反变换,得阶跃响应为

$$r(t)=\frac{a}{3}u(t)+\left(1-\frac{a}{3}\right)\mathrm{e}^{-3t}u(t)$$

已知系统阶跃响应包含 $k\mathrm{e}^{-3t}$,因此 $k=1-\frac{a}{3}$。因此,当 a 从 0 变到 5 时,k 从 1 变为 $-\frac{2}{3}$。

4.10 某线性非时变系统,其系统函数为 $H(s)=\frac{s-1}{(s+1)(s-2)}$,在下面几种情况下分别求系统的单位冲激响应。

(1) 系统是因果的;

(2) 系统是稳定的;

(3) 系统是不稳定的而且是非因果的。

【分析与解答】

根据因果系统的系统函数 $H(s)$ 的极点位置,判断稳定性的准则为:

① 当 $t\to\infty$ 时,$h(t)\to 0$,则系统本身是稳定的。故为使系统稳定,系统的极点必须全部位于左半 s 平面,即 $\mathrm{Re}(s_i)<0$;

② 当 $t\to\infty$ 时,$h(t)$ 有界,则系统本身是临界稳定的。系统只有简单极点位于 $\mathrm{j}\omega$ 轴上,而其余极点位于左半 s 平面上,才能达到稳定;

③ 当 $t\to\infty$ 时,$h(t)\to\infty$,则系统本身是不稳定的。系统的极点只要有一个落在 s 右半平面上,则系统就不稳定。

$$H(s)=\frac{s-1}{(s+1)(s-2)}=\frac{1}{3}\frac{1}{s-2}+\frac{2}{3}\frac{1}{s+1}$$

(1) 若已知系统是因果的,则收敛域(ROC) 为 $\mathrm{Re}(s)>2$,其单位冲激响应为

$$h(t)=\frac{2}{3}\mathrm{e}^{-t}u(t)+\frac{1}{3}\mathrm{e}^{2t}u(t)$$

(2) 若系统是稳定的,则 ROC 为 $-1<\mathrm{Re}(s)<2$,其单位冲激响应为

$$h(t)=\frac{2}{3}\mathrm{e}^{-t}u(t)-\frac{1}{3}\mathrm{e}^{2t}u(-t)$$

(3) 若系统是不稳定的而且是非因果的,则 ROC 为 $\mathrm{Re}(s)<-1$,其单位冲激响应为

$$h(t)=-\frac{2}{3}\mathrm{e}^{-t}u(-t)-\frac{1}{3}\mathrm{e}^{2t}u(-t)$$

4.11 求图 4.6 所示系统的系统函数 $H(s)$ 及单位冲激响应 $h(t)$,其中 $H_1(s)=\frac{1}{s}$,$H_2(s)=\frac{1}{s+2}$,$H_3(s)=\mathrm{e}^{-s}$。

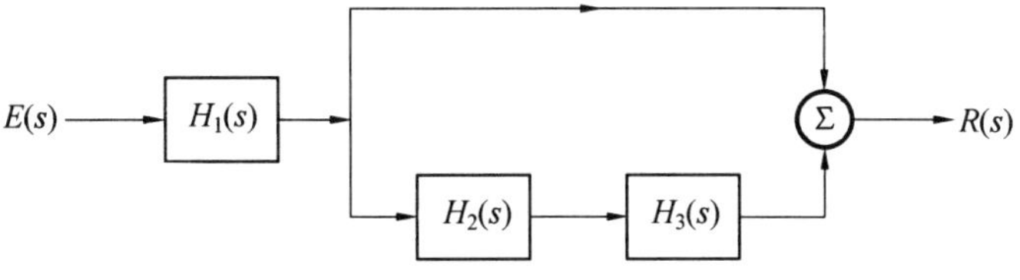

图 4.6　题 4.11 图

【分析与解答】

利用级联系统的系统函数是各个子系统的系统函数之乘积，并联系统的系统函数是各个子系统的系统函数之和，即可写出整个系统的系统函数，注意用系统函数描述系统关系时，图中直线表示系统函数为 1。

根据图示系统的关系，可得系统函数为

$$H(s)=H_1(s)[1+H_2(s)H_3(s)]=\frac{1}{s}\left(1+\frac{e^{-s}}{s+2}\right)=\frac{1}{s}+\frac{0.5e^{-s}}{s}+\frac{-0.5e^{-s}}{s+2}$$

求反变换可得单位冲激响应为

$$h(t)=\mathscr{L}^{-1}[H(s)]=u(t)+0.5u(t-1)-0.5e^{-2(t-1)}u(t-1)$$

4.12　已知系统函数零、极点分布如图 4.7 所示，还已知 $H(+\infty)=5$，试求系统函数 $H(s)$。

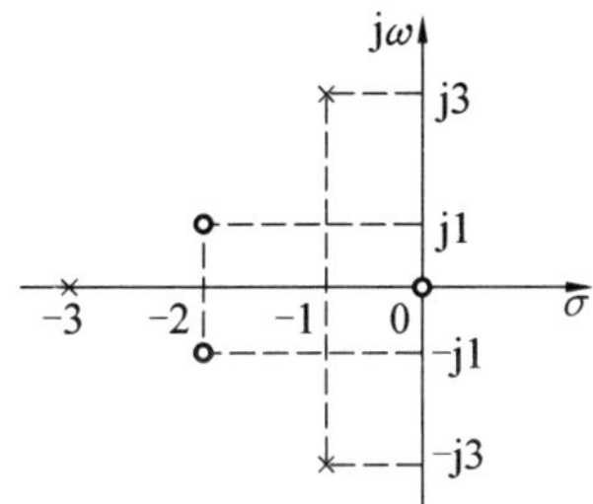

图 4.7　题 4.12 图

【分析与解答】

由图可知该系统有三个极点 -3，$-1-3j$，$-1+3j$，三个零点 0，$-2-j$，$-2+j$，根据零、极点分布可得系统函数为

$$H(s)=\frac{ks(s+2-j)(s+2+j)}{(s+3)(s+1-3j)(s+1+3j)}$$

因为 $H(+\infty)=5$，所以 $k=5$，则

$$H(s)=\frac{5s(s+2-j)(s+2+j)}{(s+3)(s+1-3j)(s+1+3j)}=\frac{5s(s^2+4s+5)}{s^3+5s^2+16s+30}$$

4.13　已知系统函数零、极点分布如图 4.8 所示，试求其幅频特性和相频特性。

【分析与解答】

由系统零、极点分布，可知系统函数为

$$H(s)=\frac{[s-(1+2j)][s-(1-2j)]}{[s-(-1+2j)][s-(-1-2j)]}$$

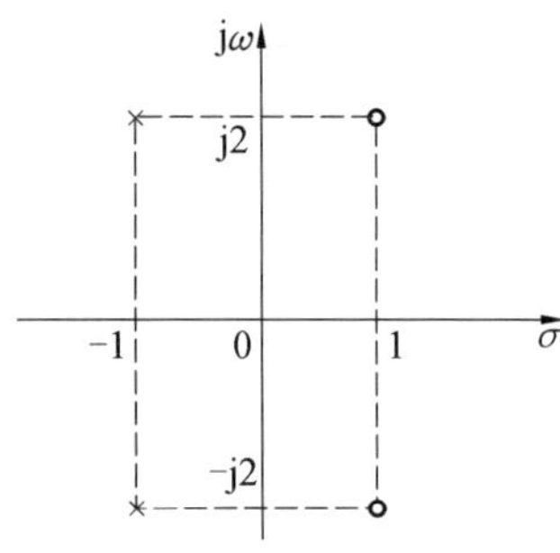

图 4.8　题 4.13 图

令 $s=\mathrm{j}\omega$，可得系统的频率响应为

$$H(\omega)=\frac{\omega^2-5+\mathrm{j}2\omega}{\omega^2-5-\mathrm{j}2\omega}$$

进而，求得幅频响应为

$$|H(\omega)|=\sqrt{\frac{(\omega^2-5)^2+(2\omega)^2}{(\omega^2-5)^2+(2\omega)^2}}=1$$

相频响应为

$$\varphi(\omega)=2\arctan\frac{2\omega}{\omega^2-5}$$

4.14　已知连续线性非时变系统是因果系统，其系统函数的零、极点分布如图 4.9(a) 所示，当输入信号 $e(t)$ 如图 4.9(b) 所示时，系统输出的直流分量为 1。

(1) 试求该系统的系统函数 $H(s)$；

(2) 当输入信号 $e(t)=\mathrm{e}^{-2t}u(t)$ 时，求系统的输出响应 $r(t)$。

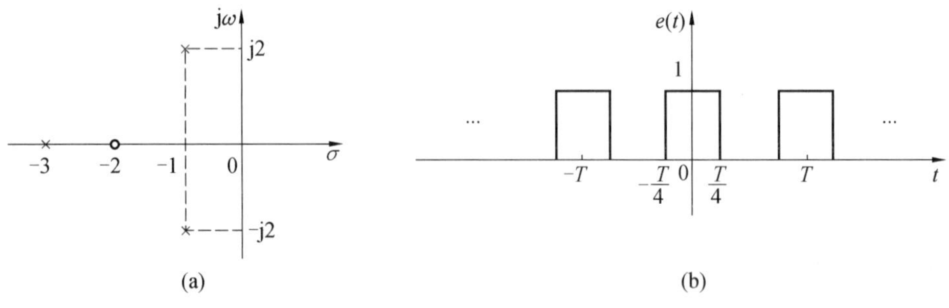

图 4.9　题 4.14 图

【分析与解答】

(1) 根据零、极点分布可得系统函数为

$$H(s)=H_0\frac{s+2}{(s+3)(s+1-\mathrm{j}2)(\omega+1+\mathrm{j}2)}$$

令 $s=\mathrm{j}\omega$，得系统的频率响应为

$$H(\omega)=H_0\frac{\mathrm{j}\omega+2}{(\mathrm{j}\omega+3)(\mathrm{j}\omega+1-\mathrm{j}2)(\mathrm{j}\omega+1+\mathrm{j}2)}$$

因此，对于直流分量，即 $\omega=0$ 时，有

$$H(0)=H_0\frac{2}{3(1-\mathrm{j}2)(1+\mathrm{j}2)}=\frac{2H_0}{15}$$

对于输入信号 $e(t)$，其直流分量为$\frac{1}{2}$，因为系统输出的直流分量为 1，因此有

$$R(0)=E(0)H(0)\Rightarrow 1=\frac{1}{2}\frac{2H_0}{15}\Rightarrow H_0=15$$

即，系统函数为

$$H(s)=\frac{15(s+2)}{(s+3)[(s+1)^2+4]}$$

(2) 当输入信号 $e(t)=\mathrm{e}^{-2t}u(t)$ 时，其拉普拉斯变换为 $E(s)=\frac{1}{s+2}$。

因此，系统的零状态响应为

$$R(s)=E(s)H(s)=\frac{15}{(s+3)[(s+1)^2+4]}$$

利用部分分式展开有 $R(s)=\frac{15}{8}\frac{1}{s+3}-\frac{15}{8}\frac{s+1}{(s+1)^2+4}+\frac{15}{8}\frac{2}{(s+1)^2+4}$，因此有

$$r(t)=\frac{15}{8}\mathrm{e}^{-3t}-\frac{15}{8}\mathrm{e}^{-t}(\cos 2t-\sin 2t)$$

4.15　描述某因果连续线性非时变系统的微分方程为

$$r''(t)+7r'(t)+10r(t)=2e'(t)+3e(t)$$

已知 $e(t)=\mathrm{e}^{-2t}u(t)$，$r(0^-)=1$，$r'(0^-)=1$，求：

(1) 零输入响应 $r_{zi}(t)$，零状态响应 $r_{zs}(t)$，完全响应 $r(t)$；

(2) 系统函数 $H(s)$，单位冲激响应 $h(t)$ 并判断系统是否稳定；

(3) 画出系统的标准型模拟框图。

【分析与解答】

(1) 对微分方程两边做单边拉普拉斯变换，得

$$s^2R(s)-sr(0^-)-r'(0^-)+7sR(s)-7r(0^-)+10R(s)=(2s+3)E(s)$$

整理后，可得

$$R(s)=\underbrace{\frac{sr(0^-)+r'(0^-)+7r(0^-)}{s^2+7s+10}}_{R_{zi}(s)}+\underbrace{\frac{2s+3}{s^2+7s+10}E(s)}_{R_{zs}(s)}$$

零输入响应的 s 域表达式为

$$R_{zi}(s)=\frac{s+8}{s^2+7s+10}=\frac{2}{s+2}-\frac{1}{s+5}$$

对上式进行拉普拉斯反变换，可得

$$r_{zi}(t)=\mathscr{L}^{-1}[R_{zi}(s)]=2\mathrm{e}^{-2t}-\mathrm{e}^{-5t}\quad (t\geqslant 0)$$

零状态响应的 s 域表达式为

$$R_{zs}(s)=\frac{2s+3}{s^2+7s+10}E(s)=\frac{2s+3}{(s^2+7s+10)(s+2)}=\frac{7/9}{s+2}-\frac{1/3}{(s+2)^2}-\frac{7/9}{s+5}$$

$$r_{zs}(t)=\mathscr{L}^{-1}[R_{zs}(s)]=\left(-\frac{7}{9}\mathrm{e}^{-5t}+\frac{7}{9}\mathrm{e}^{-2t}-\frac{1}{3}t\mathrm{e}^{-2t}\right)u(t)$$

系统的完全响应为

$$r(t)=r_{zi}(t)+r_{zs}(t)=-\frac{16}{9}e^{-5t}+\frac{25}{9}e^{-2t}-\frac{1}{3}te^{-2t}\quad(t\geqslant 0)$$

(2) 根据系统函数的定义,可得

$$H(s)=\frac{R_{zs}(s)}{E(s)}=\frac{2s+3}{s^2+7s+10}=\frac{-1/3}{s+2}+\frac{7/3}{s+5}$$

进行拉普拉斯反变换,得

$$h(t)=\mathscr{L}^{-1}[H(s)]=\frac{1}{3}(-e^{-2t}+7e^{-5t})u(t)$$

由于系统的极点为 $p_1=-2,p_2=-5$,所以系统稳定。

(3) 用 s^{-1} 将系统函数表示为

$$H(s)=\frac{2s^{-1}+3s^{-2}}{1+7s^{-1}+10s^{-2}}$$

其模拟框图如图 4.10 所示。

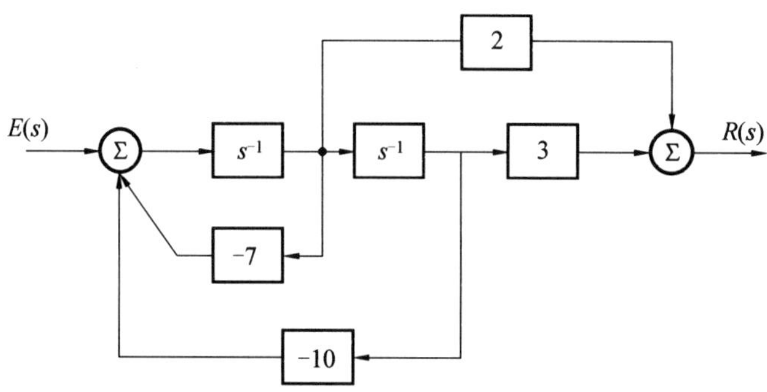

图 4.10　题 4.15 的模拟框图

4.16　已知连续线性非时变系统在激励信号 $e(t)=e^{-2t}u(t)$ 作用下的全响应为

$$r(t)=(2te^{-2t}+5e^{-3t})u(t)$$

若系统的初始条件为 $r(0^-)=2,r'(0^-)=1$,求系统的零输入响应和零状态响应。

【分析与解答】

$$E(s)=\frac{1}{s+2}$$

$$R(s)=\frac{2}{(s+2)^2}+\frac{5}{s+3}$$

观察输入信号和全响应的极点情况,可以推断,系统函数有两个一阶极点:$p_1=-2$,$p_2=-3$。故系统特征方程为

$$(\lambda+2)(\lambda+3)=0$$

即

$$\lambda^2+5\lambda+6=0$$

所以,系统的零输入微分方程为

$$r''_{zi}(t)+5r'_{zi}(t)+6r_{zi}(t)=0$$

上式两边取拉普拉斯变换，得到

$$s^2R_{zi}(s)-sr(0^-)-r'(0^-)+5sR_{zi}(s)-5r(0^-)+6R_{zi}(s)=0$$

代入初始条件，得到

$$R_{zi}(s)=\frac{2s+11}{(s+2)(s+3)}=\frac{7}{s+2}-\frac{5}{s+3}$$

所以，零输入响应为

$$y_{zi}(t)=7e^{-2t}u(t)-5e^{-3t}u(t)$$

零状态响应为

$$r_{zs}(t)=r(t)-r_{zi}(t)=2te^{-2t}u(t)-7e^{-2t}u(t)+10e^{-3t}u(t)$$

4.17　描述线性非时变连续系统的框图如图 4.11 所示，已知当输入 $e(t)=3(1+e^{-t})u(t)$ 时，系统的全响应为 $r(t)=(4e^{-2t}+3e^{-3t}+1)u(t)$。

(1) 列写出该系统的微分方程；

(2) 求系统的零输入响应 $r_{zi}(t)$；

(3) 求系统的初始状态 $r(0^-)$、$r'(0^-)$。

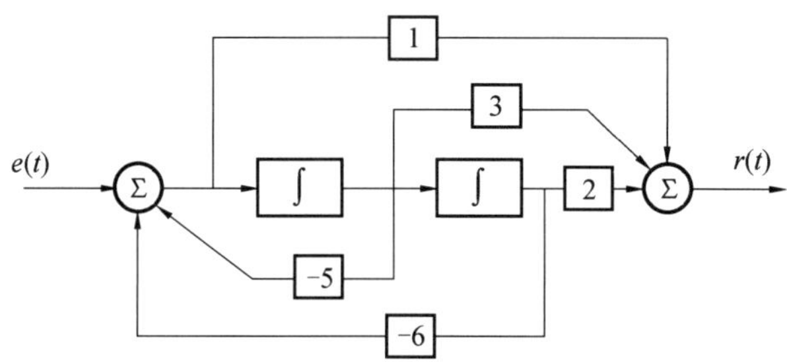

图 4.11　题 4.17 图

【分析与解答】

(1) 根据系统的模拟框图，可以直接写出微分方程为

$$r''(t)+5r'(t)+6r(t)=e''(t)+3e'(t)+2e(t)$$

(2) $e(t)=3(1+e^{-t})u(t)\leftrightarrow E(s)=3\left(\frac{1}{s}+\frac{1}{s+1}\right)=\frac{3(2s+1)}{s(s+1)}$

根据卷积定理，零状态响应的复频域表达式为

$$R_{zs}(s)=E(s)H(s)=\frac{3(2s+1)}{s(s+1)}\cdot\frac{s^2+3s+2}{s^2+5s+6}=\frac{1}{s}+\frac{5}{s+3}$$

零状态响应为

$$r_{zs}(t)=u(t)+5e^{-3t}u(t)$$

所以，零输入响应为

$$r_{zi}(t)=r(t)-r_{zs}(t)=4e^{-2t}u(t)-2e^{-3t}u(t)$$

(3) 令输入 $e(t)=0$ 并对微分方程两边求拉普拉斯变换，得

$$s^2R_{zi}(s)-sr(0^-)-r'(0^-)+5sR_{zi}(s)-5r(0^-)+6R_{zi}(s)=0$$

所以

$$R_{zi}(s)=\frac{sr(0^-)+5r(0^-)+r'(0^-)}{s^2+5s+6}$$

而在(2)中已求得

$$r_{zi}(t)=r(t)-r_{zs}(t)=4e^{-2t}u(t)-2e^{-3t}u(t)$$

所以

$$R_{zi}(s)=\frac{4}{s+2}-\frac{2}{s+3}=\frac{2s+8}{s^2+5s+6}$$

所以

$$\begin{cases}r(0^-)=2\\5r(0^-)+r'(0^-)=8\end{cases}$$

解得

$$r(0^-)=2,\quad r'(0^-)=-2$$

4.18 已知连续线性非时变系统的激励为 $e(t)=\delta(t)+\delta(t-1)$，其零状态响应为 $r_{zs}(t)=u(t)-u(t-1)$，求该系统的冲激响应 $h(t)$，并画出其波形图。

【分析与解答】

$$e(t)=\delta(t)+\delta(t-1)\leftrightarrow E(s)=1+e^{-s}$$

$$r_{zs}(t)=u(t)-u(t-1)\leftrightarrow R_{zs}(s)=\frac{1}{s}(1-e^{-s})$$

所以

$$H(s)=\frac{R_{zs}(s)}{E(s)}=\frac{1}{s}\cdot\frac{1-e^{-s}}{1+e^{-s}}=\frac{1}{s}\cdot\frac{1}{1+e^{-s}}-\frac{1}{s}\cdot\frac{e^{-s}}{1+e^{-s}}$$

将 $\frac{1}{1+e^{-s}}=\sum_{n=0}^{\infty}(-e^{-s})^n\leftrightarrow\sum_{n=0}^{\infty}(-1)^n\delta(t-n)$ 记为 $h_1(t)$。

根据拉普拉斯变换的时移特性，$\frac{e^{-s}}{1+e^{-s}}\leftrightarrow\sum_{n=0}^{\infty}(-1)^n\delta(t-n-1)$，记为 $h_2(t)$。

根据拉普拉斯变换的时域卷积特性，有

$$h(t)=\mathscr{L}^{-1}\left(\frac{1}{s}\right)*\mathscr{L}^{-1}\left(\frac{1}{1+e^{-s}}\right)-\mathscr{L}^{-1}\left(\frac{1}{s}\right)*\mathscr{L}^{-1}\left(\frac{e^{-s}}{1+e^{-s}}\right)=u(t)*h_1(t)-u(t)*h_2(t)$$

$h_1(t)$、$h_2(t)$、$u(t)*h_1(t)$、$u(t)*h_2(t)$ 的波形分别如图 4.12 所示。

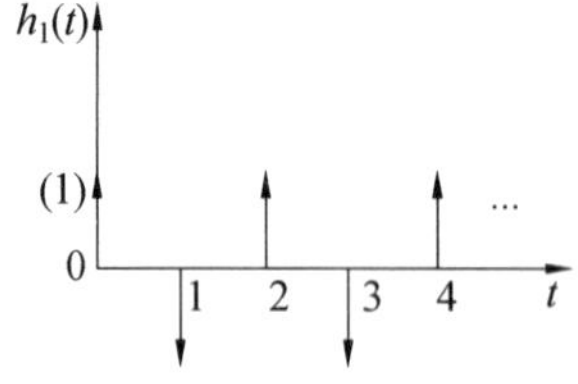

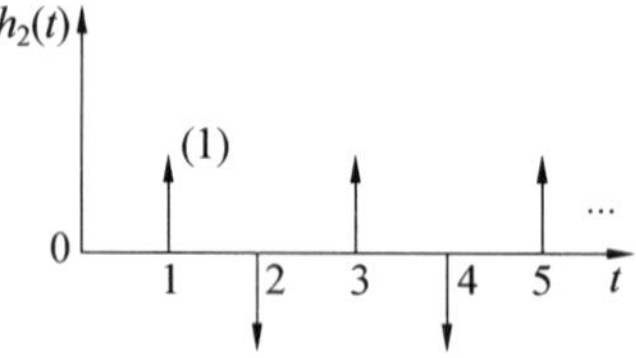

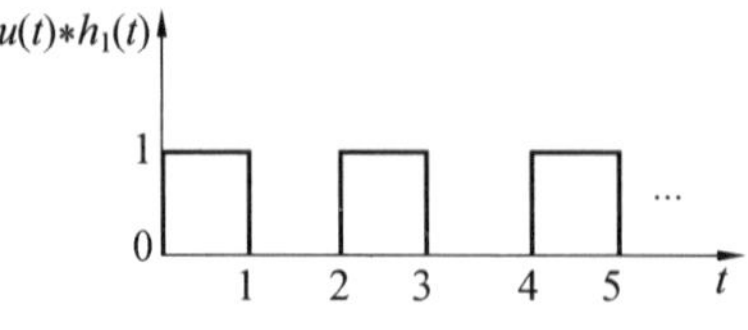

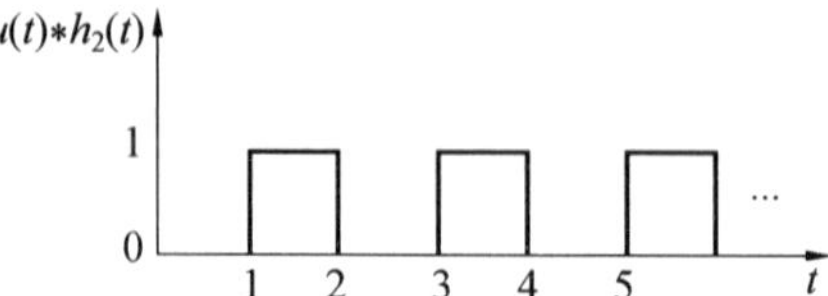

图 4.12　题 4.18 答图 1

所以，得到 $h(t)$ 的波形图如图 4.13 所示。

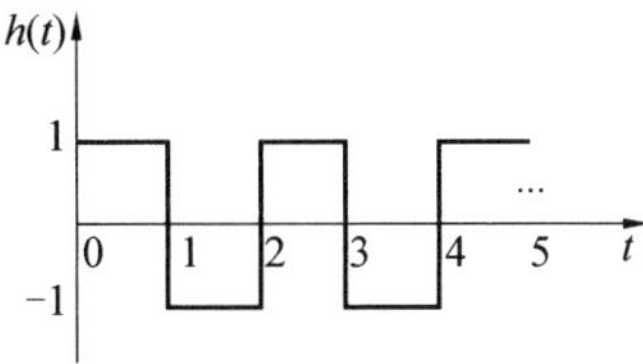

图 4.13　题 4.18 答图 2

4.19　已知因果线性非时变系统的单位冲激响应 $h(t)$ 满足微分方程

$$h'(t)+2h(t)=e^{-4t}u(t)+bu(t)$$

b 为未知数，当该系统的输入为 $e(t)=e^{2t}$（对所有 t）时，输出为 $r(t)=\frac{1}{6}e^{2t}$（对所有 t），试求该系统的系统函数 $H(s)$（答案中不能有 b）。

【分析与解答】

对微分方程做拉普拉斯变换，有

$$sH(s)+2H(s)=\frac{1}{s+4}+\frac{b}{s}$$

整理，可得

$$H(s)=\frac{1}{(s+4)(s+2)}+\frac{b}{s(s+2)} \qquad ①$$

根据系统函数的定义，系统对输入 e^{st} 的输出响应为 $H(s)e^{st}$，故若系统对 e^{2t} 的响应为 $\frac{1}{6}e^{2t}$，可知

$$H(s)\big|_{s=2}=\frac{1}{6}$$

将 $s=2, H(2)=\frac{1}{6}$ 代入式 ①，可得

$$b=1$$

故系统函数为

$$H(s)=\frac{1}{(s+4)(s+2)}+\frac{1}{s(s+2)}$$

$$H(s)=\frac{2}{s(s+4)}$$

对于线性非时变系统，设初始状态为零，系统函数为 $H(s)$。则 $e^{s_0t}\to e^{s_0t}H(s_0)$，对于稳定系统，当 $s_0=j\omega_0$ 时

$$e^{j\omega_0t}\to e^{j\omega_0t}H(\omega_0)$$

所以

$$\sin\omega_0t=\frac{1}{2j}(e^{j\omega_0t}-e^{-j\omega_0t})\to\frac{1}{2j}\left[e^{j\omega_0t}H(\omega_0)-e^{-j\omega_0t}H(-\omega_0)\right]$$

4.20　已知某二阶线性非时变系统函数 $H(s)$ 的零点 $z=1$，极点为 $p=-1$，且冲激响应初值 $h(0^+)=2$，试求：

(1) 系统函数 $H(s)$；

(2) 若激励 $e(t)=3\sin(\sqrt{3}t)u(t)$，求系统稳态响应 $r_s(t)$。

【分析与解答】

(1) 根据题意，极点 $p=-1$ 为二阶极点，设零点阶次为 m，系统函数为

$$H(s)=K\frac{(s-1)^m}{(s+1)^2}$$

由初值定理

$$h(0^+)=\lim_{s\to\infty}sH(s)=\lim_{s\to\infty}K\frac{s(s-1)^m}{(s+1)^2}=2$$

所以，$m=1$，$K=2$。

系统函数为

$$H(s)=\frac{2(s-1)}{(s+1)^2}$$

(2) 因为系统极点 $p=-1$ 位于左半平面，自由响应当 $t\to\infty$ 时衰减为零。稳态响应中仅有输入信号极点产生的响应分量。

又激励 $e(t)=3\sin(\sqrt{3}t)u(t)$，将 $s=\mathrm{j}\sqrt{3}$ 代入 $H(s)$，得

$$H(\mathrm{j}\sqrt{3})=\left.\frac{2(s-1)}{(s+1)^2}\right|_{s=\mathrm{j}\sqrt{3}}=1$$

所以，系统稳态响应为 $r_s(t)=3\sin(\sqrt{3}t)u(t)$。

本题第(2)问也可以用求 $F(s)H(s)$ 反变换的方法求出响应 $r(t)$，再求 $r_s(t)=\lim\limits_{t\to\infty}r(t)$。但计算过程较烦琐，读者可以自己练习。当然，如果本题第(2)问是“求系统响应”，而不是“求系统稳态响应”，则只能按上述方法求解。

第 5 章 连续时间信号离散化及恢复

5.1 学习要求

(1) 掌握时域抽样信号的频谱及频谱特点。

(2) 深刻理解和灵活应用时域抽样定理。

(3) 掌握理想低通滤波器的特性。

(4) 掌握系统无失真传输的判定条件。

(5) 掌握连续时间信号的抽样恢复过程及滤波器的设计方法。

5.2 重点和难点提示

1. 抽样信号的频谱与原信号频谱的关系

连续信号 $f(t)$ 在时域被抽样后,其抽样信号 $f_s(t)$ 的频谱 $F_s(\omega)$ 是由连续信号 $f(t)$ 频谱 $F(\omega)$ 以抽样频率 ω_s 为间隔周期重复而得到的,在此过程中幅度被抽样脉冲 $p(t)$ 的傅里叶变换 $P(\omega)$ 的系数 c_n 加权。对抽样信号进行频域分析揭示了信号的时域与频域之间的内在联系,即时域离散化对应频域周期化,时域周期性对应频域离散性。

2. 复合函数的奈奎斯特抽样间隔求法

由抽样信号频谱是连续信号频谱的周期重复这一特点,很容易理解抽样定理的结论,即最低抽样率为信号最高频率的两倍。对于复合函数,要求奈奎斯特频率与奈奎斯特间隔,只需确定信号的最高频率成分,再根据抽样定理即可求得,无须确定频谱的具体形式。

3. 理想滤波器是物理不可实现系统

理想滤波器是指其滤波系统的特性理想化的滤波器,即某些频率分量完全通过,某些频率分量完全抑制。理想低通滤波器是一个非因果系统,是一个物理上不可实现的系统。有关理想滤波器的研究并不因其无法实现而失去价值,实际的滤波器分析与设计往往需要理想滤波器的理论作为指导。

5.3 要点解析与解题提要

5.3.1 时域抽样信号及其频谱

1. 抽样信号

设被抽样的信号为 $f(t)$，所谓“抽样”就是利用抽样脉冲序列 $p(t)$ 从连续信号 $f(t)$ 中“抽取”一系列的离散样值，时域抽样的数学模型如图 5.1 所示，就是通过抽样脉冲序列 $p(t)$ 与连续信号 $f(t)$ 相乘来实现，这些离散样值组成的信号通常称为“抽样信号”，以 $f_s(t)$ 表示。

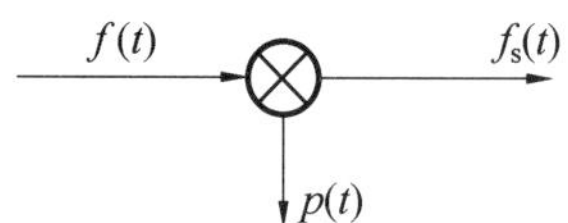

图 5.1 时域抽样的数学模型

若抽样脉冲 $p(t)$ 为周期矩形脉冲 $\sum_{n=-\infty}^{\infty} g_\tau(t-nT_s)$，则称为矩形脉冲序列或自然抽样，

$$f_s(t)=f(t)p(t)=f(t)\sum_{n=-\infty}^{\infty} g_\tau(t-nT_s) \tag{5.1}$$

若抽样脉冲 $p(t)$ 是冲激序列 $\delta_{T_s}(t)$，则称为冲激抽样或理想抽样，

$$f_s(t)=f(t)\delta_{T_s}(t)=f(t)\sum_{n=-\infty}^{\infty}\delta(t-nT_s) \tag{5.2}$$

其中，T_s 为抽样间隔(周期)。

2. 抽样信号 $f_s(t)$ 的傅里叶变换 $F_s(\omega)$

如果连续信号 $f(t)$ 的频谱为 $F(\omega)$，脉冲抽样的频谱为 $P(\omega)=2\pi\sum_{n=-\infty}^{+\infty} c_n\delta(\omega-n\omega_s)$，$c_n$ 为抽样脉冲 $p(t)$ 的指数形式傅里叶级数展开式系数，根据频域卷积定理可知，抽样信号 $f_s(t)$ 的傅里叶变换为

$$F_s(\omega)=\frac{1}{2\pi}F(\omega)*P(\omega)=\sum_{n=-\infty}^{+\infty} c_nF(\omega-n\omega_s) \tag{5.3}$$

连续信号 $f(t)$ 在时域被抽样后，其抽样信号 $f_s(t)$ 的频谱 $F_s(\omega)$ 是由连续信号 $f(t)$ 频谱 $F(\omega)$ 以抽样频率 ω_s 为间隔周期重复而得到的，在此过程中幅度被抽样脉冲 $p(t)$ 的傅里叶级数的系数 c_n 加权。

矩形脉冲 $p(t)=\sum_{n=-\infty}^{\infty} g_\tau(t-nT_s)$ 抽样的信号频谱为

$$F_s(\omega)=\frac{E\tau}{T_s}\sum_{n=-\infty}^{+\infty}\mathrm{Sa}\left(\frac{n\omega_s\tau}{2}\right)F(\omega-n\omega_s) \tag{5.4}$$

冲激序列 $\delta_{T_s}(t)=\sum_{n=-\infty}^{\infty}\delta(t-nT_s)$ 抽样的信号频谱为

$$F_s(\omega)=\frac{1}{T_s}\sum_{n=-\infty}^{+\infty}F(\omega-n\omega_s) \tag{5.5}$$

矩形脉冲抽样信号的频谱 $F_s(\omega)$ 在以抽样角频率 ω_s 为周期重复 $F(\omega)$ 的过程中，幅度以抽样脉冲频谱 $\mathrm{Sa}\left(\frac{n\omega_s\tau}{2}\right)$ 的规律变化。冲激抽样序列的频谱 $F_s(\omega)$ 是 $F(\omega)$ 以 ω_s 为周期等幅地重复，抽样后信号幅度发生变化的原因在于 T_s 时间范围内只有 1 个时刻存在信号，因而频谱值为抽样前的$\frac{1}{T_s}$。ω_s 的大小与时域抽样间隔 T_s 有直接关系，$\omega_s=\frac{2\pi}{T_s}$。如果抽样间隔大，则重复周期 ω_s 小，反之抽样间隔小，则重复周期大。

3. 时域和频域中，周期性与离散性的对应关系

在第 3 章利用傅里叶级数或傅里叶变换求周期信号的频谱时发现，周期信号的频谱是离散的。在第 5 章中连续信号冲激抽样后变为离散信号，离散信号频谱是周期的，是连续信号频谱以抽样角频率 ω_s 为周期的周期延拓。

简言之，周期信号的频谱是离散的，离散信号的频谱是周期的

时域		频域
周期	↔	离散
离散	↔	周期

由此可见，信号的周期性和离散性在时域和频域是相对应的。信号在一个域如果是离散的，则在另一个域是周期的；因而信号在时域和频域具有对称性，这由傅里叶变换的对称性决定。

4. 抽样信号为何还是模拟信号

模拟信号在整个时间轴上都是有定义的，在“没有幅值”的区域的意义是幅值为零。而离散时间信号只在离散时刻上才有定义，其他地方没有定义，和幅值为零是不同概念。这两种信号在时间轴看上去很相似，其实是以不同类型系统为基础的两种有本质区别的信号。直观来说，离散时间信号的横轴可以认为已经不代表时间了。

信号抽样后时间离散，但幅值不离散。模拟信号经过抽样后仍是模拟信号 $x(nT)$，再经过 A/D 转换才成为离散时间信号，即 $x(nT)\rightarrow x(n)$。这个过程中，信号在时域、频域都有个归一化过程。

5.3.2　时域抽样定理

1. 时域抽样定理

设 $f(t)\leftrightarrow F(\omega)$，且当 $|\omega|\geqslant\omega_m$ 时有 $F(\omega)=0$，则称 $f(t)$ 为带宽 ω_m 的限带信号。

时域抽样定理描述如下：

一个最高频率 f_m（角频率为 ω_m）的限带信号 $f(t)$ 可以使用均匀等间隔 $T_s\leqslant\frac{1}{2f_m}$ 的抽样信号 $f_s(t)=f(nT_s)$ 值唯一确定。

最大允许抽样间隔 $T_{smax}=\frac{1}{2f_m}$ 称为奈奎斯特（Nyquist）间隔。对应的抽样频率 $f_{smin}=$

$2f_m$ 称为奈奎斯特频率(或 $\omega_{smin}=2\omega_m$),即最低允许的抽样频率。

2. 抽样定理的意义

计算机采用数字处理方式,时间离散化又是信号数字化的重要组成,将连续信号在时间上离散化时,要满足抽样定理。时域抽样定理给出了抽样序列包含原连续时间信号全部信息的最大抽样间隔,频域抽样定理给出了抽样所得离散频谱包含原连续频谱全部信息的抽样点数,其奠定了利用数字化方法分析信号的理论基础,需要深刻理解并能灵活应用。因而抽样定理具有十分重要的理论与应用意义。

3. 抽样定理的依据

抽样定理的结论:最低抽样频率为信号最高频率的两倍,是容易理解的。这由抽样信号频谱是抽样前信号频谱的周期重复这一特点决定。

4. 抽样定理所要求的 3 个参数的关系

最低抽样频率 f_{smin}、最低抽样角频率 ω_{smin} 及最高抽样周期 T_{smax} 这三者具有相互关系,其中一个确定后,另外两个就唯一确定。

$$\begin{cases}\omega_{smin}=\dfrac{2\pi}{T_{smax}}\\ \omega_{smin}=2\pi f_{smin}\\ T_{smax}=\dfrac{1}{f_{smin}}\end{cases}$$

5. 确定参数所需的条件

根据抽样定理,为求最低抽样频率或最大抽样间隔,只需已知确定信号频谱的最高频率值,而无须确定其具体的频谱形式。

6. 抽样信号无失真恢复的带限要求

抽样定理表明:当抽样频率 f_s 大于最低抽样频率 f_{smin} 时,由抽样信号可无失真恢复抽样前的连续信号。因而,只有带限信号(频谱分布于有限频率范围内)才可能由抽样信号无失真恢复出原信号。非带限信号频谱存在于整个频率范围,不论抽样率为多大,相邻周期频谱均将产生混叠,无法从抽样信号的周期性频谱中提取出无失真的单周期频谱,即无法准确恢复抽样前信号。实际工程中可采用抗混低通滤波器进行带限处理。

5.3.3 理想低通滤波器及其传输特性

1. 理想低通滤波器的定义

理想滤波器是指其滤波系统的特性理想化的滤波器,即某些频率分量完全通过,某些频率分量完全抑制。

若系统函数 $H(\omega)$ 满足

$$H(\omega)=\begin{cases}e^{-j\omega t_0} & (|\omega|<\omega_c)\\ 0 & (|\omega|>\omega_c)\end{cases} \tag{5.6}$$

则称此系统为理想低通滤波器。其中 t_0 为延迟时间,ω_c 为截止角频率,称为理想低通滤波

器的通频带。

理想低通滤波器的单位冲激响应为

$$h(t)=\frac{\omega_c}{\pi}\mathrm{Sa}[\omega_c(t-t_0)] \tag{5.7}$$

这是一个峰值位于 t_0 时刻的 $\mathrm{Sa}(t)$ 函数，如图 5.2 所示。

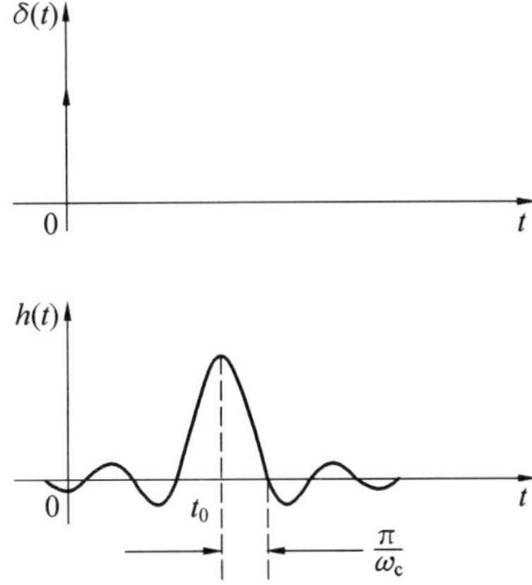

图 5.2　理想低通滤波器的冲激响应

从图中可以看出：

① 输入冲激信号 $\delta(t)$ 是在 $t=0$ 时刻作用于系统的，如果与此时的输入信号 $\delta(t)$ 相比，系统的冲激响应 $h(t)$ 在 $t=t_0$ 时刻才达到最大值，这表明系统具有延时作用；

② 冲激响应 $h(t)$ 比输入冲激信号 $\delta(t)$ 的波形展宽了许多，这表示冲激信号 $\delta(t)$ 的高频分量被理想低通滤波器 $H(\omega)$ 滤除掉了；

③ 在输入信号 $\delta(t)$ 作用于系统之前，即 $t<0$ 时，$h(t)\neq 0$，这表明理想低通滤波器是一个非因果系统，因此它是一个物理上不可实现的系统。

2. 理想滤波器的不可实现性

根据所选通的频率范围，理想滤波器分为三种：理想低通、理想高通及理想带通。它们的幅频特性见表 5.1。

表 5.1　理想滤波器幅频特性

滤波器	频率响应(假设相位为 0)	理想滤波器幅频特性
理想低通滤波器	$H(\omega)=\begin{cases}1 & (\lvert\omega\rvert<\omega_c)\\ 0 & (其他)\end{cases}$	$\lvert H(\omega)\rvert$；1；$-\omega_c$　0　ω_c　ω

续表5.1

滤波器	频率响应(假设相位为0)	理想滤波器幅频特性
理想高通滤波器	$H(\omega)=\begin{cases}1 & (\|\omega\|>\omega_c)\\0 & (其他)\end{cases}$	$\|H(\omega)\|$, 1, $-\omega_c$, 0, ω_c, ω
理想带通滤波器	$\|H(\omega)\|=\begin{cases}1 & (\omega_{c1}<\|\omega\|<\omega_{c2})\\0 & (其他)\end{cases}$	$\|H(\omega)\|$, 1, $-\omega_{c2}$, $-\omega_{c1}$, 0, ω_{c1}, ω_{c2}, ω

理想低通滤波器的幅频特性$|H(\omega)|=G_{2\omega_c}(\omega)$为截止角频率$\omega_c$、脉冲宽度为$2\omega_c$的频域矩形脉冲，其单位冲激响应为峰值位于$t_0$时刻的$\mathrm{Sa}(t)$函数，因此理想低通滤波器是一个非因果系统。

因为理想滤波特性的系统$H(\omega)$中都包含频域矩形脉冲，根据傅里叶变换的对称性可知，$h(t)$中一定包含$\mathrm{Sa}(t)$函数。即系统的单位冲激响应$h(t)$都不是单边信号，所以它们均不满足因果性，都是物理上不可实现的系统。

如理想高通滤波器，其幅频特性可以表示为

$$|H(\omega)|=1-G_{2\omega_c}(\omega) \tag{5.8}$$

如不考虑相频特性，冲激响应

$$h(t)=\delta(t)-\frac{\omega_c}{\pi}\mathrm{Sa}(\omega_c t) \tag{5.9}$$

为双边信号，即响应早于激励。

对理想带通滤波器，幅频特性为

$$|H(\omega)|=1-G_{2\omega_c}(\omega-\omega_0)-G_{2\omega_c}(\omega+\omega_0) \tag{5.10}$$

对于其中的两个频域矩形脉冲，对应的时间信号分别为$\mathrm{Sa}(\omega_c t)\,\mathrm{e}^{\mathrm{j}\omega_0 t}$及$\mathrm{Sa}(\omega_c t)\,\mathrm{e}^{-\mathrm{j}\omega_0 t}$，如不考虑相频特性

$$h(t)=\delta(t)-2\mathrm{Sa}(\omega_c t)\cos\omega_0 t \tag{5.11}$$

也为双边信号，因此也是非因果系统。

物理可实现需满足因果条件：时域$h(t)=0,t<0$；频域平方可积$\int_{-\infty}^{+\infty}|H(\omega)|^2\mathrm{d}\omega<\infty$。物理可实现系统的幅频特性$|H(\omega)|$需要满足佩利－维纳准则，即

$$\int_{-\infty}^{\infty}\frac{|\ln|H(\omega)||}{1+\omega^2}\mathrm{d}\omega<\infty \tag{5.12}$$

但是对于理想滤波器，在通带以外幅频特性值为0，即$|H(\omega)|=0$；因而$\ln|H(\omega)|\to-\infty$，从而$\frac{|\ln|H(\omega)||}{1+\omega^2}$不可积。但其只从幅度特性提出要求，对相频没有给出约束，因此

是必要而非充分条件。

5.3.4　系统无失真传输

如果系统的响应与激励信号相比，只是幅度大小和出现的时间不同，而无波形上的变化，就称为无失真传输。对无失真传输系统，任何信号通过它都不会产生失真。无失真传输的判断条件见表 5.2。

表 5.2　无失真传输的判断条件

激励和响应的时域关系	$r(t)=Ke(t-t_0)$	响应 $r(t)$ 和激励 $e(t)$ 的波形相同，仅在时间上滞后 t_0，幅度上有系数 K 倍的变化
系统的冲激响应	$h(t)=K\delta(t-t_0)$	冲激响应是冲激函数，只是时间延时了 t_0，幅度上有系数 K 倍的变化
系统的频率响应	$H(\omega)=\vert H(\omega)\vert e^{j\varphi(\omega)}$ $=Ke^{-j\omega t_0}$	系统的幅频特性 $\vert H(\omega)\vert$ 是一个常数，相频特性 $\varphi(\omega)$ 是一条通过原点的直线

注意：无失真传输是系统特性的一种描述；如系统不是无失真传输系统时，不表明任何信号通过它都产生失真。如理想滤波器不满足幅度无失真传输条件，因为幅频特性在整个频率范围内不是常数。如果激励有频谱成分位于滤波器通带范围以外，则这些频率分量被完全抑制，输出信号与输入相比产生失真；但如果激励信号所有频率成分均位于滤波器通带内，则系统输出将不产生失真。

系统无失真传输条件，包括幅度无失真及相位无失真两方面。判断幅度无失真需确定频率特性的模，计算较容易；判断相位无失真需求相频特性，一般需计算反正切函数，较为复杂。所以可先确定是否满足幅度无失真条件；如满足再判断是否满足相位无失真条件；二者缺一不可。

5.3.5　连续时间信号的恢复

抽样信号的频谱 $F_s(\omega)$ 是原连续信号的频谱 $F(\omega)$ 以抽样频率 ω_s 为周期重复，如果满足抽样定理，采用合适的理想低通滤波器，即可以无失真地从 $f_s(t)$ 中恢复 $f(t)$。整个过程如图 5.3 所示。

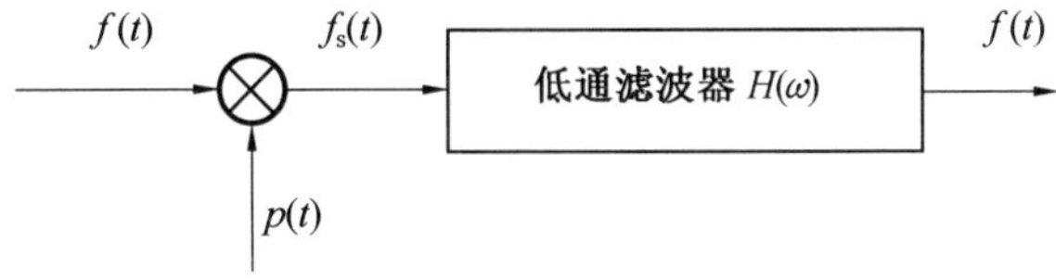

图 5.3　抽样信号的恢复

无失真恢复连续信号的理想低通滤波器的频率特性为

$$H(\omega)=\begin{cases}T_s & (|\omega|<|\omega_c|)\\ 0 & (\text{其他})\end{cases}\tag{5.13}$$

其中，截止频率 ω_c 满足 $\omega_m<\omega_c<\omega_s-\omega_m$。

5.4　深入思考

1. 在时域抽样定理中，为什么要求被抽样信号必须是带限信号？如果频带无限应如何处理？

2. 抽样前抗混叠滤波造成的截断误差与混叠误差比较，哪个失真更大？

3. 抽样定理是信号抽样要满足的最低要求，抽样频率越高，获得的信号频率响应越高，但是数据量也越大，实际工程应用要怎么选取？

4. 为什么称系统为滤波器？

5. 无失真传输系统物理上可否实现？有何理论意义？

6. 如何理解信号与系统的频率匹配？

7. 通信中的各种调制方式要如何实现，滤波器有什么作用？

5.5　典型习题

5.1　对如图 5.4 所示信号进行理想抽样，抽样间隔为 T_s，大致画出抽样信号的频谱图。

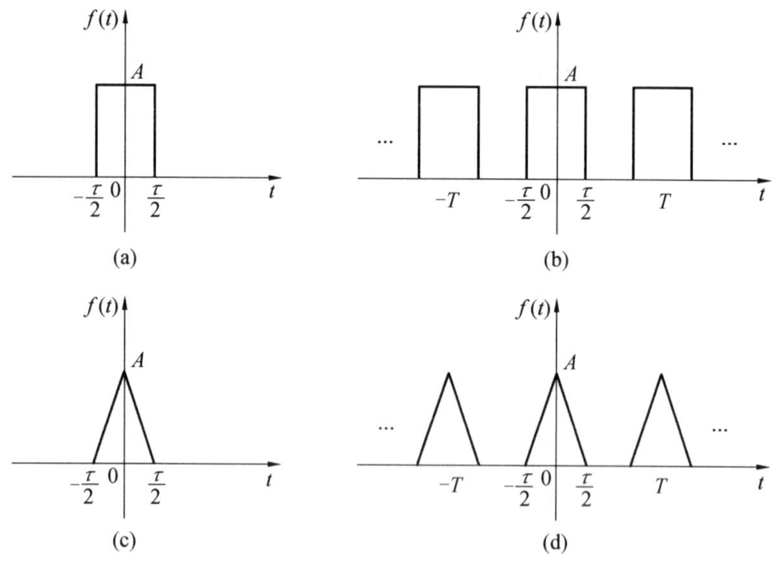

图 5.4　题 5.1 图

【分析与解答】

(a) 单周期矩形脉冲，典型的非周期信号形式。

抽样前其频谱为

$$F(\omega)=A\tau\,\mathrm{Sa}\left(\frac{\omega\tau}{2}\right)$$

且如图 5.5 所示。

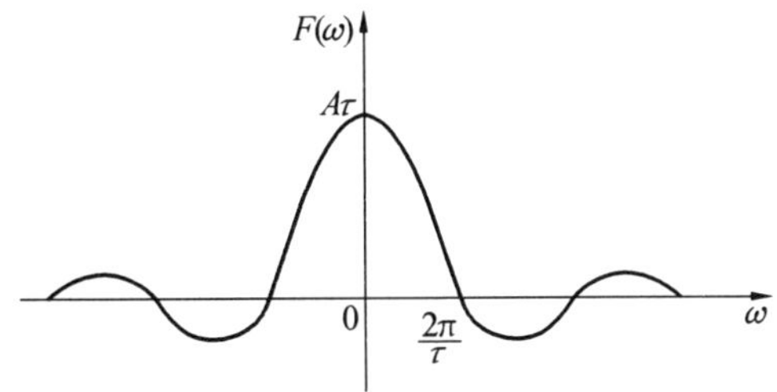

图 5.5　(a) 信号的频谱

抽样后频谱是抽样前连续信号频谱的周期延拓，周期为抽样角频率 $\omega_s=\frac{2\pi}{T_s}$，幅度为其 $\frac{1}{T_s}$，即

$$F_s(\omega)=\frac{1}{T_s}\sum_{n=-\infty}^{\infty}F(\omega-n\omega_s)$$

$F_s(\omega)$ 如图 5.6 所示。3 个主要参数：(1)$\omega=0$ 时的频谱值，$F(0)=\frac{A\tau}{T_s}$；(2) 第 1 个零点位置，即$\frac{2\pi}{\tau}$；(3) 频谱周期，即抽样角频率 $\omega_s=\frac{2\pi}{T_s}$。3 个参数确定后，$F_s(\omega)$ 大致形状就被确定。

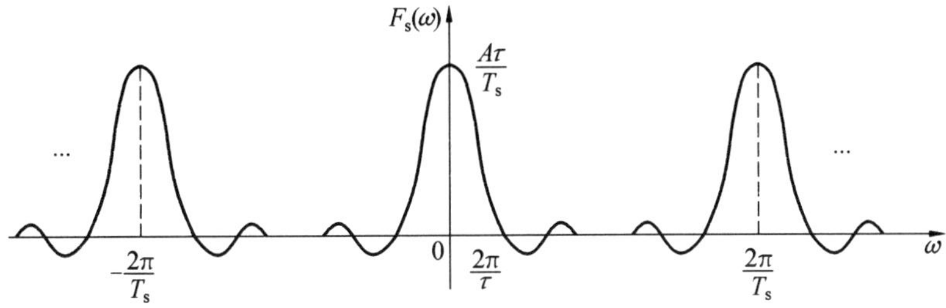

图 5.6　(a) 信号抽样后的频谱

不论抽样频率多大，相邻周期频谱都将混叠，不能无失真恢复抽样前信号。原因为矩形脉冲信号不是带限信号。

表达式为

$$F_s(\omega)=\frac{A\tau}{T_s}\sum_{n=-\infty}^{\infty}\mathrm{Sa}\left(\frac{\omega-n\omega_s}{2}\tau\right)$$

(b) 周期矩形脉冲信号，典型的周期信号形式。

抽样前信号频谱：周期信号为离散谱，由无穷多等间隔冲激信号构成，间距为基波角频率，即

$$F(\omega)=2\pi\sum_{n=-\infty}^{\infty}c_n\delta(\omega-n\omega_1)$$

其中，$\omega_1=\frac{2\pi}{T}$。

因为指数形式傅里叶系数可以表示为

$$c_n=\frac{1}{T}F_0(\omega)\big|_{\omega=n\omega_1}$$

所以信号频谱为

$$F(\omega)=\frac{2\pi}{T}\sum_{n=-\infty}^{\infty}F_0(n\omega_1)\delta(\omega-n\omega_1)$$

由 $F_0(n\omega_1)\delta(\omega-n\omega_1)=F_0(\omega)\delta(\omega-n\omega_1)$ 得

$$F(\omega)=\frac{2\pi}{T}\sum_{n=-\infty}^{\infty}F_0(\omega)\delta(\omega-n\omega_1)=\frac{2\pi}{T}F_0(\omega)\left[\sum_{n=-\infty}^{\infty}\delta(\omega-n\omega_1)\right]$$

即，周期信号频谱是其单周期信号频谱在基波角频率处的抽样，且幅度为原来的$\frac{2\pi}{T}$倍。因而，图 5.5 的频谱抽样再乘系数，得到周期矩形脉冲信号频谱，如图 5.7 所示。

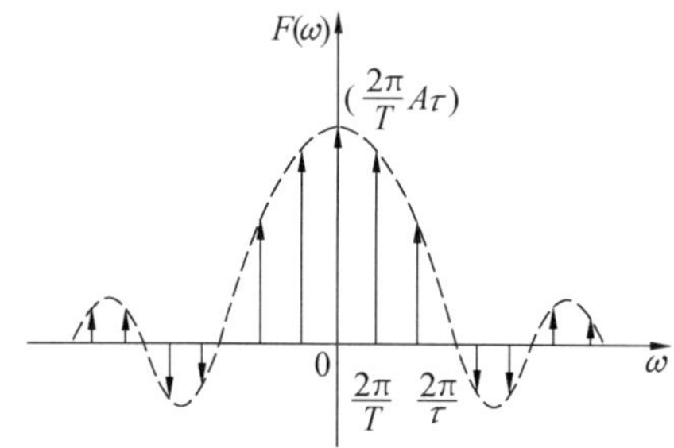

图 5.7 (b) 信号的频谱

有 3 个主要参数：(1)$\omega=0$ 时频谱值，$F(0)=\frac{2\pi}{T}A\tau$；(2) 谱线间隔为$\frac{2\pi}{T}$；(3) 频谱包络的第 1 个零点位置为$\frac{2\pi}{\tau}$。频谱包络第 1 个零点位置不一定位于某谐波频率，除非$\frac{2\pi}{\tau}=k\cdot\frac{2\pi}{T}$，即 $T=k\tau$(k 为正整数)，信号周期为脉冲宽度的整数倍。

$F(\omega)$ 表达式为

$$F(\omega)=\frac{2\pi A\tau}{T}\mathrm{Sa}\left(\frac{\omega\tau}{2}\right)\left[\sum_{n=-\infty}^{\infty}\delta(\omega-n\omega_1)\right]$$

抽样信号频谱为

$$\begin{aligned}F_s(\omega)&=\frac{1}{T_s}\sum_{n=-\infty}^{\infty}F(\omega-n\omega_s)\\&=\frac{2\pi A\tau}{TT_s}\sum_{k=-\infty}^{\infty}\left[\mathrm{Sa}\left(\frac{\omega-k\omega_s}{2}\tau\right)\sum_{n=-\infty}^{\infty}\delta(\omega-k\omega_s-n\omega_1)\right]\end{aligned}$$

抽样信号频谱是抽样前信号频谱(图 5.7)的周期延拓，周期为抽样角频率$\omega_s=\frac{2\pi}{T_s}$；幅度变为原来的$\frac{1}{T_s}$。

有 4 个主要参数：$F(0)=\frac{2\pi A\tau}{TT_s}$；谱线间隔为$\frac{2\pi}{T}$；频谱包络的第 1 个零点位置为$\frac{2\pi}{\tau}$；周期为 ω_s。这 4 个参数确定后，频谱图的大致形状就被确定，频谱图如图 5.8 所示。

(c) 单周期三角脉冲。

三角脉冲抽样前的频谱为

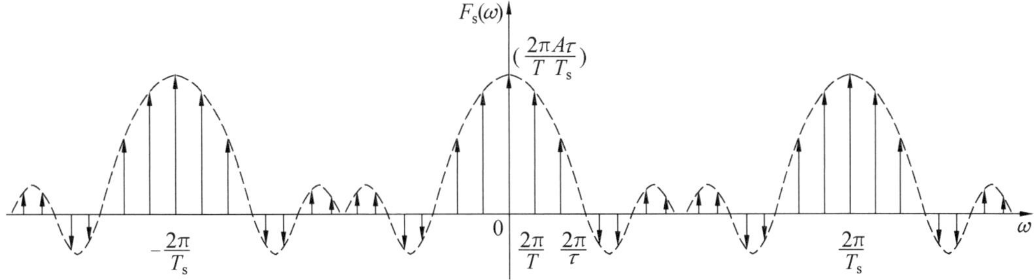

图 5.8 (b) 信号抽样后的频谱

$$F(\omega)=\frac{A\tau}{2}\,\mathrm{Sa}^2\left(\frac{\omega\tau}{4}\right)$$

因为 $F(\omega)$ 恒为正，则相位谱为 0。

频谱图如图 5.9 所示。第 1 个零点位置，满足 $\mathrm{Sa}^2\left(\frac{\omega\tau}{4}\right)=0$，即 $\mathrm{Sa}\left(\frac{\omega\tau}{4}\right)=0$ 时 $\omega=\frac{4\pi}{\tau}$。

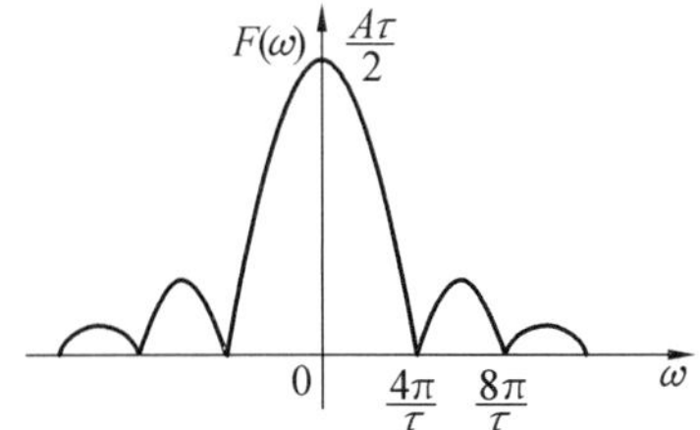

图 5.9 (c) 信号的频谱

三角脉冲抽样后频谱为

$$F_s(\omega)=\frac{1}{T_s}\sum_{n=-\infty}^{\infty}F(\omega-n\omega_s)=\frac{1}{T_s}\sum_{n=-\infty}^{\infty}\frac{A\tau}{2}\,\mathrm{Sa}^2\left(\frac{\omega-n\omega_s}{4}\tau\right)$$

如图 5.10 所示。

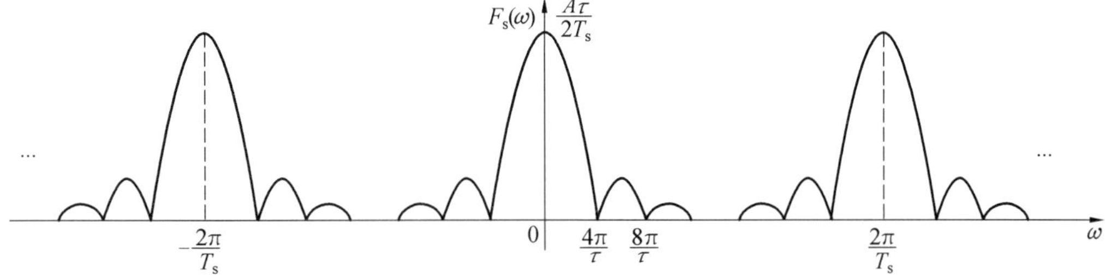

图 5.10 (c) 信号抽样后的频谱

(d) 周期三角脉冲。

抽样前，周期信号频谱为离散的：

$$F(\omega)=2\pi\sum_{n=-\infty}^{\infty}c_n\delta(\omega-n\omega_1)$$

$$c_n=\frac{1}{T}F_0(\omega)\Big|_{\omega=n\omega_1}$$

$$F(\omega)=\frac{2\pi}{T}\sum_{n=-\infty}^{\infty}F_0(n\omega_1)\delta(\omega-n\omega_1)=\frac{2\pi}{T}F_0(\omega)\left[\sum_{n=-\infty}^{\infty}\delta(\omega-n\omega_1)\right]$$

$F_0(\omega)$ 为单周期三角脉冲频谱(图 5.9)。$F(\omega)$ 为 $F_0(\omega)$ 在谐波频率处的抽样，再乘 $\frac{2\pi}{T}$；如图 5.11 所示。

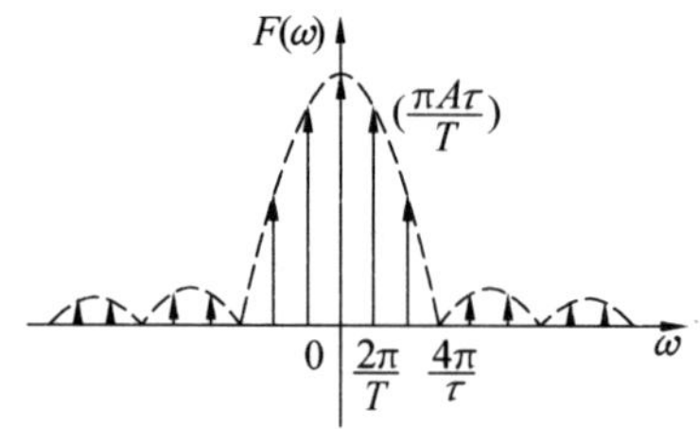

图 5.11 (d) 信号的频谱

频谱图 3 个主要参数：$F(0)=\frac{A\tau}{2T_s}$，谱线间隔为$\frac{2\pi}{T}$，频谱包络第 1 个零点位置为$\frac{4\pi}{\tau}$。

$$F(\omega)=\frac{2\pi}{T}\cdot\frac{A\tau}{2}\mathrm{Sa}^2\left(\frac{\omega\tau}{4}\right)\left[\sum_{n=-\infty}^{\infty}\delta(\omega-n\omega_1)\right]=\frac{\pi A\tau}{T}\mathrm{Sa}^2\left(\frac{\omega\tau}{4}\right)\left[\sum_{n=-\infty}^{\infty}\delta(\omega-n\omega_1)\right]$$

抽样后，

$$\begin{aligned}F_s(\omega)&=\frac{1}{T_s}\sum_{n=-\infty}^{\infty}F(\omega-n\omega_s)\\&=\frac{\pi A\tau}{TT_s}\sum_{k=-\infty}^{\infty}\left[\mathrm{Sa}^2\left(\frac{\omega-k\omega_s}{4}\tau\right)\left(\sum_{n=-\infty}^{\infty}\delta(\omega-k\omega_s-n\omega_1)\right)\right]\end{aligned}$$

频谱是周期三角波信号频谱(即图 5.11) 的周期延拓，周期为 ω_s，幅度为原来的$\frac{1}{T_s}$。频谱图如图 5.12 所示。主要参数：$F(0)=\frac{\pi A\tau}{TT_s}$；谱线间隔为$\frac{2\pi}{T}$；频谱包络第 1 零点位置为$\frac{2\pi}{\tau}$；周期为 ω_s。

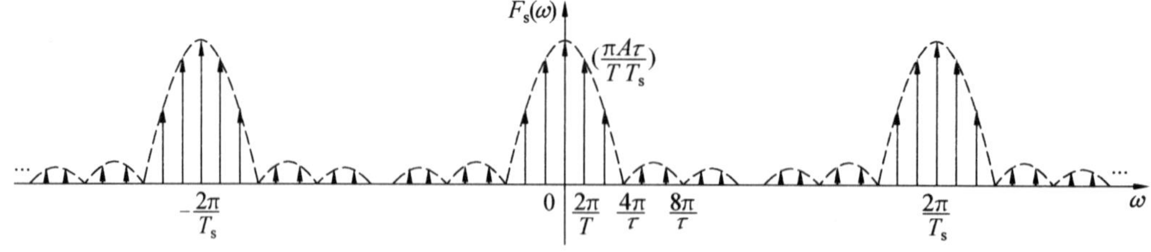

图 5.12 (d) 信号抽样后的频谱

5.2 已知图 5.13 所示三角脉冲信号 $x(t)$，试求：

(1) 计算 $x(t)$ 的频谱 $X(\omega)$，并画出频谱图；

(2) $x_s(t)$ 是 $x(t)$ 乘周期冲激信号 $\delta_{T_s}(t)$($T_s=\frac{T}{8}$) 所得信号，即 $x_s(t)=x(t)\delta_{T_s}(t)$，计算其频谱 $X_s(\omega)$，并画出频谱图；

(3) 将 $x(t)$ 以周期 T 进行周期延拓构成周期信号 $x_p(t)=\sum\limits_{n=-\infty}^{\infty}x(t-nT)$，计算其频谱 $X_p(\omega)$，并画出频谱图；

(4) $x_{ps}(t)$ 是 $x_p(t)$ 乘周期冲激信号 $\delta_{T_s}(t)\left(T_s=\dfrac{T}{8}\right)$ 所得信号，即 $x_{ps}(t)=x_p(t)\delta_{T_s}(t)$，计算其频谱 $X_{ps}(\omega)$，并画出频谱图。

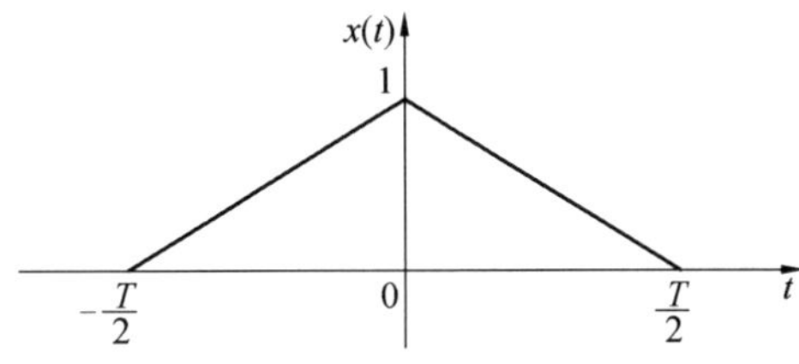

图 5.13　题 5.2 图

【分析与解答】

本题为上一题的某个具体情况。

(1) 由于

$$x(t)=\frac{2}{T}p_{T/2}(t)*p_{T/2}(t)$$

所以

$$X(\omega)=\frac{2}{T}\left(\frac{T}{2}\right)^2\mathrm{Sa}^2\left(\frac{\omega T}{4}\right)=\frac{T}{2}\mathrm{Sa}^2\left(\frac{\omega T}{4}\right)$$

其频谱如图 5.14(a) 所示。

(2)

$$X_s(\omega)=\frac{1}{T_s}\sum_n X(\omega-n\omega_s),\quad \omega_s=\frac{2\pi}{T_s}=\frac{16\pi}{T}$$

将(1) 中的结果代入上式

$$X_s(\omega)=\frac{T}{2T_s}\sum_n \mathrm{Sa}^2\left[\frac{(\omega-n\omega_s)T}{4}\right]=4\sum_n \mathrm{Sa}^2\left(\frac{\omega T}{4}-4\pi n\right)$$

$X_s(\omega)$ 的波形如图 5.14(b) 所示。

(3) $x_p(t)$ 可表示为

$$x_p(t)=\sum_{n=-\infty}^{\infty}x(t-nT)=x(t)*\delta_T(t)$$

又

$$\delta_T(t)\overset{\mathscr{F}}{\leftrightarrow}\omega_1\sum_{n=-\infty}^{\infty}\delta(\omega-n\omega_1),\quad \omega_1=\frac{2\pi}{T}$$

所以

$$X_p(\omega)=\omega_1\sum_{n=-\infty}^{\infty}X(n\omega_1)\delta(\omega-n\omega_1)=\pi\sum_{n=-\infty}^{\infty}\mathrm{Sa}^2\left(\frac{n\pi}{2}\right)\delta(\omega-n\omega_1)$$

其频谱如图 5.14(c) 所示。

(4) 由于

$$\delta_{T_s}(t) \stackrel{\mathscr{F}}{\leftrightarrow} \omega_s \sum_{n=-\infty}^{\infty} \delta(\omega - n\omega_s), \quad \omega_s = \frac{2\pi}{T_s} = \frac{16\pi}{T}$$

所以

$$X_{ps}(\omega) = \frac{1}{2\pi} X_p(\omega) * \omega_s \sum_{n=-\infty}^{\infty} \delta(\omega - n\omega_s) = \frac{1}{T_s} \sum_{n=-\infty}^{\infty} X_p(\omega - n\omega_s)$$

$$= \frac{8}{T} \sum_{n=-\infty}^{\infty} X_p(\omega - 8n\omega_s)$$

其频谱如图 5.14(d) 所示。

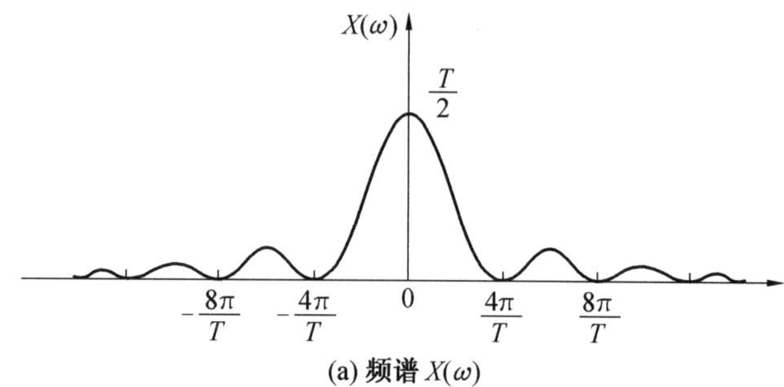

(a) 频谱 $X(\omega)$

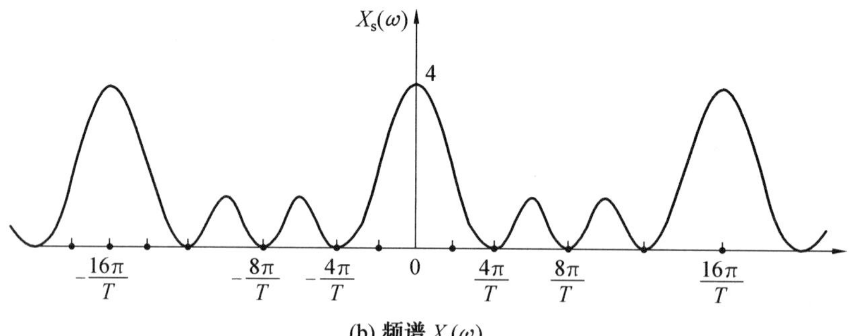

(b) 频谱 $X_s(\omega)$

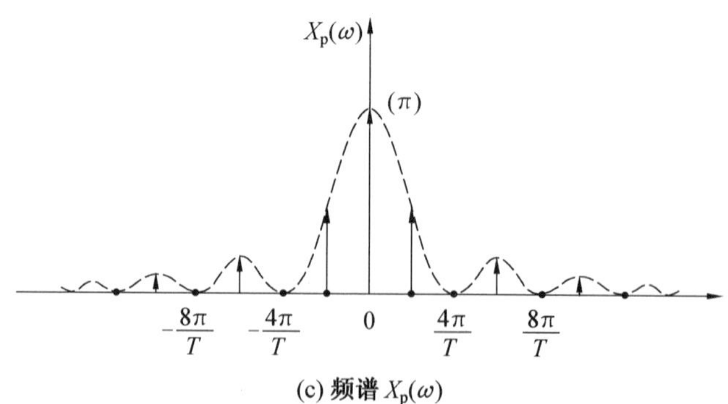

(c) 频谱 $X_p(\omega)$

图 5.14　题 5.2 答图

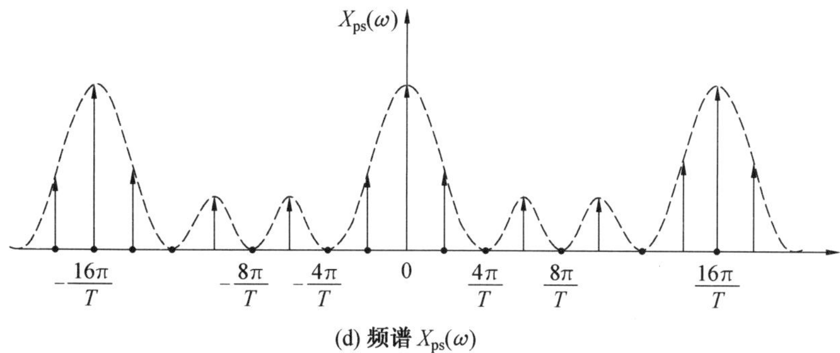

(d) 频谱 $X_{ps}(\omega)$

续图 5.14

5.3　连续信号 $f(t)$ 是带限的，且其最高频率分量为 f_m(Hz)。若对下列信号进行理想抽样，为使抽样信号的频谱不产生混淆，试确定奈奎斯特抽样频率 f_s。

(1) $f_1(t)=f^2(t)$；

(2) $f_2(t)=f(t)*f(t-t_0)$（t_0 为大于零的实常数）。

【分析与解答】

求复合函数的奈奎斯特抽样频率和奈奎斯特抽样间隔，主要包含两个步骤，第一步就是求复合函数的最高频率，第二步再根据抽样定理确定抽样频率或抽样时间间隔。

(1) 因为 $f_1(t)=f^2(t)$，所以 $F_1(\omega)=\frac{1}{2\pi}F(\omega)*F(\omega)$。

而 $f(t)$ 的最高频率分量为 f_m(Hz)，所以 $f_1(t)$ 的最高频率分量为 $2f_m$(Hz)，根据抽样定理，奈奎斯特抽样频率为 $4f_m$(Hz)。

(2) 因为 $f_2(t)=f(t)*f(t-t_0)$，所以 $F_2(\omega)=F(\omega)F(\omega)\mathrm{e}^{-\mathrm{j}\omega t_0}$。

所以 $f_2(t)$ 的最高频率分量仍为 f_m(Hz)，根据抽样定理，奈奎斯特抽样频率为 $2f_m$(Hz)。

5.4　确定下列信号的最低抽样率与奈奎斯特间隔。

(1) $\mathrm{Sa}(100t)+\mathrm{Sa}(50t)$；　　　　(2) $\mathrm{Sa}^2(100t)$。

【分析与解答】

求复合函数的奈奎斯特抽样频率和奈奎斯特抽样间隔，主要包含两个步骤，第一步就是求复合函数的最高频率，第二步再根据抽样定理确定抽样频率或抽样时间间隔。

(1) 分别确定两个分量的最高频率成分。

对比 $\mathrm{Sa}(100t)$ 和 $E\tau\mathrm{Sa}\left(\frac{\omega\tau}{2}\right)$，可得 $\tau=200, E=\frac{1}{200}$，根据傅里叶变换对称性 $F(t)\leftrightarrow 2\pi f(-\omega)$，得

$$\mathscr{F}[\mathrm{Sa}(100t)]=\frac{\pi}{100}[u(\omega+100)-u(\omega-100)]$$

所以，信号 $\mathrm{Sa}(100t)$ 的最高频率成分为 $\omega_{m1}=100$。

对于信号 $\mathrm{Sa}(50t)$，类似地，最高频率成分为 $\omega_{m2}=50$。

信号 $\mathrm{Sa}(100t)+\mathrm{Sa}(50t)$ 最高频率成分为二者中最大值，即 $\omega_m=100$。

最低抽样率为

$$f_{\mathrm{smin}}=2f_{\mathrm{m}}=2\cdot\frac{\omega_{\mathrm{m}}}{2\pi}=\frac{100}{\pi}$$

奈奎斯特间隔为

$$T_{\mathrm{smax}}=\frac{1}{f_{\mathrm{smin}}}=\frac{\pi}{100}$$

(2) 一种方法是考虑求 $\mathscr{F}[\mathrm{Sa}^2(100t)]$，时域信号为两个分量之积，可用频域卷积定理：$\mathscr{F}[\mathrm{Sa}^2(100t)]=\frac{1}{2\pi}\mathscr{F}[\mathrm{Sa}(100t)]*\mathscr{F}[\mathrm{Sa}(100t)]$，再求 ω_{m}。

$\mathscr{F}[\mathrm{Sa}(100t)]$ 为频域矩形脉冲，可由卷积图解过程，确定 $\mathscr{F}[\mathrm{Sa}(100t)]*\mathscr{F}[\mathrm{Sa}(100t)]$ 最高频率成分。

设 $\mathscr{F}[\mathrm{Sa}(100t)]=F_1(\omega)$。$F_1(\omega)*F_1(\omega)=\int_{-\infty}^{\infty}F_1(u)F_1(\omega-u)\mathrm{d}u$，图解过程如图5.15所示。

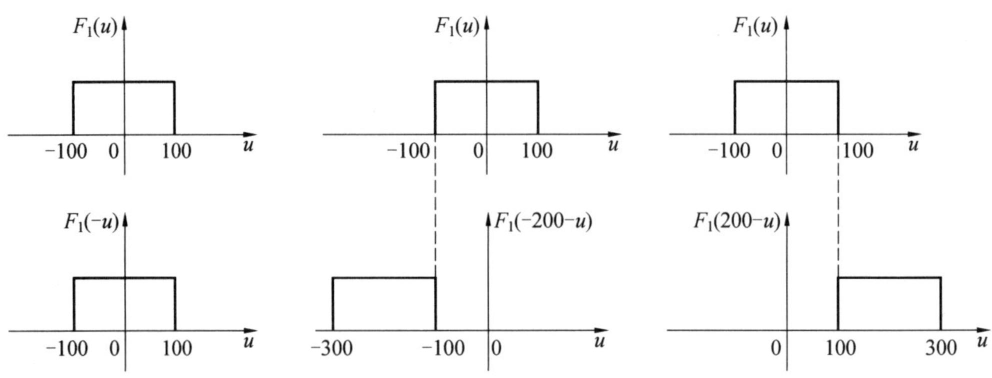

图 5.15　题 5.4 答图

可见，在 $F_1(\omega-u)$ 沿 u 轴分别向左及向右平移过程中，当 $\omega=-200$ 及 $\omega=200$ 时，$F_1(u)$ 与 $F_1(\omega-u)$ 恰好开始没有公共部分；继续平移，$\omega<-200$ 及 $\omega>200$ 时，$F_1(u)F_1(\omega-u)=0$，$\mathscr{F}[\mathrm{Sa}(100t)]*\mathscr{F}[\mathrm{Sa}(100t)]=0$。因而 $\omega_{\mathrm{m}}=200$。

$$\begin{cases}f_{\mathrm{smin}}=\dfrac{\omega_{\mathrm{m}}}{\pi}=\dfrac{200}{\pi}\\[2ex] T_{\mathrm{smax}}=\dfrac{1}{f_{\mathrm{smin}}}=\dfrac{\pi}{200}\end{cases}$$

也可以利用 $\mathrm{Sa}^2(100t)$ 和 $\frac{E\tau}{2}\mathrm{Sa}^2\left(\frac{\omega\tau}{4}\right)$ 的对应关系，确定 $\tau=400$，$E=\frac{1}{200}$，根据傅里叶变换对称性，确定最高频率成分为 $\omega_{\mathrm{m}}=200$，因此有

$$\begin{cases}f_{\mathrm{smin}}=\dfrac{\omega_{\mathrm{m}}}{\pi}=\dfrac{200}{\pi}\\[2ex] T_{\mathrm{smax}}=\dfrac{1}{f_{\mathrm{smin}}}=\dfrac{\pi}{200}\end{cases}$$

5.5　对一个连续信号 $f(t)$ 抽样 2 s，得到 4 096 个抽样点的序列。如果抽样后不发生

频谱混叠，则信号 $f(t)$ 的最高频率最大为多少？

【分析与解答】

信号 $f(t)$ 的抽样时间 $T=2$ s，抽样点数为 $N=4\ 096$，可以得到抽样时间间隔为 $T_s=\frac{2}{4\ 096}$s，抽样频率为 $f_s=\frac{1}{T_s}=2\ 048$ Hz。

若抽样后不发生频谱混叠，则根据奈奎斯特定律，抽样前信号的最高频率不超过抽样频率的一半，即

$$f_m=\frac{f_s}{2}=1\ 024\ \text{Hz}$$

5.6　若连续信号 $f(t)$ 的频谱 $F(\omega)$ 如图 5.16 所示。

(1) 利用卷积定理说明当 $\omega_2=2\omega_1$ 时，最低抽样率只要等于 ω_2，就可以使抽样信号不产生频谱混叠；

(2) 证明带通抽样定理，该定理要求最低抽样率 ω_s 满足关系 $\omega_s=\frac{2\omega_2}{m}$，其中 m 为不超过 $\frac{\omega_2}{\omega_2-\omega_1}$ 的最大整数。

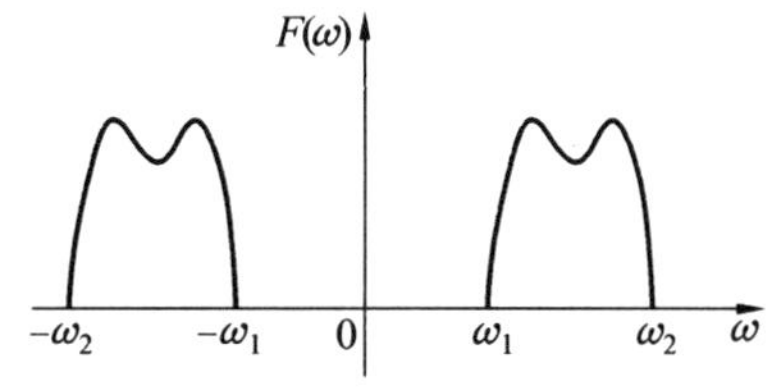

图 5.16　题 5.6 图

【分析与解答】

(1) 对连续信号进行 $f(t)$ 冲激抽样，所得到的抽样信号为

$$f_s(t)=f(t)\cdot\sum_{n=-\infty}^{n=\infty}\delta(t-nT)\quad(T\text{ 为抽样间隔})$$

由卷积定理

$$\begin{aligned}F_s(\omega)&=\frac{1}{2\pi}F(\omega)*\frac{2\pi}{T}\sum_{n=-\infty}^{n=\infty}\delta\left(\omega-n\cdot\frac{2\pi}{T}\right)\\&=\frac{1}{T}\sum_{n=-\infty}^{n=\infty}F\left(\omega-n\cdot\frac{2\pi}{T}\right)\\&=\frac{1}{T}\sum_{n=-\infty}^{n=\infty}F(\omega-n\omega_s)\quad(\omega_s\text{ 为抽样频率})\end{aligned}$$

若 $f(t)$ 的频谱是带状的，则当 $\omega_2=2\omega_1$ 时，采用 $\omega_s=\omega_2$ 的频率对 $f(t)$ 进行抽样，所得到的 $F_s(\omega)$ 如图 5.17 所示，可见频谱没有发生混叠。

(2) 先来分析一个带通信号 $f(t)$，其频谱如图 5.18(a) 所示。该带通信号的特点是最高频率 ω_2 是带宽 B_ω 的整数倍，$B_\omega=\omega_2-\omega_1$。现用 $\delta_T(t)$ 对 $f(t)$ 抽样，抽样频率 ω_s 选为 $2B$，$\delta_T(t)$ 的频率如图 5.18(b) 所示，抽样信号的频谱 $F_s(\omega)$ 为 $F(\omega)$ 与 $\delta_{\omega_s}(\omega)$ 卷积，如图

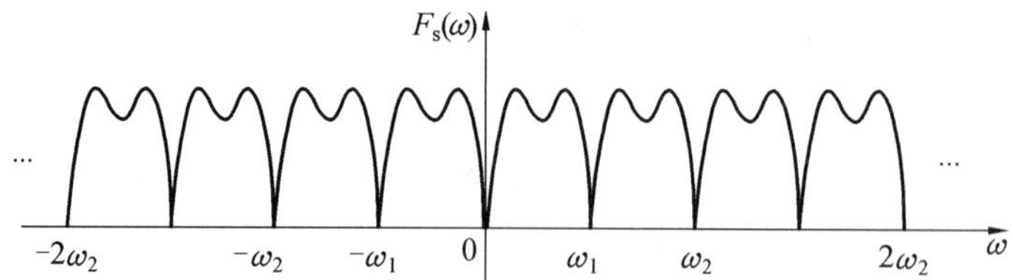

图 5.17　题 5.6 答图 1

5.18(c) 所示。由图5.18(c) 可见，在这种情况下，恰好使 $F_s(\omega)$ 中的边带频谱互不重叠。由图还可看出，如果 $\omega_s < 2B_\omega$，在 $F_s(\omega)$ 中势必造成频谱重叠。由此证明，在上述情况下，带通信号的最低抽样率 $\omega_s = 2B_\omega = 2(\omega_2 - \omega_1)$。

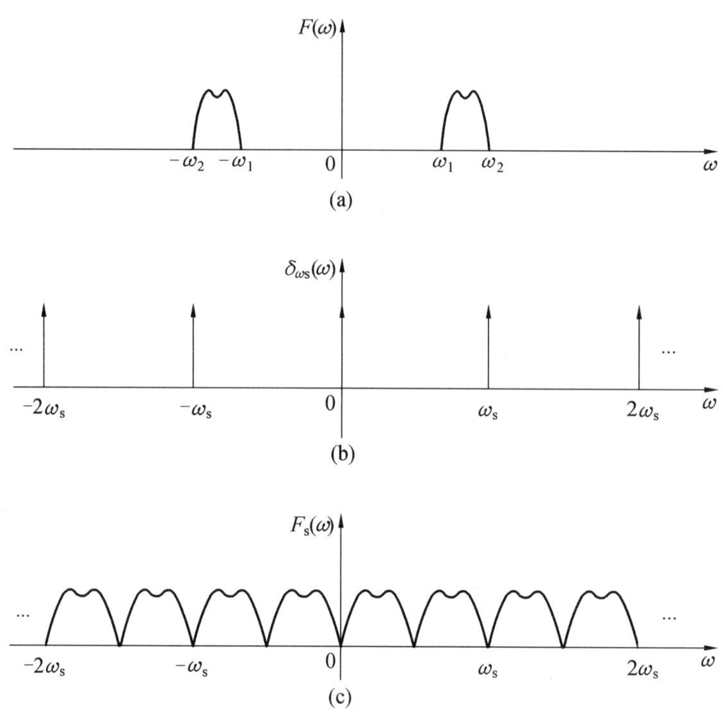

图 5.18　题 5.6 答图 2

再来分析一般情况。设带通信号 $f(t)$ 的频谱为 $F(\omega)$，它的最高频率 ω_2 不一定为带宽 B_ω 的整数倍，即 $\omega_2 = mB_\omega + \alpha B_\omega$，$0 < \alpha < 1$，式中，$m$ 为不超过 $\dfrac{\omega_2}{B_\omega}\left(即\dfrac{\omega_2}{\omega_2 - \omega_1}\right)$ 的最大整数。$F(\omega)$ 在图 5.19(a) 中分为“1” 和“2” 两部分。在图示例子里，$m = 3$。

选取 ω_s 的原则仍然是使抽样信号的频谱不发生重叠。但若 ω_s 仍取 $2B_\omega$，且将频谱“2” 周期性重复的结果用实线表示，频谱“1” 周期性重复的结果用虚线表示，从图 5.19(b) 可看出，抽样信号的频率出现重叠部分。

再来看频谱“1” 和右移 m 次后的频谱“2”。从图 5.19(b) 可看出，若使频谱“2” 再向右多移 $2(\omega_2 - mB_\omega)$，频谱“2” 就刚好不与频谱“1” 重叠了，如图 5.19(c) 所示。由于频谱“2” 移到“$2 + m$” 的位置，共移了 m 次，所以每次只需比 $2B_\omega$ 多移 $2(\omega_2 - mB_\omega)/m$。这就是说，

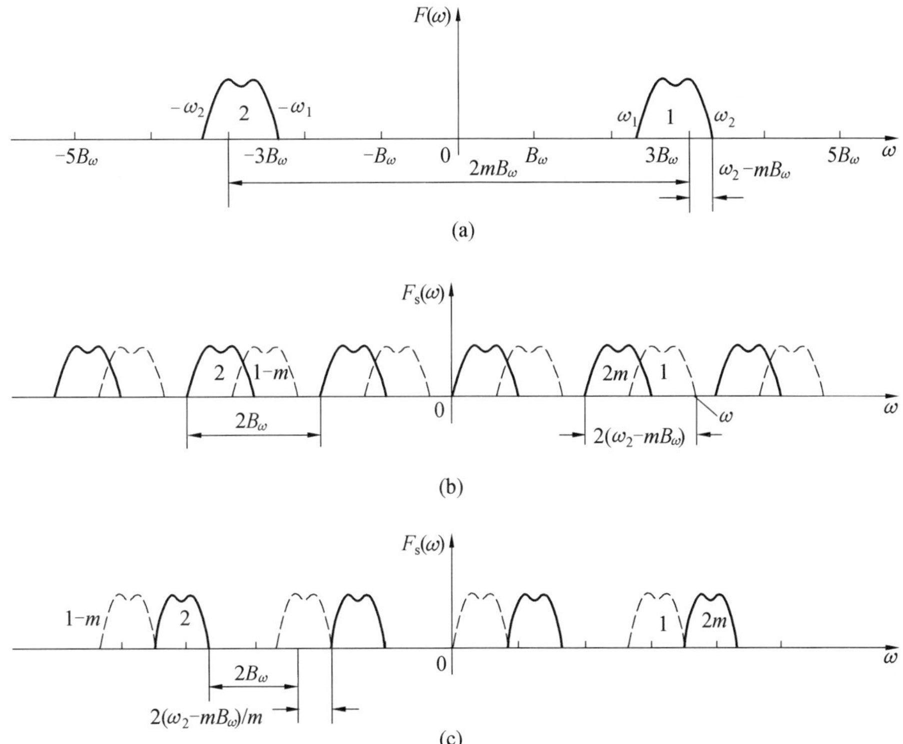

图 5.19　题 5.6 答图 3

图 5.19(c) 中频谱"2"的重复周期为 $2B_\omega+2(\omega_2-mB_\omega)/m$，这样就得到带通信号的最小抽样率为 $\omega_s=2B_\omega+2(\omega_2-mB_\omega)/m=2\omega_2+\dfrac{1-m}{m}\cdot 2\omega_2=\dfrac{2\omega_2}{m}$。

5.7　理想低通滤波器的系统函数 $H(\omega)=|H(\omega)|e^{j\varphi(\omega)}$，如图 5.20 所示。证明此滤波器对于 $\dfrac{\pi}{\omega_c}\delta(t)$ 和 $\dfrac{\sin\omega_c t}{\omega_c t}$ 的响应相同。

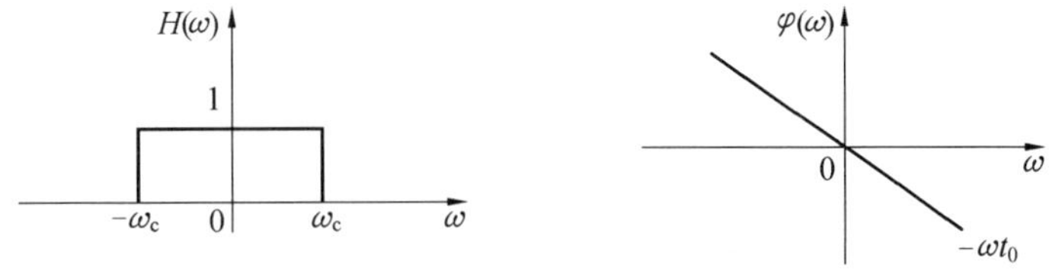

图 5.20　题 5.7 图

【分析与解答】

$\dfrac{\pi}{\omega_c}\delta(t)$ 与 $\dfrac{\sin\omega_c t}{\omega_c t}$ 是完全不同的信号，作用于同一系统，可得到相同响应。这在时域角度，通过 $r_{zs}(t)=e(t)*h(t)$ 无法进行解释；但从频域角度，尽管输入信号不同，但如在系统通带内具有相同频谱时，则输出相同。

$$\mathscr{F}\left[\frac{\pi}{\omega_c}\delta(t)\right]=\frac{\pi}{\omega_c}$$

对$\dfrac{\sin\omega_c t}{\omega_c t}$,由傅里叶变换对称性,其频谱为矩形脉冲,

$$\mathscr{F}\left(\frac{\sin\omega_c t}{\omega_c t}\right)=\frac{2\pi}{2\omega_c}[u(\omega+\omega_c)-u(\omega-\omega_c)]=\frac{\pi}{\omega_c}G_{2\omega_c}(\omega)$$

可见与滤波器带宽相同。

$\dfrac{\pi}{\omega_c}\delta(t)$ 频谱存在于整个频率范围,$\dfrac{\sin\omega_c t}{\omega_c t}$ 频谱只存在于理想低通滤波器通带内;如图 5.21 所示。

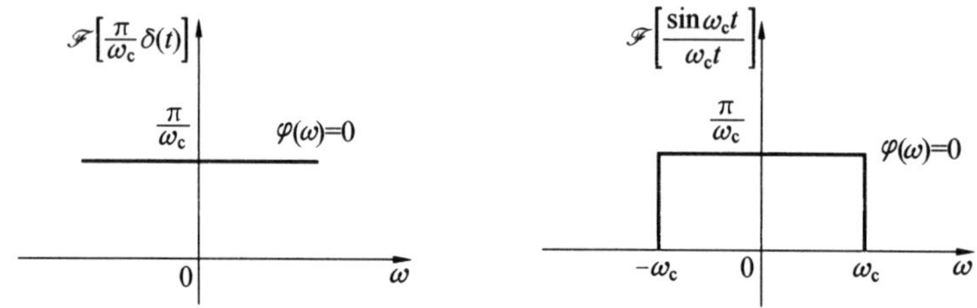

图 5.21　题 5.7 答图

在滤波器通带内,两个信号的频谱相同,均为$\dfrac{\pi}{\omega_c}$。由 $R(\omega)=H(\omega)E(\omega)$,可得两种激励得到的输出信号频谱相同,则输出相同。

5.8　理想带通滤波器频率特性如图 5.22 所示。求其冲激响应 $h(t)$,画出波形;并说明是否物理可实现。

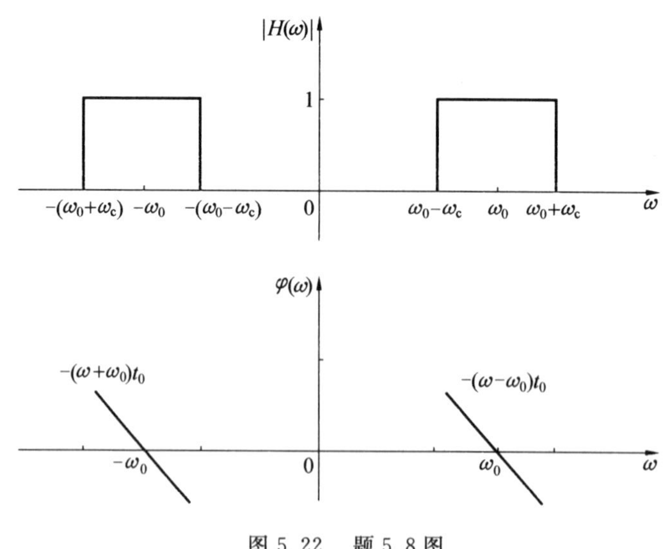

图 5.22　题 5.8 图

【分析与解答】

作为带通滤波器,频率特性较复杂。为便于求解,将两个通带部分的频谱平移至零频附

近，如图 5.23 所示，并用 $H_0(\omega)=\mathrm{e}^{-\mathrm{j}\omega t_0}\ |\omega|\leqslant\omega_c$ 表示，带通滤波器可以表示为 $H(\omega)=H_0(\omega+\omega_0)+H_0(\omega-\omega_0)$，再根据频移性质求解。

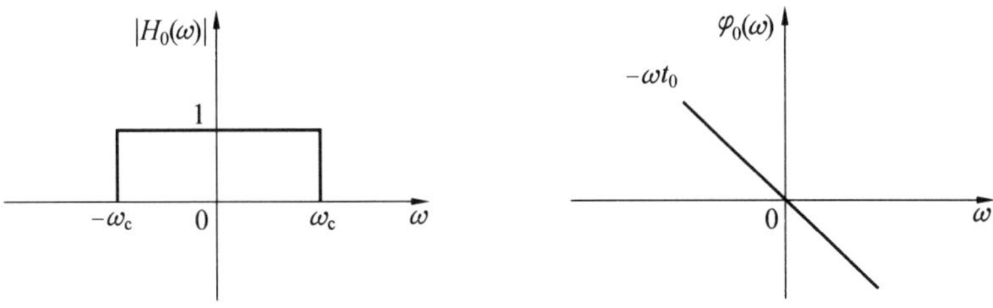

图 5.23　题 5.8 答图 1

$H_0(\omega)$ 为具有线性相频特性的理想低通滤波器，根据对称性，

$$h_0(t)=\mathscr{F}^{-1}[H_0(\omega)]=\frac{\omega_c}{\pi}\mathrm{Sa}[\omega_c(t-t_0)]$$

带通滤波器表示为 $H(\omega)=H_0(\omega+\omega_0)+H_0(\omega-\omega_0)$，则冲激响应为

$$h(t)=h_0(t)\mathrm{e}^{-\mathrm{j}\omega_0 t}+h_0(t)\mathrm{e}^{\mathrm{j}\omega_0 t}=2h_0(t)\cos\omega_0 t=\frac{2\omega_c}{\pi}\mathrm{Sa}[\omega_c(t-t_0)]\cos\omega_0 t$$

波形如图 5.24 所示（设 t_0 为 $\frac{2\pi}{\omega_0}$ 的整数倍）。$h(t)$ 为双边信号，显然 $t<0$ 时，$h(t)\neq 0$，所以理想带通滤波器为非因果系统。

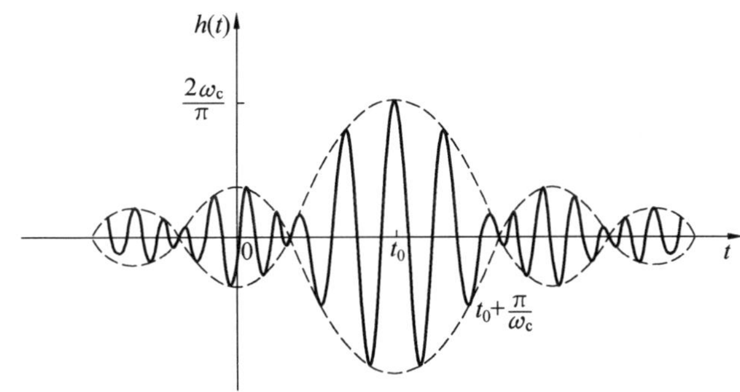

图 5.24　题 5.8 答图 2

理想滤波器不满足佩利－维纳准则，非因果。且不是无失真传输系统，因为 $|H(\omega)|$ 在整个频率范围不为常数。

5.9　以抽样率 $f_s=700$ Hz 对信号 $e(t)=2\cos(200\pi t)(1+\cos 600\pi t)$ 进行冲激抽样，然后通过系统 $H(\omega)$，如图 5.25 所示。

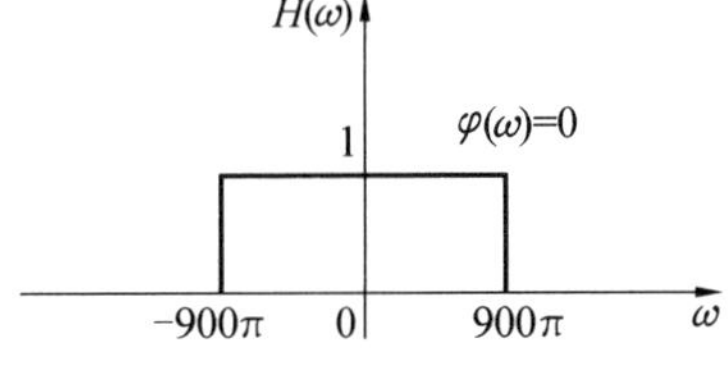

图 5.25　题 5.9 图

(1) 求输出响应 $r(t)$ 的表达式；

(2) 若要在输出端重建 $e(t)$，试求允许信号唯一重建的最小抽样率。

【分析与解答】

(1) $e(t)=2\cos(200\pi t)(1+\cos 600\pi t)=2\cos 200\pi t+\cos 800\pi t+\cos 400\pi t$

$$E(\omega)=2\pi[\delta(\omega-200\pi)+\delta(\omega+200\pi)]+\pi[\delta(\omega-800\pi)+\delta(\omega+800\pi)]+\pi[\delta(\omega-400\pi)+\delta(\omega+400\pi)]$$

抽样信号为 $e_s(t)=e(t)\delta_{T_s}(t)$。

因为 $f_s=700\text{ Hz}$，则

$$\omega_s=2\pi f_s=1\,400\pi,\quad T_s=\frac{1}{f_s}=\frac{1}{700}\text{s}$$

$$E_s(\omega)=\frac{1}{T_s}\sum_{n=-\infty}^{+\infty}E(\omega-n\omega_s)=700\sum_{n=-\infty}^{+\infty}E(\omega-1\,400\pi n)$$

$$\begin{aligned}R(s)&=E_s(\omega)H(\omega)\\&=700\{2\pi[\delta(\omega-200\pi)+\delta(\omega+200\pi)]+\pi[\delta(\omega-400\pi)+\delta(\omega+400\pi)]+\\&\quad\pi[\delta(\omega-600\pi)+\delta(\omega+600\pi)]+\pi[\delta(\omega-800\pi)+\delta(\omega+800\pi)]\}\end{aligned}$$

所以

$$r(t)=1\,400\cos 200\pi t+700\cos 400\pi t+700\cos 600\pi t+700\cos 800\pi t$$

(2) 在输出端，通过理想低通滤波器恢复 $e(t)$，要求 $f_s>2f_m$，其中，$f_m=\frac{800\pi}{2\pi}=400$。

所以

$$f_s>2f_m=800\quad 或\quad \omega_s>2\pi f_m=1\,600\pi$$

若要在输出端重建 $e(t)$，则需要

$$f_s-f_m>\frac{900\pi}{2\pi}=450$$

所以

$$f_s>400+450=850\quad 或\quad \omega_s>1\,700\pi$$

5.10 如图 5.26 所示系统中，激励 $e(t)=\sum_{n=-\infty}^{\infty}\delta(t-nT)$；两个子系统分别描述为 $H_1(\omega)=u(\omega+2\pi)-u(\omega-2\pi)$，$h_2(t)=u(t+1)-u(t-1)$，试求 $T=\frac{4}{3}$ 和 $T=2$ 两种情况下的系统输出。

$$e(t)\rightarrow\boxed{H_1(\omega)}\xrightarrow{w(t)}\boxed{h_2(t)}\rightarrow r(t)$$

图 5.26　题 5.10 图

【分析与解答】

第 1 个系统给出频率特性，为理想低通滤波器，截止角频率为 2π。第 2 个系统给出时域特性。激励为周期单位冲激信号，两种情况下周期不同，故基频 ω_1 不同，从而通过 $H_1(\omega)$ 的频率成分不同。

(1) 当 $T=\frac{4}{3}$ 时，$\omega_1=\frac{3}{2}\pi$。

$$E(\omega)=2\pi\sum_{n=-\infty}^{\infty}C_n\delta(\omega-n\omega_1)$$

$$C_n=\frac{1}{T}F_0(\omega)\big|_{\omega=n\omega_1}=\frac{1}{T}\cdot\mathscr{F}[\delta(t)]\big|_{\omega=n\omega_1}=\frac{1}{T}$$

则

$$E(\omega)=\omega_1\sum_{n=-\infty}^{\infty}\delta(\omega-n\omega_1)$$

$$W(\omega)=H_1(\omega)E(\omega)$$

$E(\omega)$ 中有 3 个最低的频率分量位于滤波器通带内：$0,\omega_1=\frac{3}{2}\pi,-\omega_1=-\frac{3}{2}\pi$；经过 $H_1(\omega)$ 后，

$$W(\omega)=\omega_1\sum_{n=-1}^{1}\delta(\omega-n\omega_1)=\frac{3}{2}\pi\left[\delta(\omega)+\delta\left(\omega+\frac{3}{2}\pi\right)+\delta\left(\omega-\frac{3}{2}\pi\right)\right]$$

反变换有

$$w(t)=\mathscr{F}^{-1}[W(\omega)]=\frac{3}{2}\pi\cdot\frac{1}{2\pi}(1+\mathrm{e}^{\mathrm{j}-\frac{3\pi}{2}t}+\mathrm{e}^{\mathrm{j}\frac{3\pi}{2}t})=\frac{3}{4}\left(1+2\cos\frac{3\pi}{2}t\right)$$

$w(t)$ 经过系统 $h_2(t)$ 后，

$$\begin{aligned}r(t)&=w(t)*h_2(t)=\frac{3}{4}\left(1+2\cos\frac{3\pi}{2}t\right)*[u(t+1)-u(t-1)]\\&=\frac{3}{4}\left\{\int_{-\infty}^{\infty}[u(t-\tau+1)-u(t-\tau-1)]\mathrm{d}\tau+\right.\\&\quad\left.\int_{-\infty}^{\infty}2\cos\frac{3\pi}{2}\tau[u(t-\tau+1)-u(t-\tau-1)]\mathrm{d}\tau\right\}\\&=\frac{3}{4}\left[2+\frac{4}{3\pi}\cdot\sin\frac{3\pi}{2}(t+1)-\sin\frac{3\pi}{2}(t-1)\right]\\&=\frac{3}{2}-\frac{2}{\pi}\cos\frac{3\pi}{2}t\end{aligned}$$

(2) 当 $T=2$ 时，$\omega_1=\pi$，

$$E(\omega)=\omega_1\sum_{n=-\infty}^{\infty}\delta(\omega-n\omega_1)=\pi\sum_{n=-\infty}^{\infty}\delta(\omega-n\pi)$$

其有 5 个最低的频率分量位于滤波器通带内：$0,\omega_1=\pi,-\omega_1=-\pi,2\omega_1=2\pi,-2\omega_1=-2\pi$。

$$\begin{aligned}W(\omega)=H_1(\omega)E(\omega)&=\left[\omega_1\sum_{n=-2}^{2}\delta(\omega-n\omega_1)\right]\\&=\pi[\delta(\omega)+\delta(\omega+\pi)+\delta(\omega-\pi)+\delta(\omega+2\pi)+\delta(\omega-2\pi)]\end{aligned}$$

$$\begin{aligned}w(t)=\mathscr{F}^{-1}[W(\omega)]&=\pi\left(\frac{1}{2\pi}+\frac{1}{2\pi}\mathrm{e}^{-\mathrm{j}\pi t}+\frac{1}{2\pi}\mathrm{e}^{\mathrm{j}\pi t}+\frac{1}{2\pi}\mathrm{e}^{-\mathrm{j}2\pi t}+\frac{1}{2\pi}\mathrm{e}^{\mathrm{j}2\pi t}\right)\\&=\frac{1}{2}(1+2\cos\pi t+2\cos 2\pi t)\end{aligned}$$

$$r(t)=w(t)*h_2(t)=\int_{-\infty}^{\infty}\frac{1}{2}(1+2\cos\pi\tau+2\cos 2\pi\tau)\left[u(t-\tau+1)-u(t-\tau-1)\right]\mathrm{d}\tau$$

被积函数中，分量 $u(t-\tau+1)-u(t-\tau-1)$ 为 1 的条件是 $\begin{cases}\tau<t+1\\ \tau>t-1\end{cases}$，即

$$\begin{aligned}r(t)&=w(t)*h_2(t)=\int_{t-1}^{t+1}\frac{1}{2}(1+2\cos\pi\tau+2\cos 2\pi\tau)\,\mathrm{d}\tau\\&=1+\frac{1}{\pi}\cdot\sin\pi\tau\Big|_{t-1}^{t+1}+\frac{1}{2\pi}\cdot\sin 2\pi\tau\Big|_{t-1}^{t+1}\\&=1\end{aligned}$$

5.11 如图 5.27(a) 所示系统中，$e(t)=\dfrac{\sin 2t}{2\pi t}$，$s(t)=\cos 1\,000t$，带通滤波器系统函数如图 5.27(b) 所示，试求输出响应 $r(t)$。

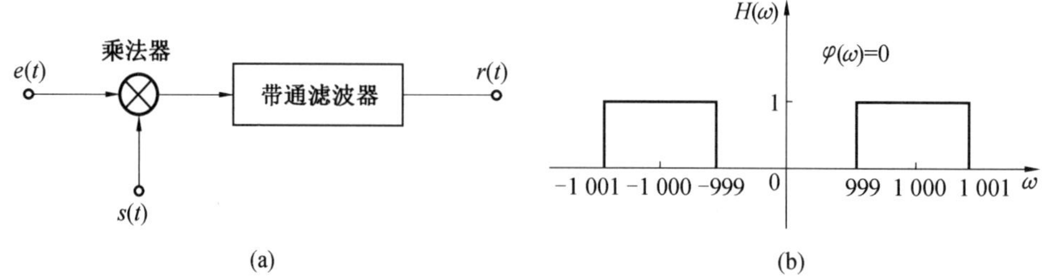

图 5.27 题 5.11 图

【分析与解答】

根据系统关系，当信号 $e(t)$ 和 $s(t)$ 输入乘法器后，再经过带通滤波器，输出信号为 $r(t)$。$e(t)=\dfrac{\sin 2t}{2\pi t}=\dfrac{1}{\pi}\mathrm{Sa}(2t)$，由对称性得

$$E(\omega)=\frac{1}{2}[u(\omega+2)-u(\omega-2)]=\frac{1}{2}g_4(\omega)$$

乘法器输出 $e(t)s(t)=\dfrac{\sin 2t}{2\pi t}\cdot\cos 1\,000t$，可看作为调幅信号，即 $e(t)$ 对 $\cos 1\,000t$ 的幅度调制。根据频域卷积定理，有

$$\begin{aligned}\mathscr{F}[e(t)s(t)]&=\frac{1}{2\pi}E(\omega)*S(\omega)\\&=\frac{1}{2\pi}\,\frac{1}{2}[u(\omega+2)-u(\omega-2)]*\pi[\delta(\omega+1\,000)+\delta(\omega-1\,000)]\\&=\frac{1}{4}[g_4(\omega+1\,000)+g_4(\omega-1\,000)]\end{aligned}$$

或者，根据频移性质，$e(t)\cos 1\,000t$ 频谱相当于 $e(t)$ 频谱搬移，左右各平移 1 000 个单位，且幅度变为原来的一半。即

$$\begin{aligned}\mathscr{F}[e(t)\cos 1\,000t]&=\frac{1}{2}[E(\omega-1\,000)+E(\omega+1\,000)]\\&=\frac{1}{2}\{[u(\omega+2-1\,000)-u(\omega-2-1\,000)]+\end{aligned}$$

$$[u(\omega+2+1\ 000)-u(\omega-2+1\ 000)]\}$$
$$=\frac{1}{4}\{[u(\omega+1\ 002)-u(\omega+998)]+$$
$$[u(\omega-998)-u(\omega-1\ 002)]\}$$
$$=\frac{1}{4}[g_4(\omega+1\ 000)+g_4(\omega-1\ 000)]$$

如图 5.28 所示。

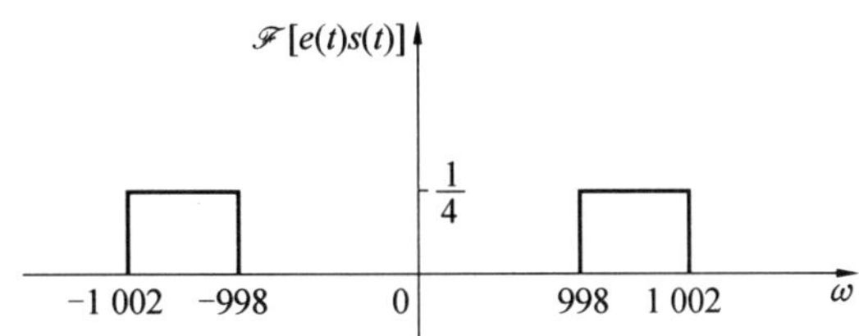

图 5.28　题 5.11 答图 1

根据题意，$H(\omega)=g_2(\omega-1\ 000)+g_2(\omega+1\ 000)$，可见 $\mathscr{F}[e(t)s(t)]$ 带宽大于 $H(\omega)$，故 $R(\omega)$ 带宽与 $H(\omega)$ 相同。因而

$$R(\omega)=E(\omega)H(\omega)=\frac{1}{4}H(\omega)$$

$R(\omega)$ 与 $H(\omega)$ 形式相同，幅度为其$\frac{1}{4}$，如图 5.29 所示。

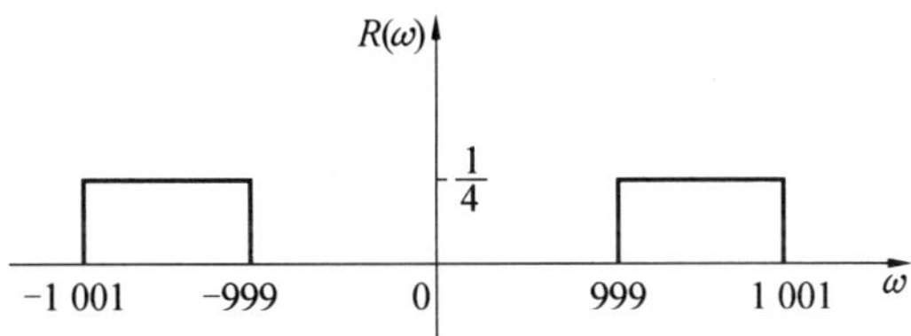

图 5.29　题 5.11 答图 2

对解析式

$$R(\omega)=\frac{1}{4}\{[u(\omega+1\ 001)-u(\omega+999)]+[u(\omega-999)-u(\omega-1\ 001)]\}$$

可由定义求傅里叶反变换，即

$$r(t)=\frac{1}{2\pi}\cdot\frac{1}{4}\left(\int_{-1\ 001}^{-999}e^{j\omega t}d\omega+\int_{999}^{1\ 001}e^{j\omega t}d\omega\right)$$
$$=\frac{1}{8\pi}\cdot\frac{1}{jt}\cdot 2j(\sin 1\ 001t-\sin 999t)$$
$$=\frac{1}{2\pi}\mathrm{Sa}(t)\cos 1\ 000t$$

或者，先考虑频域对称的矩形脉冲 $R_0(\omega)$（图 5.30），

$$R(\omega)=R_0(\omega+1\ 000)+R_0(\omega-1\ 000)$$

先求 $\mathscr{F}^{-1}[R_0(\omega)]$，再求 $\mathscr{F}^{-1}[R(\omega)]$。

由对称性，频域矩形脉冲对应于时域抽样函数，

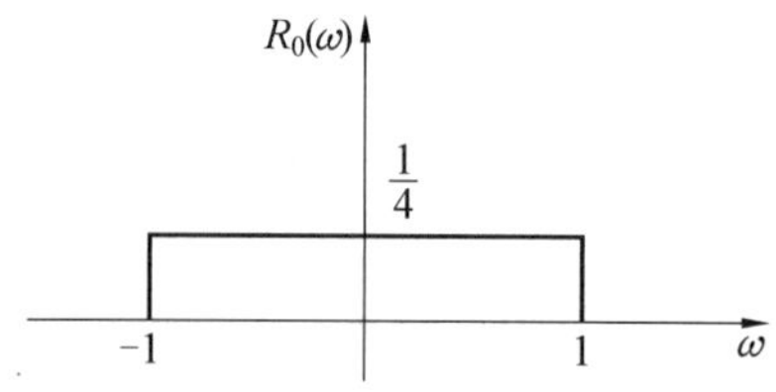

图 5.30　题 5.11 答图 3

$$r_0(t)=\mathscr{F}^{-1}[R_0(\omega)]=\frac{1}{4\pi}\cdot\frac{\sin t}{t}=\frac{1}{4\pi}\mathrm{Sa}(t)$$

由频移性质

$$r(t)=r_0(t)(\mathrm{e}^{-\mathrm{j}1\,000t}+\mathrm{e}^{\mathrm{j}1\,000t})=\frac{1}{2\pi}\mathrm{Sa}(t)\cos 1\,000t$$

波形如图 5.31 所示。

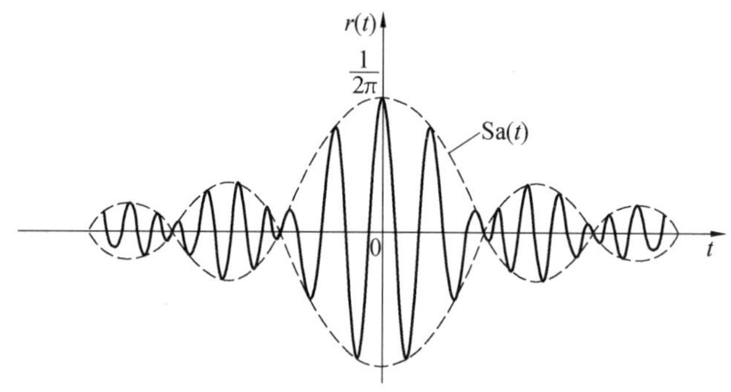

图 5.31　题 5.11 答图 4

5.12　抽样和恢复框图如图 5.32 所示，理想恢复系统的输出响应为 $r(t)$，可以通过理想低通滤波器来获得，其理想低通滤波器的频率响应为

$$H(\omega)=\begin{cases}T & (|\omega|\leqslant 0.5\omega_s)\\0 & (|\omega|>0.5\omega_s)\end{cases}$$

(1) 当 $e(t)=1+\cos 15\pi t$，且 $T=0.1$ s 时，画出 $|E_s(\omega)|$ 的波形，并确定 $r(t)$ 的表达式；

(2) 设 $E(\omega)=\dfrac{1}{\mathrm{j}\omega+1}$，且 $T=1$ s，画出 $|E_s(\omega)|$ 的波形。

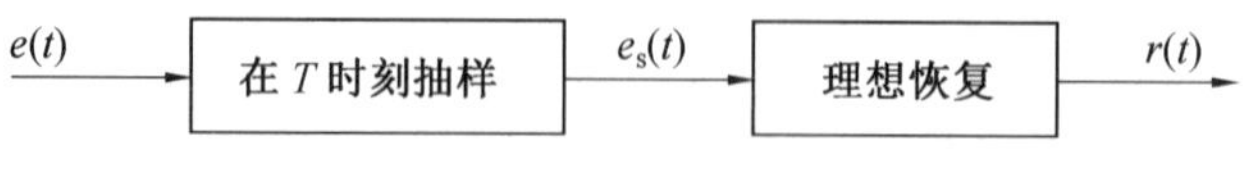

图 5.32　题 5.12 图

【分析与解答】

(1) 输入信号及其频谱

$$e(t)=1+\cos 15\pi t\leftrightarrow E(\omega)=\pi\delta(\omega)+\pi[\delta(\omega+15\pi)+\delta(\omega-15\pi)]$$

如图 5.33 所示，$T=0.1$ s 时 $\omega_s=\dfrac{2\pi}{T_s}=20\pi$，抽样信号及其频谱为

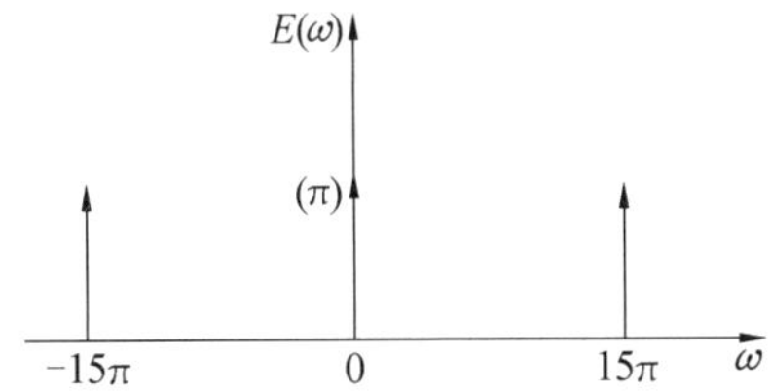

图 5.33　题 5.12 答图 1

$$e_s(t)=e(t)\delta_T(t)\leftrightarrow E_s(\omega)=\frac{1}{T_s}\sum_{n=-\infty}^{+\infty}E(\omega-n\omega_s)=10\sum_{n=-\infty}^{+\infty}E(\omega-20\pi n)$$

如图 5.34 所示。

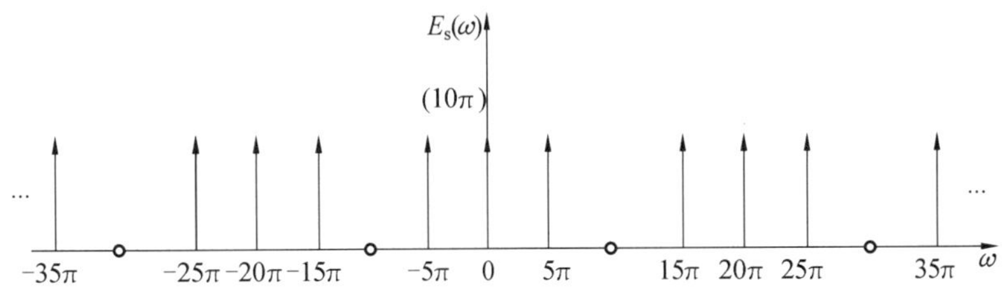

图 5.34　题 5.12 答图 2

理想低通滤波器的频率响应为

$$H(\omega)=\begin{cases}T & (|\omega|\leqslant 0.5\omega_s)\\ 0 & (|\omega|>0.5\omega_s)\end{cases}=\begin{cases}0.1 & (|\omega|\leqslant 10\pi)\\ 0 & (|\omega|>10\pi)\end{cases}$$

$$R(\omega)=E_s(\omega)H(\omega)=\pi\delta(\omega)+\pi\delta(\omega+5\pi)+\pi\delta(\omega-5\pi)$$

如图 5.35 所示。

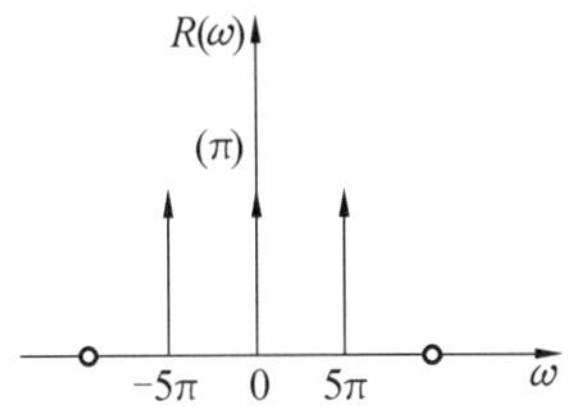

图 5.35　题 5.12 答图 3

因此，有 $r(t)=1+\cos 5\pi t$。

(2) 当 $T_s=1$ s 时，$\omega_s=2\pi$，已知 $E(\omega)=\dfrac{1}{\mathrm{j}\omega+1}$，

$$E_s(\omega)=\frac{1}{T_s}\sum_{n=-\infty}^{+\infty}E(\omega-n\omega_s)=\sum_{n=-\infty}^{+\infty}E(\omega-2n\pi)=\sum_{n=-\infty}^{+\infty}\frac{1}{\mathrm{j}(\omega-2n\pi)+1}$$

$E(\omega)$ 是一个无限频谱，以 2π 为周期进行周期重复时，频谱一定发生混叠。

如图 5.36 所示。

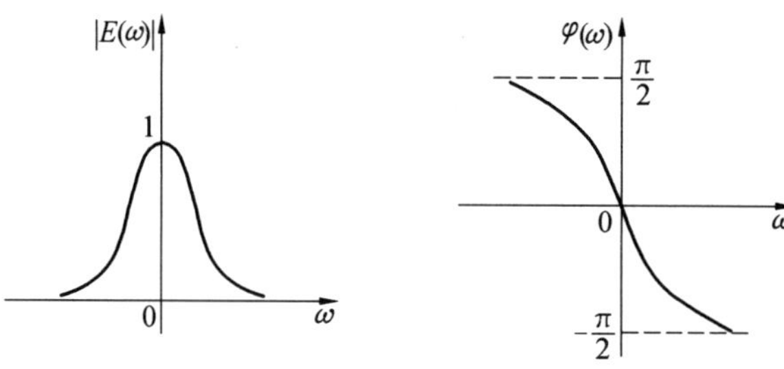

图 5.36　题 5.12 答图 4

5.13　某系统关系如图 5.37 所示，已知信号 $e_1(t)$、$e_2(t)$ 及 $e_3(t)$ 都是带宽受限信号，

$$\begin{cases} E_1(\omega)=0 & (|\omega|\geqslant\omega_1) \\ E_2(\omega)=0 & (|\omega|\geqslant\omega_2=1.5\omega_1) \\ E_3(\omega)=0 & (|\omega|\geqslant\omega_3) \end{cases}$$

如果使信号 $e(t)$ 无失真通过理想低通滤波器 $H(\omega)$，试确定其截止频率 ω_c 应满足的条件。

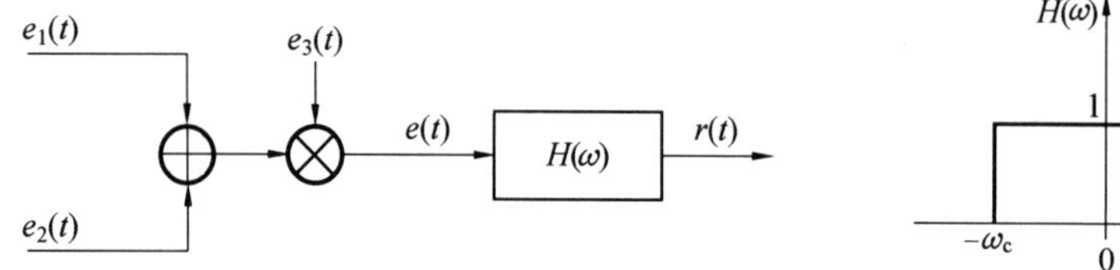

图 5.37　题 5.13 图

【分析与解答】

根据框图中的关系，可知

$$e(t)=[e_1(t)+e_2(t)]e_3(t)$$

$$\begin{aligned} E(\omega)&=\frac{1}{2\pi}[E_1(\omega)+E_2(\omega)]*E_3(\omega) \\ &=\frac{1}{2\pi}E_1(\omega)*E_3(\omega)+\frac{1}{2\pi}E_2(\omega)*E_3(\omega) \end{aligned}$$

已知信号 $e_1(t)$、$e_2(t)$ 及 $e_3(t)$ 都是带宽受限信号，

$$\begin{cases} E_1(\omega)=0 & (|\omega|\geqslant\omega_1) \\ E_2(\omega)=0 & (|\omega|\geqslant\omega_2=1.5\omega_1) \\ E_3(\omega)=0 & (|\omega|\geqslant\omega_3) \end{cases}$$

可以求得 $E(\omega)$ 的频率范围

$$E(\omega)=\frac{1}{2\pi}E_1(\omega)*E_3(\omega)+\frac{1}{2\pi}E_2(\omega)*E_3(\omega)$$

$$\underbrace{|\omega|\leqslant\omega_1\quad|\omega|\leqslant\omega_3}\quad\underbrace{|\omega|\leqslant1.5\omega_1\quad|\omega|\leqslant\omega_3}$$

$$\Downarrow\qquad\qquad\Downarrow$$

$$\underbrace{|\omega|\leqslant\omega_1+\omega_3\qquad|\omega|\leqslant1.5\omega_1+\omega_3}$$

$$\Downarrow$$

$$|\omega|\leqslant1.5\omega_1+\omega_3$$

要想无失真通过理想低通滤波器，其截止频率 ω_c 应满足 $\omega_c \geqslant 1.5\omega_1 + \omega_3$。

5.14　某连续时间线性非时变系统的系统函数为 $H(\omega)=\begin{cases}2e^{-j2\pi t_0\omega} & (|\omega|\leqslant\omega_c)\\ 0 & (\text{其他})\end{cases}$，判断该系统是否为无失真传输系统，并求出系统的冲激响应。

【分析与解答】

由于系统的幅度响应不是常数，所以系统不是无失真传输系统。若输入信号的最高频率分量小于 ω_c，则相对这类输入信号系统是无失真传输系统。

系统的冲激响应可以直接利用傅里叶反变换求解

$$h(t)=\frac{1}{2\pi}\int_{-\omega_c}^{\omega_c}2e^{-j2\pi t_0\omega}e^{j\omega t}\,d\omega=\frac{2\omega_c}{\pi}\mathrm{Sa}\left[\omega_c(t-2\pi t_0)\right]$$

也可以根据矩形脉冲傅里叶变换 $EG_\tau(t)\leftrightarrow E\tau\,\mathrm{Sa}\left(\frac{\omega\tau}{2}\right)$ 和傅里叶变换的对称性求得。

5.15　已知理想低通滤波器的频率响应 $H(\omega)=\begin{cases}1 & (|\omega|<4\pi)\\ 0 & (|\omega|>4\pi)\end{cases}$，滤波器的输入信号 $f(t)$ 为周期矩形脉冲信号，如图 5.38 所示，求滤波器输出 $y(t)$。

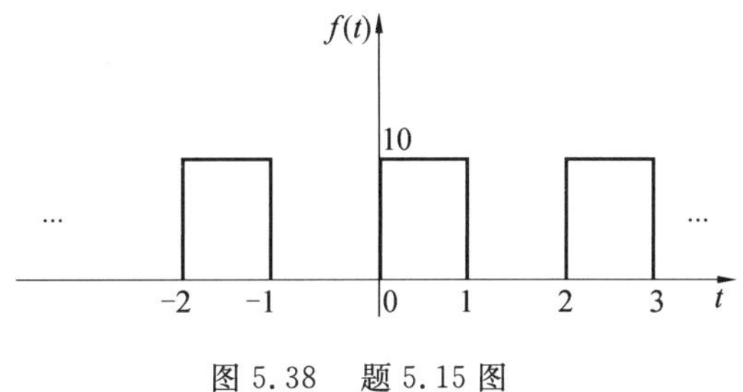

图 5.38　题 5.15 图

【分析与解答】

由图可知，$f(t)$ 的周期为 2，基频为 π。令 $p(t)=f\left(t+\frac{1}{2}\right)$，则 $p(t)$ 的傅里叶级数系数为

$$c_0=5,\quad c_n=10\left|\mathrm{Sa}\left(\frac{n\pi}{2}\right)\right|=\begin{cases}\dfrac{20}{n\pi} & (n\text{ 为奇数})\\ 0 & (n\text{ 为偶数})\end{cases}$$

$$\varphi_n=\begin{cases}0 & \left(\sin\dfrac{n\pi}{2}>0\right)\\ \pi & \left(\sin\dfrac{n\pi}{2}<0\right)\end{cases}$$

所以

$$p(t)=5+\frac{20}{\pi}\cos\pi t+\frac{20}{3\pi}\cos 3\pi t+\frac{20}{5\pi}\cos 5\pi t+\cdots$$

所以

$$f(t)=p(t-\frac{1}{2})$$

$$=5+\frac{20}{\pi}\cos[\pi(t-\frac{1}{2})]+\frac{20}{3\pi}\cos[3\pi(t-\frac{1}{2})]+\frac{20}{5\pi}\cos[5\pi(t-\frac{1}{2})]+\cdots$$

$$=5+\frac{20}{\pi}\sin \pi t+\frac{20}{3\pi}\sin 3\pi t+\frac{20}{5\pi}\sin 5\pi t+\cdots$$

因为理想低通滤波器的截止频率为 4π，故滤波器输出为

$$y(t)=5+\frac{20}{\pi}\sin \pi t+\frac{20}{3\pi}\sin 3\pi t$$

第 6 章 离散时间信号与系统的时域分析

离散时间信号与系统和连续时间信号与系统之间有着密切的联系，其分析方法和研究思路有很多相似之处。本章介绍离散时间信号与系统在时域的基本概念和基本分析方法。

6.1 学习要求

(1) 了解离散信号的定义与时域特性，离散信号与连续信号的区别。

(2) 掌握单位样值序列、单位阶跃序列、单位矩形序列、离散正弦序列等常用典型序列，重点掌握正弦序列的周期性判定。

(3) 掌握离散信号的基本运算，尤其是离散信号的位移与尺度变换，理解离散信号分解，掌握任意离散信号分解为单位脉冲序列的线性组合。

(4) 掌握离散信号在时域中的基本运算，尤其要注意差分及卷积和等运算。

(5) 掌握线性非时变离散系统的时域描述，会画离散系统的时域模拟图，能够实现差分方程与模拟框图的转换。

(6) 掌握差分方程的经典法、卷积和法等求解系统的响应、了解离散时间系统的单位样值响应的求解，熟练掌握用卷积和求解离散时间系统的零状态响应。

6.2 重点和难点提示

(1) 关于离散虚指数序列 $e^{j\Omega_0 n}$ 和离散正弦序列 $\sin \Omega_0 n$ 周期性的判断：

① 若 $\frac{2\pi}{\Omega_0}$ 为整数，则序列是周期为 $\frac{2\pi}{\Omega_0}$ 的周期序列。

② 若 $\frac{2\pi}{\Omega_0}$ 不是整数而是有理数，此时序列仍为周期序列，但其周期为 $\frac{2\pi}{\Omega_0}$ 的最小整数倍。

③ 若 $\frac{2\pi}{\Omega_0}$ 为无理数，此时序列就不可能是周期序列。

(2) 序列 $x(n)$ 经过尺度变换变为 $x(an)$（a 为正数），$a>1$ 表示序列波形被压缩，意味着在原序列中每隔 $a-1$ 点抽取一点；$a<1$ 表示序列波形被扩展，就是在序列两点之间插入 $a-1$ 个取值为 0 的点，增加了取值点，但是并没有增加信息。

值得注意的是，从物理的角度，离散序列的尺度运算完全不同于连续信号的尺度运算。在连续信号中，无论是波形的压缩操作还是扩展操作，都能保证信息的一致性。但在离散信号中，一旦获得离散序列，意味着所获得的信息确定。序列的压缩意味着再抽样，进而破坏了抽样定理对信号恢复的条件要求，也就意味着不能完全恢复原信号，或者说，这种运算是不可逆的。序列的扩展意味着插值操作，从信息的角度看，这种插值并不增加新的信息。

(3) 在求解系统零输入响应的未知系数时，需要判断给出的系统初始条件是不是零输入初始条件 $y_{zi}(k)$。例如输入序列最高序号项 $x(S)$，输出序列最高序号项 $y(L)$，此时 $y_{zi}(k)$ 中的序号均应满足 $k < L - S$。

6.3 要点解析与解题提要

6.3.1 离散信号及其时域运算

1. 离散时间信号的定义

只在离散时间上具有函数值的信号，称为离散时间信号，离散信号的函数值构成一个有顺序有规律的排列。

离散时间信号可从两个方面来定义：

(1) 仅在一些离散时刻 $n(n=0,\pm1,\pm2,\cdots)$ 上才有定义(确定的函数值)的信号，称为离散时间信号，简称离散信号，用 $f(n)$ 表示。

(2) 连续时间信号 $f(t)$ 经过抽样(即离散化)后所得到的抽样信号，通常也称为离散信号，用 $f(nT)$ 表示，T 为抽样周期。$f(nT)$ 一般简写为 $f(n)$。

2. 冲激抽样信号与离散信号之间的联系与区别

冲激抽样信号是模拟信号，而且是理论上的信号(因为实际上冲激信号无法实现)，采样点信号时间宽度趋于0，而幅度又是无穷大(冲激函数)。

离散信号是实际得到的序列，只在每个离散时间点上有定义，大小有限。

二者联系：冲激抽样信号每个采样点附近的积分值等于在该时间点上采样得到的序列值。

3. 基本的离散信号

表 6.1 列出了基本的离散信号。

表 6.1　基本的离散信号

序号	名称	表达式	图形
1	单位样值序列	$\delta(n)=\begin{cases}1 & (n=0)\\0 & (n\neq 0)\end{cases}$	δ(n) 1 0　n

续表6.1

序号	名称	表达式	图形
2	单位阶跃序列	$u(n)=\begin{cases}1 & (n\geqslant 0)\\ 0 & (n<0)\end{cases}$	
3	离散矩形序列或单位门序列（门宽为 N）	$G_N(n)=\begin{cases}1 & (0\leqslant n\leqslant N-1)\\ 0 & （其他）\end{cases}$	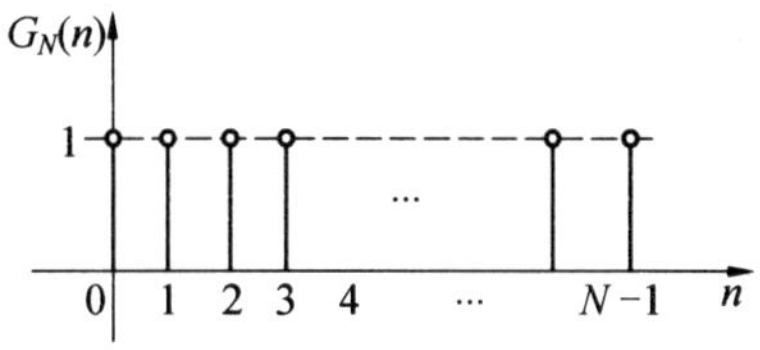
4	单位斜坡序列	$r(n)=nu(n)$	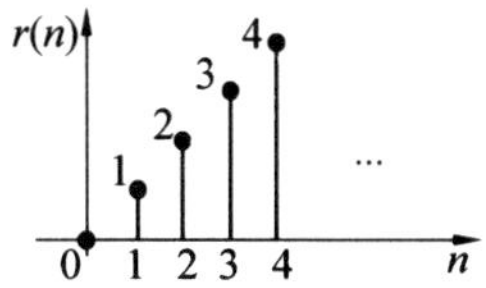
5	实指数序列	$a^n u(n)$	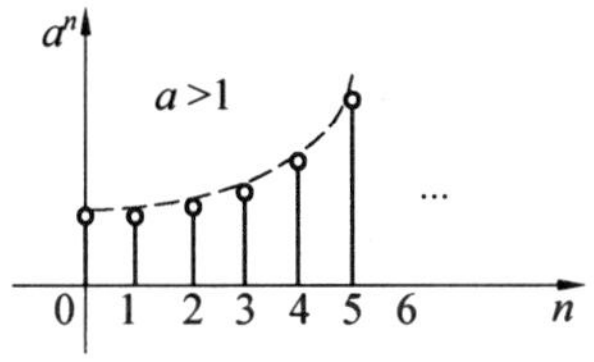 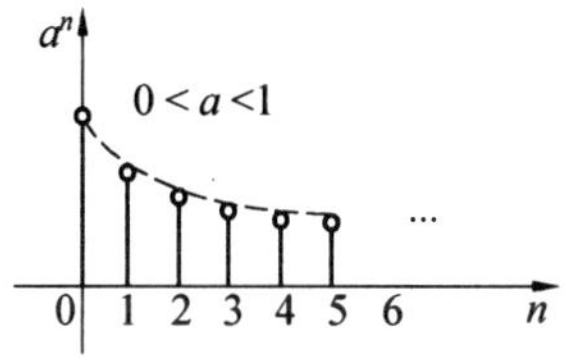 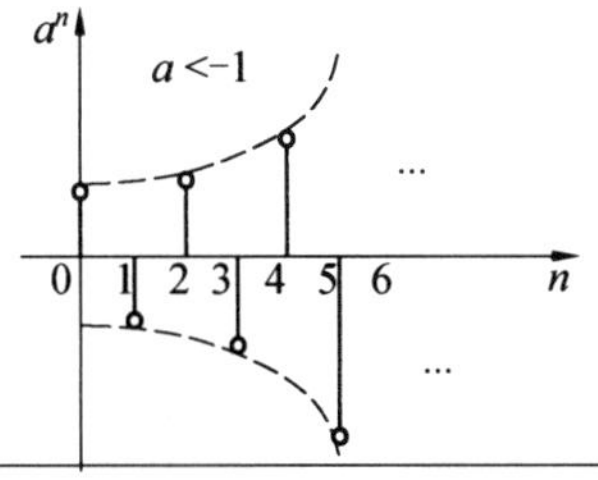 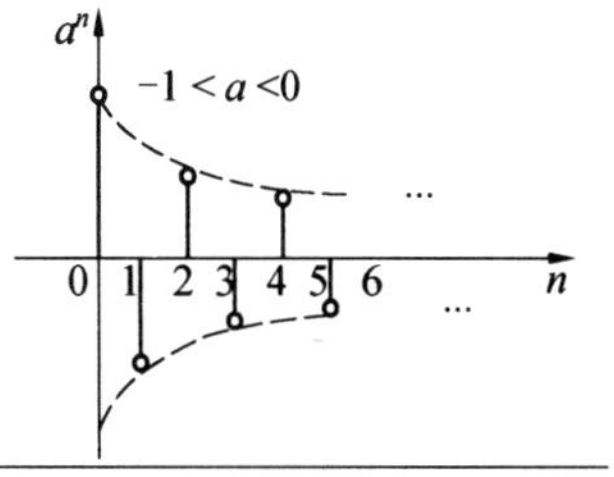 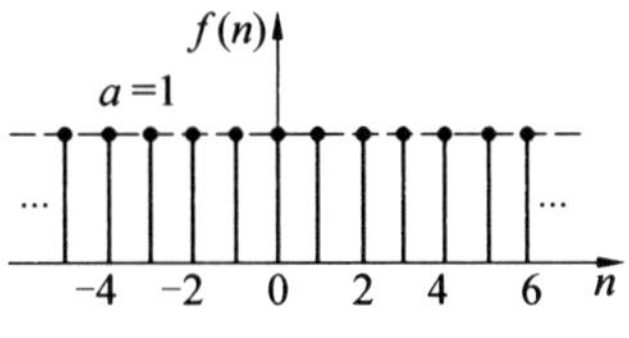 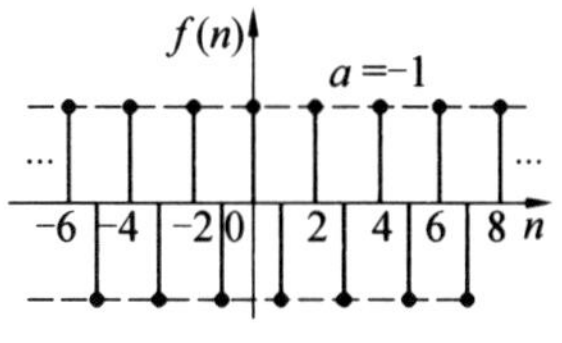

续表6.1

<table>
<tr><th>序号</th><th>名称</th><th>表达式</th><th>图形</th></tr>
<tr><td>6</td><td>单位正弦序列</td><td>$f(n)=A\sin(\Omega_0 n+\varphi)$</td><td rowspan="2">(1) 若$\frac{2\pi}{\Omega_0}$为整数，则序列是周期为$\frac{2\pi}{\Omega_0}$的周期序列。
(2) 若$\frac{2\pi}{\Omega_0}$不是整数而是有理数，此时序列仍为周期序列，但其周期为$\frac{2\pi}{\Omega_0}$的最小整数倍。
(3) 若$\frac{2\pi}{\Omega_0}$为无理数，此时序列就不可能是周期序列</td></tr>
<tr><td>7</td><td>虚指数序列</td><td>$f(n)=e^{j\Omega_0 n}$</td></tr>
<tr><td>8</td><td>复指数序列</td><td>$f(n)=Ae^{(\alpha+j\Omega_0)n}$
$=Ae^{\alpha n}e^{j\Omega_0 n}$</td><td>$k$
衰减正弦序列
k
增幅正弦序列</td></tr>
</table>

注意：单位阶跃信号 $u(t)$、单位冲激信号 $\delta(t)$ 是连续信号中两个最基本的信号；单位阶跃序列 $u(n)$、单位样值序列 $\delta(n)$ 是离散信号中两个最基本的信号。关于 $u(\cdot)$、$\delta(\cdot)$ 的定义、两者间的关系及 $\delta(\cdot)$ 的重要性质对比归纳于表 6.2。

表 6.2 $u(\cdot)$、$\delta(\cdot)$ 的定义、两者间的关系

项目	连　续	离　散	备注
定义	$u(t)=\begin{cases}1 & (t>0)\\0 & (t<0)\end{cases}$ $\begin{cases}\delta(t)=0 & (t\neq 0)\\\int_{-\infty}^{\infty}\delta(t)\mathrm{d}t=1\end{cases}$	$u(n)=\begin{cases}0 & (n<0)\\1 & (n\geqslant 0)\end{cases}$ $\delta(n)=\begin{cases}0 & (n\neq 0)\\1 & (n=0)\end{cases}$	离散单位阶跃序列 $u(n)$ 在 $n=0$ 点明确定义为 1，单位阶跃函数 $u(t)$ 在 $t=0$ 点发生跳变，往往不予定义

续表6.2

项目	连　续	离　散	备注
$u(\cdot)$ 与 $\delta(\cdot)$ 的关系	$\delta(t)=\dfrac{\mathrm{d}u(t)}{\mathrm{d}t}$ $u(t)=\int_{-\infty}^{t}\delta(\tau)\mathrm{d}\tau$	$u(n)=\sum_{m=0}^{\infty}\delta(n-m)$ $\delta(n)=u(n)-u(n-1)$	$\delta(n)$ 的幅度是等于 1 的有限值，而 $\delta(t)$ 为幅度无穷、强度为 1 的冲激
$\delta(\cdot)$ 的重要性质	$\delta(-t)=\delta(t)$ $f(t)\delta(t)=f(0)\delta(t)$ $\int_{-\infty}^{\infty}f(t)\delta(t)\mathrm{d}t=f(0)$ $\delta(at)=\dfrac{1}{\lvert a\rvert}\delta(t)$	$\delta(-n)=\delta(n)$ $f(n)\delta(n)=f(0)\delta(n)$ $\sum_{m=-\infty}^{\infty}f(m)\delta(m)=f(0)$ $\delta(an)=\delta(n)$	

注：$\delta(\cdot)$ 是表达 $\delta(t)$ 和 $\delta(k)$ 的概括符号，当 $\cdot$ 是变量 t 时 $\delta(\cdot)$ 就是 $\delta(t)$，当 $\cdot$ 是变量 k 时 $\delta(\cdot)$ 就是 $\delta(k)$。$u(\cdot)$ 含义类同 $\delta(\cdot)$。

4. 离散信号的时域变换和时域运算

离散时间信号的时域变换包括信号的翻转、位移、尺度变换，表 6.3 列出了离散信号的基本时域变换。

表 6.3　离散信号的基本时域变换

运算	图形示意	
翻转 $x(-n)$	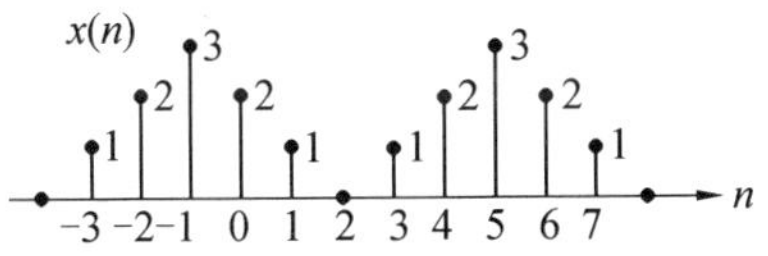 $x(n)$	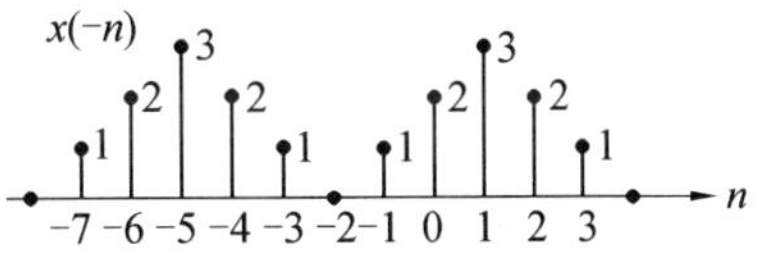 $x(-n)$
位移 $x(n\pm m)$	$x(n+2)$，将 $x(n)$ 左移 2	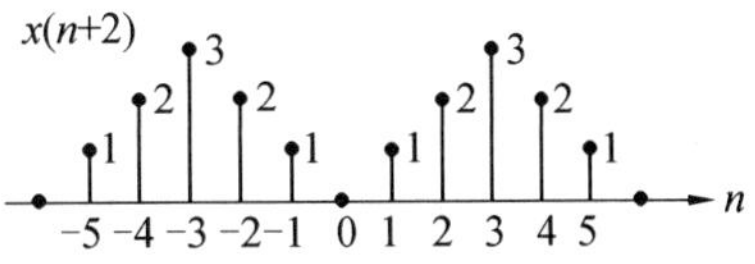 $x(n+2)$
	$x(-n+2)$ 包含翻转和位移，将 $x(-n+2)$ 改写为 $x[-(n-2)]$，先翻转 $x(n)$ 再右移 2，即得 $x(-n+2)$。也可将 $x(n)$ 先左移 2，再翻转，同样可以得到 $x(-n+2)$	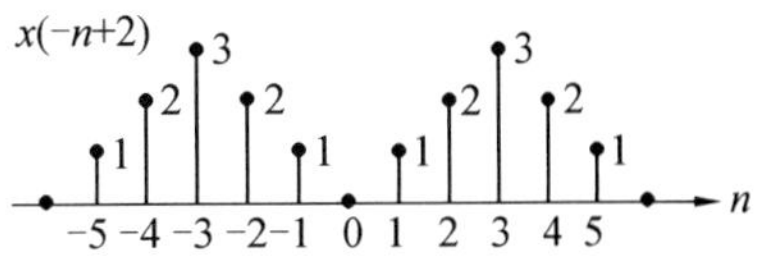 $x(-n+2)$

续表6.3

<table>
<tr><th>运算</th><th colspan="2">图形示意</th></tr>
<tr><td rowspan="2">尺度变换
$x(an)$
$\begin{cases} a>1 \text{ 抽取} \\ a<1 \text{ 内插} \end{cases}$</td><td>$x(3n)$ 即 $x(n)$ 的 3 倍抽取，表示对 $x(n)$ 每隔 2 点抽取 1 点</td><td>x(3n) 1 2 1 2 n</td></tr>
<tr><td colspan="2">$x(n)$ 的 3 倍内插表示为 $x_1(n)=\begin{cases} x(n/3) & (n \text{ 是 3 的整数倍}) \\ 0 & (\text{其他}) \end{cases}$，表示在 $x(n)$ 每两点间插入 2 个零点
x1(n) 1 2 3 2 1 1 2 3 2 1 n -9 -6 -3 0 3 6 9 12 15 18 21</td></tr>
<tr><td>综合变换
$x(an+b)$</td><td colspan="2">$x(-3n+2)$ 包含翻转、抽取和位移运算，可先将 $x(n)$ 左移 2，再抽取，最后翻转即得 $x(-3n+2)$。也可将 $x(-3n+2)$ 改写为 $x[-(3n-2)]$，先翻转，再右移 2，最后抽取
x(n+2) 1 2 3 2 1 1 2 3 2 1 n -5 -4 -3 -2 -1 0 1 2 3 4 5
x(3n+2) 3 3 n -2 -1 0 1 2
x(-3n+2) 3 3 n -2 -1 0 1 2</td></tr>
</table>

注意：尺度变换有内插和抽取两种。序列 $x(n)$ 抽取定义为 $x(Mn)$，其中 M 为正整数，表示每隔 $M-1$ 点抽取一点，序列 $x(n)$ 的内插定义为 $x_1(n)=\begin{cases} x\left(\dfrac{n}{M}\right) & (n \text{ 是} M \text{ 的整数倍}) \\ 0 & (\text{其他}) \end{cases}$，在序列两点之间插入 $M-1$ 个点。由于离散序列只在整数点上有定义，故 $x(an+b)$ 不能采用与连续信号类似的方法，即不能将其改写为 $x[a(n+b/a)]$。

离散时间信号的常用时域运算有加、减、乘、差分、求和等基本运算，见表 6.4。

表 6.4　离散信号的常用时域运算

运算形式	离散信号	文字说明
加、减运算	$y(n)=f_1(n)\pm f_2(n)$	两个信号相加(减)后，其任意时刻的数值等于两个信号在同一时刻的数值之和(差)
乘运算	$y(n)=f_1(n)\cdot f_2(n)$	两个信号相乘后，其任意时刻的数值等于两个信号在同一时刻的数值的乘积

续表6.4

运算形式	离散信号	文字说明
差分运算	一阶后向差分$\nabla x(n)=x(n)-x(n-1)$ 一阶前向差分 $\Delta x(n)=x(n+1)-x(n)$	离散信号的差分与连续信号的微分相对应
求和运算	$y(n)=\sum\limits_{m=-\infty}^{n}x(m)$	
时域分解	$f(n)=\sum\limits_{m=-\infty}^{\infty}f(m)\delta(n-m)=f(n)*\delta(n)$	

卷积和是求离散系统零状态响应的重要方法，求卷积和常用的方法有图解法和解析法（配合查卷积和表）等。离散序列卷积和的定义和性质见表 6.5。

表 6.5　离散序列卷积和的定义和性质

定义	$y(n)=\sum\limits_{i=-\infty}^{\infty}f_1(i)f_2(n-i)$	
运算步骤	变量替换 → 翻转 → 平移 → 相乘求和	
运算性质	交换律	$f_1(n)*f_2(n)=f_2(n)*f_1(n)$
	分配律	$f_1(n)*[f_2(n)\pm f_3(n)]=f_1(n)*f_2(n)\pm f_1(n)*f_3(n)$
	结合律	$f_1(n)*[f_2(n)*f_3(n)]=[f_1(n)*f_2(n)]*f_3(n)$
	位移性	$f_1(n)*f_2(n-m)=f_1(n-m)*f_2(n)$ $f_1(n)*f_2(n+m)=f_1(n+m)*f_2(n)$ $f_1(n-m_1)*f_2(n-m_2)=f(n-m_1-m_2)$

最后，求卷积和运算过程通常比较复杂，所求结果经常为一数值序列，表 6.6 给出了常用序列的卷积和，可供查用。

表 6.6　常用序列的卷积和

序号	$f_1(n)$	$f_2(n)$	$f_1(n)*f_2(n)$
1	$f(n)$	$\delta(n)$	$f(n)$
2	$f(n)$	$\delta(n-m)$	$f(n)*\delta(n-m)=f(n-m)$
3	$f(n)$	$u(n)$	$\sum\limits_{m=0}^{n}f(m)$
4	$u(n)$	$u(n)$	$n+1$
5	a^n	$u(n)$	$\frac{1-a^{k+1}}{1-a}(a\neq 1)$
6	a_1^n	a_2^n	$\frac{a_1^{n+1}-a_2^{n+1}}{a_1-a_2}(a_1\neq a_2)$

续表6.6

序号	$f_1(n)$	$f_2(n)$	$f_1(n)*f_2(n)$
7	a^n	a^n	$(n+1)a^n$
8	a^n	n	$\frac{n}{1-a}+\frac{a(a^n-1)}{(1-a)^2}$
9	n	n	$\frac{1}{6}(n-1)n(n+1)$

注:表中函数 $x(n)$、$h(n)$ 及其卷积和均为单边函数。

6.3.2 离散系统的数学模型及模拟

激励与响应均为离散时间信号的系统称为离散时间系统,简称离散系统。若系统满足齐次性、叠加性与移序不变性(即非时变性),则称为线性非时变系统。线性非时变离散时间系统的数学模型用差分方程表示,差分方程有两种形式。

1. n 阶前向(左移序)差分方程

$$\begin{aligned}&y(n+N)+a_{N-1}y(n+N-1)+\cdots+a_0y(n)\\&=b_Mx(n+M)+b_{M-1}x(n+M-1)+\cdots+b_0x(n)\end{aligned}\tag{6.1}$$

或

$$\sum_{i=0}^{N}a_iy(n+i)=\sum_{j=0}^{M}b_jx(n+j)\quad(a_N=1)\tag{6.2}$$

2. n 阶后向(右移序)差分方程

$$y(n)+a_1y(n-1)+\cdots+a_Ny(n-N)=b_0x(n)+b_1x(n-1)+\cdots+b_Mx(n-M)\tag{6.3}$$

或

$$\sum_{i=0}^{N}a_iy(n-i)=\sum_{j=0}^{M}b_jx(n-j)\quad(a_0=1)\tag{6.4}$$

式中,$x(n)$、$y(n)$ 分别为激励与响应,a 和 b 是常数,差分方程中函数序号的改变称为移序,输入信号 $x(n)$ 的位移阶次是 M,输出信号 $y(n)$ 的位移阶次为 N。系统在当前的输出 $y(n)$,不仅与激励 $x(n)$ 有关,还与系统过去的输出 $y(n-1)$,$y(n-2)$,…,$y(n-N)$ 有关,即系统具有记忆功能,这是差分方程的重要特点。前向差分方程多用于系统的状态变量分析,后向差分方程多用于因果系统与数字滤波器的分析。

需要注意,差分方程输出函数序列中自变量的最高序号和最低序号的差数称为差分方程的阶数。

3. 离散时间系统的模拟

和连续系统相同,离散系统也可用输入输出方程、系统函数和模拟框图描述,系统的各种描述方式之间可以相互转换。在离散时间系统中,基本运算关系是延时(位移)、标量乘和相加,基本运算单元的模拟见表 6.7。

表 6.7　基本运算单元的模拟

名称	表达式	基本运算单元
数乘器	$y(n)=ax(n)$	$x(n)$ a $y(n)$
加法器	$y(n)=x_1(n)+x_2(n)$	$x_1(n)$ $x_2(n)$ Σ $y(n)$
单位延时器(零状态)	$y(n)=x(n-1)$	$x(n)$ D $y(n)$

设一个 N 阶离散时间系统的左移序差分方程为

$$\sum_{i=0}^{N}a_i y(n+i)=\sum_{j=0}^{M}b_j x(n+j)\quad (a_N=1) \tag{6.5}$$

其离散时间系统的模拟框图如图 6.1(a) 所示。

一个 N 阶离散时间系统的右移序差分方程为

$$\sum_{i=0}^{N}a_i y(n-i)=\sum_{j=0}^{M}b_j x(n-j)\quad (a_0=1) \tag{6.6}$$

其离散时间系统的模拟框图如图 6.1(b) 所示。

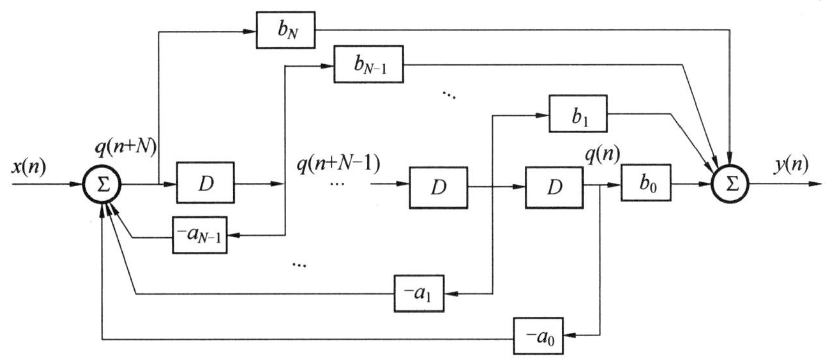

(a) 左移序的 N 阶差分方程形式

图 6.1　N 阶离散系统模拟框图

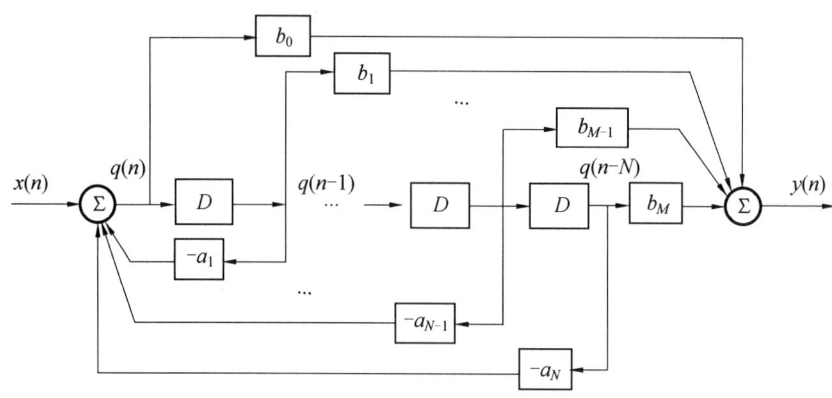

(b) 右移序的 N 阶差分方程形式

续图 6.1

4. 线性非时变系统

与连续时间系统一样，离散时间线性非时变系统也是主要研究线性非时变的离散时间系统。离散时间线性非时变系统的性质见表 6.8，判别方法也一样。

表 6.8　离散时间线性非时变系统的性质

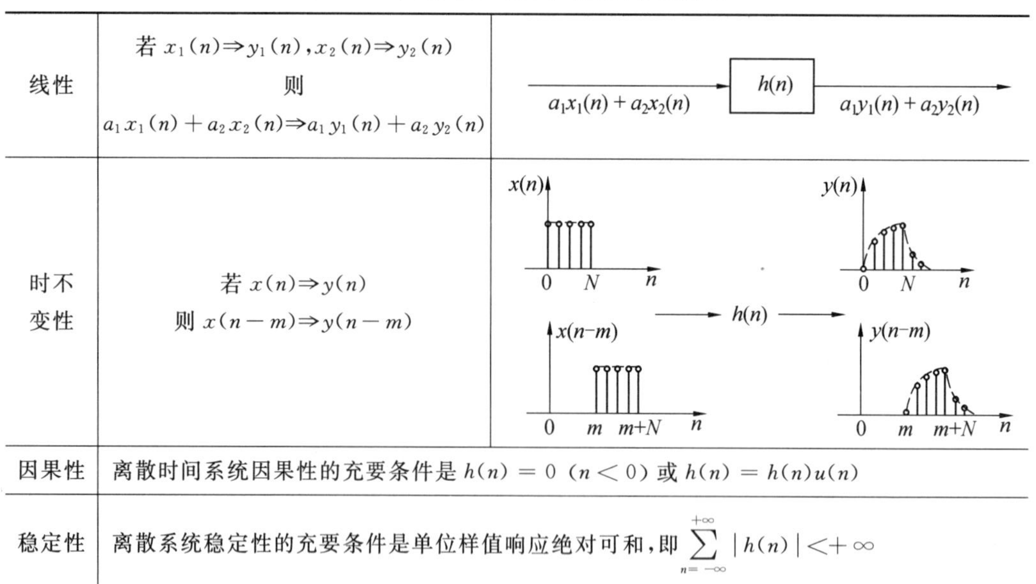

线性	若 $x_1(n) \Rightarrow y_1(n)$，$x_2(n) \Rightarrow y_2(n)$ 则 $a_1 x_1(n) + a_2 x_2(n) \Rightarrow a_1 y_1(n) + a_2 y_2(n)$	$a_1x_1(n)+a_2x_2(n)$ → $h(n)$ → $a_1y_1(n)+a_2y_2(n)$
时不变性	若 $x(n) \Rightarrow y(n)$ 则 $x(n-m) \Rightarrow y(n-m)$	$x(n)$ 0 N n；$y(n)$ 0 N n；$h(n)$；$x(n-m)$ 0 m $m+N$ n；$y(n-m)$ 0 m $m+N$ n
因果性	离散时间系统因果性的充要条件是 $h(n)=0\ (n<0)$ 或 $h(n)=h(n)u(n)$	
稳定性	离散系统稳定性的充要条件是单位样值响应绝对可和，即 $\sum_{n=-\infty}^{+\infty} \lvert h(n) \rvert < +\infty$	

6.3.3　常系数线性差分方程经典解法

对应连续系统的微分方程，差分方程的经典解法也是求解方程的齐次解和特解

$$y(n) = y_h(n) + y_p(n) \tag{6.7}$$

数学上称 $y_h(n)$ 为齐次解，$y_p(n)$ 为特解。从系统响应的观点看，$y_h(n)$ 为自由响应，$y_p(n)$ 为受迫响应。

求齐次解的关键是由特征方程求出特征根，而特征方程是由差分方程对应的齐次方程

得到的。表 6.9 给出了差分方程的不同特征根所对应的几种齐次解的形式。

表 6.9　不同特征根对应的齐次解

特征根 α	齐次解 $y_h(n)$
N 个单根 α_i	$A_1\alpha_1^n + A_2\alpha_2^n + \cdots + A_N\alpha_N^n$
一个 K 阶重根 α_1	$(A_1 + A_2 n + \cdots + A_K n^{K-1})\alpha_1^n$
一对共轭复根 $\alpha_{1,2} = R \pm \mathrm{j}I = \rho e^{\mathrm{j}\varphi}$	$(A_1\cos n\varphi + A_2\sin n\varphi)\rho^n$
一对 K 重复根	$(A_1 + A_2 n + \cdots + A_K n^{K-1})\rho^n\cos n\varphi + (A_{K+1} + A_{K+2}n + \cdots + A_{2K}n^{K-1})\rho^n\sin n\varphi$

特解 $y_p(n)$ 的求解过程同连续时间系统求解过程类似，其形式与激励序列的形式有关。表 6.10 列出了几种典型的激励 $x(n)$ 所对应的特解 $y_p(n)$。

表 6.10　几种经典的激励所对应的特解

激励 $x(n)$	特解 $y_p(n)$	
常数	B	
n^K	$B_K n^K + B_{K-1}n^{K-1} + \cdots + B_1 n + B_0$	
a^n	Ba^n	当 a 不是特征根时
	$(B_r n^r + B_{r-1}n^{r-1} + \cdots + B_1 n + B_0)a^n$	当 a 是 r 重特征根时
$n^K a^n$	$(B_K n^K + B_{K-1}n^{K-1} + \cdots + B_1 n + B_0)a^n$	
$\sin \alpha n$ 或 $\cos \alpha n$	$B_1\sin \alpha n + B_2\cos \alpha n$	

6.3.4　零输入响应、零状态响应和全响应

1. 零输入响应 $y_{zi}(n)$

离散时间系统的零输入响应是当激励信号为零，即 $x(n)=0$ 时系统的响应，对应的解也是齐次差分方程的解，完全由差分方程的特征根来决定。设特征根为 N 个不相等的单根，则

$$y_{zi}(n) = C_{zi1}\alpha_1^n + C_{zi2}\alpha_2^n + \cdots + C_{ziN}\alpha_N^n = \sum_{k=1}^{N} C_{zik}\alpha_i^n \tag{6.8}$$

式中，α_i 为特征根；C_{zik} 为待定系数，由零输入响应的边界值 $y_{zi}(k)$ 决定。

2. 单位样值响应 $h(n)$

单位样值响应，就是单位样值函数 $\delta(n)$ 作为离散系统的激励时而产生的零状态响应，用 $h(n)$ 表示。

以单位样值函数 $\delta(n)$ 作为激励信号的系统，因为激励信号仅在 $n=0$ 时刻存在非零值，在 $n>0$ 时激励为零。这时的系统相当于一个零输入系统，而激励信号的作用已经转化为系统的储能。因此系统的单位样值响应 $h(n)$ 的函数形式必与零输入响应的函数形式相同，

例如当系统差分方程的特征根都为单根时，系统的单位样值响应为

$$h(n)=\sum_{i=1}^{N}K_i\alpha_i^n \tag{6.9}$$

式中，α_i 为系统差分方程的特征根；K_i 为待定系数，由单位样值函数 $\delta(n)$ 的作用转换为系统的初始条件来确定。

求解待定系数 K_i 一般可以用迭代法或等效初值法，等效初值法过程如下：

(1) 将 $\delta(n-j)$ 对系统的瞬时作用，转化为系统的等效初始条件。

(2) 由差分方程和 $h(-1)=\cdots=h(-n)=0$ 递推迭代求出初始条件。

(3) 代入 $h(n)$ 的表达式，计算系数 K_i。

值得说明的是，在连续时间系统中，曾利用求拉普拉斯反变换的方法确定冲激响应 $h(t)$。与此类似，在离散时间系统中，亦可利用第 7 章系统函数的 Z 反变换来确定单位样值响应。一般情况下，变换域求解比较简便。

单位样值响应 $h(n)$ 表征了系统自身的时域性能。离散时间系统因果性的充要条件是

$$h(n)=0\ (n<0)\quad 或\quad h(n)=h(n)u(n) \tag{6.10}$$

离散时间系统稳定性的充要条件是单位样值响应绝对可和，即

$$\sum_{n=-\infty}^{+\infty}|h(n)|<+\infty \tag{6.11}$$

既满足稳定条件又满足因果条件的系统是主要研究对象。

3. 卷积和法求零状态响应 $y_{zs}(n)$

对离散系统求零状态响应的过程与连续系统基本相同：先将激励信号 $x(n)$ 分解为单元函数，再分别求各单元函数的响应，最后叠加得到零状态响应 $y_{zs}(n)$。所不同的是，在离散时间系统中，由于激励信号 $x(n)$ 本身就是一个不连续的序列，因此卷积过程的第一步分解工作变得十分容易。离散激励信号中的每一个序列值，均为一延时加权的单位样值函数，当其施加于系统时，就会产生一个延时加权的单位样值响应，这些响应仍是一个离散序列，把这些序列叠加起来就得到系统响应。

离散系统求零状态响应 $y_{zs}(n)$ 可由激励信号 $x(n)$ 与系统单位样值响应 $h(n)$ 的卷积和获得，即

$$y_{zs}(n)=\sum_{m=-\infty}^{+\infty}x(m)h(n-m)=x(n)*h(n) \tag{6.12}$$

表 6.11 简洁明了地表明了利用线性非时变性求零状态响应方法的清晰概念与基本求解过程。

表 6.11　零状态响应方法基本求解过程

过程	激励 ——→ $h(n)$ ——→ 响应	
单位样值响应	$\delta(n)$	$h(n)$
由非时变特性	$\delta(n-m)$	$h(n-m)$
由均匀特性	$x(m)\delta(n-m)$	$x(m)h(n-m)$

续表6.11

过程	激励 → $h(n)$ → 响应	
由叠加特性	$\sum\limits_{m=-\infty}^{\infty} x(m)\delta(n-m)$	$\sum\limits_{m=-\infty}^{\infty} x(m)h(n-m)$
由卷积定义	$x(n)*\delta(n)$	$x(n)*h(n)=h(n)*x(n)$
结果	$x(n)$	$y_{zs}(n)$

4. 零输入响应和全响应边界值的判断

虽然自由响应与零输入响应都是齐次解的形式，但它们的系数并不同，零输入响应的系数仅由系统的初始状态所决定，而自由响应的系数同时由初始状态和激励所决定。一些情况下，题目中的边界值 $y(k)$ 未说明是零输入响应还是全响应，需进行判断。假设输入序列最高序号项 $x(S)$，输出序列最高序号项 $y(L)$，无论是前向还是后向差分方程均可表示为

$$y(L)+a_{i-1}y(L-1)+\cdots=b_s x(S)+b_{s-1}x(S-1)+\cdots \tag{6.13}$$

式中，L 和 S 分别为响应和激励序列的最高序号，且与 n 有关。

将方程左右两侧序号同时减去 $S+1$，得

$$y(L-S-1)+a_{i-1}y(L-S-2)+\cdots=b_s x(-1)+b_{s-1}x(-2)+\cdots \tag{6.14}$$

定义 $n=0$ 为激励作用于系统的起始时刻，因此差分方程右侧为 0，对因果系统，由于激励为 0，因而 $y_{zs}(n)=0$，则 $y(L-S-1)$，$y(L-S-2)$，… 均为 $y_{zi}(n)$ 的边界值，即

$$\begin{cases} y(L-S-1)=y_{zi}(L-S-1) \\ y(L-S-2)=y_{zi}(L-S-2) \\ \qquad\qquad\vdots \end{cases} \tag{6.15}$$

因此，$y_{zi}(k)$ 中的序号均应满足 $k<L-S$，或者说 $y_{zi}(k)$ 可由 $y(L-S-1)$，$y(L-S-2)$，…，$y(L-S-N)$ 条件给出。

5. 全响应以及各种响应分量之间的关系

与连续时间系统的响应相类似，离散系统的全响应也有两种求解方式：求解自由响应分量和受迫响应分量，或零输入响应分量和零状态响应分量。

离散系统的全响应可描述为

$$y(n)=\underbrace{\sum_{i=1}^{N}A_i\alpha_i^n}_{\text{自由响应}}+\underbrace{y_p(n)}_{\text{受迫响应}}=\underbrace{\sum_{i=1}^{N}C_{zii}\alpha_i^n}_{\text{零输入响应}}+\underbrace{x(n)*h(n)}_{\text{零状态响应}}$$

这里要注意：对于因果稳定系统，$|\alpha_i|<1(i=1,2,\cdots,N)$，则自由响应为随 n 增加呈指数衰减项，因此自由响应为暂态响应；若 $y_p(n)$ 为稳定有界的序列，则受迫响应 $y_p(n)$ 为稳态响应。稳态响应一定是受迫响应，但受迫响应不一定都是稳态响应。

因此，离散系统全响应的三种分解方式：

(1) 按响应产生的原因分零输入响应和零状态响应

$$y(n)=y_{zi}(n)+y_{zs}(n)$$

(2) 按响应随时间变化规律是否与激励 $x(n)$ 的变化规律一致分为自由响应和受迫响应

$$y(n)=y_{\mathrm{h}}(n)+y_{\mathrm{p}}(n)$$

(3) 按响应在时间变化过程中存在的状态分暂态响应和稳态响应

$$y(n)=\text{暂态响应}+\text{稳态响应}$$

离散时间系统各种响应分量之间的关系如图 6.2 所示。

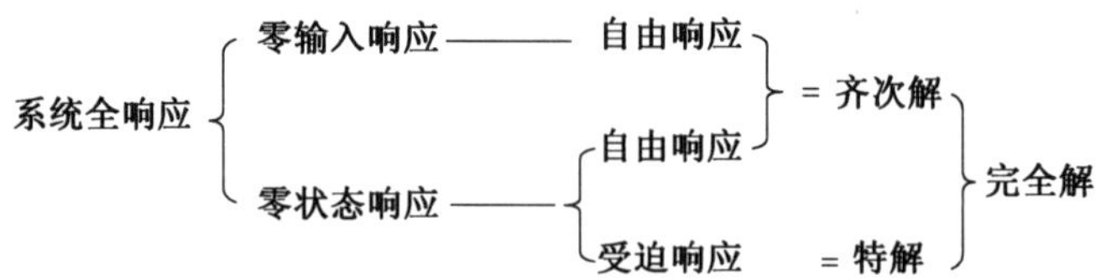

图 6.2　系统各种响应分量之间的关系

6.4　深入思考

1. 冲激抽样信号与离散信号之间有什么联系与区别？
2. 正弦信号 $\sin\omega_0 t$ 和正弦序列 $\sin\Omega_0 n$ 有什么区别与联系？
3. 离散时间序列的内插和抽取与连续时间信号的尺度变换有何异同？
4. 离散时间信号分解为单位样值序列的线性组合有何实际意义？
5. 离散时间系统的数学描述是什么？线性非时变系统的数学描述又是什么？
6. 连续时间系统和离散时间系统的时域分析有何异同？

6.5　典型习题

6.1　判断 $x(n)$ 是否是周期序列，如果是周期的，试确定其周期。

(1) $x(n)=A\cos\left(\dfrac{3\pi}{7}n-\dfrac{\pi}{8}\right)$；

(2) $x(n)=\mathrm{e}^{\mathrm{j}\left(\frac{n}{8}-\pi\right)}$；

(3) $x(n)=\mathrm{e}^{\mathrm{j}3\pi n}+\mathrm{e}^{\mathrm{j}2n}$；

(4) $x(n)=5\cos 6\pi n+10\cos\dfrac{4\pi n}{31}$。

【分析与解答】

对于正弦序列 $x(n)=\sin\Omega_0 n$ 和虚指数序列 $x(n)=\mathrm{e}^{\mathrm{j}\Omega_0 n}$，若 $\dfrac{2\pi}{\Omega_0}$ 为有理数，则 $x(n)$ 为周期序列，周期为 $\dfrac{2\pi}{\Omega_0}$ 的整数倍。若 $\dfrac{2\pi}{\Omega_0}$ 为无理数，此时序列就不是周期序列。

(1) $x(n)=A\cos\left(\dfrac{3\pi}{7}n-\dfrac{\pi}{8}\right)$，因为 $\dfrac{2\pi}{3\pi/7}=\dfrac{14}{3}$ 是有理数，所以序列为周期序列，周期为

$N=k\frac{14}{3}=14$。

(2)$x(n)=e^{j(\frac{n}{8}-\pi)}$，因为$\frac{2\pi}{1/8}=16\pi$不是有理数，所以序列为非周期序列。

(3)$x(n)=e^{j3\pi n}+e^{j2n}$，因为$\frac{2\pi}{2}=\pi$不是有理数，所以序列为非周期序列。

(4)$x(n)=5\cos 6\pi n+10\cos\frac{4\pi n}{31}$，多个序列的和或差的周期，由多个序列周期的最小公倍数决定，因为$\frac{2\pi}{6\pi}=\frac{1}{3}$，所以 $\cos 6\pi n$ 的周期为 $N_1=1$，而$\frac{2\pi}{4\pi/31}=\frac{31}{2}$，所以 $\cos\frac{4\pi n}{31}$的周期为 $N_2=k\frac{31}{2}=31$，所以 $x(n)=5\cos 6\pi n+10\cos\frac{4\pi n}{31}$的周期为 N_1 和 N_2 的最小公倍数 31。

6.2　已知正弦信号 $x(t)=\cos\left(10t+\frac{\pi}{6}\right)(-\infty<t<+\infty)$。

(1) 对 $x(t)$ 等间隔抽样，求出使 $x(n)=x(nT_s)$ 为周期序列的抽样间隔 T_s；

(2) 如果 $T_s=0.1\pi$ s，求出 $x(n)=x(nT_s)$ 的基本周期 N。

【分析与解答】

连续周期正弦信号经过等间隔抽样得到的离散正弦信号不一定是周期信号，若为离散周期信号，则抽样间隔 T_s 必须满足一定的条件。

设 $x(n)$ 是对连续信号 $x(t)=\cos\omega_0 t$ 等间隔抽样所得的离散信号，即 $x(n)=\cos\omega_0 nT_s$。要使其是周期为 N 的周期信号，则存在$\frac{2\pi}{\Omega_0}=\frac{N}{M}$($M,N$ 是整数)。由于 $\Omega_0=\omega_0 T_s$，所以有$\frac{2\pi}{\omega_0 T_s}=\frac{N}{M}$，即当抽样间隔 $T_s=\frac{2\pi M}{\omega_0 N}=\frac{MT}{N}$($T=\frac{2\pi}{\omega_0}$为连续正弦信号的周期)时，抽样所得离散正弦信号是周期信号。

(1) 由于正弦信号 $x(t)$ 的角频率 $\omega_0=10$ rad/s，故可求出使抽样所得理想正弦信号为周期信号的抽样间隔 $T_s=\frac{2\pi M}{\omega_0 N}=\frac{\pi M}{5N}$。

(2)如果 $T_s=0.1\pi$ s，则$\Omega_0=\omega_0 T_s=\pi$ rad，$\frac{2\pi}{\Omega_0}=2$，故离散正弦信号的基本周期为 $N=2$。

6.3　试画出下列序列的图形，并分析异同。

(1)$f_1(n)=\cos\frac{n\pi}{6}$；

(2)$f_2(n)=\cos\frac{n}{6}$；

(3)$f_3(n)=\cos\frac{6\pi n}{8}$。

【分析与解答】

序列 $f_1(n)=\cos\frac{n\pi}{6}$ 可以看作是连续信号 $f_1(t)=\cos 2\pi t$ 以 $t=\frac{1}{12}n$ 进行离散取值获得，所以该序列的包络为 $f_1(t)=\cos 2\pi t$，但是取值以 $N=12$ 为周期重复，如图 6.3(a) 所示。

序列 $f_2(n)=\cos\dfrac{n}{6}$ 可以看作是连续信号 $f_2(t)=\cos t$ 以 $t=\dfrac{1}{6}n$ 进行离散取值获得，所以该序列的包络为 $f_2(t)=\cos t$，但是该序列不是周期序列，如图 6.3(b) 所示。

序列 $f_3(n)=\cos\dfrac{6\pi n}{8}$ 可以看作是连续信号 $f_3(t)=\cos 6\pi t$ 以 $t=\dfrac{1}{8}n$ 进行离散取值获得，所以该序列的包络为 $f_3(t)=\cos 6\pi t$，但是取值以 $N=8$ 为周期重复，如图 6.3(c) 所示。

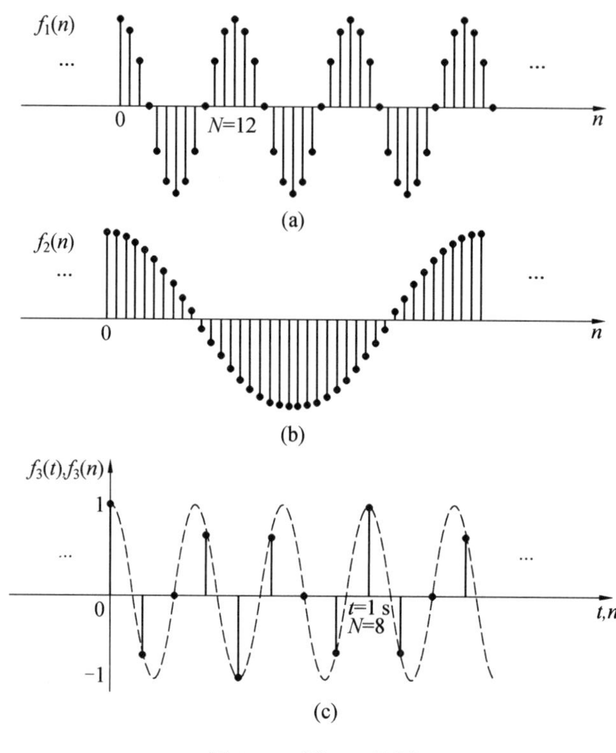

图 6.3　题 6.3 答图

6.4　求序列和 $\sum\limits_{i=-\infty}^{n}2^i\delta(i-2)$。

【分析与解答】

$$\sum_{i=-\infty}^{n}2^i\delta(i-2)=[2^n\delta(n-2)]*u(n)=[4\delta(n-2)]*u(n)=4u(n-2)$$

6.5　已知系统的输入、输出关系如下，判断这些系统是否为线性系统，其中 $x(n)$、$y(n)$ 分别为离散时间系统的输入和输出，$y(0)$ 为初始状态。

(1) $y(n)=4y(0)\cdot x(n)+3x(n)$；

(2) $y(n)=2y(0)+6x^2(n)$；

(3) $y(n)=ky(0)+\sum\limits_{m=0}^{n}x(m)$。

【分析与解答】

在判断具有初始状态的系统是否线性时，应从三个方面来判断。一是可分解性，即系统

的输出响应可分解为零输入响应和零状态响应之和。二是零输入线性，系统的零输入响应必须对所有的初始状态呈现线性特性。三是零状态线性，系统的零状态响应必须对所有的输入信号呈现线性特性。只有这三个条件都符合，该系统才为线性系统。

(1) 不具有可分解性，即 $y(n) \neq y_{zi}(n) + y_{zs}(n)$，故系统为非线性系统。

(2) 具有可分解性，系统响应可分解为零输入响应 $y_{zi}(n) = 2y(0)$ 和零状态响应 $y_{zs}(n) = 6x^2(n)$ 之和。显然零输入响应 $y_{zi}(n)$ 具有线性特性，对于零状态响应 $y_{zs}(n)$，设输入 $x(t) = \alpha x_1(t) + \beta x_2(t)$，则

$$\begin{aligned} y_{zs}(n) &= T[x_1(n) + x_2(n)] = 6\left[x_1(n) + x_2(n)\right]^2 = 6x_1^2(n) + 6x_2^2(n) + 12x_1(n)x_2(n) \\ &\neq T[x_1(n)] + T[x_2(n)] = 6x_1^2(n) + 6x_2^2(n) \end{aligned}$$

不具有线性特性，因此，系统为非线性系统。

(3) $y(n)$ 具有可分解性，零输入响应 $y_{zi}(n) = ky(0)$ 具有线性特性，零状态响应 $y_{zs}(n) = \sum\limits_{m=0}^{n} x(m)$ 也具有线性特性，所以系统是线性系统。

6.6　判断下列系统是否为非时变系统，其中 $x(n)$ 为输入信号，$y(n)$ 为零状态响应。

(1) $y(n) = x(n) - 2x(n-1)$；　　(2) $y(n) = x(2n)$；

(3) $y(n) = \sum\limits_{m=0}^{n} x(n-m)$；　　(4) $y(n) = nx(n)$。

【分析与解答】

在判断系统的非时变特性时，不涉及系统的初始状态，只考虑系统的零状态响应。

(1) 因为

$$y_1(n) = T[x(n-n_0)] = x(n-n_0) - 2x(n-n_0-1) = y(n-n_0)$$

所以该系统为非时变系统。

(2) 因为

$$y_1(n) = T[x(n-n_0)] = x(2n-n_0)$$

$$y(n-n_0) = x[2(n-n_0)] \neq y_1(k)$$

所以该系统为时变系统。

(3) $y(n) = \sum\limits_{m=0}^{n} x(n-m)$，设

$$y_1(n) = T[x(n-1)] = \sum_{m=0}^{n} x(n-1-m)$$

当 $n=0$ 时，$y(0) = x(0)$，$y_1(0) = x(-1)$；

当 $n=1$ 时，$y(1) = x(1) + x(0)$，$y_1(1) = x(0) + x(-1)$；

当 $n=2$ 时，$y(2) = x(2) + x(1) + x(0)$，$y_1(2) = x(1) + x(0) + x(-1)$。

显然，$y_1(n) \neq y(n-1)$，所以该系统为时变系统。

(4) 因为

$$y_1(n) = T[x(n-n_0)] = nx(n-n_0)$$

$$y(n-n_0) = (n-n_0)x(n-n_0) \neq y_1(n)$$

所以该系统为时变系统。

6.7 判断下列线性非时变系统是否因果、稳定。

(1)$h(n)=\cos\left(\dfrac{\pi}{2}n\right)u(n)$；　　(2)$h(n)=a^n[u(n)-u(n-N)](N>0)$。

【分析与解答】

离散时间线性非时变系统稳定的充分必要条件为 $\sum\limits_{k=-\infty}^{\infty}|h(n)|=S<\infty$，离散时间线性非时变系统是因果系统的充分必要条件为 $h(n)=0(n<0)$。

(1) 由于 $\sum\limits_{n=-\infty}^{\infty}|h(n)|=\sum\limits_{n=-\infty}^{\infty}\left|\cos\left(\dfrac{\pi}{2}n\right)u(n)\right|=\infty$，不是有限值，所以系统不稳定。又由于 $h(n)=0(n<0)$，所以系统是因果系统。

(2) 由于 $\sum\limits_{n=-\infty}^{\infty}|h(n)|=\sum\limits_{n=0}^{N-1}|a^n|$ 为有限值，故系统稳定。又由于 $h(n)=0(n<0)$，所以系统是因果系统。

6.8 列写图 6.4 所示系统的差分方程，并指出其阶数。

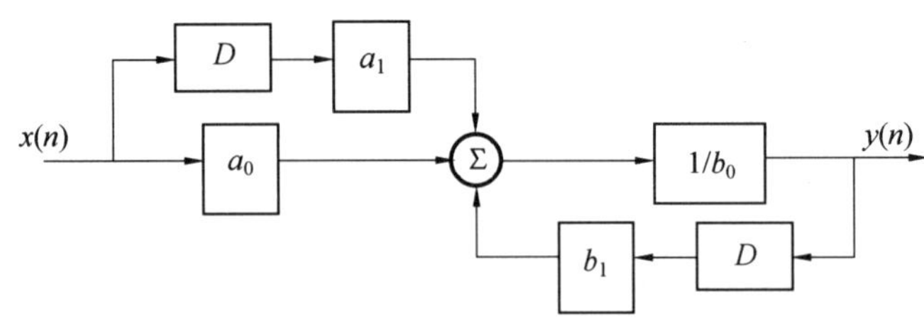

图 6.4　题 6.8 图

【分析与解答】

根据模拟框图，围绕加法器列写关系

$$a_0x(n)+a_1x(n-1)-b_1y(n-1)=b_0y(n)$$

整理得差分方程

$$b_0y(n)+b_1y(n-1)=a_0x(n)+a_1x(n-1)$$

根据差分方程左侧的最高阶和最低阶序号之差确定差分方程的阶数，所以该方程为一阶差分方程。

6.9 求差分方程 $y(n)-5y(n-1)+6y(n-2)=x(n)-3x(n-2)$ 描述的离散时间线性非时变系统的单位样值响应 $h(n)$。

【分析与解答】

根据单位样值响应 $h(n)$ 的定义，它应满足方程

$$h(n)-5h(n-1)+6h(n-2)=\delta(n)-3\delta(n-2)$$

求解离散系统的单位样值响应，$h(n)$ 可以用迭代法或等效初始条件法，由于迭代法难以得到解析形式的解，因此一般采用等效初始条件法。

等效初始条件法求解 $h(n)$ 的步骤：先写出差分方程的齐次解形式，再利用零状态条件 $h(-1)=h(-2)=\cdots=h(-n)=0$，将 $\delta(n)$ 对系统的瞬时作用等效为系统的初始条件，最后

由等效的初始条件确定出齐次解中的待定系数，由此即可求得单位样值响应 $h(n)$。注意，选择初始条件的基本原则是必须将 $\delta(n)$ 的作用体现在初始条件中。

解法一：假定差分方程右端只有 $\delta(n)$ 作用，不考虑 $3\delta(n-2)$ 作用，求此时系统的单位样值响应 $h_1(n)$，即 $h_1(n)$ 满足下面方程

$$h_1(n)-5h_1(n-1)+6h_1(n-2)=\delta(n)$$

令 $n=0$ 和 $n=1$ 可求出等效初始条件为 $h_1(0)=1, h_1(1)=5$。差分方程的特征根 $\alpha_1=3, \alpha_2=2$，因此可设 $h_1(n)=[k_1(3)^n+k_2(2)^n]u(n)$。将 $h_1(0)=1, h_1(1)=5$ 代入其中，可求出待定系数 $k_1=3, k_2=-2$，所以

$$h_1(n)=[3\,(3)^n-2\,(2)^n]u(n)$$

设系统仅在 $-3\delta(n-2)$ 作用下的单位样值响应为 $h_2(n)$。由系统线性非时变特性得

$$h_2(n)=-3h_1(n-2)=-3[3\,(3)^{n-2}-2\,(2)^{n-2}]u(n-2)$$

将 $h_1(n)$ 和 $h_2(n)$ 叠加即得系统的单位样值响应 $h(n)$ 为

$$h(n)=h_1(n)+h_2(n)=[(3)^{n+1}-(2)^{n+1}]u(n)-3[(3)^{n-1}-(2)^{n-1}]u(n-2)$$

将上式化简，可得

$$\begin{aligned}h(n)&=\delta(n)+5\delta(n-1)+[2\,(3)^n-0.5\,(2)^n]u(n-2)\\&=\delta(n)+[2\,(3)^n-0.5\,(2)^n]u(n-1)\end{aligned}$$

解法二：由于差分方程两端均为二阶后向差分，为使方程两端平衡，系统的单位样值响应的形式应为

$$h(n)=(k_1 2^n+k_2 3^n)u(n)+k_3\delta(n)$$

$h(n)$ 中含有三个待定系数，需要三个等效初始条件，分别令 $n=0, n=1$ 和 $n=2$，可求出

$$h(0)=\delta(0)-3\delta(-2)+5h(-1)-6h(-2)=1$$

$$h(1)=\delta(1)-3\delta(-1)+5h(0)-6h(-1)=5$$

$$h(2)=\delta(2)-3\delta(0)+5h(1)-6h(0)=16$$

将等效初始条件 $h(0)=1, h(1)=5, h(2)=16$ 代入 $h(n)$ 中，可求出待定系数 $k_1=2$，$k_2=-0.5, k_3=-0.5$，所以

$$h(n)=2(3)^n u(n)-0.5(2)^n u(n)-0.5\delta(n)$$

6.10　某线性非时变离散时间系统的差分方程 $y(n+1)+2y(n)=x(n+1)$，初始条件 $y(0)=0$，当激励为 $x(n)=\mathrm{e}^{-n}u(n)$ 时，求系统的零状态响应 $y_{zs}(n)$ 和全响应 $y(n)$。

【分析与解答】

由系统方程可得系统的特征值为 $\alpha=-2$，因此单位样值响应为 $h(n)=K(-2)^n$。

将 $\delta(n)$ 代入差分方程，有

$$h(n+1)+2h(n)=\delta(n+1)$$

由差分方程和 $h(-1)=\cdots=h(-n)=0$ 递推迭代，当 $n=-1$ 时，求出等效初始条件为 $h(0)=\delta(0)-2h(-1)=1$，代入 $h(n)=K(-2)^n$ 得 $K=1$。因此

$$h(n)=(-2)^n\cdot u(n)$$

当激励为 $x(n)=\mathrm{e}^{-n}u(n)$ 时，零状态响应为

$$y_{zs}(n)=x(n)*h(n)=\sum_{m=-\infty}^{+\infty}\mathrm{e}^{-m}u(m)(-2)^{n-m}u(n-m)$$

$$=\frac{(-2)^n\cdot 2\mathrm{e}}{2\mathrm{e}+1}+\frac{\mathrm{e}^{-n}}{2\mathrm{e}+1}$$

根据系统的特征值设零输入响应为

$$y_{zi}(n)=C(-2)^n u(n)$$

因为系统左侧最高序号为 $n+1$，右侧最高序号为 $n+1$，所以零输入响应的边界条件序号应为 $k<1$。利用迭代计算，当 $n=-1$ 时，$y(0)+2y(-1)=x(0)$，代入系统初始条件 $y(0)=0$，得到零输入初始条件 $y(-1)=\frac{1}{2}$，进而求解未知系数 $C=-1$。

所以

$$y_{zi}(n)=(-1)(-2)^n u(n)$$

因此系统的全响应为

$$y(n)=y_{zs}(n)+y_{zi}(n)=\frac{1}{2\mathrm{e}+1}\left[\mathrm{e}^{-n}-(-2)^n\right]u(n)$$

6.11 已知某离散时间线性非时变系统，初始状态为零，当输入为 $x_1(n)=\delta(n-1)$ 时，输出为 $y_1(n)=\left(\frac{1}{2}\right)^{n-1}u(n-1)$，求输入为 $x_2(n)=2\delta(n)+u(n)$ 时的输出 $y_2(n)$。

【分析与解答】

输入序列 $x_1(n)$ 和 $x_2(n)$ 的关系为

$$x_2(n)=2x_1(n+1)+\sum_{m=-\infty}^{n}x_1(m+1)$$

利用线性非时变特性可以求出系统响应 $y_2(n)$ 与 $y_1(n)$ 的关系为

$$y_2(n)=2y_1(n+1)+\sum_{m=-\infty}^{n}y_1(m+1)$$

由此可得

$$\begin{aligned}y_2(n)&=2\left(\frac{1}{2}\right)^n u(n)+\sum_{m=-\infty}^{n}\left(\frac{1}{2}\right)^m u(m)=2\left(\frac{1}{2}\right)^n u(n)+\left[\sum_{m=-\infty}^{n}\left(\frac{1}{2}\right)^m\right]u(n)\\&=2\left(\frac{1}{2}\right)^n u(n)+\left[2-\left(\frac{1}{2}\right)^n\right]u(n)=\left[2+\left(\frac{1}{2}\right)^n\right]u(n)\end{aligned}$$

6.12 已知离散时间系统差分方程为 $y(n+2)+4y(n+1)+3y(n)=x(n+1)$，当输入信号为 $x(n)=(-2)^n u(n-1)$，初始条件为 $y(0)=0$、$y(1)=1$ 时，试求系统的全响应，并指出其中的零输入响应、零状态响应、自由响应、受迫响应、暂态响应和稳态响应分量。

【分析与解答】

(1) 利用经典方法求解自由响应和受迫响应。

由系统方程可得系统的特征值为 $\alpha_1=-1$，$\alpha_2=-3$，因此自由响应为

$$y_h(n)=A_1(-1)^n+A_2(-3)^n$$

将激励 $x(n)=(-2)^n u(n-1)$ 代入差分方程 $y(n+2)+4y(n+1)+3y(n)=x(n+1)$ 有

$$x(n+1)=(-2)^{n+1}u(n)=-2(-2)^n u(n)$$

根据差分方程右侧自由项形式，受迫响应为

$$y_p(n)=B(-2)^n$$

将 $y_p(n)=B(-2)^n$ 代入差分方程并化简有 $(4B-8B+3B)(-2)^n=-2(-2)^n$，得 $B=2$，因此受迫响应为

$$y_p(n)=2(-2)^n$$

全响应为

$$y(n)=y_h(n)+y_p(n)=A_1(-1)^n+A_2(-3)^n+2(-2)^n$$

代入系统初始条件 $y(0)=0, y(1)=1$，得 $\begin{cases}A_1+A_2+2=0\\-A_1-3A_2-4=0\end{cases}$，联立求解得 $\begin{cases}A_1=-\dfrac{1}{2}\\A_2=-\dfrac{3}{2}\end{cases}$。

因此，全响应为

$$y(n)=2(-2)^n-\frac{1}{2}(-1)^n-\frac{3}{2}(-3)^n$$

(2) 利用现代卷积法求解零输入响应和零状态响应。

根据特征根，零输入响应为

$$y_{zi}(n)=C_1(-1)^n+C_2(-3)^n$$

根据差分方程左右两端序号，可判断零输入初始条件的序号应该满足 $k<1$，利用差分方程迭代可得系统初始条件，进而求出零输入初始条件 $y_{zi}(0)=0, y_{zi}(1)=1$，因此有 $\begin{cases}-C_1-3C_2=1\\C_1+C_2=0\end{cases}$，联立求解得 $\begin{cases}C_1=\dfrac{1}{2}\\C_2=-\dfrac{1}{2}\end{cases}$。

因此零输入响应为

$$y_{zi}(n)=\frac{1}{2}(-1)^n-\frac{1}{2}(-3)^n$$

单位样值响应：$h(n)=k_1(-1)^n+k_2(-3)^n$。

利用迭代法求等效初始条件：

当 $n=-2$ 时，有 $h(0)=0$；

当 $n=-1$ 时，有 $h(1)=1$。

将等效初始条件代入 $h(n)=k_1(-1)^n+k_2(-3)^n$，有 $\begin{cases}k_1+k_2=0\\-k_1-3k_2=1\end{cases}$，联立求解得 $\begin{cases}k_1=\dfrac{1}{2}\\k_2=-\dfrac{1}{2}\end{cases}$。

因此单位样值响应为

$$h(n)=\left[\frac{1}{2}(-1)^n-\frac{1}{2}(-3)^n\right]u(n-1)=\left[\frac{1}{2}(-1)^n-\frac{1}{2}(-3)^n\right]u(n)$$

当输入信号为 $x(n)=(-2)^n u(n-1)$ 时，有

$$y_{zs}(n)=h(n)*x(n)=[2(-2)^n-(-1)^n-(-3)^n]u(n-1)$$
$$=[2(-2)^n-(-1)^n-(-3)^n]u(n)$$

全响应为

$$y(n)=y_{zi}(n)+y_{zs}(n)=\left[2(-2)^n-\frac{1}{2}(-1)^n-\frac{3}{2}(-3)^n\right]u(n)$$

从全响应中利用特征值判断自由响应，剩余部分为受迫响应，分别为

自由响应：$y_h(n)=\left[-\frac{1}{2}(-1)^n-\frac{3}{2}(-3)^n\right]u(n)$

受迫响应：$y_p(n)=2(-2)^n u(n)$

暂态响应：0

稳态响应：$y(n)=y_{zi}(n)+y_{zs}(n)=\left[2(-2)^n-\frac{1}{2}(-1)^n-\frac{3}{2}(-3)^n\right]u(n)$

6.13 某一阶线性非时变离散时间系统，若初始状态为 $x(0)$、激励为 $x(n)$ 时，其全响应为 $y_1(n)=u(n)$；若初始状态仍为 $x(0)$、激励为 $-x(n)$ 时，其全响应为 $y_2(n)=\left[2\left(\frac{1}{3}\right)^n-1\right]u(n)$；求初始状态为 $2x(0)$、激励为 $3x(n)$ 时系统的全响应 $y_3(n)$。

【分析与解答】

系统为线性非时变离散系统，因此满足零输入线性和零状态线性。即系统的零输入响应必须对所有的初始状态呈现线性特性，系统的零状态响应必须对所有的输入信号呈现线性特性。

设初始状态为 $x(0)$ 对应的零输入响应为 $y_{zi}(n)$，激励为 $x(n)$ 对应的零状态响应为 $y_{zs}(n)$，根据题意，有

$$\begin{cases}y_1(n)=y_{zi}(n)+y_{zs}(n)=u(n)\\ y_2(n)=y_{zi}(n)-y_{zs}(n)=\left[2\left(\frac{1}{3}\right)^n-1\right]u(n)\end{cases}$$

联立求解有

$$y_{zi}(n)=\left(\frac{1}{3}\right)^n u(n),\quad y_{zs}(n)=\left[1-\left(\frac{1}{3}\right)^n\right]u(n)$$

当初始状态为 $2x(0)$、激励为 $3x(n)$ 时，利用线性特性可以求出系统的全响应 $y_3(n)$ 为

$$y_3(n)=2y_{zi}(n)+3y_{zs}(n)=2\left(\frac{1}{3}\right)^n u(n)+3\left[1-\left(\frac{1}{3}\right)^n\right]u(n)=\left[3-\left(\frac{1}{3}\right)^n\right]u(n)$$

6.14 有某一因果线性非时变离散时间系统，当输入为 $x_1(n)=\left(\frac{1}{2}\right)^n u(n)$ 时，其输出的完全响应为 $y_1(n)=2^n u(n)-\left(\frac{1}{2}\right)^n u(n)$；系统的起始状态不变，当输入为 $x_2(n)=2\left(\frac{1}{2}\right)^n u(n)$ 时，系统的完全响应为 $y_2(n)=3\cdot 2^n\cdot u(n)-2\left(\frac{1}{2}\right)^n\cdot u(n)$。试求：

(1) 系统的零输入响应；

(2) 系统对输入为 $x_3(n)=\left(\frac{1}{2}\right)^{n-1}u(n)$ 的完全响应（系统初始状态保持不变）。

【分析与解答】

设在相同初始状态下，其零输入响应为 $y_{zi}(n)$，并且 $y(n)=y_{zi}(n)+y_{zs}(n)$。

(1) 由题意知

$$y_1(n)=y_{zi}(n)+y_{zs1}(n) \tag{①}$$

$$y_2(n)=y_{zi}(n)+y_{zs2}(n) \tag{②}$$

因为是线性非时变系统，所以零状态响应也具有线性性质，即

$$y_2(n)=y_{zi}(n)+2y_{zs1}(n) \tag{③}$$

公式 ③ − 公式 ①，得

$$y_{zs1}(n)=y_2(n)-y_1(n)$$

$$\begin{aligned} y_{zs1}(n) &= \left[3\cdot 2^n\cdot u(n)-2\left(\frac{1}{2}\right)^n\cdot u(n)\right]-\left[2^n u(n)-\left(\frac{1}{2}\right)^n u(n)\right] \\ &= 2\cdot 2^n u(n)-\left(\frac{1}{2}\right)^n u(n) \end{aligned}$$

由式 ① 可得

$$\begin{aligned} y_{zi}(n) &= y_1(n)-y_{zs1}(n) \\ &= \left[2^n u(n)-\left(\frac{1}{2}\right)^n u(n)\right]-\left[2\cdot 2^n u(n)-\left(\frac{1}{2}\right)^n u(n)\right] \\ &= -2^n u(n) \end{aligned}$$

(2) 由题意可得

$$\begin{aligned} y_3(n) &= y_{zi}(n)+y_{zs3}(n) \\ &= y_{zi}(n)+\frac{1}{2}y_{zs1}(n) \\ &= -2^n u(n)+\frac{1}{2}\left[2\cdot 2^n u(n)-\left(\frac{1}{2}\right)^n u(n)\right] \\ &= -\frac{1}{2}\cdot\left(\frac{1}{2}\right)^n u(n) \end{aligned}$$

6.15　已知如图 6.5 所示离散时间系统。

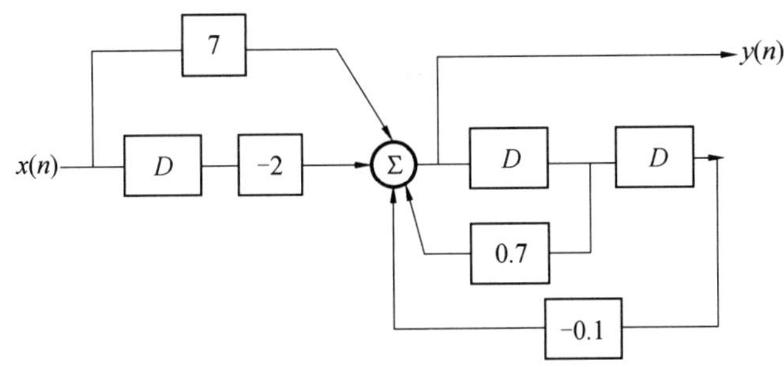

图 6.5　题 6.15 图

(1) 求系统的差分方程；

(2) 若激励 $x(n)=u(n)$，全响应的初始值 $y(0)=9$，$y(1)=13.9$，求系统的零输入响应 $y_{zi}(n)$；

(3) 求系统的零状态响应 $y_{zs}(n)$；

(4) 求全响应 $y(n)$。

【分析与解答】

(1) $$y(n)=0.7y(n-1)-0.1y(n-2)+7x(n)-2x(n-1)$$

即

$$y(n)-0.7y(n-1)+0.1y(n-2)=7x(n)-2x(n-1) \quad ①$$

或

$$y(n)-0.7y(n-1)+0.1y(n-2)=7u(n)-2u(n-1) \quad ②$$

(2) 系统的特征方程为 $\alpha^2-0.7\alpha+0.1=(\alpha-0.5)(\alpha-0.2)=0$，其特征根为 $\alpha_1=0.5$，$\alpha_2=0.2$，故得 $y_{zi}(n)$ 的通解为

$$y_{zi}(n)=C_1\,(0.5)^n+C_2\,(0.2)^n \quad ③$$

特定系数 C_1、C_2 应由系统的初始状态(初始条件)确定，而不能根据全响应的初始值 $y(0)=9$，$y(1)=13.9$ 确定。又由于激励 $x(n)=u(n)$ 是在 $n=0$ 时刻作用于系统的，故初始状态(初始条件)应为 $y(-1)$，$y(-2)$。下面求 $y(-1)$，$y(-2)$。

取 $n=1$，由式 ② 有

$$y(1)-0.7y(0)+0.1y(-1)=7u(1)-2u(0)$$

即

$$13.9-0.7\times 9+0.1y(-1)=7\times 1-2\times 1=5$$

故得 $y(-1)=-26$。

取 $n=0$，由式 ② 有

$$y(0)-0.7y(-1)+0.1y(-2)=7u(0)-2u(-1)$$

即

$$9-0.7(-26)+0.1y(-1)=7\times 1-2\times 0=7$$

故得 $y(-2)=-202$。

将初始状态(初始条件) $y(-1)=-26$，$y(-2)=-202$ 代入式 ③，有

$$y_{zi}(-1)=C_1(0.5)^{-1}+C_2(0.2)^{-1}=-26$$
$$y_{zi}(-2)=C_1(0.5)^{-2}+C_2(0.2)^{-2}=-202$$

得 $C_1=12$，$C_2=-10$。故有 $y_{zi}(n)=[12(0.5)^n-10(0.2)^n]\cdot u(n)$。

(3) 根据特征根，可得

$$h(n)=K_1\,(0.5)^n+K_1\,(0.2)^n \quad ④$$

利用等效初值法，可得 $h(0)=7$，$h(1)=2.9$，代入式 ④，可得

$$h(n)=[5\,(0.5)^n+2\,(0.2)^n]u(n)$$

因此，零状态响应为

$$\begin{aligned} y_{zs}(n)&=h(n)*u(n)=[5\,(0.5)^n+2\,(0.2)^n]u(n)*u(n)\\ &=\left[5\,\frac{1-(0.5)^{n+1}}{1-0.5}+2\,\frac{1-(0.2)^{n+1}}{1-0.2}\right]u(n)\\ &=[12.5-5\,(0.5)^n-0.5\,(0.2)^n]u(n) \end{aligned}$$

(4) $$y(n)=y_{zi}(n)+y_{zs}(n)=[12.5+7\,(0.5)^n-10.5\,(0.2)^n]u(n)$$

第 7 章 离散信号与系统的 z 域分析

离散系统的 z 域分析与线性连续系统的频域分析和复频域分析类似，线性离散系统的频域分析是把输入信号分解为基本信号 $e^{j\Omega k}$ 之和，则系统的响应等于基本信号的响应之和。这种方法的数学描述是离散时间傅里叶变换和反变换。如果把复指数信号 $e^{j\Omega k}$ 扩展为复指数信号 z^k，$z=re^{j\Omega}$，并以 z^k 为基本信号，把输入信号分解为基本信号 z^k 之和，则响应为基本信号 z^k 的响应之和。这种方法的数学描述为 Z 变换及其反变换，这种方法称为离散信号与系统的 z 域分析法。如果把离散信号看成连续时间信号的抽样值序列，则 Z 变换可由拉普拉斯变换引入。因此，离散信号与系统的 z 域分析和连续时间信号与系统的复频域分析有许多相似之处。通过 Z 变换，离散时间信号的卷积运算变成代数运算，离散时间系统的差分方程变成 z 域的代数方程，因而可以比较方便地分析系统的响应。

7.1 学习要求

(1) 深刻理解 Z 变换的定义、收敛域。

(2) 熟练掌握单边 Z 变换及其性质，特别是位移性、z 域微分性、卷积定理的应用条件。

(3) 掌握用部分分式展开法求 Z 反变换，能利用常用序列的 Z 变换和性质求反变换。

(4) 熟练掌握利用单边 Z 变换求离散系统的零输入响应、零状态响应与全响应。

(5) 能根据 $H(z)$ 画出系统的模拟图，掌握根据模拟图求系统函数 $H(z)$。

(6) 深刻理解 z 域系统函数 $H(z)$ 的定义、物理意义及零、极点概念。

(7) 掌握应用 $H(z)$ 对系统响应和特性进行分析和求解，系统函数与系统零极点的关系（时域特性、频率响应、稳定性）。

(8) 掌握离散系统频率响应的物理概念，深刻理解离散系统频率特性 $H(e^{j\omega})$ 的定义、物理意义、求法及性质，会求解离散系统的正弦稳态响应。

7.2 重点和难点提示

1. Z 变换的位移性

Z 变换位移性较复杂，因为序列有单边序列和双边序列两种，Z 变换又分为单边 Z 变换和双边 Z 变换，所以有 4 种情况；但实际主要应用单边序列的单边 Z 变换。

左移：

$$\mathscr{Z}[x(n+m)u(n)] = z^m\left[X(z) - \sum_{k=0}^{m-1} x(k)z^{-k}\right] \tag{7.1}$$

即左移后,原单边信号的一些信号值移到纵轴左侧,不再参与单边 Z 变换,因而应将这部分的 Z 变换分量($-\sum\limits_{k=0}^{m-1} x(k)z^{-k}$) 去掉。

实际应用中,系统阶数一般不超过 2 阶,则对差分方程进行 Z 变换时,主要应用

$$\begin{cases} \mathscr{Z}[x(n+1)] = zX(z) - zx(0) \\ \mathscr{Z}[x(n+2)] = z^2X(z) - z^2x(0) - zx(1) \end{cases} \tag{7.2}$$

右移情况下:

$$\mathscr{Z}[x(n-m)] = z^{-m}X(z) \tag{7.3}$$

单边序列右移后,原纵轴左侧不会有信号值移到纵轴右侧,因而不产生附加项。

2. 终值定理

(1)Z 变换终值定理的使用条件。

① 序列的终值存在(即序列收敛),即当 $n \to \infty$ 时,$x(n)$ 是收敛的;

②$x(n)$ 的 Z 变换的所有极点位于 z 平面的单位圆内(单位圆上只能位于 $z=1$ 处,且为一阶极点)。

以上两个条件是等效的,原因如下:

$$X(z) = \sum_{i=1}^{N} A_i \frac{z}{z - z_i} \tag{7.4}$$

则

$$x(n) = \left[\sum_{i=1}^{N} A_i (z_i)^n\right]u(n) \tag{7.5}$$

即 $x(n)$ 为单边指数序列之和,且每个指数序列的底为 Z 变换中相应的部分分式的极点;若所有极点位于单位圆内,则各指数序列均收敛,从而 $x(n)$ 收敛。若 $z=1$ 为一阶极点,其部分分式相应于$\frac{z}{z-1}$,对应的时间序列为 $u(n)$,相当于为等幅指数序列,仍收敛。当 $z=1$ 处有高阶极点如二阶极点时,相应的部分分式为$\frac{z}{(z-1)^2}$,用留数法求时域序列

$$\mathscr{Z}^{-1}\left[\frac{z}{(z-1)^2}\right] = \text{Res}\left[\frac{z^n}{(z-1)^2}, 1\right] = \left.\frac{\text{d}z^n}{\text{d}z}\right|_{z=1} = nu(n) \tag{7.6}$$

序列发散,终值不存在。

(2)Z 变换与拉普拉斯变换终值定理的关系。

比较两种变换的终值定理:

$$\begin{cases} \lim\limits_{n\to\infty} x(n) = \lim\limits_{z\to 1}[(z-1)X(z)] \\ \lim\limits_{t\to\infty} f(t) = \lim\limits_{s\to 0} sF(s) \end{cases} \tag{7.7}$$

s 平面的原点与 z 平面的 $z=1$ 对应:

$$z \to 1 \xrightarrow{\text{等效于}} s \to 0$$

因而

$$z-1 \xrightarrow{\text{等效于}} s$$

所以 Z 变换与拉普拉斯变换的终值定理等效。

(3)Z 变换与拉普拉斯变换的终值定理使用条件的关系。

拉普拉斯变换终值定理使用条件：$F(s)$ 所有极点位于 s 平面左半平面(纵轴上只能位于原点处，且为一阶极点)。

根据 z 平面与 s 平面的对应关系：

z 平面		s 平面
单位圆内	$\overset{\text{等效于}}{\leftrightarrow}$	左半平面
单位圆上	$\overset{\text{等效于}}{\leftrightarrow}$	纵轴
$z=1$	$\overset{\text{等效于}}{\leftrightarrow}$	原点

可见两种变换终值定理的使用条件等价。

7.3　要点解析与解题提要

7.3.1　Z 变换

1. Z 变换的定义

离散时间信号 $f(n)$ 的 Z 变换定义为

$$F(z)=\mathscr{Z}[f(n)]=\sum_{n=-\infty}^{\infty} f(n)z^{-n} \quad (\text{双边 Z 变换}) \tag{7.8}$$

或

$$F(z)=\mathscr{Z}[f(n)]=\sum_{n=0}^{\infty} f(n)z^{-n} \quad (\text{单边 Z 变换}) \tag{7.9}$$

2. Z 变换的收敛域

级数 $F(z)$ 收敛的充要条件是该级数绝对可和，即

$$\sum_{n=-\infty}^{\infty} \left| f(n)z^{-n} \right| < \infty \quad (\text{双边 Z 变换}) \tag{7.10}$$

或

$$\sum_{n=0}^{\infty} \left| f(n)z^{-n} \right| < \infty \quad (\text{单边 Z 变换}) \tag{7.11}$$

保证变换求和式收敛，复变量 z 在 z 复平面上的取值范围，称为象函数 $F(z)$ 的收敛域。因此，序列 $f(n)$ 的 Z 变换仅在收敛域内存在，同时 $F(z)$ 与收敛域一起才能确定 $f(n)$。

几种常见序列与其对应的 Z 变换收敛域之间的关系见表 7.1。

表 7.1　几种常见序列及其 Z 变换的收敛域

序列名称	序列表达式	收敛域
右边序列	$f(n)=\begin{cases}0 & (n<0)\\ a^n & (n\geqslant 0)\end{cases}$	$\lvert z\rvert>\lvert a\rvert$ (jIm[z], 0, |a|, Re[z])
左边序列	$f(n)=\begin{cases}-a^n & (n<0)\\ 0 & (n\geqslant 0)\end{cases}$	$\lvert z\rvert<\lvert a\rvert$ (jIm[z], 0, |a|, Re[z])
无时限序列	$f(n)=a^n u(n)+b^n u(-n-1)$ $(\lvert a\rvert<\lvert b\rvert)$	$\lvert a\rvert<\lvert z\rvert<\lvert b\rvert$ (jIm[z], 0, |a|, |b|, Re[z])
有时限序列	$f(n)\begin{cases}\neq 0 & (N\leqslant n\leqslant M)\\ =0 & (n<N,n>M)\end{cases}$ (M,N 为整数)	当 $N<0,M>0$ 时,$0<\lvert z\rvert<\infty$ 当 $N\geqslant 0,M>0$ 时,$0<\lvert z\rvert<\infty$ 当 $N<0,M\leqslant 0$ 时,$0\leqslant\lvert z\rvert<\infty$

(1) 有限长序列 Z 变换的收敛域。

有限长序列收敛域为整个 z 平面:$0<\lvert z\rvert<\infty$;在 $z=0$ 及 $z\to\infty$ 处是否收敛,取决于序列存在范围。包括以下 3 种情况:

① 单边序列:只存在于纵轴右侧。

如 $x(n)$ 存在于 $2\leqslant n\leqslant 8$,则

$$X(z)=\sum_{n=2}^{8}x(n)z^{-n}=x(2)z^{-2}+x(3)z^{-3}+\cdots+x(8)z^{-8}\tag{7.12}$$

$x(n)$ 有界时,当 $z\neq 0$ 时,式中任一项均有界,从而 $X(z)$ 收敛。但 $z=0$ 时,式中任一项的 $z^{-n}\to\infty$(由于 n 均为正数),从而 $X(z)$ 不收敛。$z\to\infty$ 时,任一项中的 $z^{-n}=0$(因 n 为正数),则 $X(z)$ 收敛于 0。

因而,有限长单边序列 Z 变换收敛域为 $0<\lvert z\rvert\leqslant\infty$。

② 左边序列:只存在于纵轴左侧。

如 $x(n)$ 存在于 $-9\leqslant n\leqslant -3$,则

$$X(z)=\sum_{n=-9}^{-3}x(n)z^{-n}=x(-9)z^{9}+x(-8)z^{8}+\cdots+x(-3)z^{3}\tag{7.13}$$

$x(n)$ 有界时,当 $z\neq\infty$ 时式中任一项均有界,$X(z)$ 收敛。$z\to\infty$ 时,式中任一项中的 $z^{-n}\to\infty$(由于 n 为负),因而 $X(z)$ 不收敛。$z=0$ 时,任一项中的 $z^{-n}=0$,从而 $X(z)$ 收敛于 0。因而,有限长左边序列 Z 变换收敛域为 $0\leqslant\lvert z\rvert<\infty$。

③ 双边序列：同时存在于纵轴两侧。

如 $x(n)$ 存在于 $-3\leqslant n\leqslant 8$，则

$$X(z)=\sum_{n=-3}^{-1}x(n)z^{-n}+\sum_{n=0}^{8}x(n)z^{-n}$$
$$=[x(-3)z^{3}+\cdots+x(-1)z^{1}]+[x(0)+x(1)z+\cdots+x(8)z^{-8}] \tag{7.14}$$

其中，$\begin{cases}\text{左边序列收敛域：} |z|<\infty \\ \text{单边序列收敛域：} |z|>0\end{cases}$，双边序列收敛域为两个收敛域的公共部分：$0<|z|<\infty$（$z=0$ 及 $z\to\infty$ 均不收敛）。

④ $\delta(n)$ 的 Z 变换的收敛域。

$\delta(n)$ 为特殊序列，在 $n=0$ 存在，其为单边序列，$\delta(n)$ 无穷级数中只存在一项：

$$\mathscr{Z}[\delta(n)]=\sum_{n=-\infty}^{\infty}\delta(n)z^{-n}=[\delta(n)z^{-n}]|_{n=0}=1 \tag{7.15}$$

因此，z 取任意值上式均成立，则收敛域为整个 z 平面。

(2) 收敛域扩大的问题。

z 域运算可能导致收敛域扩大，即相乘（如应用 Z 变换时域卷积定理）或相加（如应用 Z 变换线性特性）后，所得到的 Z 变换的收敛域是参与运算的各 Z 变换收敛域的公共部分。但运算结果可能出现极、零点相消情况，从而可能使收敛域扩大。

如

$$\begin{cases}X(z)=\dfrac{z}{z-1} & (|z|>1)\\ Y(z)=\dfrac{z-1}{(z-0.5)(z-0.4)} & (|z|>0.5)\end{cases} \tag{7.16}$$

则

$$X(z)Y(z)=\frac{z}{(z-0.5)(z-0.4)} \tag{7.17}$$

$X(z)$ 与 $Y(z)$ 的收敛域的公共部分应同时满足$\begin{cases}|z|>1\\ |z|>0.5\end{cases}$，即 $|z|>1$。

$X(z)$ 极点（$z=1$）与 $Y(z)$ 零点（$z=1$）约掉，从而 $z=1$ 不是 $X(z)Y(z)$ 的极点，即 $X(z)Y(z)$ 有两个极点 $p_1=0.5$ 及 $p_2=0.4$。收敛域必以极点为边界（收敛域内不存在极点，否则不可能收敛），从而，$X(z)Y(z)$ 的收敛域为 $|z|>0.5$。

由于极、零点相消，$X(z)Y(z)$ 收敛域比 $X(z)$ 和 $Y(z)$ 收敛域的公共部分扩大（由 $|z|>1$ 扩大为 $|z|>0.5$），如图 7.1 所示。

考虑另一种情况：

$$\begin{cases}X(z)=\dfrac{z}{z-0.5} & (|z|>0.5)\\ Y(z)=\dfrac{z-0.5}{z-1} & (|z|>1)\end{cases} \tag{7.18}$$

则

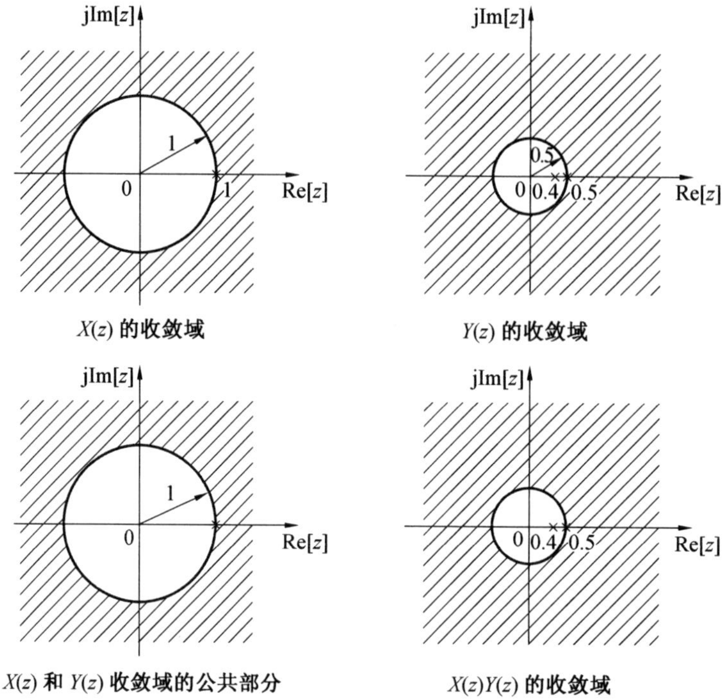

图 7.1　收敛域扩大的一例

$$X(z)Y(z)=\frac{z}{z-1} \tag{7.19}$$

$X(z)$ 与 $Y(z)$ 收敛域的公共部分应同时满足 $\begin{cases}|z|>1\\|z|>0.5\end{cases}$，即 $|z|>1$。

由式(7.18)见，$X(z)$ 极点($z=0.5$)与 $Y(z)$ 的零点($z=0.5$)约掉，使 $z=0.5$ 不是 $X(z)Y(z)$ 的极点，即 $X(z)Y(z)$ 只有一个极点 $z=1$。收敛域以极点为边界，从而，$X(z)Y(z)$ 的收敛域为 $|z|>1$。

可见，尽管极、零点相消，但 $X(z)Y(z)$ 收敛域与 $X(z)$ 和 $Y(z)$ 收敛域的公共部分相同(均为 $|z|>1$)，即收敛域没有扩大。

极、零点相消的情况下，只有值为最大的那个极点被约掉时，收敛域才扩大；否则收敛域不变。

3. Z 变换与拉普拉斯变换的关系

(1)Z 变换 $F(z)$ 与拉普拉斯变换 $F(s)$ 的关系。

对于抽样序列 $f(n)u(n)$，其 Z 变换与 $f(t)$ 拉普拉斯变换 $F(s)$ 的关系是

$$\begin{cases}F(s)=F(z)\big|_{z=e^{sT}}\\F(z)=F(s)\big|_{s=\frac{1}{T}\ln z}\end{cases} \tag{7.20}$$

可见拉普拉斯变换中的复变量 s 与 z 变换中的复变量 z，满足关系式 $z=e^{sT}$ 或 $s=\frac{1}{T}\ln z$。

Z 变换可看作连续信号的拉普拉斯变换在离散信号中的推广；两种变换的性质类似，用

Z 变换求离散系统响应与用拉普拉斯变换求连续系统响应的过程也类似；且二者均为复变函数(变换域自变量 s 与 z 均为复变量)。

(2)Z 变换与拉普拉斯变换映射关系。

根据 $s=\sigma+\mathrm{j}\omega$ 与 $z=r\mathrm{e}^{\mathrm{j}\theta}$ 之间的变换关系，s 平面与 z 平面的映射关系见表 7.2。

表 7.2　s 平面与 z 平面的映射关系

s 平面($s=\sigma+\mathrm{j}\omega$)		z 平面($z=r\mathrm{e}^{\mathrm{j}\theta}$)	
虚轴 $\sigma=0, s=\mathrm{j}\omega$		单位圆上 $r=1$ θ 为任意值	
左半平面 $\sigma<0$		单位圆 内部 $r<1$ θ 为任意值	
右半平面 $\sigma>0$		单位圆 外部 $r>1$ θ 为任意值	
原点 $\sigma=0, \omega=0$		$z=1$	
$\omega=\mathrm{const}=\omega_0$		角度为 ω_0 的射线	
$\sigma=\mathrm{const}=\sigma_0$		半径为 σ_0 的圆	

注：$z\sim s$ 的映射关系不是单值的。因为在 s 平面上沿虚轴移动对应于在 z 平面上沿单位圆周期性旋转，在 s 平面沿纵轴每平移 $2\pi/T$，则对应于在 z 平面沿单位圆转一圈。

(3)Z 变换与拉普拉斯变换的区别。

Z 变换比拉普拉斯变换复杂。Z 变换要考虑单边序列、左边序列与双边序列 3 种情况；拉普拉斯变换一般只考虑单边信号。离散信号 Z 变换由 Z 变换表达式与收敛域共同决定，二者缺一不可；对序列进行 Z 变换须给出收敛域；另外，只有 Z 变换表达式与收敛域同时给出时，其对应的时间序列才被唯一确定。

(4) 收敛域。

Z 变换存在收敛域问题。仅由 Z 变换表达式无法确定时间序列，不同收敛域下，时间序列不同，即 Z 变换表达式没有反映信号在 z 域的全部信息。拉普拉斯变换也存在收敛域，即使 $f(t)\mathrm{e}^{-\sigma t}$ 收敛的 σ 范围，由 $f(t)$ 自身特性决定。但求拉普拉斯变换时一般无须确定收敛域，因为连续信号一般只考虑单边情况，而不考虑左边及双边信号。

求解 Z 变换后对应的时间序列既可能是单边，也可能是左边或双边信号。在求出 Z 变换表达式的同时，须同时给出其收敛域。单边、左边及双边 3 种不同序列的 Z 变换表达式可能相同，在 z 域能将其区分开的正是收敛域(分别对应 z 平面的某个圆外、某个圆内及两个圆之间)。

由于收敛域问题，Z 变换比拉普拉斯变换复杂得多。同时，Z 变换定义的无穷级数形式

$$X(z)=\sum_{n=0}^{\infty}x(n)z^{-n} \tag{7.21}$$

使 Z 变换计算上也比拉普拉斯变换的积分 $F(s)=\int_{0^-}^{\infty}f(t)\mathrm{e}^{-st}\mathrm{d}t$ 复杂。

序列进行 Z 变换的前提是其有界或收敛，否则序列本身不确定，其 Z 变换自然也无法确定。

4. 典型单边序列的 Z 变换

如同傅里叶变换、拉普拉斯变换对一样，掌握常用序列的 Z 变换对也是重要的，典型序列单边 Z 变换，如 $\delta(n)$、$u(n)$、$a^n u(n)$ 等 Z 变换可直接应用。表 7.3 列出了常用单边序列的 Z 变换形式及对应的收敛域。其他序列 Z 变换形式无须记，可由 Z 变换定义或性质求出。对左边及双边序列的 Z 变换，进行 Z 反变换时，可根据收敛域将 Z 变换(一般为分式)展开为幂级数，再转化为 Z 变换定义式，从而得到 $x(n)$。

表 7.3 常用单边序列的 Z 变换

序号	$x(n)$	$X(z)$	收敛域
1	$\delta(n)$	1	全 z 平面
2	$u(n)$	$\dfrac{z}{z-1}$	$\|z\|>1$
3	$a^n u(n)$	$\dfrac{z}{z-a}$	$\|z\|>\|a\|$
4	$nu(n)$	$\dfrac{z}{(z-1)^2}$	$\|z\|>1$
5	$n^2u(n)$	$\dfrac{z(z+1)}{(z-1)^3}$	$\|z\|>1$

续表7.3

序号	$x(n)$	$X(z)$	收敛域
6	$na^{n-1}u(n)$	$\dfrac{z}{(z-a)^2}$	$\|z\|>\|a\|$
7	$na^{n-m}u(n),m\geqslant 1$	$\dfrac{z}{(z-a)^{m+1}}$	$\|z\|>\|a\|$
8	$\delta(n-m),m>0$	z^{-m}	$\|z\|>0$
9	$\cos(\omega_0 n)u(n)$	$\dfrac{z(z-\cos\omega_0)}{z^2-2z\cos\omega_0+1}$	$\|z\|>1$
10	$\sin(\omega_0 n)u(n)$	$\dfrac{z\sin\omega_0}{z^2-2z\cos\omega_0+1}$	$\|z\|>1$

5. Z 变换的基本性质

Z 变换的性质反映了序列 $x(n)$ 的时域特性与 z 域特性 $X(z)$ 之间的关系。单、双边 Z 变换在实际离散信号与系统问题分析中均有应用，这里仅将单边 Z 变换的主要性质归纳于表 7.4 中，收敛域在表中略。

表 7.4　单边 Z 变换的基本性质

序号	性质名称	时域	z 域
1	线性	$a_1x_1(n)+a_2x_2(n)$	$a_1X_1(z)+a_2X_2(z)$
2	位移性	$x(n-m)u(n-m)\ (m\geqslant 0)$ $x(n-m)u(n)\ (m\geqslant 0)$ $x(n+m)u(n)\ (m\geqslant 0)$	$z^{-m}X(z)$ $z^{-m}\left[X(z)+\sum_{k=-m}^{-1}x(k)z^{-k}\right]$ $z^{m}\left[X(z)-\sum_{k=0}^{m-1}x(k)z^{-k}\right]$
3	时域指数加权 （z 尺度变换）	$a^n x(n)$	$X\left(\dfrac{z}{a}\right)$
4	时域线性加权 （z 域微分）	$n^m x(n)$	$\left(-z\dfrac{\mathrm{d}}{\mathrm{d}z}\right)^m X(z)$
5	时域求和	$f(n)=\sum_{i=0}^{n}x(i)$	$F(z)=\dfrac{z}{z-1}X(z)$
6	时域卷积定理	$x_1(n)*x_2(n)$	$X_1(z)X_2(z)$
7	初值定理	$x(n)$（因果序列）	$x(0)=\lim_{z\to\infty}X(z)$
8	终值定理	$x(n)$（因果序列，且 $f(\infty)$ 为有限值）	$x(\infty)=\lim_{z\to 1}(z-1)X(z)$

7.3.2 Z 反变换

1. Z 变换的分解性

Z 变换为级数形式(由序列在时间上离散所决定),可分解为系数在各时刻信号值的 z^{-1} 幂的叠加:

$$X(z)=\sum_{n=-\infty}^{\infty}x(n)z^{-n}=\cdots x(-2)z^{2}+x(-1)z+x(0)+x(1)z^{-1}+x(2)z^{-2}+\cdots \tag{7.22}$$

由上面的 Z 变换定义式的无穷级数展开形式,采用长除法,将分式形式的 Z 变换转化为 z^{-1} 的幂级数,可判断 $x(n)$ 存在时间范围,并得到某时刻的序列值。

这是 Z 变换区别于拉普拉斯变换的一个重要特点;后者的积分形式决定了其不具备 Z 变换的上述分解性:

$$F(s)=\int_{-\infty}^{\infty}f(t)\mathrm{e}^{-st}\mathrm{d}t \tag{7.23}$$

$X(z)$ 中分子与分母多项式最高阶数的关系决定了时域序列的存在时间范围,是因果序列、左边序列还是双边序列。分为以下四种情况:

(1)$X(z)$ 为真分式。

长除后,$X(z)$ 的展开式中只包括 z^{-1} 的幂:

$$X(z)=K_1z^{-1}+K_2z^{-2}+K_3z^{-3}+\cdots \tag{7.24}$$

即,$x(0)=x(-1)=x(-2)=\cdots=0$,从而为单边序列;由于级数中没有常数项,则 $x(0)=0$;$x(n)$ 在 $n>0$ 范围存在,且 $x(1)=K_1,x(2)=K_2,x(3)=K_3,\cdots$。

(2)$X(z)$ 分子与分母多项式的阶数相同。

$X(z)$ 分解为常数项与真分式叠加,即常数项与 z^{-1} 的各次幂之和:

$$X(z)=K_0+K_1z^{-1}+K_2z^{-2}+K_3z^{-3}+\cdots \tag{7.25}$$

即,$x(-1)=x(-2)=\cdots=0$,为单边序列;序列在 $n\geqslant 0$ 范围存在,且 $x(0)=K_0,x(1)=K_1,x(2)=K_2,x(3)=K_3$。

(3)$X(z)$ 为 z 的多项式。

$X(z)$ 为 z 的幂级数形式:

$$X(z)=\cdots+K_{-3}z^3+K_{-2}z^2+K_{-1}z+K_0 \tag{7.26}$$

从而 $x(1)=x(2)=\cdots=0$,即 $x(n)$ 为左边序列,且 $x(0)=K_0,x(-1)=K_{-1},x(-2)=K_{-2},x(-3)=K_{-3},\cdots$。

(4)$X(z)$ 为假分式。

$X(z)$ 为 z 的多项式与真分式的叠加,同时包括 z 与 z^{-1} 的幂:

$$X(z)=\cdots+K_{-3}z^3+K_{-2}z^2+K_{-1}z+K_0+K_1z^{-1}+K_2z^{-2}+K_3z^{-3}+\cdots \tag{7.27}$$

从而 $x(n)$ 为双边序列,且 $\cdots,x(-3)=K_{-3},x(-2)=K_{-2},x(-1)=K_{-1},x(0)=K_0,x(1)=K_1,x(2)=K_2,x(3)=K_3,\cdots$。

2. Z 反变换

若已知 $F(z)$ 及其收敛域,则

$$f(n)=\frac{1}{2\pi \mathrm{j}}\oint_C F(z)z^{n-1}\mathrm{d}z \tag{7.28}$$

称为 $F(z)$ 的 Z 反变换，此反变换积分公式并不常用于求 Z 反变换。而经常使用的求 Z 反变换的方法有：

(1) 查表法。

对一些简单的 $F(z)$，借助常用的序列 Z 变换表，并结合 Z 变换性质，如同前述的查表法求拉普拉斯反变换时那样，通过查表求得 Z 反变换。

(2) 幂级数展开法。

依据上述 Z 变换的分解性，根据收敛情况，应用长除法将 $F(z)$ 展开为 z 的负幂级或 z 的正幂次或 z 的正、负幂次级数和的形式，对应写出各 z 幂次前的系数，即得原序列在各个时刻所对应的值，写出原序列 $f(n)$。这种应用长除展为幂级数求 Z 反变换的方法又称为长除法。该方法是傅里叶求反变换、拉普拉斯求反变换方法中所没有的。

(3) 部分分式展开法。

该方法要求 $F(z)$ 为有理真分式。若 $F(z)$ 为假分式，先利用多项式相除，得一个多项式加真分式 $F_0(z)$ 的形式。对于多项式部分，对应的反变换是单位冲激序列 $\delta(n)$ 及其左移项。

对于真分式 $F_0(z)$ 求反变换，一般是对 $\frac{F_0(z)}{z}$ 展开成部分分式，然后乘 z 得 $F_0(z)$，利用常用 Z 变换形式进行 Z 反变换求出 $f_0(n)$。

(4) 留数法。

$$f(n)=\frac{1}{2\pi \mathrm{j}}\oint_C F(z)z^{n-1}\mathrm{d}z=\sum \mathrm{Res}[F(z)z^{n-1},z_i] \quad (n\geqslant 0) \tag{7.29}$$

式中，C 为包围 $F(z)z^{n-1}$ 全部极点的逆时针闭合围线；z_i 为 $F(z)z^{n-1}$ 的极点；$\mathrm{Res}[\cdot]$ 表示极点的留数。

如果 $F(z)z^{n-1}$ 在 $z=z_i$ 处有一阶极点，则其留数为

$$\mathrm{Res}[F(z)z^{n-1},z_i]=(z-z_i)F(z)z^{n-1}\big|_{z=z_i} \tag{7.30}$$

如果 $F(z)z^{n-1}$ 在 $z=z_i$ 处有 r 阶极点，则其留数为

$$\mathrm{Res}[F(z)z^{n-1},z_i]=\frac{1}{(r-1)!}\frac{\mathrm{d}^{r-1}}{\mathrm{d}z^{r-1}}[(z-z_i)F(z)z^{n-1}]\bigg|_{z=z_i} \tag{7.31}$$

部分分式展开法是求 Z 反变换的重要方法，对 $F(z)$ 或 $F_0(z)$ 有相异单阶极点及含有二阶重极点的情况，要能熟练求其反变换。

读者要注意，在求 Z 反变换时，因有两种部分分式展开形式，所得的原序列表面上看起来不相同，但代入每一个 n 值所得到的各时刻的序列值应是一样的。

3. 部分分式展开法与留数法的等效性

Z 反变换与拉普拉斯反变换类似，可采用部分分式展开或留数法求解。若各极点为单极点，可用部分分式展开或留数法；若为高阶极点，应采用留数法，此时部分分式展开较复杂：n 阶极点需展开为 n 个部分分式，并求 n 个待定系数。

部分分式展开法与留数法等效，以单极点为例说明。

部分分式展开

$$\frac{X(z)}{z}=\frac{A_1}{z-z_1}+\cdots+\frac{A_i}{z-z_i}+\cdots+\frac{A_N}{z-z_N} \tag{7.32}$$

其中

$$A_i=(z-z_i)\left.\frac{X(z)}{z}\right|_{z=z_i}$$

$$x(n)=\sum_{i=1}^{N}A_i\,(z_i)^n$$

留数法

$$x(n)=\sum_{i=1}^{N}\mathrm{Res}[X(z)z^{n-1},z_i] \tag{7.33}$$

右侧为关于时间的函数,是时间序列。上式可写为

$$x(n)=\sum_{i=1}^{N}\left[(z-z_i)\left.\frac{X(z)}{z}z^n\right]\right|_{z=z_i}=\sum_{i=1}^{N}\left[(z-z_i)\left.\frac{X(z)}{z}\right|_{z=z_i}\cdot(z_i)^n\right]=\sum_{i=1}^{N}A_i\,(z_i)^n \tag{7.34}$$

在部分分式展开法中,每个部分分式的Z反变换对应于一个留数。留数法无须单独计算部分分式中的系数项,它将部分分式法中的两种运算:求系数及部分分式的Z反变换,通过计算留数一次完成(系数项 A_i 即 $(z-z_i)\left.\frac{X(z)}{z}\right|_{z=z_i}$,包含在留数中)。

4. Z反变换与拉普拉斯反变换的留数法的关系

用留数法求两种反变换的形式类似:

(1) 单极点。

$$\begin{cases}\text{Z反变换}:\mathrm{Res}[X(z)z^{n-1},z_i]=(z-z_i)X(z)\,z^{n-1}\big|_{z=z_i}\\ \text{拉氏反变换}:\mathrm{Res}[F(s)\mathrm{e}^{st},p_i]=(s-p_i)F(s)\,\mathrm{e}^{st}\big|_{s=p_i}\end{cases} \tag{7.35}$$

两式具有如下对应关系:

$$\begin{cases}\frac{X(z)}{z}\overset{\text{对应于}}{\leftrightarrow}F(s)\\ z^n\overset{\text{对应于}}{\leftrightarrow}\mathrm{e}^{st}\\ z-z_i\overset{\text{对应于}}{\leftrightarrow}s-p_i\\ z=z_i\overset{\text{对应于}}{\leftrightarrow}s=p_i\end{cases}$$

(2) 高阶极点。

对 r 阶极点

$$\begin{cases}\text{Z反变换}:\mathrm{Res}[X(z)z^{n-1},z_i]=\frac{1}{(r-1)!}\left.\frac{\mathrm{d}^{r-1}}{\mathrm{d}z^{r-1}}[(z-z_i)^rX(z)z^{n-1}]\right|_{z=z_i}\\ \text{拉氏反变换}:\mathrm{Res}[F(s)\mathrm{e}^{st},p_i]=\frac{1}{(r-1)!}\left.\frac{\mathrm{d}^{r-1}}{\mathrm{d}s^{r-1}}[(s-p_i)^rF(s)\mathrm{e}^{st}]\right|_{s=p_i}\end{cases} \tag{7.36}$$

两种高阶极点的留数形式也类似,$\frac{X(z)}{z}$ 对应于 $F(s)$。

7.3.3　离散系统的 z 域分析法

1. 离散系统的 z 域分析

离散系统 z 域分析法的一般步骤是：

① 建立系统的差分方程；

② 对差分方程进行 Z 变换，得 z 域代数方程；

③ 求解 z 域代数方程，得响应的 z 域解；

④ 对 z 域解进行 Z 反变换，求得响应的时域解。

设 n 阶线性非时变离散时间系统的差分方程为

$$\sum_{i=0}^{N} a_i y(n-i) = \sum_{r=0}^{M} b_r x(n-r) \tag{7.37}$$

已知初始条件 $y(-1),y(-2),\cdots,y(-N)$，$x(n)$ 为因果序列。求系统的零输入响应 $y_{zi}(n)$、零状态响应 $y_{zs}(n)$ 及全响应 $y(n)$。

对上述差分方程两端取 Z 变换并应用单边 Z 变换时移性质，得

$$Y(z) = \underbrace{\frac{-\sum\limits_{i=0}^{N}\left[a_i z^{-i}\cdot\sum\limits_{k=-i}^{-1} y(k)z^{-k}\right]}{\sum\limits_{i=0}^{N} a_i z^{-i}}}_{Y_{zi}(z)} + \underbrace{X(z)\frac{\sum\limits_{r=0}^{M} b_r z^{r}}{\sum\limits_{i=0}^{N} a_i z^{-i}}}_{Y_{zs}(z)}$$

$$\downarrow \mathscr{L}^{-1} \qquad \downarrow \mathscr{L}^{-1} \qquad \downarrow \mathscr{L}^{-1}$$

$$y(n) \quad = \quad y_{zi}(n) \quad + \quad y_{zs}(n)$$

如果已知的是初始值 $y(0),y(1),\cdots,y(n-1)$，则不能直接代入上式求 $y_{zi}(n)$，而应先由系统差分方程、输入 $x(n)$ 及初始值递推出初始（起始）条件，然后代入上式得到所求的响应。

2. 离散系统的系统函数

(1) 求系统的单位样值响应 $h(n)$，即

$$h(n) = \mathscr{L}^{-1}[H(z)] \tag{7.38}$$

可知系统随时间变化的时域特性。

(2) 求系统的零状态响应 $y_{zs}(n)$，即

$$y_{zs}(n) = \mathscr{L}^{-1}[H(z)X(z)] \tag{7.39}$$

式中，$X(z)$ 为系统激励 $x(n)$ 的 Z 变换。

(3) 求系统的零输入响应 $y_{zi}(n)$，即根据 $H(z)$ 的极点写出零输入响应的表达式，再由初始条件得到零输入响应 $y_{zi}(n)$。

(4) 由系统函数 $H(z)$ 可写出描述系统的差分方程；可画出离散系统的模拟图，其形式与连续系统完全类似。

(5) 由 $H(z)$ 的极点分布可判断系统的稳定性。对于稳定系统，其系统函数 $H(z)$ 的极点必均在单位圆的内部。

(6) 研究稳定系统的频率特性 $H(e^{j\Omega})$，即对于稳定系统，

$$H(e^{j\Omega})=H(z)\big|_{z=e^{j\Omega}}=\left|H(e^{j\Omega})\right|e^{j\varphi(\Omega)}$$

$\left|H(e^{j\Omega})\right|$、$\varphi(\Omega)$ 分别称为系统的幅频特性与相频特性。由幅频特性可知系统具有低通、高通还是带通等特性，若系统是带通特性，还可进一步看出它的中心频率，上、下截止频率，通频带的宽度等。注：Ω 为数字频率，单位为弧度或度。

(7) 由 $H(z)$ 求稳定系统的正弦稳态响应，即若已知激励 $x(n)=A\cos(\Omega n+\theta)u(n)$，则系统的正弦稳态响应为

$$y_s(n)=A\left|H(e^{j\Omega})\right|\cos[\Omega n+\theta+\varphi(\Omega)] \tag{7.40}$$

3. 系统函数极点与差分方程特征根的关系

系统函数极点与差分方程特征根相同。

如差分方程

$$\begin{aligned}&y(n+N)+a_{N-1}y(n+N-1)+\cdots+a_0y(n)\\&=b_Mx(n+M)+b_{M-1}x(n+M-1)+\cdots+b_0x(n)\end{aligned} \tag{7.41}$$

特征方程

$$a^N+a_{N-1}a^{N-1}+\cdots+a_0=0 \tag{7.42}$$

系统函数

$$H(z)=\frac{b_Mz^M+b_{M-1}z^{M-1}+\cdots+b_0}{z^N+a_{N-1}z^{N-1}+\cdots+a_0} \tag{7.43}$$

可见特征方程与由系统函数分母多项式构成的方程形式相同，只是自变量不同：

$$\begin{cases}a^N+a_{N-1}a^{N-1}+\cdots+a_0=0\\z^N+a_{N-1}z^{N-1}+\cdots+a_0=0\end{cases} \tag{7.44}$$

因而系统函数极点与差分方程特征根相同。

4. 系统函数的极点分布与对应单位样值响应关系

$H(z)$ 的零点分布只影响单位样值响应 $h(n)$ 相应分量的幅度和相位，如表 7.5 中的 A、A_i 及 θ_i，与 $h(n)$ 分量的形式无关。$h(n)$ 各分量的形式只由 $H(z)$ 的极点分布决定。表 7.5 归纳了系统函数 $H(z)$ 的极点分布与对应的单位样值响应 $h(n)$ 的形式。

表 7.5　$H(z)$ 的极点分布与 $h(n)$ 的形式

极点位置	极点类型		时域 $h(n)$ 的形式	$h(n)$ 变化特征
z 平面单位圆内	实极点 $p=a$（$a<1$ 且 a 为实数）	一阶	$Aa^nu(n)$	指数衰减暂态响应（稳定系统）
		m 阶	$\sum_{i=0}^{m-1}A_in^ia^{n-i}u(n-i)$	
	共轭极点对 $p=re^{\pm j\beta}$ $(r<1)$	一阶	$Ar^n\cos(\beta n+\theta)u(n)$	指数衰减正弦变化暂态响应（稳定系统）
		m 阶	$\sum_{i=0}^{m-1}A_in^ir^{n-i}\cos[\beta(n-i)+\theta_i]u(n-i)$	

续表7.5

极点位置	极点类型		时域 $h(n)$ 的形式	$h(n)$ 变化特征
z 平面单位圆上	实极点 $p=1$ 或 $p=-1$	一阶	$Au(n)$ 或 $(-1)^n Au(n)$	等幅变化稳态响应
		m 阶	$\sum_{i=0}^{m-1} A_i n^i u(n-i)$ 或 $\sum_{i=0}^{m-1} A_i n^i (-1)^{n-i} u(n-i)$	指数增长不稳定响应
	共轭极点对 $p=\mathrm{e}^{\pm \mathrm{j}}$	一阶	$A\cos\left(\frac{\pi}{2}n+\theta\right)u(n)$	等幅正弦振荡稳态响应
		m 阶	$\sum_{i=0}^{m-1} A_i n^i \cos\left[\frac{\pi}{2}(n-i)+\theta_i\right]u(n-i)$	指数增幅正弦振荡不稳定响应
z 平面单位圆外	实极点 $p=a(a>1$，实数)	一阶	$Aa^n u(n)$	指数增长不稳定响应
		m 阶	$\sum_{i=0}^{m-1} A_i n^i a^{n-i} u(n-i)$	
	共轭极点对 $p=r\mathrm{e}^{\pm \mathrm{j}\beta}$ $(r>1)$	一阶	$Ar^n\cos(\beta n+\theta)u(n)$	指数增幅正弦振荡不稳定响应
		m 阶	$\sum_{i=0}^{m-1} A_i n^i r^{n-i} \cos[\beta(n-i)+\theta_i]u(n-i)$	

注：表中 A 及 A_i、θ_i 为 $H(z)$ 展开成部分分式时的待定系数，由系统函数 $H(z)$ 确定。

7.3.4　序列的傅里叶变换

1. 序列傅里叶变换与抽样信号频谱的关系

由序列傅里叶变换

$$X(\mathrm{e}^{\mathrm{j}\Omega})=\sum_{n=-\infty}^{\infty} x(n)\mathrm{e}^{-\mathrm{j}\Omega n}$$

得

$$X(\mathrm{e}^{\mathrm{j}(\Omega+2k\pi)})=\sum_{n=-\infty}^{\infty} x(n)\mathrm{e}^{-\mathrm{j}(\Omega+2k\pi)n}=\sum_{n=-\infty}^{\infty} x(n)\mathrm{e}^{-\mathrm{j}\Omega n}=X(\mathrm{e}^{\mathrm{j}\Omega})$$

式中，k 为任意整数。可见 $X(\mathrm{e}^{\mathrm{j}\Omega})$ 为周期频谱，且周期为 2π。周期性是序列频谱的主要特点；序列傅里叶变换的自变量用 $\mathrm{e}^{\mathrm{j}\Omega}$ 表示，就是用于表明其频谱的周期性：$\mathrm{e}^{\mathrm{j}(\Omega+2k\pi)}=\mathrm{e}^{\mathrm{j}\Omega}$。

序列的频谱与第 3 章抽样信号的频谱是统一的，因为它们均为离散信号：序列 $x(n)$ 可看作连续信号 $x(t)$ 在抽样周期 $T_\mathrm{s}=1$ 时的抽样信号。

由第 5 章抽样信号频谱

$$F_\mathrm{s}(\omega)=\frac{1}{T_\mathrm{s}}\sum_{n=-\infty}^{\infty} F(\omega-n\omega_\mathrm{s})$$

可见为周期性频谱，且抽样周期 $T_\mathrm{s}=1$ 时，$\omega_\mathrm{s}=2\pi$。

序列频谱与抽样信号频谱是离散信号频谱的两种不同表现形式。

2. 序列傅里叶变换与 Z 变换的关系

序列傅里叶变换是单位圆上的 Z 变换：

$$X(e^{j\Omega})=X(z)\big|_{z=e^{j\Omega}}$$

$z=e^{j\Omega}$ 表明复变量 z 的模为 1，从而位于 z 平面单位圆上。因而序列傅里叶变换可由其 Z 变换得到(令 $z=e^{j\Omega}$)。

序列的傅里叶变换与 Z 变换的关系，与连续信号傅里叶变换与拉普拉斯变换的关系类似：

$$\begin{cases}X(e^{j\Omega})=X(z)\big|_{z=e^{j\Omega}}\\ F(\omega)=F(s)\big|_{s=j\omega}\end{cases}$$

其中

$$\begin{array}{ccc}\text{序列} & & \text{连续信号}\\ \begin{cases}X(e^{j\Omega}) \\ X(z) \\ z=e^{j\Omega}\end{cases} & \begin{array}{c}\overset{\text{相应于}}{\leftrightarrow}\\ \overset{\text{相应于}}{\leftrightarrow}\\ \overset{\text{相应于}}{\leftrightarrow}\end{array} & \begin{array}{c}F(\omega)\\ F(s)\\ s=j\omega\end{array}\end{array}$$

其中 $z=e^{j\omega}$ 为 z 平面单位圆，$s=j\omega$ 为 s 平面纵轴；二者为 s 平面与 z 平面的映射关系。

3. 由 Z 变换求离散时间傅里叶变换的条件

对 $X(e^{j\Omega})=X(z)\big|_{z=e^{j\Omega}}$，由 Z 变换求傅里叶变换的前提是其收敛域包括 z 平面单位圆。对单边 Z 变换，有

$$X(z)=\sum_{n=0}^{\infty}x(n)z^{-n}=x(0)+x(1)z^{-1}+x(2)z^{-2}+\cdots+x(n)z^{-n}+\cdots$$

为使 $X(z)$ 存在(级数收敛)，$x(n)$ 应随 n 增加而递减(以使 $x(n)z^{-n}$ 收敛)，即 $x(n)$ 收敛。这是由 Z 变换求傅里叶变换的条件。

这与第 4 章中由连续信号的拉普拉斯变换求其傅里叶变换的条件类似(z 平面单位圆相当于 s 平面纵轴)。

7.3.5 离散系统的频域分析法

1. 频率特性与系统函数的关系

离散系统频率特性为系统函数在单位圆上的值，这与连续系统的频率特性与系统函数的关系类似：

$$\begin{cases}H(\omega)=H(s)\big|_{s=j\omega}\\ H(e^{j\Omega})=H(z)\big|_{z=e^{j\Omega}}\end{cases}$$

其中，$s=j\omega$ 与 $z=e^{j\Omega}$ 为 s 平面与 z 平面的映射关系。

用频率特性描述离散系统，属于离散系统的频域分析法，它与第 3 章连续系统频域分析法的原理类似。

2. 由系统函数求频率特性的条件

根据由 Z 变换求离散时间傅里叶变换(DTFT)的条件，有

$$\begin{cases}H(e^{j\Omega})=\mathscr{F}[h(n)]\\ H(z)=\mathscr{Z}[h(n)]\end{cases}$$

可由系统函数求频率特性

$$H(\mathrm{e}^{\mathrm{j}\Omega})=H(z)\big|_{z=\mathrm{e}^{\mathrm{j}\Omega}}$$

与由序列 Z 变换求傅里叶变换 DTFT 的条件类似，要求 $h(n)$ 收敛(或绝对可和)，即系统稳定。

3. 幅频特性与相频特性的对称性

如离散系统 $h(n)$ 为实序列，则幅频特性为 ω 的偶函数，相频特性为 ω 的奇函数：

$$\begin{cases}|H(\mathrm{e}^{-\mathrm{j}\Omega})|=|H(\mathrm{e}^{\mathrm{j}\Omega})|\\ \varphi(\mathrm{e}^{-\mathrm{j}\Omega})=-\varphi(\mathrm{e}^{\mathrm{j}\Omega})\end{cases}$$

这与连续系统类似：即若 $h(t)$ 为实信号，则

$$\begin{cases}|H(-\omega)|=|H(\omega)|\\ \varphi(-\omega)=-\varphi(\omega)\end{cases}$$

4. 离散系统频率特性的特点

离散系统频率特性为 $h(n)$ 的傅里叶变换，因而具有序列频谱的所有特点，即是周期为 2π 的周期谱。频率特性的周期性是离散系统区别于连续系统的一个重要特点。

连续系统与离散系统中，理想低通滤波器及理想带通滤波器频率特性的对比如图 7.2 所示。

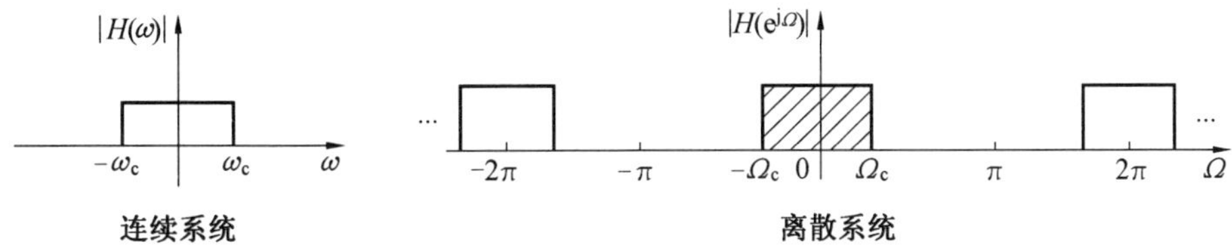

(a) 理想低通滤波器

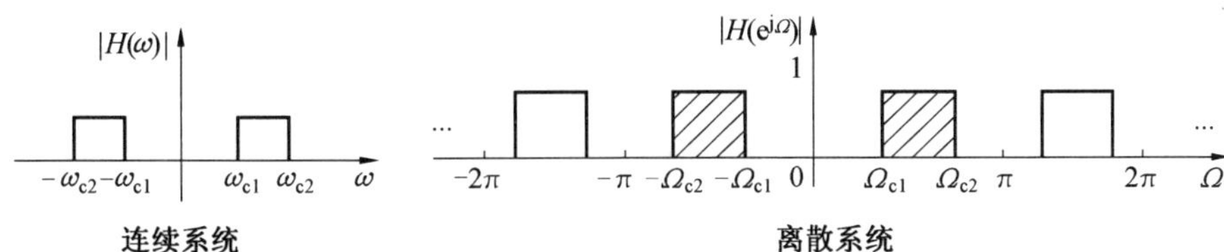

(b) 理想带通滤波器

图 7.2　连续和离散理想滤波器对比

可见，对离散系统中的滤波器，滤波特性由其主周期$(-\pi,\pi)$内的幅频特性(图 7.2 中阴影部分)决定。另外，由主周期内的频率特性可确定其任意频率下的频率特性(周期性)。

7.3.6　离散系统特性描述及响应求解方法

1. 描述离散系统特性不同方法间的关系

第 6 章及本章学习的描述离散系统特性的几种形式：

- 解析形式
  - 时域：差分方程，$h(n)$
  - 频域：$H(\mathrm{e}^{\mathrm{j}\Omega})$
  - z 域：$H(z)$
- 图解形式
  - 时域：模拟图
  - z 域：模拟图，极零图

这些量从不同角度描述系统特性，并且可以相互转换，其相互关系如图 7.3 所示。

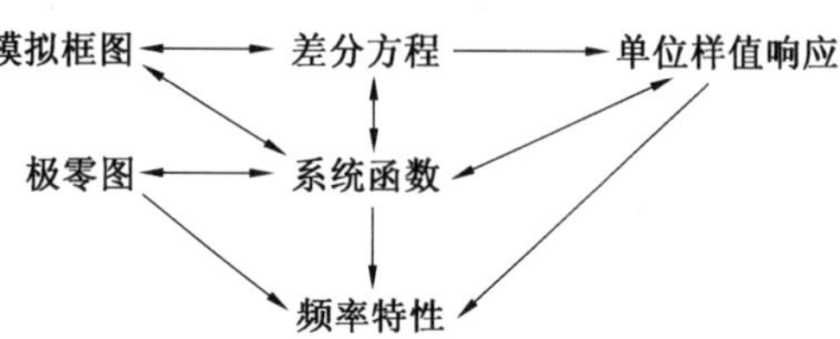

图 7.3　离散系统的各种描述形式及相互关系

可见在这些量的关系上，系统函数处于核心地位。$H(z)$ 确定后，可直接得到其他形式，如可得到差分方程，$h(n)$ 及 $H(\mathrm{e}^{\mathrm{j}\Omega})$；这是变换域分析的优势。对任意一个形式，借助于 $H(z)$，可得到所有其他形式。如由 $h(n)$，无法在时域上确定差分方程；但可先由 Z 变换得到 $H(z)$，再由 $H(z)$ 得到差分方程。

2. 离散系统响应的求解方法

离散系统响应的求解可以采用以下 4 种思路：

(1) 时域，解差分方程。分别求自由及受迫响应，计算很复杂，且需确定全响应的初始条件。

(2) 时域，分别求 $y_{zi}(n)$ 及 $y_{zs}(n)$。需由差分方程求 $h(n)$，且计算卷积和，较复杂。

(3) z 域法，对差分方程进行 Z 变换，代入系统初始条件，一次求出全响应。需应用 Z 变换位移性，且由全响应无法直接区分 $y_{zi}(n)$ 及 $y_{zs}(n)$ 两个分量。

(4) 时域法求 $y_{zi}(n)$，z 域法求 $y_{zs}(n)$。时域法求 $y_{zi}(n)$ 较容易：由差分方程确定特征根，再代入 $y_{zi}(n)$ 初始条件求待定系数。只求零状态响应时，对差分方程进行 Z 变换无须应用 Z 变换位移性，即可求出系统函数 $H(z)$。

7.3.7　各种信号变换及系统分析方法的总结

1. 各种线性变换中信号分解的单元信号

各种变换的信号分解形式为

- 连续信号
  - 傅里叶变换：$f(t)=\dfrac{1}{2\pi}\displaystyle\int_{-\infty}^{\infty}F(\omega)\mathrm{e}^{\mathrm{j}\omega t}\,\mathrm{d}\omega$
  - 拉氏变换：$f(t)=\dfrac{1}{2\pi\mathrm{j}}\displaystyle\int_{\sigma-\mathrm{j}\infty}^{\sigma+\mathrm{j}\infty}F(s)\mathrm{e}^{st}\,\mathrm{d}s$
- 离散信号
  - 傅里叶变换：$x(n)=\dfrac{1}{2\pi}\displaystyle\int_{-\pi}^{\pi}X(\mathrm{e}^{\mathrm{j}\Omega})\mathrm{e}^{\mathrm{j}\Omega n}\,\mathrm{d}\Omega$
  - Z 变换：$x(n)=\dfrac{1}{2\pi\mathrm{j}}\displaystyle\oint_{C}X(z)z^{n-1}\,\mathrm{d}z$

各种变换均将时域信号分解为无穷多个复指数信号分量的叠加，即单元信号均为复指数信号。

$$
\text{单元信号}\begin{cases}\text{连续}\begin{cases}\text{傅里叶变换：}e^{j\omega t}\text{（模为 1）}\\ \text{拉氏变换：}e^{st}=e^{\sigma t}e^{j\omega t}\text{（模为 }e^{\sigma t}\text{）}\end{cases}\\ \text{离散}\begin{cases}\text{傅里叶变换：}e^{j\Omega n}\text{（模为 1）}\\ \text{Z 变换：}z^{n}\text{（模为收敛域内的任意值）}\end{cases}\end{cases}
$$

其中傅里叶变换的单元信号模为1。拉普拉斯变换与Z变换单元信号的模为1(即 $\sigma=0$ 及 $|z|=1$) 时，其分别变为特例：连续信号及离散信号的傅里叶变换。

$$
\begin{cases}\text{连续信号的傅里叶变换}\xrightarrow{\text{相应于}}s\text{ 平面纵轴上的拉氏变换}\\ \text{离散信号的傅里叶变换}\xrightarrow{\text{相应于}}z\text{ 平面单位圆上的 }z\text{ 变换}\end{cases}
$$

傅里叶级数是信号的时域分解形式，不属于变换域分析方法；但仍反映了周期信号的频谱特性，可看作一种频谱分析方法。由

$$
f(t)=\sum_{n=-\infty}^{\infty}c_n e^{jn\omega_1 t}
$$

可见，单元信号也为复指数信号(模为 1)。

2. 系统变换域分析方法的卷积定理

卷积定理是本书的核心内容，时域分析和变换域分析以卷积定理为纽带。线性非时变系统用各种变换域方法进行系统分析的基础和依据均为卷积定理：

$$
\text{频域}\begin{cases}\text{连续系统：}e(t)*h(t)\leftrightarrow E(\omega)H(\omega)\\ \text{离散系统：}x(n)*h(n)\leftrightarrow X(e^{j\Omega})H(e^{j\Omega})\end{cases}
$$

$$
\text{复频域：}e(t)*h(t)\leftrightarrow E(s)H(s)
$$

$$
z\text{ 域：}x(n)*h(n)\leftrightarrow X(z)H(z)
$$

3. 系统函数的总结

表 7.6 归纳了连续系统和离散系统的系统函数的定义、频域系统函数与复频域系统函数的关系及系统函数 $H(\cdot)$ 的各种求法。

表 7.6　系统函数 $H(\cdot)$ 的基本概念及求法

项目	连续系统函数		离散系统函数	
定义	频域系统函数	$H(\omega)=\mathscr{F}[h(t)]$ $H(\omega)=\dfrac{Y_{zs}(\omega)}{F(\omega)}$	频域系统函数	$H(e^{j\Omega})=\mathscr{F}[h(n)]$ $H(e^{j\Omega})=\dfrac{Y_{zs}(e^{j\Omega})}{F(e^{j\Omega})}$
	复频域系统函数	$H(s)=\mathscr{L}[h(t)]$ $H(s)=\dfrac{Y_{zs}(s)}{F(s)}$	z 域系统函数	$H(z)=\mathscr{Z}[h(n)]$ $H(z)=\dfrac{Y_{zs}(z)}{F(z)}$
频域系统函数与复频域系统函数关系	① $H(s)$ 收敛域包含 $j\omega$ 虚轴，系统 $H(\omega)$ 存在，有 $H(\omega)=H(s)\big\|_{s=j\omega}$ ② $H(s)$ 收敛域不包含 $j\omega$ 虚轴，系统的 $H(\omega)$ 不存在 ③ $H(\omega)$ 存在，则 $H(s)$ 一定存在，有 $H(s)=H(\omega)\big\|_{s=j\omega}$		① $H(z)$ 收敛域包含 $\|z\|=1$ 单位圆，系统 $H(e^{j\Omega})$ 存在，有 $H(e^{j\Omega})=H(z)\big\|_{z=e^{j\Omega}}$ ② $H(z)$ 收敛域不包含 $\|z\|=1$ 单位圆，系统的 $H(e^{j\Omega})$ 不存在 ③ $H(e^{j\Omega})$ 存在，则 $H(z)$ 一定存在，有 $H(z)=H(e^{j\Omega})\big\|_{z=e^{j\Omega}}$	

续表7.6

项目	连续系统函数	离散系统函数
求系统函数 $H(\cdot)$ 的方法	① 已知 $h(t)\overset{\mathscr{L}}{\leftrightarrow}H(s)$ ② 已知微分方程写出 $H(s)=\dfrac{Y_{zs}(s)}{F(s)}$ ③ 根据模拟框图写出 $H(s)$ ④ 根据极零图写出 $H(s)$	① 已知 $h(n)\overset{\mathscr{Z}}{\leftrightarrow}H(z)$ ② 已知差分方程写出 $H(z)=\dfrac{Y_{zs}(z)}{F(z)}$ ③ 根据模拟框图写出 $H(z)$ ④ 根据极零图写出 $H(z)$

7.4　深入思考

1. Z 变换的极点位置与收敛域有何联系？
2. 如何求因果周期序列的 Z 变换？
3. $x_1(n)=2^{n-2}u(n-2)$ 与 $x_2(n)=2^{n-2}u(n)$ 的单边 Z 变换有何不同？
4. 试总结如何利用 $H(z)$ 的零极点分布了解系统的时域与频域特性？
5. 若 $H(z)$ 的收敛域包括单位圆，则此系统定是稳定系统。这种说法对吗？为什么？
6. 比较离散时间系统 z 域分析法与连续时间系统 s 域分析法。
7. 离散非周期信号频谱的物理含义是什么？有何特点？
8. 四类信号的时域特性与其频域特性有何对应关系？
9. 离散系统频率响应的物理含义是什么？
10. 离散系统响应的时域分析与频域分析有何区别与联系？

7.5　典型习题

7.1　求序列 $x(n)=\begin{cases}1 & (0\leqslant n\leqslant N-1)\\ 0 & (\text{其他})\end{cases}$ 的 Z 变换及收敛域，并画出极零图。

【分析与解答】

(1)Z 变换及收敛域。

解法一：信号形式简单，为有限长序列且在存在时间内为常数，可根据定义直接求解。

$$X(z)=\sum_{n=0}^{\infty}x(n)z^{-n}=\sum_{n=0}^{N-1}z^{-n}=1+z^{-1}+\cdots+z^{-(N-1)}$$

为首项 1、公比 z^{-1} 的 N 项有限长等比级数之和。

有限长序列，不论 Z 变换是否为等比级数，不论公比为多少，Z 变换均收敛。则

$$X(z)=\frac{1-z^{-N}}{1-z^{-1}}$$

z 取任意值时上式均成立，但前提是 z^{-1} 存在，即 $z\neq 0$，因而收敛域 $|z|>0$。

解法二：利用 Z 变换位移性。

$$x(n)=u(n)-u(n-N)$$

$$X(z)=\mathscr{Z}[u(n)]-\mathscr{Z}[u(n-N)]=\frac{z}{z-1}-\frac{z}{z-1}\cdot z^{-N}=\frac{1-z^{-N}}{1-z^{-1}}$$

$x(n)$ 为有限长序列且单边，其收敛域 $|z|>0$。

(2) 极零图。

为便于分析，将 $X(z)$ 分子分母表示为 z 的多项式：同乘 z^N，

$$X(z)=\frac{z^N-1}{z^N-z^{N-1}}$$

分子分母均为 N 次多项式，分别有 N 个极点和零点。

$z^N=1$，若 z 为实变量，则 $z=1$ 为 N 重根。但此时 z 为复变量，应将方程右侧表示为复数：复平面上，其模为 1，辐角为 2π，即

$$z^N=\mathrm{e}^{\mathrm{j}2\pi}$$

开 N 次方：

$$z_i=\mathrm{e}^{\mathrm{j}\frac{2\pi}{N}i}\quad (i=0,1,\cdots,N-1)$$

零点模均为 1，辐角为 $\dfrac{2\pi}{N}$ 整数倍；在 z 平面单位圆上辐角以 $\dfrac{2\pi}{N}$ 等间距分布。极零图如图 7.4 所示。

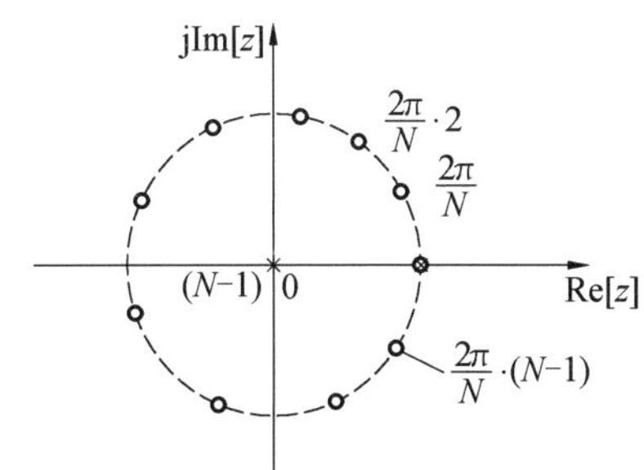

图 7.4　题 7.1 答图

$z^N-z^{N-1}=0$，即 $z^{N-1}(z-1)=0$，$p_1=1$ 为 1 阶极点，$p_{2,3,\cdots,N}=0$ 为(z 平面原点)$N-1$ 阶极点，如图 7.4 所示。

从表面上看，$z=1$ 既为零点也为极点，但是极零点 $z=1$ 可以约掉，则其不是零点，极点阶数也由 N 降低为 $N-1$。极点零点相消由 $X(z)$ 表达式决定：

$$X(z)=\frac{z^N-1}{z^N-z^{N-1}}=\frac{(z-1)(z^{N-1}+\cdots+z+1)}{z^{N-1}(z-1)}=\frac{z^{N-1}+\cdots+z+1}{z^{N-1}}$$

7.2　求序列 $x(n)=\begin{cases}n & (0\leqslant n\leqslant N-1)\\ 0 & (\text{其他})\end{cases}$ 的 Z 变换。

【分析与解答】

$x(n)$ 为有界函数，信号值是确定的，其 Z 变换必存在(级数收敛)。

$x(n)$ 为分段函数，为便于求解，用 $u(n)$ 表示存在时间：

$$x(n)=n[u(n)-u(n-N)]$$

$$\begin{aligned}X(z)&=\mathscr{Z}[nu(n)-nu(n-N)]\\&=\mathscr{Z}[nu(n)-Nu(n-N)-(n-N)u(n-N)]\\&=\mathscr{Z}[nu(n)]-N\mathscr{Z}[u(n-N)]-\mathscr{Z}[(n-N)u(n-N)]\end{aligned}$$

由 z 域微分性质，

$$\mathscr{Z}[nu(n)]=-\frac{\mathrm{d}[\mathscr{Z}[u(n)]]}{\mathrm{d}z}=-\frac{\mathrm{d}\left[\frac{z}{z-1}\right]}{\mathrm{d}z}=\frac{z}{(z-1)^2}$$

由位移性，

$$\begin{cases}\mathscr{Z}[u(n-N)]=\dfrac{z}{z-1}\cdot z^{-N}\\ \mathscr{Z}[(n-N)u(n-N)]=\dfrac{z}{(z-1)^2}\cdot z^{-N}\end{cases}$$

$$X(z)=\frac{z}{(z-1)^2}-N\cdot\frac{z}{z-1}\cdot z^{-N}-\frac{z}{(z-1)^2}\cdot z^{-N}=\frac{z^{N+1}-Nz^2+(N-1)z}{(z-1)^2z^N}$$

$x(n)$ 有限长，$X(z)$ 收敛域至少为 $0<|z|<\infty$；由于其单边，收敛域还包括 $|z|=\infty$，从而 $|z|>0$。

7.3 求双边序列 $x(n)=\left(\frac{1}{2}\right)^{|n|}$ 的 Z 变换，并标出收敛域及绘出极零图。

【分析与解答】

$x(n)$ 为双边序列，将 $x(n)$ 改写为

$$x(n)=\begin{cases}\left(\dfrac{1}{2}\right)^n, n\geqslant 0\\ \left(\dfrac{1}{2}\right)^{-n}, n<0\end{cases}=\left(\frac{1}{2}\right)^n u(n)+\left(\frac{1}{2}\right)^{-n}u(-n-1)$$

双边序列 Z 变换由两部分组成：分别为左边及单边序列 Z 变换

$$X(z)=\mathscr{Z}[x(n)]=\sum_{n=-\infty}^{-1}\left(\frac{1}{2}\right)^{-n}z^{-n}+\sum_{n=0}^{\infty}\left(\frac{1}{2}\right)^n z^{-n}$$

对左边序列

$$\mathscr{Z}\left[\sum_{n=-\infty}^{-1}\left(\frac{1}{2}\right)^{-n}z^{-n}\right]=\mathscr{Z}\left[\sum_{n=1}^{\infty}\left(\frac{1}{2}\right)^n z^n\right]=\frac{\frac{1}{2}z}{1-\frac{1}{2}z}=-\frac{z}{z-2}$$

为使该无穷等比级数收敛(即 Z 变换存在)，应有公比 $\left|\frac{1}{2}z\right|<1$，即收敛域 $|z|<2$。

对于右边序列 $\left(\frac{1}{2}\right)^n u(n)$，有

$$\mathscr{Z}\left[\left(\frac{1}{2}\right)^n u(n)\right]=\frac{z}{z-\frac{1}{2}}\quad\left(|z|>\frac{1}{2}\right)$$

因此，对双边序列

$$X(z)=\mathscr{Z}\left[\left(\frac{1}{2}\right)^n u(n)\right]+\mathscr{Z}\left[\left(\frac{1}{2}\right)^{-n}u(-n-1)\right]=\frac{-\frac{3}{2}z}{(z-2)\left(z-\frac{1}{2}\right)}\quad\left(\frac{1}{2}<|z|<2\right)$$

收敛域为两个 Z 变换收敛域的公共部分。

一个零点：$z=0$，两个极点：$p_1=\frac{1}{2}$、$p_2=2$；极零图如图 7.5 所示。

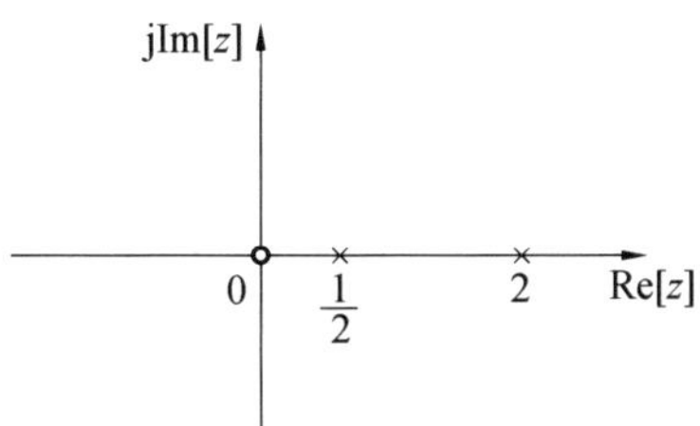

图 7.5　题 7.3 答图

7.4　求 $X(z)=\dfrac{z^2+z+1}{z^2+3z+2}(|z|>2)$ 的 Z 反变换。

【分析与解答】

解法一：$X(z)$ 只有单极点，可用部分分式法。

$$\frac{X(z)}{z}=\frac{z^2+z+1}{z(z^2+3z+2)}=\frac{K_1}{z}+\frac{K_2}{z+1}+\frac{K_3}{z+2}$$

$$\begin{cases}K_1=\dfrac{X(z)}{z}\cdot z\Big|_{z=0}=\dfrac{1}{2}\\ K_2=\dfrac{X(z)}{z}(z+1)\Big|_{z=-1}=-1\\ K_3=\dfrac{X(z)}{z}(z+2)\Big|_{z=-2}=\dfrac{3}{2}\end{cases}$$

$$X(z)=\frac{1}{2}-\frac{z}{z+1}+\frac{3}{2}\cdot\frac{z}{z+2}$$

$$x(n)=\frac{1}{2}\delta(n)-(-1)^n u(n)+\frac{3}{2}(-2)^n u(n) \qquad ①$$

解法二：$X(z)$ 不是真分式，分解为 z 的多项式及真分式等两个分量(可通过长除)：

$$X(z)=1-\frac{2z+1}{z^2+3z+2}$$

右侧真分式进行分解(有两个单极点，必然分解为两个真分式之和)：

$$X(z)=1+\frac{1}{z+1}-3\cdot\frac{1}{z+2}$$

由

$$\begin{cases}\mathscr{Z}^{-1}\left[\dfrac{z}{z+1}\right]=(-1)^n u(n) \quad (|z|>1)\\ \mathscr{Z}^{-1}\left[\dfrac{z}{z+2}\right]=(-2)^n u(n) \quad (|z|>2)\end{cases}$$

根据位移性，

$$\begin{cases}\mathscr{Z}^{-1}\left[\dfrac{1}{z+1}\right]=(-1)^{n-1} u(n-1) \quad (|z|>1)\\ \mathscr{Z}^{-1}\left[\dfrac{1}{z+2}\right]=(-2)^{n-1} u(n-1) \quad (|z|>2)\end{cases}$$

已知收敛域 $|z|>2$，满足 $|z|>1$，从而

$$x(n)=\delta(n)+(-1)^{n-1}u(n-1)-3(-2)^{n-1}u(n-1) \qquad ②$$

与解法一得到的式 ① 不同。上式中，$n=0$ 时，只有第 1 项存在；$n\geqslant 1$ 时，只存在后两个分

量。写为分段函数

$$x(n)=\begin{cases}1 & (n=0)\\ -(-1)^n+\dfrac{3}{2}(-2)^n & (n\geqslant 1)\end{cases}$$

同时将式 ① 表示为分段函数：$n=0$ 时，3 个分量均存在；$n\geqslant 1$ 时，只有后两个分量存在，即

$$x(n)=\begin{cases}\dfrac{1}{2}-(-1)^0+\dfrac{3}{2}(-2)^0=1 & (n=0)\\ -(-1)^n+\dfrac{3}{2}(-2)^n & (n\geqslant 1)\end{cases}$$

可见，尽管两种解法得到的 $x(n)$（式 ① 及 ②）形式不同，但表示同一个序列。

解法三：利用留数法，有

$$x(n)=\sum\text{Res}[X(z)z^{n-1}]=\sum\text{Res}\left(\frac{z^2+z+1}{(z+1)(z+2)}z^{n-1}\right)\quad(|z|>2)$$

分别求 $z=0,z=-1,z=-2$ 三个单阶极点的留数，有

$$x(n)=\frac{1}{2}\delta(n)+(-1)(-1)^n u(n)+\frac{3}{2}(-2)^n u(n)$$

7.5 利用三种 Z 反变换方法求 $X(z)$ 的反变换。

$$X(z)=\frac{10z}{(z-1)(z-2)}\quad(|z|>2)$$

【分析与解答】

(1) 部分分式法。

$$\frac{x(z)}{z}=\frac{10}{(z-1)(z-2)}=\frac{-10}{z-1}+\frac{10}{z-2}$$

$$x(z)=\frac{-10z}{z-1}+\frac{10z}{z-2}\leftrightarrow x(n)=-10u(n)+10\cdot 2^n u(n)$$

(2) 长除法。

$|z|>2$，右边序列，分子分母 z 降幂排列

$$X(z)=\frac{10z}{(z-1)(z-2)}=10\,\frac{z}{z^2-3z+2}$$

$$\begin{array}{r} z^{-1}+3z^{-2}+7z^{-3}+\cdots \\ z^2-3z+2\,\overline{)\,z\qquad\qquad\qquad\qquad} \\ z-3+2z^{-1} \\ \hline 3-2z^{-1} \\ 3-9z^{-1}+6z^{-2} \\ \hline 7z^{-1}-6z^{-2} \\ 7z^{-1}-21z^{-2}+14z^{-3} \\ \hline 15z^{-2}-14z^{-3} \\ \vdots \end{array}$$

因此，$x(0)=0$，$x(1)=10$，$x(2)=30$，$x(7)=70$，…

推导可得

$$x(n)=10(2^n-1)u(n)$$

使用长除法求 Z 反变换的缺点是，不易写出 $x(n)$ 闭合形式的表达式。在实际应用中，如果只需求出序列 $x(n)$ 的前 N 个值，那么使用长除法还是非常方便的。此外，使用长除法还可以检验用其他反变换方法求出的序列正确与否。

(3) 留数法。

$$x(n)=\frac{1}{2\pi j}\oint_C X(z)z^{n-1}\mathrm{d}z=\sum \mathrm{Res}\left[\frac{10z\cdot z^{n-1}}{(z-1)(z-2)}\right]\quad (|z|>2 \text{ 圆内极点})$$

$n\geqslant 0$ 共有两个极点，$p_1=1$，$p_2=2$。

$$x(n)=\frac{10z^n}{z-1}\bigg|_{z=2}+\frac{10z^n}{z-2}\bigg|_{z=1}=10\cdot 2^n u(n)-10u(n)$$

$n=-1$ 时，有三个极点 $p_0=0$，$p_1=1$，$p_2=2$。

$$x(n)=\frac{10}{(z-1)(z-2)}\bigg|_{z=0}+\frac{10}{z(z-1)}\bigg|_{z=2}+\frac{10}{z(z-2)}\bigg|_{z=1}=5+5-10=0$$

$n\leqslant -2$ 时，使用留数辅助定理，C 外无极点。

$$x(n)=0$$

因此，$x(n)=10(2^n-1)u(n)$。

7.6　已知连续时间信号 $x(t)$ 的拉普拉斯变换为

$$X(s)=\sum_{i=1}^{M}\frac{A_i}{s+p_i}$$

对 $x(t)$ 以等间隔 T 抽样得到离散时间序列 $x(n)$，即 $x(n)=x(t)|_{t=nT}$，求 $x(n)$ 的 Z 变换。

【分析与解答】

先对 $X(s)$ 进行拉普拉斯反变换获得 $x(t)$，再对 $x(t)$ 等间隔抽样得到 $x(n)$，最后再对 $x(n)$ 进行 Z 变换即得到 $X(z)$。

对 $X(s)$ 进行拉普拉斯反变换，可得

$$x(t)=\sum_{i=1}^{M}A_i e^{-p_i t}u(t)$$

对 $x(t)$ 以等间隔 T 抽样，得

$$x(n)=x(t)|_{t=nT}=\sum_{i=1}^{M}A_i e^{-p_i nT}u(n)$$

所以，对 $x(n)$ 进行 Z 变换，可得

$$X(z)=\mathscr{Z}[x(n)]=\sum_{i=1}^{M}\frac{A_i}{1-e^{-p_i T}z^{-1}},\quad |z|>\max(|e^{-p_1 T}|,|e^{-p_2 T}|,\cdots,|e^{-p_M T}|)$$

7.7　画出 $\dfrac{-3z^{-1}}{2-5z^{-1}+2z^{-2}}$ 的极零图，在下列三种收敛域下，哪种情况对应左边序列、右边序列、双边序列？并求各对应的序列。

(1) $|z|>2$；　　(2) $|z|<0.5$；　　(3) $0.5<|z|<2$。

【分析与解答】

将 $X(z)$ 分子分母写为 z 的多项式形式：

$$X(z)=\frac{-3z}{2z^2-5z+2}=\frac{-\frac{3}{2}z}{\left(z-\frac{1}{2}\right)(z-2)}$$

有两个极点 $p_1=\frac{1}{2}, p_2=2$ 和一个零点 $z_1=0$，极零图如图 7.6 所示。

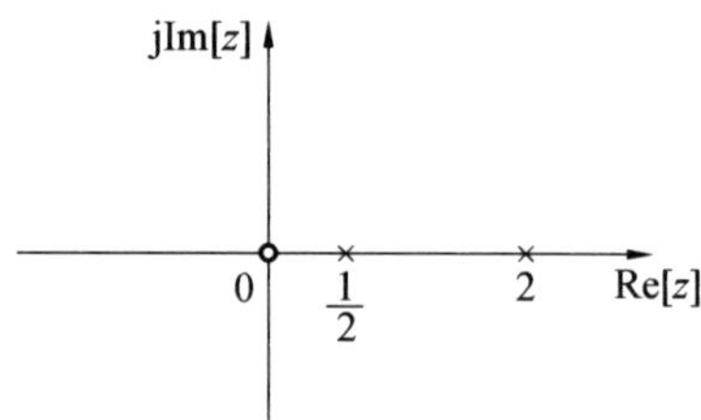

图 7.6　题 7.7 答图

(1) 由收敛域 $|z|>2$，可知序列为右边序列。

用部分分式法，根据 $a^n u(n) \leftrightarrow \frac{z}{z-a}(|z|>a)$

$$X(z)=\frac{z}{z-\frac{1}{2}}+\frac{-z}{z-2}$$

$$x(n)=\left(\frac{1}{2}\right)^n u(n)-2^n u(n)=\left[\left(\frac{1}{2}\right)^n-2^n\right]u(n-1)$$

用留数法，$n \geqslant 0$ 时，有

$$X(z)z^{n-1}=\frac{-\frac{3}{2}z^n}{\left(z-\frac{1}{2}\right)(z-2)}$$

由上式可以得到两个极点：$p_1=\frac{1}{2}, p_2=2$。

由留数定理，

$$\begin{aligned}x(n)&=\sum_i \operatorname{Res}\left[X(z)z^{n-1}, z_i\right]=\left.\frac{-3z^n}{2(z-2)}\right|_{z=\frac{1}{2}}+\left.\frac{-3z^n}{2z-1}\right|_{z=2}\\&=\left[\left(\frac{1}{2}\right)^n-2^n\right]u(n)=\left[\left(\frac{1}{2}\right)^n-2^n\right]u(n-1)\end{aligned}$$

(2) 收敛域 $|z|<\frac{1}{2}$ 在 z 平面某个圆内，$x(n)$ 为左边序列。

用部分分式法，根据 $b^n u(-n-1) \leftrightarrow \frac{z}{z-b}(|z|<b)$

$$x(n)=-\left(\frac{1}{2}\right)^n u(-n-1)+2^n u(-n-1)$$

(3) 由收敛域 $\frac{1}{2}<|z|<2$ 可知，$x(n)$ 为双边序列，$X(z)$ 包含两部分，$|z|>0.5$ 收敛的部分对应于单边序列，$|z|<2$ 收敛的部分对应于左边序列。

根据 $a^n u(n)-b^n u(-n-1)\leftrightarrow \frac{z}{z-a}+\frac{z}{z-b}(a<|z|<b)$

$$x(n)=\left(\frac{1}{2}\right)^n u(n)+2^n u(-n-1)=\left(\frac{1}{2}\right)^{|n|}$$

总结：从本题知，当 $X(z)$ 无法确定时间序列，此时 $x(n)$ 有多种可能：不同收敛域对应不同 $x(n)$。如收敛域在 z 平面某个圆外，可用常规单边 Z 反变换方法求解。否则，根据收敛域，将 $X(z)$ 展开为相应的幂级数形式，并表示为 Z 变换定义式，从而得到 $x(n)$。

7.8　已知 $x(n)=a^n u(n)(|a|<1)$，求 $g(n)=\sum_{k=0}^{n}x(k)$ 的终值。

【分析与解答】

解法一：时域

$x(n)$ 为单边衰减指数序列，$g(n)$ 为 $x(n)$ 各样值之和，其也收敛，因而终值存在。另一方面，在离散时间域，信号求和与连续时间域的积分相当：

$$\begin{cases}\text{连续时域：}g(t)=\int_{0^-}^{t}f(\tau)\mathrm{d}\tau\\ \text{离散时域：}g(n)=\sum_{k=0}^{n}x(k)\end{cases}$$

$$g(n)=\sum_{k=0}^{n}[a^k u(k)]=\left(\sum_{k=0}^{n}a^k\right)u(n)=\frac{1-a^{n+1}}{1-a}u(n)$$

其中，$\left(\sum_{k=0}^{n}a^k\right)$ 为首项 1、公比 $|a|<1$、共 $n+1$ 项的有限长等比级数。

得到终值为

$$\lim_{n\to\infty}g(n)=\lim_{n\to\infty}\frac{1-a^{n+1}}{1-a}u(n)\to\frac{1-a^{\infty+1}}{1-a}=\frac{1}{1-a}$$

解法二：z 域

利用 z 域终值定理。

$$G(z)=\mathscr{Z}\left[\frac{1-a^{n+1}}{1-a}\cdot u(n)\right]=\frac{1}{1-a}\{\mathscr{Z}[u(n)]-\mathscr{Z}[a^{n+1}u(n)]\}=\frac{z^2}{(z-1)(z-a)}$$

两个极点：$p_1=1$ 为单位圆上 $z=1$ 处的一阶极点，$p_2=a$ 位于单位圆内，满足终值定理使用条件；

$$\lim_{n\to\infty}g(n)=\lim_{z\to1}[(z-1)G(z)]=\lim_{z\to1}\frac{z^2}{z-a}=\frac{1}{1-a}$$

与时域法结果相同。

7.9　已知因果序列 $x(n)$ 的 Z 变换式 $X(z)$，试求 $x(n)$ 的取值 $x(0)$、$x(1)$、$x(\infty)$。

(1) $X(z)=\frac{z(z+1)}{(z^2-1)(z+0.5)}$；　　(2) $X(z)=\frac{2z^2}{\left(z-\frac{1}{2}\right)\left(z+\frac{1}{3}\right)}$。

【分析与解答】

利用初值定理和终值定理即可求出 $x(n)$ 的初值 $x(0)$ 和终值 $x(\infty)$。将 $x(n)$ 左移 1，再利用初值定理即可求出 $x(1)$。但在应用终值定理时，只有序列终值存在，即 $(z-1)X(z)$ 的 ROC 包含单位圆时，终值定理才适用。

(1) 由初值定理，有

$$x(0)=\lim_{z\to\infty}X(z)=\lim_{z\to\infty}\frac{z(z+1)}{(z^2-1)(z+0.5)}=0$$

利用位移特性，有

$$\mathscr{Z}[x(n+1)u(n)]=z[X(z)-x(0)]$$

对上式应用初值定理，可得

$$x(1)=\lim_{z\to\infty}z[X(z)-x(0)]=\lim_{z\to\infty}\frac{z^2(z+1)}{(z^2-1)(z+0.5)}=1$$

由终值定理

$$x(\infty)=\lim_{z\to 1}(z-1)X(z)=\lim_{z\to 1}\frac{z}{z+0.5}=\frac{2}{3}$$

(2) 由初值定理

$$x(0)=\lim_{z\to\infty}X(z)=\lim_{z\to\infty}\frac{2z^2}{\left(z-\frac{1}{2}\right)\left(z+\frac{1}{3}\right)}=2$$

$$x(1)=\lim_{z\to\infty}z[X(z)-x(0)]=\lim_{z\to\infty}\frac{\frac{1}{3}z^2+\frac{1}{3}z}{z^2-\frac{1}{6}z-\frac{1}{6}}=\frac{1}{3}$$

由终值定理

$$x(\infty)=\lim_{z\to 1}(z-1)X(z)=\lim_{z\to 1}\frac{(z-1)2z^2}{\left(z-\frac{1}{2}\right)\left(z+\frac{1}{3}\right)}=0$$

7.10 已知 $x(n)=a^n u(n)$，$h(n)=b^n u(-n)$，求 $y(n)=x(n)*h(n)$。

【分析与解答】

求卷积和有两种考虑：(1) 时域直接计算；(2) 用 Z 变换时域卷积定理，将卷积和运算转化为 Z 变换、z 域乘法及 Z 反变换等 3 个过程。

卷积定理求解：由题得 $x(n)=a^n u(n)$，对其进行 Z 变换得

$$X(z)=\frac{z}{z-a}\quad(|z|>|a|)$$

同样对 $h(n)=b^n u(-n)=\delta(n)+b^n u(-n-1)$ 进行 Z 变换得

$$H(z)=1+\frac{-z}{z-b}=\frac{-b}{z-b}\quad(|z|<|b|)$$

当 $|a|<|b|$ 时，收敛域为 $|a|<|z|<|b|$。

进一步，

$$Y(z)=X(z)H(z)=\frac{-bz}{(z-a)(z-b)}=\frac{b}{b-a}z\left(\frac{1}{z-a}-\frac{1}{z-b}\right)$$

对上式进行 Z 反变换得

$$y(n)=\frac{b}{b-a}a^{n}u(n)+\frac{b}{b-a}b^{n}u(-n-1)$$

为双边序列。

7.11　已知序列 $x_1(n)$、$x_2(n)$ 的 Z 变换，求序列 $x_1(n)x_2(n)$ 的 Z 变换。

(1) $X_1(z)=\dfrac{1}{1-0.5z^{-1}}(|z|>0.5)$，$X_2(z)=\dfrac{1}{1-2z}(|z|<0.5)$；

(2) $X_1(z)=\dfrac{0.99}{(1-0.1z^{-1})(1-0.1z)}(0.1<|z|<10)$，$X_2(z)=\dfrac{1}{1-10z}(|z|>0.1)$。

【分析与解答】

可以采用两种思路：直观的方法是求 $X_1(z)$ 和 $X_2(z)$ 的反变换，得到 $x_1(n)$、$x_2(n)$，再求 $\mathscr{Z}[x_1(n)x_2(n)]$；但要进行两次反变换及一次正变换。另一种是根据 z 域卷积定理，由闭合围线积分(转化为留数)求 $\mathscr{Z}[x_1(n)x_2(n)]$。

(1) 解法一：反变换法

已知 $X_1(z)=\dfrac{1}{1-0.5z^{-1}}(|z|>0.5)$，对其进行 Z 反变换，得

$$x_1(n)=(0.5)^{n}u(n)$$

同样对 $X_2(z)=\dfrac{1}{1-2z}=1-\dfrac{z}{z-0.5}(|z|<0.5)$ 进行 Z 反变换，得

$$x_2(n)=\delta(n)+(0.5)^{n}u(-n-1)$$

$x_1(n)$ 存在范围为 $n\geqslant 0$，$x_2(n)$ 存在范围为 $n\leqslant 0$，$x_1(n)x_2(n)$ 存在范围为二者公共部分，即 $n=0$。则

$$x_1(n)x_2(n)=(0.5)^{n}u(n)[\delta(n)+(0.5)^{n}u(-n-1)]=\delta(n)$$

从而有

$$\mathscr{Z}[x_1(n)x_2(n)]=\mathscr{Z}[\delta(n)]=1$$

其收敛域为整个 z 平面，即 $|z|\geqslant 0$。

解法二：z 域卷积定理

$$\begin{aligned}\mathscr{Z}[x_1(n)x_2(n)]&=\frac{1}{2\pi\mathrm{j}}\oint_C X_1(v)X_2\left(\frac{z}{v}\right)v^{-1}\mathrm{d}v\\&=\frac{1}{2\pi\mathrm{j}}\oint_C\frac{v}{v-0.5}\,\frac{1}{1-2\,\dfrac{z}{v}}v^{-1}\mathrm{d}v=\frac{1}{2\pi\mathrm{j}}\oint_C\frac{v}{v-0.5}\,\frac{1}{v-2z}\mathrm{d}v\end{aligned}$$

$X(v)$ 收敛域为 $|v|>0.5$，$X_2\left(\dfrac{z}{v}\right)$ 收敛域为 $\left|\dfrac{z}{v}\right|<0.5$，即 $|v|>2|z|$，所以被积函数收敛域为 $|v|>\max(0.5,2|v|)$，C 为收敛域内包围原点的任一条逆时针闭合围线。故围线内包含两个极点 $v=0.5$，$v=2z$。

从而，根据留数定理，

$$\mathscr{Z}[x_1(n)x_2(n)]=\left.\frac{v}{v-2z}\right|_{v=0.5}+\left.\frac{v}{v-0.5}\right|_{v=2z}=1$$

(2) 解法一：反变换法

已知 $X_1(z)$ 的收敛域在 z 平面的两个圆之间，$x_1(n)$ 为双边序列，得到

$$x_1(n)=(0.1)^n u(n)+10^n u(-n-1)$$

同理，对 $X_2(z)=\dfrac{1}{1-10z}=1-\dfrac{z}{z-0.1}(|z|>0.1)$ 进行反变换，得到

$$x_2(n)=\delta(n)-(0.1)^n u(n)=-(0.1)^n u(n-1)$$

进一步，

$$x_1(n)x_2(n)=-(0.1)^{2n}u(n-1)=-(0.01)(0.01)^{n-1}u(n-1)$$

根据$(a)^{n-1}u(n-1)\leftrightarrow \dfrac{1}{z-a}$，有

$$\mathscr{Z}[x_1(n)x_2(n)]=\frac{-0.01}{z-0.01}=\frac{1}{1-100z}$$

其收敛域与 $\mathscr{Z}[(0.01)^n u(n)]$ 相同，即 $|z|>0.01$。

解法二：z 域卷积定理

$$\begin{aligned}\mathscr{Z}[x_1(n)x_2(n)]&=\frac{1}{2\pi \mathrm{j}}\oint_C X_1(v)X_2\left(\frac{z}{v}\right)v^{-1}\mathrm{d}v\\&=\frac{1}{2\pi \mathrm{j}}\oint_C \frac{0.99}{(1-0.1v^{-1})(1-0.1v)}\frac{1}{1-10\dfrac{z}{v}}v^{-1}\mathrm{d}v\\&=\frac{1}{2\pi \mathrm{j}}\oint_C \frac{-9.9v}{(v-0.1)(v-10)(v-10z)}\mathrm{d}v\end{aligned}$$

被积函数有三个极点：$v_1=0.1, v_2=10$ 及 $v_3=10z$。

被积函数收敛域为 $0.1<|v|<10$ 和 $|v|<10|z|$ 的公共部分，即

$$0.1<|v|<\min(10,10|z|)$$

则围线 C 内极点只有 1 个：$v_1=0.1$；而 $v_2=10$ 及 $v_3=10z$ 均在围线外。

由留数定理，所以

$$\mathscr{Z}[x_1(n)x_2(n)]=\frac{-9.9v}{(v-10)(v-10z)}\bigg|_{v=0.1}=\frac{1}{1-100z}\quad(|z|>0.01)$$

7.12 设 $x(n)$ 为单边序列，且满足 $x(n)=nu(n)+\sum\limits_{i=0}^{n}x(i)$，试确定 $x(n)$。

【分析与解答】

已知条件中 $\sum\limits_{i=0}^{n}x(i)$，难以求解；应表示为有关 $x(n)$ 的形式。

任意单边序列与 $u(n)$ 的卷积和为对该序列求和，$x(n)*u(n)=\sum\limits_{m=0}^{n}x(m)$。

因此，题中关系为

$$x(n)=nu(n)+x(n)*u(n)$$

未知量 $x(n)$ 需由该方程求解。但有卷积和 $x(n)*u(n)$，时域求解不可能；可用 Z 变换法转化为乘法运算。由时域卷积定理，

$$X(z)=\frac{z}{(z-1)^2}+X(z)\frac{z}{z-1}$$

解得

$$X(z)=-\frac{z}{z-1}$$

对其进行反变换，从而有

$$x(n)=-u(n)$$

7.13　某连续系统微分方程为

$$\frac{\mathrm{d}r(t)}{\mathrm{d}t}+ar(t)=e(t)$$

另有一离散系统，单位阶跃响应 $g(n)$ 为上述连续系统单位阶跃响应 $g_C(t)$ 的抽样，即 $g(n)=g_C(nT)$，试求其差分方程。

【分析与解答】

应先由连续系统微分方程求出其 $g_C(t)$，再得到离散系统单位阶跃响应 $g(n)$，从而确定差分方程。

可由拉氏变换法求 $g_C(t)$。

激励 $u(t)$ 的象函数为

$$E(s)=\frac{1}{s}$$

由微分方程得系统函数

$$H(s)=\frac{1}{s+a}$$

$g_C(t)$ 象函数为

$$G_C(s)=E(s)H(s)=\frac{\frac{1}{a}}{s}+\frac{-\frac{1}{a}}{s+a}$$

$$g_C(t)=\mathscr{L}^{-1}[G_C(s)]=\frac{1}{a}(1-\mathrm{e}^{-at})u(t)$$

$$g(n)=g(t)\big|_{t=nT}=\frac{1}{a}(1-\mathrm{e}^{-anT})u(nT)$$

用 Z 变换法由 $g(n)$ 得到离散系统 $H(z)$，进而得到差分方程。

$$G(z)=\mathscr{Z}[g(n)]=\frac{1}{a}\left(\frac{z}{z-1}-\frac{z}{z-\mathrm{e}^{-aT}}\right)=\frac{1}{a}\cdot\frac{(1-\mathrm{e}^{-aT})z}{(z-1)(z-\mathrm{e}^{-aT})}$$

激励 $u(n)$ 的 Z 变换为

$$U(z)=\frac{z}{z-1}$$

因

$$G(z)=H(z)U(z)$$

则

$$H(z)=\frac{G(z)}{U(z)}=\frac{1}{a}\cdot\frac{1-\mathrm{e}^{-aT}}{z-\mathrm{e}^{-aT}}$$

$$\frac{Y(z)}{X(z)}=\frac{1}{a}\cdot\frac{1-\mathrm{e}^{-aT}}{z-\mathrm{e}^{-aT}}$$

$$(z-\mathrm{e}^{-aT})Y(z)=\frac{1}{a}(1-\mathrm{e}^{-aT})X(z)$$

从而

$$y(n+1)-\mathrm{e}^{-aT}y(n)=\frac{1}{a}(1-\mathrm{e}^{-aT})x(n)$$

为一阶线性非时变因果系统。

7.14 已知一阶因果离散系统差分方程为

$$y(n)+3y(n-1)=x(n)$$

(1) 求系统的单位样值响应 $h(n)$；

(2) 若 $x(n)=(n+n^2)u(n)$，求响应 $y(n)$。

【分析与解答】

差分方程响应最高序号不小于激励最高序号，为因果系统；且二者最高序号相同（为 n），则响应与激励同时出现。方程左侧响应最高与最低序号之差为 1，为一阶系统。

解法一：时域法

(1) 根据差分方程的特征根 $\alpha=-3$，单位样值响应为

$$h(n)=k(-3)^n$$

根据差分方程，当 $x(n)=\delta(n)$ 时有

$$h(n)+3h(n-1)=\delta(n)$$

利用 δ 函数平衡且因果系统 $n<0$ 时，$h(n)=0$；当 $n=0$ 时

$$h(0)+3h(-1)=\delta(0)=1\Rightarrow h(0)=1\Rightarrow k=1\Rightarrow h(n)=(-3)^n u(n)$$

(2) 由特征方程可得方程的齐次解

$$y_{\mathrm{h}}(n)=A(-3)^n$$

由 $x(n)=(n+n^2)u(n)$ 可得特解为 $B(n)=B_2n^2+B_1n+B_0$，代入差分方程左侧得

$$\begin{aligned}&B_2n^2+B_1n+B_0+3B_2(n-1)^2+3B_1(n-1)+3B_0\\&=4B_2n^2+(4B_1-6B_2)n+(3B_2-3B_1+4B_0)\end{aligned}$$

和方程右侧 n^2+n 的对应系数相等，得 $B_2=\frac{1}{4}$，$B_1=\frac{5}{8}$，$B_0=\frac{9}{32}$。因此

$$y(n)=A(-3)^n+\frac{1}{4}n^2+\frac{5}{8}n+\frac{9}{32}$$

由因果系统可知

$$y(0)=0\Rightarrow A=-\frac{9}{32}$$

所以

$$y(n)=\left[-\frac{9}{32}(-3)^n+\frac{1}{4}n^2+\frac{5}{8}n+\frac{9}{32}\right]u(n)$$

解法二：Z 变换方法

(1) 差分方程做 Z 变换

$$Y(z)+3z^{-1}[Y(z)-y(-1)z]=X(z)$$

因果系统

$$y(-1)=0,\quad Y(z)+3z^{-1}Y(z)=X(z)$$

$$H(z)=\frac{Y(z)}{X(z)}=\frac{z}{z+3}$$

$h(n)$ 单边决定了 $H(z)$ 收敛域为某个圆外；且以模最大的极点($p=-3$) 为边界。

$$h(n)=(-3)^{n}u(n)$$

可见不满足绝对可和条件，系统不稳定；原因为差分方程特征根(即系统函数极点) 绝对值大于 1。

(2)$x(n)=(n+n^2)u(n)$ 形式较复杂，应利用 z 域微分性质

$$X(z)=\frac{z}{(z-1)^2}+\frac{z(z+1)}{(z-1)^3}$$

$$Y(z)=H(z)X(z)=\frac{2z^3}{(z-1)^3(z+3)}\quad(|z|>3)$$

$Y_{zs}(z)$ 有一阶极点 $p_1=-3$ 及三阶极点 $p_2=1$；对三阶极点，部分分式法需展开为 3 个分式，求解很复杂；重极点应用留数法。

$$\begin{aligned}
y_{zs}(n)&=\sum\operatorname{Res}[Y(z)z^{n-1}]\big|_{z=p_i}=\sum\operatorname{Res}\left[\frac{2z^{n+2}}{(z+3)(z-1)^3}\right]\Bigg|_{z=p_i}\\
&=\frac{2z^{n+2}}{(z-1)^3}\Bigg|_{z=-3}+\frac{1}{2!}\cdot\frac{\mathrm{d}^2}{\mathrm{d}z^2}\left[(z-1)^3\cdot\frac{2z^{n+2}}{(z+3)(z-1)^3}\right]\Bigg|_{z=1}\\
&=-\frac{1}{32}(-3)^{n+2}+\left[\frac{(n+2)(n+1)z^n}{z+3}-\frac{2(n+2)z^{n-1}}{(z+3)^2}+\frac{2z^{n+2}}{(z+3)^3}\right]\Bigg|_{z=1}\\
&=\frac{1}{32}[8n^2+20n+9-(-3)^{n+2}]u(n)
\end{aligned}$$

7.15　由差分方程 $y(n+2)-5y(n+1)+6y(n)=x(n+2)-3x(n)$ 画出离散系统框图，并求系统函数 $H(z)$ 及单位样值响应 $h(n)$。

【分析与解答】

差分方程右侧包括 $x(n)$ 位移项。

引入中间序列 $q(n)$，原差分方程用两个方程等效：

$$\begin{cases}q(n+2)-5q(n+1)+6q(n)=x(n)\\ y(n)=q(n+2)-3q(n)\end{cases}$$

由第 1 个方程得到激励为 $x(n)$、响应为 $q(n)$ 的系统的差分方程，在此基础上，再由第 2 个方程，由 $q(n)$ 及其位移项用另一个加法器得到 $y(n)$，如图 7.7 所示。

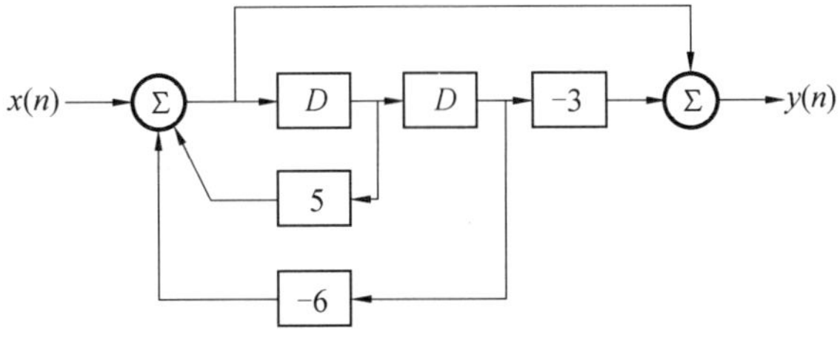

图 7.7　题 7.15 答图

将差分方程 $y(n+2)-5y(n+1)+6y(n)=x(n+2)-3x(n)$ 进行 Z 变换,得到系统函数为

$$H(z)=\frac{z^2-3}{z^2-5z+6}=\frac{z^2-3}{(z-2)(z-3)}=z\left[\frac{-1/2}{z-2}+\frac{2}{z-3}+\frac{-1/2}{z}\right]$$

进行 Z 反变换,得到

$$h(n)=-\frac{1}{2}2^n u(n)+2\cdot 3^n u(n)-\frac{1}{2}\delta(n)$$

7.16 已知离散信号 $x(n)=\begin{cases}1 & (|n|\leqslant 2)\\ 0 & (|n|>2)\end{cases}$,求其频谱 $X(e^{j\omega})$,并画出频谱图。

【分析与解答】

根据序列的傅里叶变换定义 $X(e^{j\Omega})=\sum_{n=-\infty}^{\infty}x(n)e^{-j\Omega n}$,有

$$\begin{aligned}x(e^{j\Omega})&=\sum_{n=-\infty}^{+\infty}x(n)e^{-jn\Omega}=e^{j2\Omega}+e^{j\Omega}+1+e^{-j\Omega}+e^{-2j\Omega}\\&=2\cos 2\Omega+2\cos\Omega+1\\&=4\cos\frac{3}{2}\Omega\cos\frac{\Omega}{2}+1\end{aligned}$$

7.17 已知离散因果系统的模拟框图如图 7.8 所示,求系统函数 $H(z)$ 并确定系统稳定时的 K 值范围。

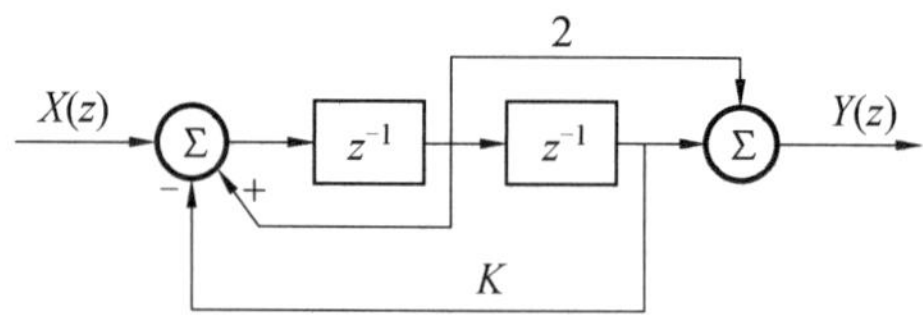

图 7.8　题 7.17 图

【分析与解答】

根据模拟框图的一般规律,可以求出系统函数 $H(z)$,再由系统稳定的充要条件即可确定使系统稳定的 K 值范围。

模拟框图的一般规律为,若系统函数 $H(z)$ 为

$$H(z)=\frac{b_0+b_1z^{-1}+b_2z^{-2}+\cdots+b_mz^{-m}}{1+a_1z^{-1}+a_2z^{-2}+\cdots+a_nz^{-n}}$$

则模拟框图的各反馈回路的传输函数分别为 $-a_1z^{-1}, -a_2z^{-2}, \cdots, -a_{n-1}z^{-(n-1)}, -a_nz^{-n}$,对应 $H(z)$ 的分母;模拟框图的各条前向通路的系统函数分别为 $b_0, b_1z^{-1}, b_2z^{-2}, \cdots, b_{m-1}z^{-(m-1)}, b_mz^{-m}$,对应 $H(z)$ 的分子。

根据模拟框图的一般规律,其系统函数 $H(z)$ 为

$$H(z)=\frac{2z^{-1}+z^{-2}}{1-z^{-1}+Kz^{-2}}$$

对因果系统,系统稳定的条件是极点在单位圆内,即

$$|p_{1,2}|=\left|\frac{1\pm\sqrt{1-4K}}{2}\right|<1$$

由此得

$$0<K<1$$

7.18　已知离散系统如图 7.9 所示。

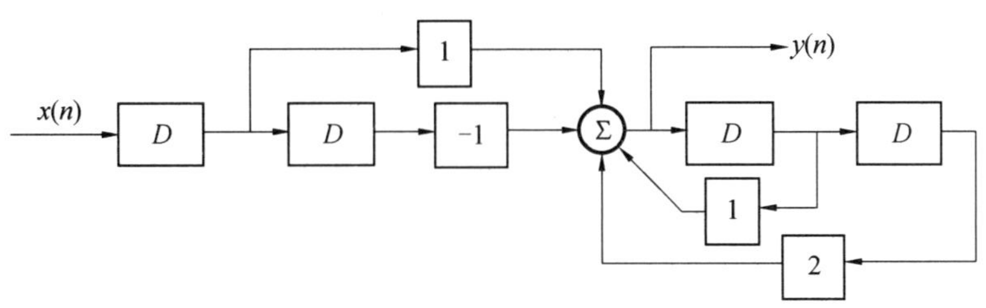

图 7.9　题 7.18 图

(1) 画出系统极零图；

(2) 若系统初始条件为 $y_{zi}(0)=2$、$y_{zi}(1)=1$，激励信号为 $x(n)=\frac{1}{2}(n-2)u(n-1)$，试求系统的响应，并指出其中的零输入响应和零状态响应分量。

【分析与解答】

(1) 由模拟框图写出差分方程为

$$y(n)-y(n-1)-2y(n-2)=x(n-1)-x(n-2)$$

或

$$y(n+2)-y(n+1)-2y(n)=x(n+1)-x(n)$$

对其进行 Z 变换，得

$$(z^2-z-2)Y(z)=(z-1)X(z)$$

进一步系统函数为

$$H(z)=\frac{Y(z)}{X(z)}=\frac{z-1}{z^2-z-2}=\frac{z-1}{(z+1)(z-2)}$$

由上式可以得到系统的零点为 $z=1$，极点为 $p_2=-1$，$p_3=2$，从而有极零图如图 7.10 所示。

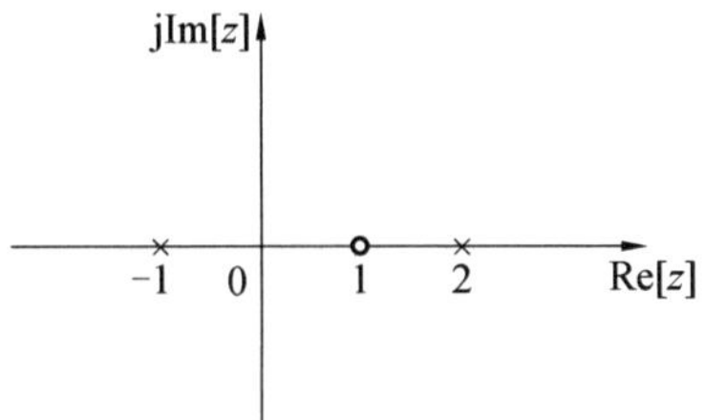

图 7.10　题 7.18 答图

(2) 解法一：用 Z 变换同时求零输入响应和零状态响应

由差分方程 $y(n+2)-y(n+1)-2y(n)=x(n+1)-x(n)$ 进行单边 Z 变换有

$$[z^2Y(z)-z^2y(0)-zy(1)]-[zY(z)-zy(0)]-2Y(z)=(z-1)X(z)$$

$$Y(z)=\frac{z^2y(0)+zy(1)-zy(0)}{z^2-z-2}+\frac{z-1}{z^2-z-2}X(z)$$

代入初始条件

$$y_{zi}(0)=2,\quad y_{zi}(1)=1$$

$$x(n)=\frac{1}{2}(n-2)u(n-1)=\frac{1}{2}(n-1)u(n-1)-\frac{1}{2}u(n-1)$$

所以

$$X(z)=\frac{1}{2}\frac{z}{(z-1)^2}z^{-1}-\frac{1}{2}\frac{z}{z-1}z^{-1}=\frac{1}{2}\cdot\frac{2-z}{(z-1)^2}$$

所以

$$Y(z)=\frac{2z^2-z}{z^2-z-2}-\frac{1}{2}\frac{1}{(z+1)(z-1)}=\frac{2z^3-3z^2+\frac{1}{2}z+1}{(z+1)(z-1)(z-2)}$$

$$\frac{Y(z)}{z}=\frac{\frac{3}{4}}{z+1}+\frac{-\frac{1}{4}}{z-1}+\frac{1}{z-2}+\frac{\frac{1}{2}}{z}$$

所以

$$y(n)=\frac{1}{2}\delta(n)-\frac{1}{4}u(n)+\frac{3}{4}(-1)^nu(n)+2^nu(n)$$

零输入响应为

$$y_{zi}(n)=(-1)^nu(n)+2^nu(n)$$

零状态响应为

$$y_{zs}(n)=\frac{1}{2}\delta(n)-\frac{1}{4}(-1)^nu(n)-\frac{1}{4}u(n)$$

解法二:时域求零输入响应,变换域求零状态响应

$$\alpha^2-\alpha-2=0\Rightarrow\alpha_1=-1,\alpha_2=2$$

$$y_{zi}(n)=C_1(-1)^n+C_2 2^n$$

代入初始值

$$\begin{cases}2=C_1+C_2\\1=2C_2-C_1\end{cases}\quad\begin{cases}C_1=1\\C_2=1\end{cases}$$

则

$$y_{zi}(n)=[(-1)^n+2^n]u(n)$$

$$Y_{zs}(z)=H(z)X(z)=\frac{z-1}{(z+1)(z-2)}\frac{1}{2}\frac{2-z}{(z-1)^2}=-\frac{1}{2}\frac{1}{(z+1)(z-1)}=\frac{\frac{1}{4}}{z+1}-\frac{\frac{1}{4}}{z-1}$$

$$y_{zs}(n)=\frac{1}{4}(-1)^{n-1}u(n-1)-\frac{1}{4}u(n-1)$$

$$Y_{zs}(z)=-\frac{1}{2}\frac{1}{(z-1)(z+1)}\Rightarrow\frac{Y_{zs}(z)}{z}=-\frac{1}{2}\frac{1}{z(z-1)(z+1)}=\frac{\frac{1}{2}}{z}-\frac{\frac{1}{4}}{z+1}-\frac{\frac{1}{4}}{z-1}$$

$$y_{zs}(n)=\frac{1}{2}\delta(n)-\frac{1}{4}(-1)^n u(n)-\frac{1}{4}u(n)$$

全响应为

$$y(n)=y_{zi}(n)+y_{zs}(n)=\frac{1}{2}\delta(n)+\frac{3}{4}(-1)^n u(n)-\frac{1}{4}u(n)+2^n u(n)$$

7.19　设某离散系统的单位样值响应 $h(n)=4\left(\frac{1}{2}\right)^n u(n)-2\left(\frac{1}{4}\right)^n u(n)$，输入信号为 $x(n)=\left(\frac{1}{4}\right)^n u(n)$，且系统初始条件为零。求系统输出 $y(n)$，并画出系统的模拟图。

【分析与解答】

解法一：时域求解

已知 $h(n)=4\left(\frac{1}{2}\right)^n u(n)-2\left(\frac{1}{4}\right)^n u(n)$，$x(n)=\left(\frac{1}{4}\right)^n u(n)$ 初始条件为 0。

系统的输出为输入信号与系统函数的卷积，即

$$\begin{aligned}y(n)&=h(n)*x(n)\\&=4\left(\frac{1}{2}\right)^n u(n)*\left(\frac{1}{4}\right)^n u(n)-2\left(\frac{1}{4}\right)^n u(n)*\left(\frac{1}{4}\right)^n u(n)\\&=4\frac{\left(\frac{1}{2}\right)^{n+1}-\left(\frac{1}{4}\right)^{n+1}}{\frac{1}{2}-\frac{1}{4}}-2(n+1)\left(\frac{1}{4}\right)^n\\&=\left[8\left(\frac{1}{2}\right)^n-6\left(\frac{1}{4}\right)^n-2n\left(\frac{1}{4}\right)^n\right]u(n)\end{aligned}$$

解法二：Z 变换求解

对系统函数 $h(n)$ 进行 Z 变换，得

$$H(z)=4\cdot\frac{z}{z-\frac{1}{2}}-2\frac{z}{z-\frac{1}{4}}$$

同样对系统输入信号 $x(n)$ 进行 Z 变换，得

$$X(z)=\frac{z}{z-\frac{1}{4}}$$

系统输出信号的 Z 变换为

$$\begin{aligned}Y(z)=X(z)H(z)&=4\frac{z}{z-\frac{1}{2}}\frac{z}{z-\frac{1}{4}}-2\frac{z^2}{\left(z-\frac{1}{4}\right)^2}\\&=4\frac{2z}{z-\frac{1}{2}}+4\frac{-z}{z-\frac{1}{4}}-2\frac{z}{z-\frac{1}{4}}-2\frac{\frac{1}{4}z}{\left(z-\frac{1}{4}\right)^2}\\&=8\frac{z}{z-\frac{1}{2}}-6\frac{z}{z-\frac{1}{4}}-2\frac{\frac{1}{4}z}{\left(z-\frac{1}{4}\right)^2}\end{aligned}$$

对其进行反变换，得系统的输出信号为

$$y(n)=\left[8\left(\frac{1}{2}\right)^{n}-6\left(\frac{1}{4}\right)^{n}-2n\left(\frac{1}{4}\right)^{n}\right]u(n)$$

7.20 求下列系统函数在 $10<|z|\leqslant\infty$ 及 $0.5<|z|<10$ 两种收敛域情况下系统的单位样值响应，并说明系统的稳定性和因果性。

$$H(z)=\frac{9.5z}{(z-0.5)(10-z)}$$

【分析与解答】

由题知

$$H(z)=\frac{z}{z-\frac{1}{2}}-\frac{z}{z-10}$$

① 当 $10<|z|<+\infty$ 时，此时 $h(n)$ 为右边序列，所以

$$h(n)=\left(\frac{1}{2}\right)^{n}u(n)-10^{n}u(n)$$

为因果不稳定系统。

② 当 $\frac{1}{2}<|z|<10$ 时

$$h(n)=\left(\frac{1}{2}\right)^{n}u(n)+10^{n}u(-n-1)$$

为非因果稳定系统。

7.21 设离散系统初始条件为零，当输入信号为 $x_1(n)=(n+2)\left(\frac{1}{2}\right)^{n}u(n)$ 时，系统输入的零状态响应为 $y_1(n)=\left(\frac{1}{4}\right)^{n}u(n)$。如果该系统输出的零状态响应为 $y_2(n)=\delta(n)-\left(-\frac{1}{2}\right)^{n}u(n)$，试求其输入信号 $x_2(n)$。

【分析与解答】

当系统的输入信号为 $x_1(n)=(n+2)\left(\frac{1}{2}\right)^{n}u(n)$ 时，有零状态响应 $y_1(n)=\left(\frac{1}{4}\right)^{n}u(n)$，即

$$x_1(n)=(n+2)\left(\frac{1}{2}\right)^{n}u(n)\Rightarrow y_1(n)=\left(\frac{1}{4}\right)^{n}u(n)$$

所以题目可以理解为：当系统的零状态响应为 $y_2(n)=\delta(n)-\left(-\frac{1}{2}\right)^{n}u(n)$ 时对应的输出 $x_2(n)$。

对 $x_1(n)$ 进行 Z 变换，得

$$x_1(n)=(n+2)\left(\frac{1}{2}\right)^{n}u(n)=n\left(\frac{1}{2}\right)^{n}u(n)+2\left(\frac{1}{2}\right)^{n}u(n)$$

$$\Rightarrow X_1(z)=\frac{\frac{1}{2}z}{\left(z-\frac{1}{2}\right)^{2}}+2\frac{z}{z-\frac{1}{2}}=\frac{2z^{2}-\frac{1}{2}z}{\left(z-\frac{1}{2}\right)^{2}}$$

同样对 $y_1(n)$ 进行 Z 变换，得

$$y_1(n)=\left(\frac{1}{4}\right)^n u(n)\Rightarrow Y_1(z)=\frac{z}{z-\frac{1}{4}}$$

那么可以得到系统函数 $H(z)$ 如下：

$$H(z)=\frac{Y_1(z)}{X_1(z)}=\frac{z}{z-\frac{1}{4}}\cdot\frac{\left(z-\frac{1}{2}\right)^2}{2z^2-\frac{1}{2}z}=\frac{\left(z-\frac{1}{2}\right)^2}{2\left(z-\frac{1}{4}\right)^2}$$

同样对 $y_2(n)$ 进行 Z 变换，得

$$y_2(n)=\delta(n)-\left(-\frac{1}{2}\right)^n u(n)\Rightarrow Y_2(z)=1-\frac{z}{z+\frac{1}{2}}=\frac{\frac{1}{2}}{z+\frac{1}{2}}$$

进而可以求出 $x_2(n)$ 的 Z 变换，为

$$X_2(z)=\frac{Y_2(z)}{H(z)}=\frac{\frac{1}{2}}{z+\frac{1}{2}}\,\frac{2\left(z-\frac{1}{4}\right)^2}{\left(z-\frac{1}{2}\right)^2}=\frac{z^2-\frac{1}{2}z+\frac{1}{16}}{\left(z+\frac{1}{2}\right)\left(z-\frac{1}{2}\right)^2}$$

对其进行 Z 反变换，可以得到 $x_2(n)$：

$$\frac{X_2(z)}{z}=\frac{\left(z-\frac{1}{4}\right)^2}{z\left(z+\frac{1}{2}\right)\left(z-\frac{1}{2}\right)^2}=\frac{\frac{1}{2}}{z}+\frac{-\frac{9}{8}}{-z+\frac{1}{2}}+\frac{\frac{5}{8}}{z-\frac{1}{2}}+\frac{\frac{1}{8}}{\left(z-\frac{1}{2}\right)^2}$$

$$\Rightarrow x_2(n)=\frac{1}{2}\delta(n)-\frac{9}{8}\left(-\frac{1}{2}\right)^n u(n)+\frac{5}{8}\left(\frac{1}{2}\right)^n u(n)+\frac{1}{4}n\left(\frac{1}{2}\right)^n u(n)$$

7.22　如图 7.11 所示，某因果离散时间系统由两个子系统级联而成，若描述两个子系统的差分方程分别为

$$y_1(n+2)-\frac{1}{2}y_1(n+1)=\frac{1}{2}x(n+1)+\frac{1}{3}x(n)$$

和

$$y(n+1)-\frac{1}{3}y(n)=y_1(n+1)$$

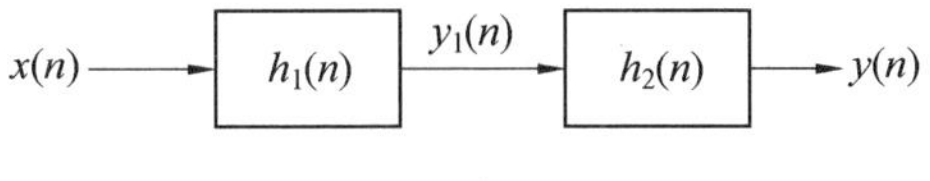

图 7.11　题 7.22 图

(1) 求每个子系统的单位冲激响应 $h_1(n)$ 和 $h_2(n)$；

(2) 画出子系统 $H_2(z)$ 的幅频特性曲线；

(3) 求该系统的系统函数 $H(z)$，画出其零极点分布图，并分析系统的稳定性。

【分析与解答】

(1) 由差分方程 $y_1(n+2)-\frac{1}{2}y_1(n+1)=\frac{1}{2}x(n+1)+\frac{1}{3}x(n)$ 得，该子系统的系统函

数 $H_1(z)$ 的 Z 变换为

$$H_1(z)=\frac{\frac{z}{2}+\frac{1}{3}}{z^2-\frac{z}{2}}=-\frac{7}{3}-\frac{2}{3}z^{-1}+\frac{7}{3}\frac{z}{z-\frac{1}{2}}$$

对其进行 Z 反变换得

$$h_1(n)=-\frac{7}{3}\delta(n)-\frac{2}{3}\delta(n-1)+\frac{7}{3}\left(\frac{1}{2}\right)^n u(n)$$

由差分方程 $y(n+1)-\frac{1}{3}y(n)=y_1(n+1)$ 得，该子系统函数的 Z 变换为

$$H_2(z)=\frac{z}{z-\frac{1}{3}}$$

对其进行 Z 反变换得

$$h_2(n)=\left(\frac{1}{3}\right)^n u(n)$$

(2) 由 $H_2(z)=\dfrac{z}{z-\frac{1}{3}}$ 可以得

$$H_2(e^{j\Omega})=H_2(z)\big|_{z=e^{j\Omega}}=\left.\frac{z}{z-\frac{1}{3}}\right|_{z=e^{j\Omega}}=\frac{e^{j\Omega}}{e^{j\Omega}-\frac{1}{3}}$$

$H_2(z)$ 的零点为 $z=0$，极点为 $z=\frac{1}{3}$，利用几何分析方法有

$$\Omega=0\text{ 时，}|H_2(0)|=\frac{3}{2}$$

$$\Omega=\frac{\pi}{2}\text{ 时，}\left|H_2\left(\frac{\pi}{2}\right)\right|=\frac{3}{\sqrt{10}}$$

$$\Omega=\pi\text{ 时，}|H_2(\pi)|=\frac{3}{4}$$

因此，可以粗略画出系统 $|H_2(e^{j\Omega})|$ 的幅频特性曲线，如图 7.12 所示。

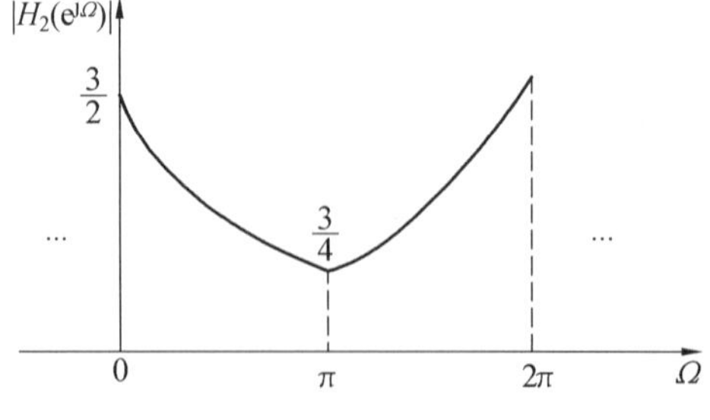

图 7.12　题 7.22 答图 1

(3) 串联系统的系统函数为

$$H(z)=H_1(z)\cdot H_2(z)=\frac{\frac{z}{2}+\frac{1}{3}}{z^2-\frac{z}{2}}\frac{z}{z-\frac{1}{3}}=\frac{\frac{z}{2}+\frac{1}{3}}{\left(z-\frac{1}{2}\right)\left(z-\frac{1}{3}\right)}$$

$$=2+\frac{7z}{z-\frac{1}{2}}-\frac{9z}{z-\frac{1}{3}}$$

其零极点分布如图 7.13 所示。

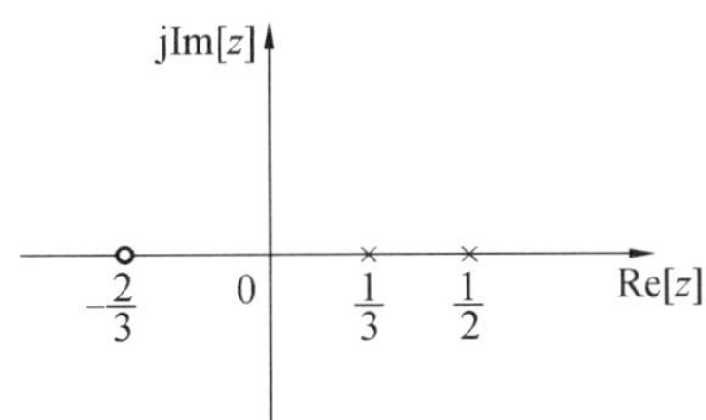

图 7.13　题 7.22 答图 2

极点都在单位圆内，所以该系统稳定。

7.23　线性非时变系统，输入 $x(n)$ 为因果序列，零状态响应

$$y_{zs}(n)=\sum_{m=0}^{n}\sum_{k=0}^{m}x(k)$$

试求系统 $h(n)$。

【分析与解答】

$y_{zs}(n)$ 形式较复杂。

第 1 章的卷积积分中，若 $f(t)$ 为单边信号，则

$$f(t)*u(t)=\int_{0^-}^{t}f(\tau)\mathrm{d}\tau$$

即连续信号与 $u(t)$ 卷积相当于对其自身进行积分。

序列卷积和具有类似性质，若 $x(n)$ 为因果序列，可用 $x(n)u(n)$ 表示，则

$$x(n)*u(n)=\sum_{m=-\infty}^{\infty}x(m)u(m)u(n-m)$$

$$=\left[\sum_{m=0}^{n}x(m)\right]u(n)$$

即序列与 $u(n)$ 的卷积和相当于序列求和。连续信号的积分与序列的求和类似：但积分只对连续变量进行，求和只对离散变量进行。

从而

$$y_{zs}(n)=\sum_{m=0}^{n}\left[\sum_{k=0}^{m}x(k)\right]=\sum_{m=0}^{n}\left[x(m)*u(m)\right]$$

即对 $x(m)*u(m)$ 求和，从而相当于 $x(n)*u(n)$ 再与单位阶跃序列卷积和：

$$y_{zs}(n)=\left[x(n)*u(n)\right]*u(n)=x(n)*\left[u(n)*u(n)\right] \quad ①$$

则

$$h(n)=u(n)*u(n)=\sum_{m=-\infty}^{\infty}u(m)u(n-m)=\left[\sum_{m=0}^{n}u(m)u(n-m)\right]u(n)$$
$$=(n+1)u(n)$$

或由式 ①,利用 Z 变换,

$$Y(z)=X(z)\frac{z}{z-1}\cdot\frac{z}{z-1}$$

收敛域为 $X(z)$ 收敛域及 $|z|>1$ 的公共部分,$x(n)$ 为因果序列,$X(z)$ 收敛域为某个圆外,从而 $Y(z)$ 收敛域为圆外。

$$H(z)=\frac{Y(z)}{X(z)}=\frac{z^2}{(z-1)^2}\quad(|z|>1)$$

$x(n)$ 及 $y(n)$ 为因果序列,即 $X(z)$ 与 $Y(z)$ 收敛域为圆外,从而 $H(z)$ 收敛域也为圆外,且必以其极点为边界,从而 $|z|>1$。

$H(z)$ 有重极点,求 Z 反变换用留数法;且收敛域决定 $h(n)$ 为因果序列,

$$h(n)=\mathrm{Res}[H(z)z^{n-1},1]=\left.\frac{\mathrm{d}\left[\frac{z^{n+1}}{(z-1)^2}(z-1)^2\right]}{\mathrm{d}z}\right|_{z=1}=(n+1)z^n\big|_{z=1}$$
$$=(n+1)u(n)$$

本系统作用是将激励与 $u(n)$ 进行两次卷积和,其可实现,因为 $h(n)$ 单边。

7.24 离散系统差分方程为

$$y(n+2)+a_1y(n+1)+a_0y(n)=x(n+1)+x(n)$$

特征根为 $\alpha_1=-\frac{1}{2}$,$\alpha_2=-3$;激励为 $x(n)=Eu(n)$,全响应为 $y(n)=2u(n)$。试求 a_0、a_1、E 及初始条件 $y_{zi}(0)$、$y_{zi}(1)$。

【分析与解答】

通常已知初始条件及激励求响应,本题已知响应及激励来确定初始条件。

由齐次方程可确定特征方程,再确定特征根;而这里要由特征根确定齐次方程。

差分方程的齐次方程为

$$\alpha^2+a_1\alpha+a_0=0$$

已知特征根为实根且 $\alpha_1>\alpha_2$,从而

$$\begin{cases}\alpha_1=-\frac{1}{2}=\frac{-a_1+\sqrt{a_1^2-4a_0}}{2}\\ \alpha_2=-3=\frac{-a_1-\sqrt{a_1^2-4a_0}}{2}\end{cases}$$

解得

$$\begin{cases}a_0=\frac{7}{2}\\ a_1=\frac{3}{2}\end{cases}$$

差分方程为

$$y(n+2)+\frac{3}{2}y(n+1)+\frac{7}{2}y(n)=x(n+1)+x(n)$$

做 Z 变换得

$$[z^2Y(z)-z^2y_{zi}(0)-zy_{zi}(1)]+\frac{7}{2}[zY(z)-zy_{zi}(0)]+\frac{3}{2}Y(z)=(z+1)X(z)$$

代入 $X(z)=E\frac{z}{z-1}$，则

$$Y(z)=\frac{z^2y_{zi}(0)+zy_{zi}(1)+\frac{7}{2}zy_{zi}(0)}{z^2+\frac{7}{2}z+\frac{3}{2}}+\frac{Ez(z+1)}{\left(z^2+\frac{7}{2}z+\frac{3}{2}\right)(z-1)} \quad ①$$

右侧第 1 项与第 2 项分别对应为零输入与零状态响应的 Z 变换：为求激励与初始条件，需将这两个分量分开。

由已知，

$$Y(z)=\frac{2z}{z-1} \quad ②$$

分母为 1 次项，为利用该条件，将式 ① 第 2 项展开，得到与式 ② 形式类似的分量：

$$\begin{aligned}Y(z)&=\frac{y_{zi}(0)z^2+\left[y_{zi}(1)+\frac{7}{2}y_{zi}(0)\right]z}{z^2+\frac{7}{2}z+\frac{3}{2}}+\frac{-\frac{E}{3}z^2-\frac{E}{2}z}{z^2+\frac{7}{2}z+\frac{3}{2}}+\frac{1}{3}E\cdot\frac{z}{z-1}\\&=\frac{\left[y_{zi}(0)-\frac{E}{3}\right]z^2+\left[y_{zi}(1)+\frac{7}{2}y_{zi}(0)-\frac{E}{2}z\right]z}{z^2+\frac{7}{2}z+\frac{3}{2}}+\frac{1}{3}E\cdot\frac{z}{z-1}\end{aligned}$$

令式 ② 与上式对应项系数相同，

$$\begin{cases}y_{zi}(1)+\frac{7}{2}y_{zi}(0)-\frac{E}{2}=0\\ y_{zi}(0)-\frac{E}{3}=0\\ \frac{1}{3}E=2\end{cases}$$

从而

$$\begin{cases}E=6\\ y_{zi}(0)=2\\ y_{zi}(1)=-4\end{cases}$$

7.25　离散系统差分方程为

$$y(n+2)+6y(n+1)+8y(n)=x(n+2)+5x(n+1)+12x(n)$$

$x(n)=u(n)$ 时系统全响应为

$$y(n)=[1.2+(-2)^{n+1}+2.8(-4)^n]u(n)$$

(1) 判断系统稳定性；

(2) 求系统初始条件 $y_{zi}(0)$、$y_{zi}(1)$，及零状态响应的初始值 $y_{zs}(0)$、$y_{zs}(1)$。

【分析与解答】

与上题类似，已知全响应求初始条件。

(1) 判断稳定性可用时域方法，即根据差分方程特征根。

特征方程为 $\alpha^2+6\alpha+8=0$，特征根为 $\alpha_1=-2$ 及 $\alpha_2=-4$；绝对值均大于 1，系统不稳定。

也可用 z 域方法：差分方程 Z 变换，令初始条件为 0，

$$z^2Y(z)+6zY(z)+8Y(z)=z^2X(z)+5zX(z)+12X(z)$$

$$H(z)=\frac{Y(z)}{X(z)}=\frac{z^2+5z+12}{z^2+6z+8}=\frac{z^2+5z+12}{(z+2)(z+4)}$$

极点 $p_1=-2$，$p_2=-4$ 均在 z 平面单位圆外，系统不稳定。

稳定性的时域与 z 域判定依据等效：差分方程特征根与系统函数极点相同。

(2) 先求 $y_{zs}(n)$，由已知的全响应与 $y_{zs}(n)$ 得到 $y_{zi}(n)$，再与初始条件建立联系。

时域求解 $y_{zs}(n)=x(n)*h(n)$ 较复杂，可在 z 域求解。对差分方程进行 Z 变换，

$$z^2Y(z)-z^2y_{zi}(0)-zy_{zi}(1)+6zY(z)-6zy_{zi}(0)+8Y(z)=(z^2+5z+12)X(z)$$

$$Y(z)=\frac{z^2+5z+12}{z^2+6z+8}X(z)+\frac{y_{zi}(0)z^2+[y_{zi}(1)+6y_{zi}(0)]z}{z^2+6z+8} \quad ①$$

其中

$$Y_{zs}(z)=\frac{z^2+5z+12}{(z+2)(z+4)}X(z)$$

又 $X(z)=\dfrac{z}{z-1}$，则

$$Y_{zs}(z)=\frac{z(z^2+5z+12)}{(z+2)(z+4)(z-1)}=\frac{6}{5}\cdot\frac{z}{z-1}-\frac{z}{z+2}+\frac{4}{5}\cdot\frac{z}{z+4}$$

$$y_{zs}(n)=\left[\frac{6}{5}-(-2)^n+\frac{4}{5}(-4)^n\right]u(n)$$

从而

$$\begin{cases}y_{zs}(0)=y_{zs}(n)\big|_{n=0}=1\\ y_{zs}(1)=y_{zs}(n)\big|_{n=1}=0\end{cases}$$

$$\begin{aligned}y_{zi}(n)&=y(n)-y_{zs}(n)\\&=[1.2-2(-2)^n+2.8(-4)^n]u(n)-\left[\frac{6}{5}-(-2)^n+\frac{4}{5}(-4)^n\right]u(n)\\&=[-(-2)^n+2(-4)^n]u(n)\end{aligned}$$

$$\begin{cases}y_{zi}(0)=y_{zi}(n)\big|_{n=0}=1\\ y_{zi}(1)=y_{zi}(n)\big|_{n=1}=-6\end{cases}$$

或用另一种间接方法：

$$Y_{zi}(z)=\mathscr{Z}[y_{zi}(n)]=\frac{z^2}{z^2+6z+8}$$

与式 ① 中的零输入响应的 Z 变换部分

$$Y_{zi}(z)=\frac{y_{zi}(0)z^2+[y_{zi}(1)+6y_{zi}(0)]z}{z^2+6z+8}$$

比较

$$\begin{cases} y_{zi}(0)=1 \\ y_{zi}(1)+6y_{zi}(0)=0 \end{cases}$$

从而

$$\begin{cases} y_{zi}(0)=1 \\ y_{zi}(1)=-6 \end{cases}$$

7.26　描述某线性非时变离散时间系统的差分方程为

$$y(n)+3y(n-1)+2y(n-2)=x(n)\quad (n\geqslant 0)$$

已知 $x(n)=u(n)$,$y(-1)=-2$,$y(-2)=3$,求:

(1) 零输入响应 $y_{zi}(n)$,零状态响应 $y_{zs}(n)$,完全响应 $y(n)$;

(2) 系统函数 $H(z)$,单位冲激响应 $h(n)$;

(3) 若 $x(n)=u(n)-u(n-5)$,重求(1)(2)。

【分析与解答】

(1) 对差分方程两边做单边 Z 变换,得

$$Y(z)+3[z^{-1}Y(z)-2]+2[z^{-2}Y(z)-2z^{-1}+3]=X(z)$$

$$Y(z)=\frac{4z^{-1}}{1+3z^{-1}+2z^{-2}}+\frac{1}{1+3z^{-1}+2z^{-2}}X(z)$$

零输入响应的 z 域表达式为

$$Y_{zi}(z)=\frac{4z^{-1}}{1+3z^{-1}+2z^{-2}}=\frac{4}{1+z^{-1}}+\frac{-4}{1+2z^{-1}}$$

进行 Z 反变换,得

$$y_{zi}(n)=4\,(-1)^n-4(-2)^n\quad (n\geqslant 0)$$

零状态响应的 z 域表达式为

$$Y_{zs}(z)=\frac{1}{(1+3z^{-1}+2z^{-2})\,(1-z^{-1})}=\frac{-\frac{1}{2}}{1+z^{-1}}+\frac{4/3}{1+2z^{-1}}+\frac{1/6}{1-z^{-1}}$$

进行 Z 反变换,得

$$y_{zs}(n)=\left[\frac{1}{6}-\frac{1}{2}\,(-1)^n+\frac{4}{3}(-2)^n\right]u(n)$$

则完全响应为

$$y(n)=y_{zi}(n)+y_{zs}(n)=\frac{7}{2}\,(-1)^n-\frac{8}{3}(-2)^n+\frac{1}{6}\quad (n\geqslant 0)$$

(2) 由差分方程可看出

$$H(z)=\frac{1}{1+3z^{-1}+2z^{-2}}=\frac{-1}{1+z^{-1}}+\frac{2}{1+2z^{-1}}$$

进行 Z 反变换,得

$$h(n)=\mathscr{Z}^{-1}[H(z)]=[-(-1)^n+2(-2)^n]u(n)$$

(3) $y_{zi}(n)$、$h(n)$ 和 $H(z)$ 均不变,由系统的线性非时变特性,可得

$$y_{zs}(n)=\left[\frac{1}{6}-\frac{1}{2}(-1)^n+\frac{4}{3}(-2)^n\right]u(n)-\left[\frac{1}{6}-\frac{1}{2}(-1)^{n-5}+\frac{4}{3}(-2)^{n-5}\right]u(n-5)$$

则完全响应为

$$y(n)=y_{zi}(n)+y_{zs}(n)=\left[\frac{1}{6}+\frac{7}{2}(-1)^n-\frac{8}{3}(-2)^n\right]u(n)-\left[\frac{1}{6}-\frac{1}{2}(-1)^{n-5}+\frac{4}{3}(-2)^{n-5}\right]u(n-5)$$

7.27 线性非时变离散系统初始状态为 $y(-1)=8, y(-2)=2$，当输入 $x(n)=(0.5)^n u(n)$ 时，输出响应为

$$y(n)=4(0.5)^n u(n)-0.5n(0.5)^{n-1}u(n-1)-(-0.5)^n u(n)$$

求系统函数 $H(z)$。

【分析与解答】

系统函数定义为零状态响应的 Z 变换与激励信号的 Z 变换之比，但本题给出的是系统的完全响应，因此，必须从完全响应中分解出零输入响应和零状态响应。

零输入响应的形式由差分方程的特征根决定，零状态响应与输入信号和特征根有关。由于完全响应 $y(n)$ 中的 $(-0.5)^n u(n)$ 与输入信号无关，故 -0.5 是系统的一个特征根。又由于 $x(n)=(0.5)^n u(n)$，且完全响应 $y(n)$ 中含有 $n(0.5)^{n-1}u(n-1)$ 项，故 0.5 也是系统的特征根。由此可以确定零输入响应的形式为

$$y_{zi}(n)=C_1(0.5)^n+C_2(-0.5)^n$$

代入初始状态 $y(-1)=2C_1-2C_2=8, y(-2)=4C_1+4C_2=2$，可求出

$$C_1=2.25,\quad C_2=-1.75$$

故

$$y_{zi}(n)=2.25(0.5)^n-1.75(-0.5)^n\quad(n\geqslant 0)$$

零状态响应为

$$\begin{aligned}y_{zs}(n)&=y(n)-y_{zi}(n)\\&=1.75(0.5)^n u(n)-0.5n(0.5)^{n-1}u(n-1)+0.75(-0.5)^n u(n)\\&=1.75(0.5)^n u(n)-n(0.5)^n u(n)+0.75(-0.5)^n u(n)\\&=2.75(0.5)^n u(n)-(n+1)(0.5)^n u(n)+0.75(-0.5)^n u(n)\end{aligned}$$

对其进行 Z 变换，可得

$$Y_{zs}(z)=\frac{2.75}{1-0.5z^{-1}}-\frac{1}{(1-0.5z^{-1})^2}+\frac{0.75}{1+0.5z^{-1}}=\frac{2.5-1.25z^{-1}-0.5z^{-2}}{(1-0.5z^{-1})^2(1+0.5z^{-1})}$$

根据系统函数的定义，可得

$$H(z)=\frac{Y_{zs}(z)}{X(z)}=\frac{2.5-1.25z^{-1}-0.5z^{-2}}{1-0.25z^{-2}}$$

7.28 离散时间系统极零图如图 7.14 所示，单位函数响应 $h(n)$ 的极限 $\lim\limits_{n\to\infty}h(n)=\frac{1}{3}$，系统初始条件 $y_{zi}(0)=2, y_{zi}(1)=1$。

试求系统函数、零输入响应及激励 $(-3)^n u(n)$ 时的零状态响应。

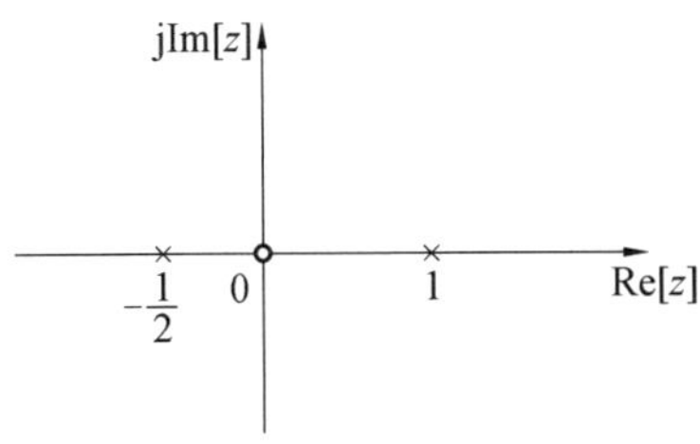

图 7.14　题 7.28 图

【分析与解答】

由极零图知零点 $z_1=0$，极点 $p_1=-\frac{1}{2}$，$p_2=1$；为 2 阶系统。

设系统函数增益 H_0，

$$H(z)=H_0\frac{z}{\left(z+\frac{1}{2}\right)(z-1)}$$

极零图包含系统函数增益信息，$h(n)=\mathscr{Z}^{-1}[H(z)]$ 包含 H_0 信息，可由其极限值确定 H_0。

$H(z)$ 极点 1 个在单位圆内，另一个在单位圆上 $z=1$ 处且为单极点，满足终值定理使用条件：

$$\lim_{n\to\infty}h(n)=\lim_{z\to1}(z-1)H(z)=H_0\cdot\lim_{z\to1}\left(\frac{z}{z+\frac{1}{2}}\right)=\frac{2}{3}H_0$$

与

$$\lim_{n\to\infty}h(n)=\frac{1}{3}$$

比较

$$\frac{1}{3}=\frac{2}{3}H_0$$

即

$$H_0=\frac{1}{2}$$

$$H(z)=\frac{\frac{1}{2}z}{z^2-\frac{1}{2}z-\frac{1}{2}}$$

差分方程为

$$y(n+2)-\frac{1}{2}y(n+1)-\frac{1}{2}y(n)=\frac{1}{2}x(n+1) \qquad ①$$

特征方程为

$$\alpha^2-\frac{1}{2}\alpha-\frac{1}{2}=0$$

特征根为

$$\alpha_1=-\frac{1}{2},\quad \alpha_2=1$$

所以,零输入响应为

$$y_{zi}(n)=C_1\left(-\frac{1}{2}\right)^n+C_2$$

代入初始条件,从而

$$\begin{cases} C_1=\dfrac{2}{3} \\ C_2=\dfrac{4}{3} \end{cases}$$

$$y_{zi}(n)=\left[\frac{2}{3}\left(-\frac{1}{2}\right)^n+\frac{4}{3}\right]u(n)$$

对激励进行 Z 变换

$$X(z)=\frac{z}{z+3}$$

则零状态响应为

$$Y_{zs}(z)=X(z)H(z)=\frac{z^2}{2(z+3)(z-1)\left(z+\dfrac{1}{2}\right)}$$

$$=-\frac{3}{20}\cdot\frac{z}{z+3}+\frac{1}{15}\cdot\frac{z}{z+\dfrac{1}{2}}+\frac{1}{12}\cdot\frac{z}{z-1}$$

$$y_{zs}(n)=\left[\frac{1}{12}+\frac{1}{15}\left(-\frac{1}{2}\right)^n-\frac{3}{20}(-3)^n\right]u(n)$$

$y_{zs}(0)=y_{zs}(n)\big|_{n=0}=0$。原因为:在差分方程(式①)中,响应比激励最高序号大1,从而响应比激励延迟 1 个单位。即更确切地,

$$y_{zs}(n)=\left[\frac{1}{12}+\frac{1}{15}\left(-\frac{1}{2}\right)^n-\frac{3}{20}(-3)^n\right]u(n-1)$$

7.29 某离散系统的系统函数为 $H(z)=\dfrac{z}{z-K}$,其中 K 为常数。确定系统频率特性,分别画出 $K=0$、0.5 及 1 等三种情况下,幅频与相频特性曲线。

【分析与解答】

可以根据系统函数求频率特性

$$H(e^{j\Omega})=H(z)\big|_{z=e^{j\Omega}}$$

因此

$$H(e^{j\Omega})=H(z)\big|_{z=e^{j\Omega}}=\frac{1}{1-Ke^{-j\Omega}}=\frac{1}{(1-K\cos\Omega)+jK\sin\Omega}$$

得到系统的幅频特性和相频特性为

$$\begin{cases} |H(e^{j\Omega})|=\dfrac{1}{\sqrt{1+K^2-2K\cos\Omega}} \\ \varphi(e^{j\Omega})=-\arctan\dfrac{K\sin\Omega}{1-K\cos\Omega} \end{cases}$$

从而，

(1) $K=0$，$|H(e^{j\Omega})|=1, \varphi(e^{j\Omega})=0$

(2) $K=0.5$，$|H(e^{j\Omega})|=\dfrac{1}{\sqrt{1.25-\cos\Omega}}, \varphi(e^{j\Omega})=-\arctan\dfrac{\sin\Omega}{2-\cos\Omega}$

(3) $K=1.0$，$|H(e^{j\Omega})|=\dfrac{1}{\sqrt{2(1-\cos\Omega)}}, \varphi(e^{j\Omega})=-\arctan\dfrac{\sin\Omega}{1-\cos\Omega}=\dfrac{\Omega-\pi}{2}$

幅频与相频特性曲线如图 7.15 所示。

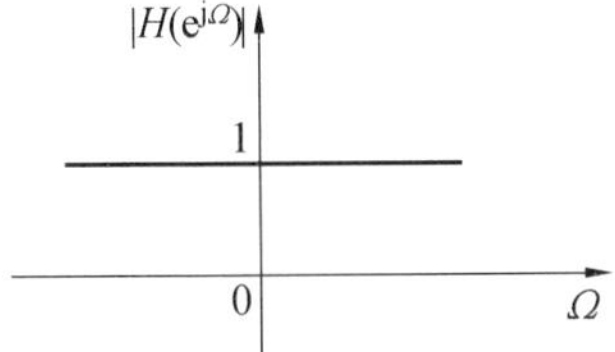

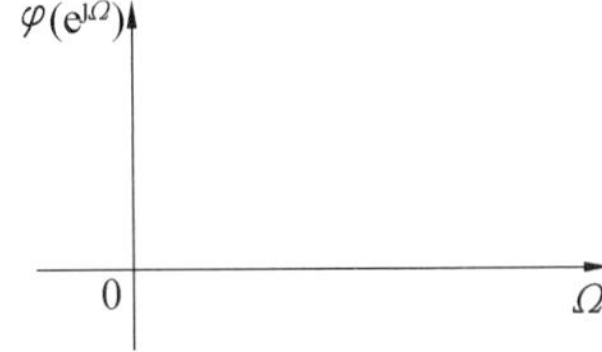

(a) K=0

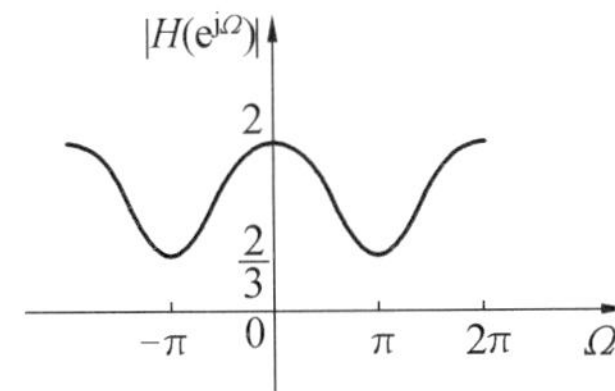

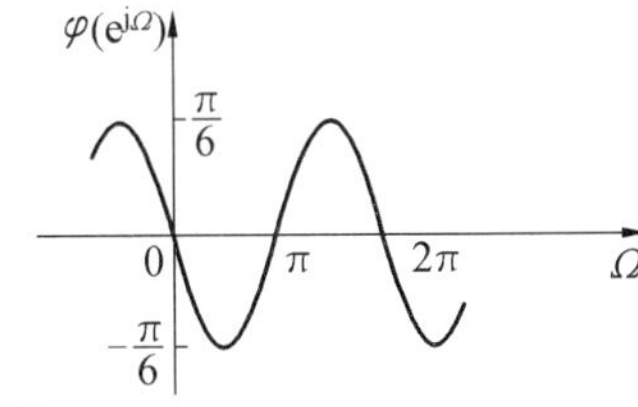

(b) K=0.5

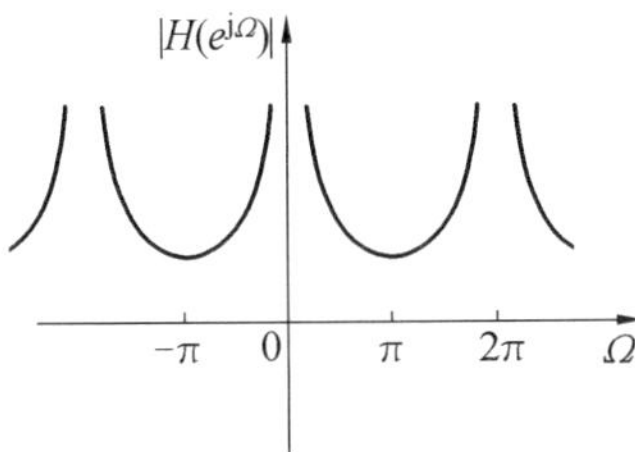

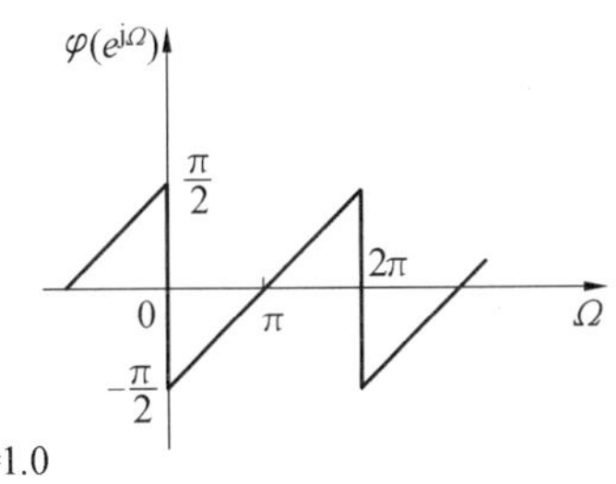

(c) K=1.0

图 7.15　题 7.29 答图

可见，幅频与相频特性均为以 2π 为周期的周期谱，原因是其表达式均为 $\cos\Omega$ 或 $\sin\Omega$ 的函数。幅频特性曲线较易画出（余弦信号沿横轴翻转，沿纵轴平移，及幅度变化）；相频特性曲线较难画，因反正切函数自变量为三角函数。

7.30　设离散时间信号 $x(n)$ 的 Z 变换为 $X(z)$，另设 $x_1(n)=\begin{cases}x(n/2) & (n\text{ 为偶数})\\ 0 & (n\text{ 为奇数})\end{cases}$，求 $x_1(n)$ 的 Z 变换。

【分析与解答】

Z 变换没有时域尺度性质，直接应用 Z 变换的定义得

$$\begin{aligned}X_1(z) &= \sum_{n=-\infty}^{\infty} x_1(n)z^{-n} \\ &= \sum_{m=-\infty}^{\infty} x_1(2m)z^{-2m} + \sum_{m=-\infty}^{\infty} x_1(2m+1)z^{-(2m+1)} \\ &= \sum_{m=-\infty}^{\infty} x(m)z^{-2m} + 0 = X(z^2)\end{aligned}$$

7.31 已知线性非时变离散时间系统用下列差分方程描述：

$$y(n+1)+\frac{3}{2}y(n)-y(n-1)=x(n)$$

(1) 若系统是稳定的，求系统对 $x(n)=u(n)$ 的响应；

(2) 若系统函数 $H(z)$ 的收敛域包含 $|z|=\infty$，系统的输入信号 $x(n)$ 如图7.16所示，求 $n=2$ 时输出响应 $y(2)$。

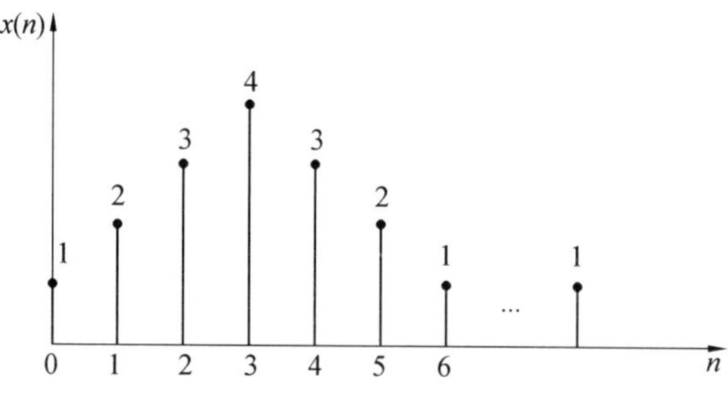

图 7.16　题 7.31 图

【分析与解答】

(1) 该系统的系统函数为

$$H(z)=\frac{1}{z+\frac{3}{2}-z^{-1}}=\frac{\frac{2}{5}z}{z-\frac{1}{2}}-\frac{\frac{2}{5}z}{z+2}$$

若输入 $x(n)=u(n)$，即 $X(z)=\frac{z}{z-1}$，则输出

$$Y(z)=H(z)X(z)=\frac{z}{\left(z+\frac{3}{2}-z^{-1}\right)(z-1)}=\frac{\frac{2}{3}z}{z-1}-\frac{\frac{2}{5}z}{z-\frac{1}{2}}-\frac{\frac{4}{15}z}{z+2}$$

由于系统稳定，$H(z)$ 的收敛域为 $\frac{1}{2}<|z|<2$，故输出为

$$y(n)=\frac{2}{3}u(n)-\frac{2}{5}\left(\frac{1}{2}\right)^n u(n)+\frac{4}{15}(-2)^n u(-n-1)$$

(2) 由于 $H(z)$ 的收敛域包括 $|z|=\infty$，故系统为因果系统，其冲激响应为

$$h(n)=\frac{2}{5}\left[\left(\frac{1}{2}\right)^n-(-2)^n\right]u(n)$$

所以，有

$$h(0)=0,\quad h(1)=1,\quad h(2)=-\frac{3}{2},\quad \cdots$$

又因为

$$y(n)=x(n)*h(n)=\sum_{k=-\infty}^{\infty}x(k)h(n-k)=\sum_{k=0}^{n}x(k)h(n-k)$$

所以，$n=2$ 时，有

$$y(2)=y(n)\mid_{n=2}=\sum_{k=0}^{2}x(k)h(2-k)=-\frac{3}{2}+2+0=\frac{1}{2}$$

即 $y(2)=\frac{1}{2}$。

第 8 章 系统的状态变量分析法

8.1 学习要求

(1) 理解系统的状态与状态空间的概念。

(2) 掌握连续系统由电路、微分方程、系统模拟框图和系统函数建立状态方程。

(3) 掌握离散系统由差分方程、系统模拟框图和系统函数建立状态方程。

(4) 了解状态方程时域和变换域求解的基本方法。

8.2 重点和难点提示

系统状态空间分析包含状态方程建立和状态方程求解两部分内容。获得系统的状态方程后，利用计算机很容易求出状态方程的解，因此状态方程的建立是本章的重点。

状态方程的建立关键是掌握建立状态方程的规律。不管是连续时间系统还是离散时间系统，建立状态方程的规则均相同。由电路图建立状态方程时，以电容上的电压、电感上的电流作为状态变量。由模拟框图建立状态方程时，先取积分器(延时器)的输出作为状态变量，围绕加法器列写状态方程或输出方程。

8.3 要点解析与解题提要

8.3.1 状态方程和输出方程的建立

1. 系统的状态方程和输出方程

连续系统的状态变量通过联立求解由状态变量构成的一阶微分方程组得到，这组一阶微分方程称为状态方程，状态方程的左端是各状态变量的一阶导数，右端是状态变量和激励函数的某种组合。同样，系统的输出可以用状态变量和激励组成的一组代数方程表示，称为输出方程，它描述了输出与状态变量和激励之间的关系。

2. 连续系统的状态方程和输出方程

通常，在系统分析中总是选择电容两端电压和电感中的电流作为状态变量，在动态系统中选择惯性元件的输出作为状态变量，在模拟系统中选择积分器的输出。

任何一个连续时间系统都可以通过微分方程、系统函数、模拟框图等不同方式来描述，而且它们之间的转换也非常方便。模拟框图是最简单和直观的系统描述方式，而通过模拟框图来建立系统状态方程和输出方程也是最方便的。因此，下面对它进行详细介绍，如果是以微分方程或系统函数的形式给出，则可以先把它们转换为系统的模拟框图，然后再列写系统的状态方程。

在系统模拟框图中，最基本的运算单元是积分器，它的输入和输出之间满足一阶微分方程关系。因此，为了列写状态方程，可取图 8.1 中每个积分器的输出作为状态变量，如图中所标的 $\lambda_1(t),\lambda_2(t),\cdots,\lambda_n(t)$，这样根据该图结构，在 $n=m$ 情况下可以直接写出下列关系式：

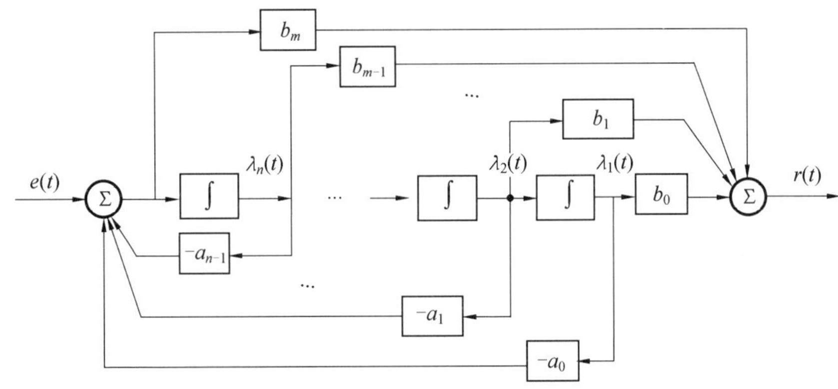

图 8.1　时域模拟框图

$$\begin{cases}\dfrac{\mathrm{d}\lambda_1(t)}{\mathrm{d}t}=\lambda_2(t)\\ \dfrac{\mathrm{d}\lambda_2(t)}{\mathrm{d}t}=\lambda_3(t)\\ \quad\vdots\\ \dfrac{\mathrm{d}\lambda_{n-1}(t)}{\mathrm{d}t}=\lambda_n(t)\\ \dfrac{\mathrm{d}\lambda_n(t)}{\mathrm{d}t}=-a_0\lambda_1(t)-a_1\lambda_2(t)-\cdots-a_{n-2}\lambda_{n-1}(t)-a_{n-1}\lambda_n(t)+e(t)\end{cases}\tag{8.1}$$

$$\begin{aligned}r(t)=&b_0\lambda_1(t)+b_1\lambda_2(t)+\cdots+b_{n-1}\lambda_n(t)+\\&b_n[-a_0\lambda_1(t)-a_1\lambda_2(t)-\cdots-a_{n-1}\lambda_n(t)+e(t)]\end{aligned}\tag{8.2}$$

式(8.1) 和式(8.2) 即为系统状态方程和输出方程，可表示成矩阵形式，即

$$\dot{\boldsymbol{\lambda}}(t)=\boldsymbol{A}\boldsymbol{\lambda}(t)+\boldsymbol{B}\boldsymbol{e}(t)\tag{8.3}$$

$$\boldsymbol{r}(t)=\boldsymbol{C}\boldsymbol{\lambda}(t)+\boldsymbol{D}\boldsymbol{e}(t)\tag{8.4}$$

式中

$$\begin{cases}\boldsymbol{A}=\begin{bmatrix}0&1&0&\cdots&0\\0&0&1&\cdots&0\\\vdots&\vdots&\vdots&&\vdots\\0&0&0&\cdots&1\\-a_0&-a_1&-a_2&\cdots&-a_{n-1}\end{bmatrix},\quad \boldsymbol{B}=\begin{bmatrix}0\\0\\\vdots\\0\\1\end{bmatrix}\\ \boldsymbol{C}=[(b_0-b_na_0)\quad(b_1-b_na_1)\quad\cdots\quad(b_{n-1}-b_na_{n-1})],\quad \boldsymbol{D}=b_n\end{cases}\tag{8.5}$$

如果在微分方程式中 $m<n$，则式(8.3)中的系数矩阵 $\boldsymbol{A}$、$\boldsymbol{B}$ 保持不变，式(8.3)中的矩阵 $\boldsymbol{C}$、$\boldsymbol{D}$ 变为 $\boldsymbol{C}=[b_0 \quad b_1 \quad \cdots \quad b_m \quad 0 \quad \cdots \quad 0]$ 和 $\boldsymbol{D}=\boldsymbol{0}$。观察系数矩阵 $\boldsymbol{A}$、$\boldsymbol{B}$、$\boldsymbol{C}$、$\boldsymbol{D}$ 可以发现它们的规律性：即 $\boldsymbol{A}$ 矩阵的最后一行是倒置以后的系统函数分母多项式系数的负数 $-a_0$，$-a_1$，…，$-a_{n-1}$ 等，其他各行除对角线右边的元素为 1 外，其余都是零；$\boldsymbol{B}$ 为列向量，其最后一行为 1，其余为零；$\boldsymbol{C}$ 为行向量，在 $m<n$ 时，其前 $m+1$ 个元素为系统函数分子多项式系数的例序 b_0，b_1，…，b_m，其余 $n-m-1$ 个元素为零；矩阵 $\boldsymbol{D}$ 在 $m<n$ 时为零，在 $m=n$ 时，$\boldsymbol{D}=b_n$。

3. 离散系统的状态方程和输出方程

对于离散系统，系统的状态方程和输出方程与连续系统类似，只是状态变量都是离散序列。此时，离散系统的状态方程表现为一阶联立差分方程组。建立离散系统状态方程的方法与连续系统类似，也是采用模拟框图最简单。设离散系统的 k 阶差分方程为

$$\begin{aligned}&y(n)+a_{k-1}y(n-1)+\cdots+a_1y(n-k+1)+a_0y(n-k)\\&=b_mx(n)+b_{m-1}x(n-1)+\cdots+b_0x(n-m)\end{aligned} \tag{8.6}$$

其离散系统的模拟框图如图 8.2 所示。

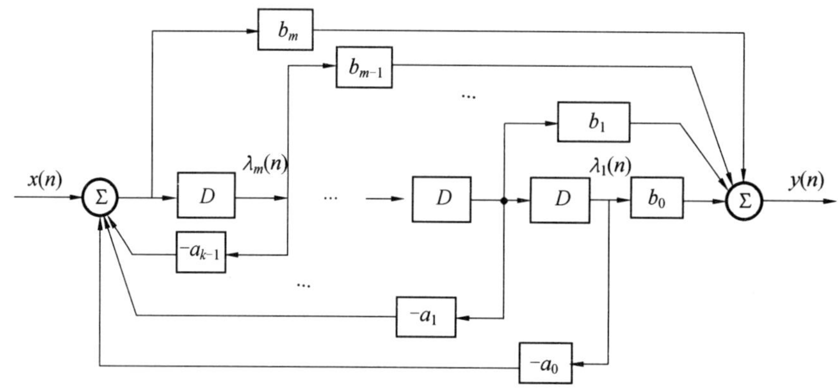

图 8.2　离散系统的模拟框图

选取每个单位延时器输出作为状态变量，在 $m=k$ 情况下，则有

$$\begin{cases}\lambda_1(n+1)=\lambda_2(n)\\\lambda_2(n+1)=\lambda_3(n)\\\quad\vdots\\\lambda_{k-1}(n+1)=\lambda_k(n)\\\lambda_k(n+1)=-a_0\lambda_1(n)-a_1\lambda_2(n)-\cdots-a_{k-2}\lambda_{k-1}(n)-a_{k-1}\lambda_k(n)+x(n)\end{cases} \tag{8.7}$$

$$\begin{aligned}y(n)=&b_0\lambda_1(n)+b_1\lambda_2(n)+\cdots+b_{k-1}\lambda_k(n)+\\&b_k[-a_0\lambda_1(n)-a_1\lambda_2(n)-\cdots-a_{k-1}\lambda_k(n)+x(n)]\end{aligned} \tag{8.8}$$

将上两式表示成矢量方程为

$$\boldsymbol{\lambda}(n+1)=\boldsymbol{A\lambda}(n)+\boldsymbol{Bx}(n) \tag{8.9}$$

$$\boldsymbol{y}(n)=\boldsymbol{C\lambda}(n)+\boldsymbol{Dx}(n) \tag{8.10}$$

式中

$$\begin{cases}\boldsymbol{A}=\begin{bmatrix}0 & 1 & 0 & \cdots & 0\\ 0 & 0 & 1 & \cdots & 0\\ \vdots & \vdots & \vdots & & \vdots\\ 0 & 0 & 0 & \cdots & 1\\ -a_0 & -a_1 & -a_2 & \cdots & -a_{k-1}\end{bmatrix},\quad \boldsymbol{B}=\begin{bmatrix}0\\0\\ \vdots\\0\\1\end{bmatrix}\\ \boldsymbol{C}=[(b_0-b_ka_0)\quad(b_1-b_ka_1)\quad\cdots\quad(b_{k-1}-b_ka_{k-1})],\quad \boldsymbol{D}=b_k\end{cases}\tag{8.11}$$

可见根据离散系统差分方程列写状态方程,其结果与连续系统的情况完全类似。

4. 状态变量法特点及与输入－输出法的区别

前面各章学习了多种系统分析方法,包括连续系统的时域、频域、复频域分析方法;及离散系统的时域、频域、z 域分析方法。这些方法对系统特性的描述均基于系统激励与响应的关系,如微分方程,差分方程,$h(t)$,$g(t)$,$h(n)$,$H(\omega)$,$H(e^{j\omega})$,$H(s)$,$H(z)$ 及极零图等。这些方法均基于激励与响应的关系(无法描述系统结构与状态),称为输入－输出分析法。

本章的系统状态变量分析法与前面各章中的输入－输出分析法有两个主要区别:

(1) 状态变量分析法不仅可确定系统响应,而且可确定系统内部状态;输入－输出法只研究系统响应与激励的关系,不考虑系统内部状态(如电路中各电路元件的电压和电流);

(2) 状态变量可用于多输入－多输出系统,这决定了其输入及输出信号不再是输入－输出法中的标量,而是向量。所以要用到线性代数的有关内容,运算均为向量和矩阵运算;因而运算上比输入－输出法复杂得多。

本章的原理、分析方法和内容与前面各章均有所不同,是独立的。状态变量分析法是分析和设计系统的重要工具,如"自动控制原理"等课程应用状态变量分析法。

8.3.2　状态方程的解法

对线性非时变系统,输入－输出法中,描述系统输入信号与输出信号关系的数学模型为线性常系数方程:微分方程(连续系统)或差分方程(离散系统)。而在状态变量分析法中,描述输入信号向量、状态向量与输出信号向量关系的数学模型是两个线性常系数方程组:

连续系统为

$$\begin{cases}\dot{\boldsymbol{\lambda}}(t)=\boldsymbol{A}\boldsymbol{\lambda}(t)+\boldsymbol{B}\boldsymbol{e}(t) & \text{(状态方程)}\\ \boldsymbol{r}(t)=\boldsymbol{C}\boldsymbol{\lambda}(t)+\boldsymbol{D}\boldsymbol{e}(t) & \text{(输出方程)}\end{cases}\tag{8.12}$$

离散系统为

$$\begin{cases}\boldsymbol{\lambda}(n+1)=\boldsymbol{A}\boldsymbol{\lambda}(n)+\boldsymbol{B}\boldsymbol{x}(n) & \text{(状态方程)}\\ \boldsymbol{y}(n)=\boldsymbol{C}\boldsymbol{\lambda}(n)+\boldsymbol{D}\boldsymbol{x}(n) & \text{(输出方程)}\end{cases}\tag{8.13}$$

可见状态方程较复杂,为一阶联立微分方程组或差分方程组;输出方程较简单,只是一个矩阵代数方程。因而状态变量分析法中,主要问题是解状态方程组来求出状态向量;后者确定后,由输出方程可容易地得到输出信号向量。

1. 状态方程的时域解法

和输入－输出法类似,对线性非时变系统,也可用卷积积分或卷积和求状态向量及系统输出向量的零状态分量。求解状态向量与输出向量主要是矩阵与向量运算的问题。

从状态方程可见，状态向量由输入信号向量决定；由输出方程可见，输出向量由输入信号向量及状态向量共同决定；如联立解状态方程及输出方程，利用式(8.12)和式(8.13)，可约掉状态向量，得到输入与输出向量间的关系，此时状态变量分析方法退化为输入－输出法。

状态向量的时域求解：

$$\begin{cases}\text{连续系统：}\boldsymbol{\lambda}(t)=\underbrace{\mathrm{e}^{\boldsymbol{A}t}\boldsymbol{\lambda}(0^-)}_{\text{零输入解}}+\underbrace{\mathrm{e}^{\boldsymbol{A}t}\boldsymbol{B}*\boldsymbol{e}(t)}_{\text{零状态解}}=\mathrm{e}^{\boldsymbol{A}t}\boldsymbol{\lambda}(0^-)+\int_{0^-}^{t}\mathrm{e}^{\boldsymbol{A}(t-\tau)}\boldsymbol{Be}(\tau)\mathrm{d}\tau \\ \text{离散系统：}\boldsymbol{\lambda}(n)=\underbrace{\boldsymbol{A}^n\boldsymbol{\lambda}(0)}_{\text{零输入解}}+\underbrace{\boldsymbol{A}^{n-1}\boldsymbol{B}*\boldsymbol{x}(n)}_{\text{零状态解}}=\boldsymbol{A}^n\boldsymbol{\lambda}(0)+\sum_{i=0}^{n-1}\boldsymbol{A}^{n-i-1}\boldsymbol{Bx}(i)\end{cases}\tag{8.14}$$

式中，第一项为状态变量的零输入解，$\boldsymbol{\lambda}(0^-)$ 和 $\boldsymbol{\lambda}(0)$ 为起始状态矢量；第二项为状态变量的零状态解。无论是状态方程的解还是输出方程的解都可以分为两部分：一部分是零输入解，由初始状态 $\boldsymbol{\lambda}(0^-)$ 和 $\boldsymbol{\lambda}(0)$ 引起；另一部分是零状态解，由输入激励 $\boldsymbol{e}(t)$ 引起。

由式(8.14)可见，时域解法中，连续系统与离散系统的状态向量表达式类似：二者区别是，连续系统中，状态向量零输入分量中状态转移矩阵为 $\mathrm{e}^{\boldsymbol{A}t}$；离散系统中，相应地为离散系统状态转移矩阵 $\boldsymbol{A}^n$；而状态向量的零状态分量中，对连续系统为 $\mathrm{e}^{\boldsymbol{A}t}$，而对离散系统为 $\boldsymbol{A}^{n-1}$ 而不是 $\boldsymbol{A}^n$。因此，时域法求解状态向量的首要问题是求 $\mathrm{e}^{\boldsymbol{A}t}$ 或 $\boldsymbol{A}^n$。

由 $\mathrm{e}^{\boldsymbol{A}t}$ 或 $\boldsymbol{A}^n$ 容易得到状态向量零输入分量为

$$\begin{cases}\boldsymbol{\lambda}_{\mathrm{zi}}(t)=\mathrm{e}^{\boldsymbol{A}t}\boldsymbol{\lambda}(0^-) \\ \boldsymbol{\lambda}_{\mathrm{zi}}(n)=\boldsymbol{A}^n\boldsymbol{\lambda}(0)\end{cases}\tag{8.15}$$

这只是简单的代数运算。上式表明 $\mathrm{e}^{\boldsymbol{A}t}$ 及 $\boldsymbol{A}^n$ 的作用是将系统初始状态转化为任意时刻的状态，这就是将其称为状态转移矩阵的原因。

时域法求状态向量的零状态分量需求卷积或卷积和：

$$\begin{cases}\boldsymbol{\lambda}_{\mathrm{zs}}(t)=\mathrm{e}^{\boldsymbol{A}t}\boldsymbol{B}*\boldsymbol{e}(t)=\int_{0^-}^{t}\mathrm{e}^{\boldsymbol{A}(t-\tau)}\boldsymbol{Be}(\tau)\mathrm{d}\tau \\ \boldsymbol{\lambda}_{\mathrm{zs}}(n)=\boldsymbol{A}^{n-1}\boldsymbol{B}*\boldsymbol{x}(n)=\sum_{i=0}^{n-1}\boldsymbol{A}^{n-i-1}\boldsymbol{Bx}(i)\end{cases}\tag{8.16}$$

2. 状态转移矩阵的求解

连续系统中矩阵指数函数 $\mathrm{e}^{\boldsymbol{A}t}$ 称为状态转移矩阵，用 $\boldsymbol{\varphi}(t)$ 表示，它的作用是将起始状态 $\boldsymbol{\lambda}(0^-)$ 转移到任意时刻 t 的状态。如果已知矩阵 $\boldsymbol{A}$ 是 n 阶方阵，则 n 阶方阵 $(\alpha\boldsymbol{I}-\boldsymbol{A})$ 称为 $\boldsymbol{A}$ 的特征矩阵。$|\alpha\boldsymbol{I}-\boldsymbol{A}|=f(\alpha)$ 称为 $\boldsymbol{A}$ 的特征多项式，$f(\alpha)=0$ 称为 $\boldsymbol{A}$ 的特征方程，特征方程的根称为 $\boldsymbol{A}$ 的特征值或特征根，根据凯莱－哈密顿定理，有 $f(\boldsymbol{A})=0$。

将指数函数 $\mathrm{e}^{\alpha t}$ 和指数矩阵 $\mathrm{e}^{\boldsymbol{A}t}$ 展开为无穷级数的形式，并去掉幂次大于和等于 n 的各项，则此二式将变为

$$\mathrm{e}^{\alpha t}=C_0+C_1\alpha+C_2\alpha^2+\cdots+C_{n-1}\alpha^{n-1}\tag{8.17}$$

$$\mathrm{e}^{\boldsymbol{A}t}=C_0\boldsymbol{I}+C_1\boldsymbol{A}+C_2\boldsymbol{A}^2+\cdots+C_{n-1}\boldsymbol{A}^{n-1}\tag{8.18}$$

显然两式对应系数 C_j 相同，并且是 t 的函数，将已知 $\boldsymbol{A}$ 的 n 个特征值代入式 $f(\alpha)=0$，得

$$\begin{cases} C_0+C_1\alpha_1+C_2\alpha_1^2+\cdots+C_{n-1}\alpha_1^{n-1}=\mathrm{e}^{\alpha_1 t} \\ C_0+C_1\alpha_2+C_2\alpha_2^2+\cdots+C_{n-1}\alpha_2^{n-1}=\mathrm{e}^{\alpha_2 t} \\ \vdots \\ C_0+C_1\alpha_n+C_2\alpha_n^2+\cdots+C_{n-1}\alpha_n^{n-1}=\mathrm{e}^{\alpha_n t} \end{cases} \tag{8.19}$$

从而可以解得系数 $C_0,C_1,C_2,\cdots,C_{n-1}$，这些系数也就是式(8.19) 的系数，从而就得到了矩阵指数函数 $\mathrm{e}^{\boldsymbol{A}t}$。

如果 $\boldsymbol{A}$ 的特征根 α_r 是一个 m 重根，则有

$$\begin{cases} C_0+C_1\alpha_r+C_2\alpha_r^2+\cdots+C_{n-1}\alpha_r^{n-1}=\mathrm{e}^{\alpha_r t} \\ \dfrac{\mathrm{d}}{\mathrm{d}\alpha_r}[C_0+C_1\alpha_r+C_2\alpha_r^2+\cdots+C_{n-1}\alpha_r^{n-1}]=\dfrac{\mathrm{d}}{\mathrm{d}\alpha_r}\mathrm{e}^{\alpha_r t} \\ \vdots \\ \dfrac{\mathrm{d}}{\mathrm{d}\alpha_r^{m-1}}[C_0+C_1\alpha_r+C_2\alpha_r^2+\cdots+C_{n-1}\alpha_r^{n-1}]=\dfrac{\mathrm{d}}{\mathrm{d}\alpha_r^{m-1}}\mathrm{e}^{\alpha_r t} \end{cases} \tag{8.20}$$

连同 $n-m$ 个无重根的方程就可解得各系数 $C_0,C_1,C_2,\cdots,C_{n-1}$。

与连续系统的情况类似，用时域法求解离散系统的状态方程的关键步骤仍然是求状态转移矩阵 $\boldsymbol{\varphi}(n)=\boldsymbol{A}^n$。设 $\boldsymbol{A}$ 为 k 阶方阵，若 $\boldsymbol{A}$ 的特征方程为

$$f(\alpha)=d_0+d_1\alpha+d_2\alpha^2+\cdots+d_k\alpha^k=0 \tag{8.21}$$

根据凯莱－哈密顿定理，可知

$$f(\boldsymbol{A})=d_0\boldsymbol{I}+d_1\boldsymbol{A}+d_2\boldsymbol{A}^2+\cdots+d_{k-1}\boldsymbol{A}^{k-1}+d_k\boldsymbol{A}^k=0 \tag{8.22}$$

由此可知当 $n\geqslant k$ 时，α^n 和 $\boldsymbol{A}^n$ 可表示为 $k-1$ 次的 α(或 $\boldsymbol{A}$) 的多项式，而它们各对应项系数相同，即

$$\alpha^n=C_0+C_1\alpha+C_2\alpha^2+\cdots+C_{k-1}\alpha^{k-1} \tag{8.23}$$

$$\boldsymbol{A}^n=C_0\boldsymbol{I}+C_1\boldsymbol{A}+C_2\boldsymbol{A}^2+\cdots+C_{k-1}\boldsymbol{A}^{k-1} \tag{8.24}$$

式中各系数 C_j 是变量 n 的函数。如果已知 $\boldsymbol{A}$ 的 k 个特征值 $\alpha_1,\alpha_2,\cdots,\alpha_k$，把它们分别代入式(8.23) 得

$$\begin{cases} \alpha_1^n=C_0+C_1\alpha_1+C_2\alpha_1^2+\cdots+C_{k-1}\alpha_1^{k-1} \\ \alpha_2^n=C_0+C_1\alpha_2+C_2\alpha_2^2+\cdots+C_{k-1}\alpha_2^{k-1} \\ \vdots \\ \alpha_k^n=C_0+C_1\alpha_k+C_2\alpha_k^2+\cdots+C_{k-1}\alpha_k^{k-1} \end{cases} \tag{8.25}$$

可以解得系数 $C_0,C_1,C_2,\cdots,C_{k-1}$，这些系数就是式(8.24) 中 $\boldsymbol{A}^n$ 的系数，从而也就求得 $\boldsymbol{A}^n$。

如果 $\boldsymbol{A}$ 的特征值 α_r 是一个 m 重根，则使用以下方程：

$$\begin{cases} \alpha_r^n=C_0+C_1\alpha_r+C_2\alpha_r^2+\cdots+C_{m-1}\alpha_r^{m-1} \\ \dfrac{\mathrm{d}}{\mathrm{d}\alpha_r}\alpha_r^n=\dfrac{\mathrm{d}}{\mathrm{d}\alpha_r}[C_0+C_1\alpha_r+C_2\alpha_r^2+\cdots+C_{m-1}\alpha_r^{m-1}] \\ \vdots \\ \dfrac{\mathrm{d}^{m-1}}{\mathrm{d}\alpha_r^{m-1}}\alpha_r^n=\dfrac{\mathrm{d}^{m-1}}{\mathrm{d}\alpha_r^{m-1}}[C_0+C_1\alpha_r+C_2\alpha_r^2+\cdots+C_{m-1}\alpha_r^{m-1}] \end{cases} \tag{8.26}$$

连同 $k-m$ 个单根的方程，就可求得各系数 C_j。

3. 系统状态方程的变换域解法

输入－输出分析法中，一维信号的卷积或卷积和运算就很复杂；而状态变量分析法需求矩阵与向量的卷积或卷积和，更为复杂。为此用变换域法较简单，其将时域卷积或卷积和运算转化为变换域中的乘法运算，与输入－输出分析法中的第 4 章拉氏变换分析法及第 7 章 Z 变换分析法原理类似。

变换域法中，状态向量表达式为

$$\begin{cases}\text{连续系统：}\lambda(t)=\mathscr{L}^{-1}\left[(s\boldsymbol{I}-\boldsymbol{A})^{-1}\boldsymbol{\lambda}(0^-)+(s\boldsymbol{I}-\boldsymbol{A})^{-1}\boldsymbol{BE}(s)\right]\text{（拉氏变换法）}\\ \text{离散系统：}\lambda(n)=\mathscr{Z}^{-1}\left[(z\boldsymbol{I}-\boldsymbol{A})^{-1}z\boldsymbol{\lambda}(0)+(z\boldsymbol{I}-\boldsymbol{A})^{-1}\boldsymbol{BX}(z)\right]\text{（Z 变换法）}\end{cases}$$

可见，连续和离散系统的状态向量的变换域解的形式类似，区别除所在变换域不同外，离散系统状态向量零输入分量的 Z 变换中多了 z 的一次项。

连续系统变换域解法的首要问题是求逆矩阵：$(s\boldsymbol{I}-\boldsymbol{A})^{-1}$ 或 $(z\boldsymbol{I}-\boldsymbol{A})^{-1}$。

求逆矩阵的过程：(1) 求矩阵的伴随矩阵，用 adj[　] 表示（adj 为 adjoint 的缩写）。具体分 3 步：① 将原矩阵中任一元素所在的行及列去掉，用剩余矩阵的行列式值替换原来的矩阵元素；② 各元素乘 $(-1)^{i+j}$，其中 i 和 j 分别为该元素所在的行和列；③ 将矩阵转置。(2) 伴随矩阵除以原矩阵的行列式，得到逆矩阵。

$(s\boldsymbol{I}-\boldsymbol{A})^{-1}$ 在连续系统中的作用与 $(z\boldsymbol{I}-\boldsymbol{A})^{-1}$ 在离散系统中的作用类似，二者均为状态转移矩阵在变换域中的形式：

$$\begin{cases}\mathscr{L}[\mathrm{e}^{\boldsymbol{A}t}]=(s\boldsymbol{I}-\boldsymbol{A})^{-1}\\ \mathscr{Z}[\boldsymbol{A}^n]=(z\boldsymbol{I}-\boldsymbol{A})^{-1}z\end{cases}\tag{8.27}$$

区别是：离散系统与连续系统相比，在变换域多了 z 的一次项因式。

4. 分解矩阵和系统转移函数矩阵

为了表示方便，定义连续系统的分解矩阵 $\boldsymbol{\Phi}(s)$ 为

$$\boldsymbol{\Phi}(s)=\mathscr{L}[\varphi(t)]=(s\boldsymbol{I}-\boldsymbol{A})^{-1}=\frac{\mathrm{adj}(s\boldsymbol{I}-\boldsymbol{A})}{|s\boldsymbol{I}-\boldsymbol{A}|}\tag{8.28}$$

零状态响应的拉普拉斯变换为

$$\boldsymbol{R}_{zs}(s)=[\boldsymbol{C}(s\boldsymbol{I}-\boldsymbol{A})^{-1}\boldsymbol{B}+\boldsymbol{D}]\boldsymbol{E}(s)=[\boldsymbol{C\Phi}(s)\boldsymbol{B}+\boldsymbol{D}]\boldsymbol{E}(s)=\boldsymbol{H}(s)\boldsymbol{E}(s)\tag{8.29}$$

式中，$\boldsymbol{H}(s)=\boldsymbol{C}(s\boldsymbol{I}-\boldsymbol{A})^{-1}\boldsymbol{B}+\boldsymbol{D}$ 称为系统转移函数矩阵。

由于

$$\boldsymbol{H}(s)=\boldsymbol{C}(s\boldsymbol{I}-\boldsymbol{A})^{-1}\boldsymbol{B}+\boldsymbol{D}=\frac{\boldsymbol{C}\mathrm{adj}(s\boldsymbol{I}-\boldsymbol{A})\boldsymbol{B}+\boldsymbol{D}|s\boldsymbol{I}-\boldsymbol{A}|}{|s\boldsymbol{I}-\boldsymbol{A}|}\tag{8.30}$$

所以多项式 $|s\boldsymbol{I}-\boldsymbol{A}|$ 就是系统的特征多项式，因此 $\boldsymbol{H}(s)$ 的极点就是特征方程

$$|s\boldsymbol{I}-\boldsymbol{A}|=0\tag{8.31}$$

的根，即系统的特征根。这样，根据特征根是否在 s 平面左半平面可以判断系统是否稳定。可以得出结论：系统是否稳定只与状态方程中的系数矩阵 $\boldsymbol{A}$ 有关。

同样，定义离散系统的分解矩阵 $\boldsymbol{\Phi}(z)=(z\boldsymbol{I}-\boldsymbol{A})^{-1}z=\mathscr{Z}[\boldsymbol{\varphi}(n)]$ 和系统转移函数矩阵 $\boldsymbol{H}(z)=\boldsymbol{C}(z\boldsymbol{I}-\boldsymbol{A})^{-1}\boldsymbol{B}+\boldsymbol{D}$。

因此，可以通过 $\boldsymbol{\Phi}(z)$ 求得状态转移矩阵 $\boldsymbol{\varphi}(n)=\boldsymbol{A}^n$，通过 $\boldsymbol{H}(z)$ 求得系统单位样值响应

矩阵 $\boldsymbol{h}(n)$。

同样，由于

$$\boldsymbol{H}(z)=\boldsymbol{C}(z\boldsymbol{I}-\boldsymbol{A})^{-1}\boldsymbol{B}+\boldsymbol{D}=\frac{\boldsymbol{C}\mathrm{adj}(z\boldsymbol{I}-\boldsymbol{A})\boldsymbol{B}+\boldsymbol{D}\left|z\boldsymbol{I}-\boldsymbol{A}\right|}{\left|z\boldsymbol{I}-\boldsymbol{A}\right|} \tag{8.32}$$

可见，多项式 $|z\boldsymbol{I}-\boldsymbol{A}|$ 就是系统的特征多项式，所以 $\boldsymbol{H}(z)$ 的极点就是特征方程

$$\left|z\boldsymbol{I}-\boldsymbol{A}\right|=0 \tag{8.33}$$

的根，即系统的特征根。这样，根据特征根是否在 z 平面单位圆内可以判断系统是否稳定。同样可以得出结论：系统是否稳定只与状态方程中的系数矩阵 $\boldsymbol{A}$ 有关。

5. 确定系统特性

(1) 由状态变量法的已知条件确定基于输入－输出法的系统特性。

描述系统特性的方法包括两类，一类是基于状态变量分析法的状态方程及输出方程。另一类是基于输入－输出描述法的系统特性：包括单位冲激响应矩阵 $\boldsymbol{h}(t)$，单位函数响应矩阵 $\boldsymbol{h}(n)$，系统函数矩阵 $\boldsymbol{H}(s)$ 及 $\boldsymbol{H}(z)$ 等；对单输入－单输出系统，还包括微分方程及差分方程等。求解这类系统特性的前提是已知系统激励向量、初始状态、状态向量及输出向量等。

类似于第 3 章、第 4 章和第 7 章中的输入－输出法，利用傅里叶变换、拉氏变换及 Z 变换，由激励、系统初始条件及响应确定系统特性；包括连续系统的 $H(\omega)$ 和 $H(s)$，及离散系统的 $H(\mathrm{e}^{\mathrm{j}\Omega})$ 和 $H(z)$，从而可进一步确定 $h(t)$ 及微分方程，$h(n)$ 及差分方程，极零图及模拟框图等系统所有特性。

(2) 由状态方程和输出方程确定基于输入－输出法的系统特性。

由状态变量分析法的数学模型(状态方程及输出方程)可得到输入－输出法中描述系统特性的参数，包括 $\boldsymbol{h}(t)$、$\boldsymbol{H}(s)$、$\boldsymbol{h}(n)$、$\boldsymbol{H}(z)$ 等。即

连续系统：

$$\begin{cases}\boldsymbol{h}(t)=\boldsymbol{C}\mathrm{e}^{\boldsymbol{A}t}\boldsymbol{B}+\boldsymbol{D}\boldsymbol{\delta}(t) & \text{(单位冲激响应矩阵)}\\ \boldsymbol{H}(s)=\boldsymbol{C}(s\boldsymbol{I}-\boldsymbol{A})^{-1}\boldsymbol{B}+\boldsymbol{D} & \text{(系统转移函数矩阵)}\end{cases} \tag{8.34}$$

式中，$\boldsymbol{\delta}(t)$ 为对角线元素均为 $\delta(t)$ 的对角阵。

离散系统：

$$\begin{cases}\boldsymbol{h}(n)=\boldsymbol{C}\boldsymbol{A}^{n-1}\boldsymbol{B}+\boldsymbol{D}\boldsymbol{\delta}(n) & \text{(单位样值响应矩阵)}\\ \boldsymbol{H}(z)=\boldsymbol{C}(z\boldsymbol{I}-\boldsymbol{A})^{-1}\boldsymbol{B}+\boldsymbol{D} & \text{(系统转移函数矩阵)}\end{cases} \tag{8.35}$$

式中，$\boldsymbol{\delta}(n)$ 为对角线元素均为 $\delta(n)$ 的对角阵。

显然，$\boldsymbol{h}(t)$、$\boldsymbol{H}(s)$、$\boldsymbol{h}(n)$、$\boldsymbol{H}(z)$ 只描述系统激励与响应的关系，而无法描述系统内部特性与状态。由式(8.34)和式(8.35)可见，$\boldsymbol{h}(t)$、$\boldsymbol{H}(s)$、$\boldsymbol{h}(n)$、$\boldsymbol{H}(z)$ 与状态方程及输出方程中的各系数矩阵均有关，原因为这些表达式是解方程组(8.12)或(8.13)，约掉 $\boldsymbol{\lambda}(t)$ 或 $\boldsymbol{\lambda}(n)$ 得到的，所以由状态方程及输出方程所有参数共同决定。

同时，$\boldsymbol{h}(t)$、$\boldsymbol{H}(s)$、$\boldsymbol{h}(n)$ 和 $\boldsymbol{H}(z)$ 表达式右侧均为矩阵乘法与加法运算，因而系统特性参数均为矩阵形式，适用于描述多输入－多输出系统。前面各章的输入－输出分析法中，一维的 $h(t)$、$h(n)$、$H(s)$、$H(z)$ 等只适用于单输入－单输出系统。

比较式(8.34)和式(8.35)可见，连续系统 $\boldsymbol{h}(t)$ 与离散系统 $\boldsymbol{h}(n)$ 形式类似，只是 $\boldsymbol{h}(t)$ 表达式出现连续系统状态转移矩阵 $\mathrm{e}^{\boldsymbol{A}t}$，而 $\boldsymbol{h}(n)$ 中不是离散系统状态转移矩阵 $\boldsymbol{A}^{n}$，而是 $\boldsymbol{A}^{n-1}$。

而对连续系统 $\boldsymbol{H}(s)$ 及离散系统 $\boldsymbol{H}(z)$，表达式类似，只是自变量不同。

对单输入－单输出系统，采用状态变量分析法时，$h(t)$、$H(s)$、$h(n)$ 和 $H(z)$ 不是矩阵，而是一维函数，即退化为输入－输出描述法中的 $h(t)$、$H(s)$、$h(n)$ 及 $H(z)$；且由 $H(s)$ 及 $H(z)$ 可进一步得到系统微分方程、差分方程，及频率特性 $H(\omega)$ 及 $H(e^{j\Omega})$ 等。

(3)$\boldsymbol{H}(s)$ 及 $\boldsymbol{H}(z)$ 的极点为系数矩阵 $\boldsymbol{A}$ 的特征根。

$\boldsymbol{H}(s)$ 及 $\boldsymbol{H}(z)$ 的极点为系数矩阵 $\boldsymbol{A}$ 的特征根。原因为：由式(8.34) 及式(8.35) 得

$$\begin{cases}\boldsymbol{H}(s)=\boldsymbol{C}\cdot\dfrac{\operatorname{adj}(s\boldsymbol{I}-\boldsymbol{A})}{|s\boldsymbol{I}-\boldsymbol{A}|}\cdot\boldsymbol{B}+\boldsymbol{D}\\ \boldsymbol{H}(z)=\boldsymbol{C}\cdot\dfrac{\operatorname{adj}(z\boldsymbol{I}-\boldsymbol{A})}{|z\boldsymbol{I}-\boldsymbol{A}|}\cdot\boldsymbol{B}+\boldsymbol{D}\end{cases}\tag{8.36}$$

可见 $\boldsymbol{H}(s)$ 及 $\boldsymbol{H}(z)$ 的极点分别为 $|s\boldsymbol{I}-\boldsymbol{A}|=0$ 及 $|z\boldsymbol{I}-\boldsymbol{A}|=0$ 的根。另一方面，$\boldsymbol{A}$ 的特征根为 $|\alpha\boldsymbol{I}-\boldsymbol{A}|=0$ 的根。显然，方程 $|s\boldsymbol{I}-\boldsymbol{A}|=0$ 和 $|\alpha\boldsymbol{I}-\boldsymbol{A}|=0$ 的根相同，方程 $|z\boldsymbol{I}-\boldsymbol{A}|=0$ 和 $|\alpha\boldsymbol{I}-\boldsymbol{A}|=0$ 的根也相同，因而 $\boldsymbol{H}(s)$ 或 $\boldsymbol{H}(z)$ 的极点为 $\boldsymbol{A}$ 的特征根。

因而，由 $\boldsymbol{A}$ 的特征根可判断系统稳定性：连续系统若 $\boldsymbol{A}$ 的特征根均小于 0，离散系统若 $\boldsymbol{A}$ 的特征根的模均小于 1，则系统稳定；反之不稳定。

8.4 深入思考

1. 何谓状态及状态变量？
2. 为什么一般不选用电阻的电流或电压作为系统的状态变量？
3. 系统状态变量的选取是否唯一？
4. 系统状态方程的解是否唯一，为什么？
5. 系统状态分析法的核心是什么？
6. 连续系统与离散系统的状态变量分析有何异同点？

8.5 典型习题

8.1 将下列微分方程变换为状态方程和输出方程：

$$\frac{d^3r(t)}{dt^3}+5\frac{d^2r(t)}{dt^2}+7\frac{dr(t)}{dt}+3r(t)=e(t)$$

【分析与解答】

根据微分方程可写出状态方程及输出方程中各矩阵的形式

$$\boldsymbol{A}=\begin{bmatrix}0&1&0\\0&0&1\\-3&-7&-5\end{bmatrix},\quad \boldsymbol{B}=\begin{bmatrix}0\\0\\1\end{bmatrix},\quad \boldsymbol{C}=[1\quad 0\quad 0],\quad \boldsymbol{D}=\boldsymbol{0}$$

则状态方程为

$$\dot{\boldsymbol{\lambda}}(t)=\boldsymbol{A\lambda}(t)+\boldsymbol{Be}(t)$$

$$\begin{bmatrix}\dot{\lambda}_1\\\dot{\lambda}_2\\\dot{\lambda}_3\end{bmatrix}=\begin{bmatrix}0&1&0\\0&0&1\\-3&-7&-5\end{bmatrix}\begin{bmatrix}\lambda_1\\\lambda_2\\\lambda_3\end{bmatrix}+\begin{bmatrix}0\\0\\1\end{bmatrix}\boldsymbol{e}(t)$$

输出方程为

$$r(t)=\boldsymbol{C\lambda}(t)+\boldsymbol{De}(t)$$

$$r(t)=[1\quad 0\quad 0]\begin{bmatrix}\lambda_1\\\lambda_2\\\lambda_3\end{bmatrix}$$

8.2　某系统用微分方程描述为

$$\frac{\mathrm{d}^2r(t)}{\mathrm{d}t^2}+6\frac{\mathrm{d}r(t)}{\mathrm{d}t}+8r(t)=\frac{\mathrm{d}^2e(t)}{\mathrm{d}t^2}+4\frac{\mathrm{d}e(t)}{\mathrm{d}t}+3e(t)$$

(1) 试画出系统的模拟框图；

(2) 列出系统的状态方程和输出方程。

【分析与解答】

(1) 根据微分方程可以直接画出模拟框图如图 8.3 所示。

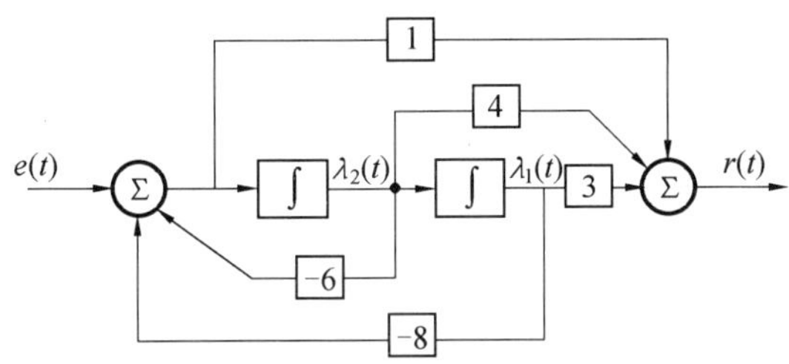

图 8.3　题 8.2 答图

(2) 可取模拟框图中每个积分器的输出作为状态变量，如图 8.3 中所标的 $\lambda_1(t)$、$\lambda_2(t)$，围绕左端加法器有

$$\begin{bmatrix}\dot{\lambda}_1(t)\\\dot{\lambda}_2(t)\end{bmatrix}=\begin{bmatrix}0&1\\-8&-6\end{bmatrix}\begin{bmatrix}\lambda_1(t)\\\lambda_2(t)\end{bmatrix}+\begin{bmatrix}0\\1\end{bmatrix}e(t)$$

围绕右端加法器，可以列出输出方程为

$$r(t)=[-5\quad -2]\begin{bmatrix}\lambda_1(t)\\\lambda_2(t)\end{bmatrix}+e(t)$$

8.3　某系统输入－输出关系由微分方程组

$$\begin{cases}\dfrac{\mathrm{d}r_1(t)}{\mathrm{d}t}+r_2(t)=e_1(t)\\[2mm]\dfrac{\mathrm{d}^2r_2(t)}{\mathrm{d}t^2}+\dfrac{\mathrm{d}r_1(t)}{\mathrm{d}t}+\dfrac{\mathrm{d}r_2(t)}{\mathrm{d}t}+r_1(t)=e_2(t)\end{cases}$$

描述，试列写其状态方程与输出方程。

【分析与解答】

描述系统输入－输出关系的方程组

$$\begin{cases}\dfrac{\mathrm{d}r_1(t)}{\mathrm{d}t}+r_2(t)=e_1(t) & ①\\ \dfrac{\mathrm{d}^2r_2(t)}{\mathrm{d}t^2}+\dfrac{\mathrm{d}r_1(t)}{\mathrm{d}t}+\dfrac{\mathrm{d}r_2(t)}{\mathrm{d}t}+r_1(t)=e_2(t) & ②\end{cases}$$

形式很复杂。对单输入－单输出系统，描述系统输入－输出关系的数学模型只有1个方程，不是方程组；且方程中只有1个激励 $e(t)$ 及响应 $r(t)$。由上述方程组可见，系统有两个激励 $e_1(t)$ 及 $e_2(t)$，及两个响应 $r_1(t)$ 和 $r_2(t)$，为多输入－多输出系统。另外，该输入－输出方程组与标准状态方程组形式不同；后者中每个方程左侧为一个状态变量的一阶微分，右侧为各状态变量及激励的线性组合。

在描述单输入－单输出系统的微分方程中，方程左侧响应 $r(t)$ 的微分最高阶数为系统阶数，即系统内部包含的状态变量个数。如

$$\frac{\mathrm{d}^n r(t)}{\mathrm{d}t^n}+\cdots+a_1\frac{\mathrm{d}r(t)}{\mathrm{d}t}+a_0r(t)=b_m\frac{\mathrm{d}^m e(t)}{\mathrm{d}t^m}+\cdots+b_1\frac{\mathrm{d}e(t)}{\mathrm{d}t}+b_0e(t)$$

为 n 阶系统，内部包含 n 个状态变量。

由方程②可见，左侧所包含的 $r_2(t)$ 的最高微分阶数为2，$r_1(t)$ 的微分阶数为1，因而为3阶系统，内部包含3个状态变量。

方程①与状态方程标准形式类似，如将 $r_1(t)$ 及 $r_2(t)$ 看作状态变量，则其为1个状态方程。为此设

$$\begin{cases}\lambda_1(t)=r_1(t)\\ \lambda_2(t)=r_2(t)\end{cases} \qquad ③$$

则由式①得到1个状态方程：

$$\dot{\lambda}_1(t)=-\lambda_2(t)+e_1(t) \qquad ④$$

同时，将式②中 $r_1(t)$ 及 $r_2(t)$ 分别用 $\lambda_1(t)$ 及 $\lambda_2(t)$ 表示，将$\dfrac{\mathrm{d}r_1(t)}{\mathrm{d}t}$用式④表示，则

$$\frac{\mathrm{d}^2\lambda_2(t)}{\mathrm{d}t^2}-\lambda_2(t)+e_1(t)+\frac{\mathrm{d}\lambda_2(t)}{\mathrm{d}t}+\lambda_1(t)=e_2(t) \qquad ⑤$$

为写为标准状态方程，显然应设

$$\dot{\lambda}_2(t)=\lambda_3(t) \qquad ⑥$$

则式⑤写为

$$\frac{\mathrm{d}\lambda_3(t)}{\mathrm{d}t}-\lambda_2(t)+e_1(t)+\lambda_3(t)+\lambda_1(t)=e_2(t)$$

整理得

$$\dot{\lambda}_3(t)=-\lambda_1(t)+\lambda_2(t)-\lambda_3(t)-e_1(t)+e_2(t) \qquad ⑦$$

设激励向量 $\boldsymbol{e}(t)=[e_1(t)\quad e_2(t)]^{\mathrm{T}}$，状态向量 $\boldsymbol{\lambda}(t)=[\lambda_1(t)\quad \lambda_2(t)\quad \lambda_3(t)]^{\mathrm{T}}$，由式④、式⑥及式⑦得状态方程为

$$\dot{\boldsymbol{\lambda}}(t)=\begin{bmatrix}0 & -1 & 0\\0 & 0 & 1\\-1 & 1 & -1\end{bmatrix}\boldsymbol{\lambda}(t)+\begin{bmatrix}1 & 0\\0 & 0\\-1 & 1\end{bmatrix}\boldsymbol{e}(t)$$

设输出向量 $\boldsymbol{r}(t)=[r_1(t)\quad r_2(t)]^{\mathrm{T}}$，由方程 ③ 得输出方程为

$$\boldsymbol{r}(t)=\begin{bmatrix}1 & 0 & 0\\0 & 1 & 0\end{bmatrix}\boldsymbol{\lambda}(t)$$

8.4　已知 $\boldsymbol{A}=\begin{bmatrix}0 & 1 & 0\\0 & 0 & 1\\0 & 1 & 0\end{bmatrix}$，试计算状态转移矩阵 $\boldsymbol{\Phi}(t)=\mathrm{e}^{\boldsymbol{A}t}$。

【分析与解答】

解法一：时域法

$$|\alpha\boldsymbol{I}-\boldsymbol{A}|=\begin{vmatrix}\alpha & -1 & 0\\0 & \alpha & -1\\0 & -1 & \alpha\end{vmatrix}=\alpha(\alpha+1)(\alpha-1)=0$$

求得：$\alpha_1=0$，$\alpha_2=-1$，$\alpha_3=1$。

$$\begin{cases}\mathrm{e}^{0t}=C_0\\\mathrm{e}^{-t}=C_0-C_1+C_2\\\mathrm{e}^{t}=C_0+C_1+C_2\end{cases}\Rightarrow\begin{cases}C_0=1\\C_1=-\dfrac{1}{2}\mathrm{e}^{-t}+\dfrac{1}{2}\mathrm{e}^{t}\\C_2=\dfrac{1}{2}\mathrm{e}^{-t}+\dfrac{1}{2}\mathrm{e}^{t}-1\end{cases}$$

由 $\boldsymbol{\Phi}(t)=\mathrm{e}^{\boldsymbol{A}t}=C_0\boldsymbol{I}+C_1\boldsymbol{A}+C_2\boldsymbol{A}^2$ 得

$$\boldsymbol{\Phi}(t)=\begin{bmatrix}1 & -\dfrac{1}{2}\mathrm{e}^{-t}+\dfrac{1}{2}\mathrm{e}^{t} & \dfrac{1}{2}\mathrm{e}^{-t}+\dfrac{1}{2}\mathrm{e}^{t}-1\\0 & \dfrac{1}{2}\mathrm{e}^{-t}+\dfrac{1}{2}\mathrm{e}^{t} & -\dfrac{1}{2}\mathrm{e}^{-t}+\dfrac{1}{2}\mathrm{e}^{t}\\0 & -\dfrac{1}{2}\mathrm{e}^{-t}+\dfrac{1}{2}\mathrm{e}^{t} & \dfrac{1}{2}\mathrm{e}^{-t}+\dfrac{1}{2}\mathrm{e}^{t}\end{bmatrix}$$

解法二：变换域

$$\boldsymbol{\Phi}(s)=(s\boldsymbol{I}-\boldsymbol{A})^{-1}$$

则 $s\boldsymbol{I}-\boldsymbol{A}=\begin{bmatrix}s & -1 & 0\\0 & s & -1\\0 & -1 & s\end{bmatrix}$，求得

$$|s\boldsymbol{I}-\boldsymbol{A}|=s(s+1)(s-1)$$

$$\mathrm{adj}(s\boldsymbol{I}-\boldsymbol{A})=\begin{bmatrix}s^2-1 & s & 1\\0 & s^2 & s\\0 & s & s^2\end{bmatrix}$$

所以

$$\boldsymbol{\Phi}(s)=(s\boldsymbol{I}-\boldsymbol{A})^{-1}=\frac{\operatorname{adj}(s\boldsymbol{I}-\boldsymbol{A})}{|s\boldsymbol{I}-\boldsymbol{A}|}=\begin{bmatrix}\frac{1}{s} & \frac{1}{(s+1)(s-1)} & \frac{1}{s(s+1)(s-1)}\\ 0 & \frac{s}{(s+1)(s-1)} & \frac{1}{(s+1)(s-1)}\\ 0 & \frac{1}{(s+1)(s-1)} & \frac{s}{(s+1)(s-1)}\end{bmatrix}$$

$$\boldsymbol{\Phi}(t)=\mathrm{e}^{\boldsymbol{A}t}=\begin{bmatrix}1 & -\frac{1}{2}\mathrm{e}^{-t}+\frac{1}{2}\mathrm{e}^{t} & \frac{1}{2}\mathrm{e}^{-t}+\frac{1}{2}\mathrm{e}^{t}-1\\ 0 & \frac{1}{2}\mathrm{e}^{-t}+\frac{1}{2}\mathrm{e}^{t} & -\frac{1}{2}\mathrm{e}^{-t}+\frac{1}{2}\mathrm{e}^{t}\\ 0 & -\frac{1}{2}\mathrm{e}^{-t}+\frac{1}{2}\mathrm{e}^{t} & \frac{1}{2}\mathrm{e}^{-t}+\frac{1}{2}\mathrm{e}^{t}\end{bmatrix}$$

8.5 某线性非时变系统，输入为 0，$\boldsymbol{\lambda}(0^-)=\begin{bmatrix}1\\-1\end{bmatrix}$时，$\boldsymbol{\lambda}(t)=\begin{bmatrix}\mathrm{e}^{-2t}\\-\mathrm{e}^{-2t}\end{bmatrix}$；$\boldsymbol{\lambda}(0^-)=\begin{bmatrix}2\\-1\end{bmatrix}$时，$\boldsymbol{\lambda}(t)=\begin{bmatrix}2\mathrm{e}^{-t}\\-\mathrm{e}^{-t}\end{bmatrix}$。试确定状态方程的系数矩阵 $\boldsymbol{A}$。

【分析与解答】

状态变量分析法通常问题是已知系统模型，即状态方程与输出方程，求状态向量及输出向量；此类问题计算很直接。本题是已知状态向量确定状态方程的系数，类似输入－输出法中已知响应求系统特性（如微分或差分方程）的问题。

由已知条件可知系统有两个状态变量，为二阶系统，因而 $\boldsymbol{A}$ 为二阶方阵。状态向量由系统特性（即状态方程，具体为系数矩阵 $\boldsymbol{A}$ 和 $\boldsymbol{B}$）、激励及系统初始状态共同决定：

$$\boldsymbol{\lambda}(t)=\mathrm{e}^{\boldsymbol{A}t}\boldsymbol{\lambda}(0^-)+\int_{0^-}^{t}\mathrm{e}^{-\boldsymbol{A}(t-\tau)}\boldsymbol{B}\boldsymbol{e}(\tau)\mathrm{d}\tau$$

在零输入条件下，状态变量为 $\boldsymbol{\lambda}(t)=\mathrm{e}^{\boldsymbol{A}t}\boldsymbol{\lambda}(0^-)$，此时状态向量由状态转移矩阵与初始状态共同决定。上式也反映了状态转移矩阵的物理意义：将状态变量由初始（0^-）时刻转化为 t 时刻的能力。

由已知条件建立两个向量方程：

$$\begin{cases}\begin{bmatrix}\mathrm{e}^{-2t}\\-\mathrm{e}^{-2t}\end{bmatrix}=\mathrm{e}^{\boldsymbol{A}t}\begin{bmatrix}1\\-1\end{bmatrix}\\ \begin{bmatrix}2\mathrm{e}^{-t}\\-\mathrm{e}^{-t}\end{bmatrix}=\mathrm{e}^{\boldsymbol{A}t}\begin{bmatrix}2\\-1\end{bmatrix}\end{cases} \quad ①$$

考虑

$$\mathrm{e}^{\boldsymbol{A}t}=c_0\boldsymbol{I}+c_1\boldsymbol{A} \quad ②$$

式中 $\boldsymbol{I}$ 与 $\boldsymbol{A}$ 为二阶方阵，因而 $\mathrm{e}^{\boldsymbol{A}t}$ 为二阶方阵。设 $\mathrm{e}^{\boldsymbol{A}t}=\begin{bmatrix}a_{11} & a_{12}\\ a_{21} & a_{22}\end{bmatrix}$，有 4 个待定系数。代入方程组 ① 得

$$\begin{cases}\begin{bmatrix}a_{11} & a_{12}\\ a_{21} & a_{22}\end{bmatrix}\begin{bmatrix}1\\ -1\end{bmatrix}=\begin{bmatrix}\mathrm{e}^{-2t}\\ -\mathrm{e}^{-2t}\end{bmatrix}\\ \begin{bmatrix}a_{11} & a_{12}\\ a_{21} & a_{22}\end{bmatrix}\begin{bmatrix}2\\ -1\end{bmatrix}=\begin{bmatrix}2\mathrm{e}^{-t}\\ -\mathrm{e}^{-t}\end{bmatrix}\end{cases} \quad ③$$

上述 4 个一次线性方程，可解出 4 个待定系数：

由$\begin{cases}a_{11}-a_{12}=\mathrm{e}^{-2t}\\ a_{21}-a_{22}=-\mathrm{e}^{-2t}\\ 2a_{11}-a_{12}=2\mathrm{e}^{-t}\\ 2a_{21}-a_{22}=-\mathrm{e}^{-t}\end{cases}$得$\begin{cases}a_{11}=2\mathrm{e}^{-t}-\mathrm{e}^{-2t}\\ a_{12}=2\mathrm{e}^{-t}-2\mathrm{e}^{-2t}\\ a_{21}=\mathrm{e}^{-2t}-\mathrm{e}^{-t}\\ a_{22}=2\mathrm{e}^{-2t}-\mathrm{e}^{-t}\end{cases}$，从而

$$\mathrm{e}^{\boldsymbol{A}t}=\begin{bmatrix}2\mathrm{e}^{-t}-\mathrm{e}^{-2t} & 2\mathrm{e}^{-t}-2\mathrm{e}^{-2t}\\ \mathrm{e}^{-2t}-\mathrm{e}^{-t} & 2\mathrm{e}^{-2t}-\mathrm{e}^{-t}\end{bmatrix} \quad ④$$

由式 ③，各方程右侧均为 e^{-2t} 及 e^{-t} 的形式，因而求解一次线性方程组得到的系数 a_{11}、a_{12}、a_{21} 及 a_{22} 均为 e^{-2t} 及 e^{-t} 的线性组合，如式 ④ 所示。

或由如下方法得到 $\mathrm{e}^{\boldsymbol{A}t}$。根据系统线性特性，将两个初始条件下的 $\lambda(t)$ 合并为以下形式：

$$\begin{bmatrix}\mathrm{e}^{-2t} & 2\mathrm{e}^{-t}\\ -\mathrm{e}^{-2t} & -\mathrm{e}^{-t}\end{bmatrix}=\mathrm{e}^{\boldsymbol{A}t}\begin{bmatrix}1 & 2\\ -1 & -1\end{bmatrix}$$

从而

$$\begin{aligned}\mathrm{e}^{\boldsymbol{A}t}&=\begin{bmatrix}\mathrm{e}^{-2t} & 2\mathrm{e}^{-t}\\ -\mathrm{e}^{-2t} & -\mathrm{e}^{-t}\end{bmatrix}\begin{bmatrix}1 & 2\\ -1 & -1\end{bmatrix}^{-1}=\begin{bmatrix}\mathrm{e}^{-2t} & 2\mathrm{e}^{-t}\\ -\mathrm{e}^{-2t} & -\mathrm{e}^{-t}\end{bmatrix}\begin{bmatrix}-1 & -2\\ 1 & 1\end{bmatrix}\\ &=\begin{bmatrix}-\mathrm{e}^{-2t}+2\mathrm{e}^{-t} & -2\mathrm{e}^{-2t}+2\mathrm{e}^{-t}\\ \mathrm{e}^{-2t}-\mathrm{e}^{-t} & 2\mathrm{e}^{-2t}-\mathrm{e}^{-t}\end{bmatrix}\end{aligned}$$

常规问题是由 $\boldsymbol{A}$ 确定 $\mathrm{e}^{\boldsymbol{A}t}$；相反，由 $\mathrm{e}^{\boldsymbol{A}t}$ 也可唯一确定 $\boldsymbol{A}$。

解法一：由 $\mathrm{e}^{\boldsymbol{A}t}$ 确定 $\boldsymbol{A}$ 与由 $\mathrm{e}^{\alpha t}$ 确定 α 的问题类似。由 $\dfrac{\mathrm{d}\mathrm{e}^{\alpha t}}{\mathrm{d}t}=\alpha\mathrm{e}^{\alpha t}$，在 $t=0$ 时，$\alpha=\left.\dfrac{\mathrm{d}\mathrm{e}^{\alpha t}}{\mathrm{d}t}\right|_{t=0}$；将指数信号 $\mathrm{e}^{\alpha t}$ 的这一性质推广至矩阵指数函数 $\mathrm{e}^{\boldsymbol{A}t}$，从而

$$\begin{aligned}\boldsymbol{A}=\left.\frac{\mathrm{d}\mathrm{e}^{\boldsymbol{A}t}}{\mathrm{d}t}\right|_{t=0}&=\left.\begin{bmatrix}\dfrac{\mathrm{d}(2\mathrm{e}^{-t}-\mathrm{e}^{-2t})}{\mathrm{d}t} & \dfrac{\mathrm{d}(2\mathrm{e}^{-t}-2\mathrm{e}^{-2t})}{\mathrm{d}t}\\ \dfrac{\mathrm{d}(\mathrm{e}^{-2t}-\mathrm{e}^{-t})}{\mathrm{d}t} & \dfrac{\mathrm{d}(2\mathrm{e}^{-2t}-\mathrm{e}^{-t})}{\mathrm{d}t}\end{bmatrix}\right|_{t=0}\\ &=\left.\begin{bmatrix}-2\mathrm{e}^{-t}+2\mathrm{e}^{-2t} & -2\mathrm{e}^{-t}+4\mathrm{e}^{-2t}\\ -2\mathrm{e}^{-2t}+\mathrm{e}^{-t} & -4\mathrm{e}^{-2t}+\mathrm{e}^{-t}\end{bmatrix}\right|_{t=0}=\begin{bmatrix}0 & 2\\ -1 & -3\end{bmatrix}\end{aligned}$$

解法二：可从另一种角度考虑。由已知状态向量零输入解为 $\begin{bmatrix}\mathrm{e}^{-2t}\\ -\mathrm{e}^{-2t}\end{bmatrix}$ 和 $\begin{bmatrix}2\mathrm{e}^{-t}\\ -\mathrm{e}^{-t}\end{bmatrix}$，或由式 ④，可确定 $\boldsymbol{A}$ 的特征根为 -1 和 -2。由用 $\boldsymbol{A}$ 确定 $\mathrm{e}^{\boldsymbol{A}t}$ 的式 ② 可见，$\mathrm{e}^{\boldsymbol{A}t}$ 中各元素是 c_0 和 c_1 的线性组合(因 $\boldsymbol{I}$ 与 $\boldsymbol{A}$ 中各元素均为常数)。而 $\mathrm{e}^{\boldsymbol{A}t}$ 中各元素为 e^{-2t} 及 e^{-t} 的线性组合(式 ④)，则 c_0 和 c_1 为 e^{-2t} 及 e^{-t} 的线性组合。根据凯莱 — 哈密顿定理，c_0 和 c_1 由下式确定：

$$\mathrm{e}^{\alpha t}=c_0+c_1\alpha$$

α 为 $\boldsymbol{A}$ 的特征根。可见式 ② 是上式推广至状态转移矩阵的结果。系统为二阶的，有两个特征根，设分别为 α_1 与 α_2，则

$$\begin{cases} c_0+c_1\alpha_1=\mathrm{e}^{\alpha_1 t} \\ c_0+c_1\alpha_2=\mathrm{e}^{\alpha_2 t} \end{cases} \qquad ⑤$$

显然，c_0 和 c_1 均为 $\mathrm{e}^{\alpha_1 t}$ 及 $\mathrm{e}^{\alpha_2 t}$ 的线性组合，因而由式 ②，$\mathrm{e}^{\boldsymbol{A}t}$ 各元素均为 $\mathrm{e}^{\alpha_1 t}$ 及 $\mathrm{e}^{\alpha_2 t}$ 的线性组合。由式 ④，可得 $\alpha_1=-1,\alpha_2=-2$；再由式 ⑤ 解出 c_0 和 c_1，由式 ②，根据

$$\boldsymbol{A}=\frac{1}{c_1}(\mathrm{e}^{\boldsymbol{A}t}-c_0\boldsymbol{I})$$

即可求出 $\boldsymbol{A}$。

8.6 已知连续系统的状态方程为

$$\begin{bmatrix} \dot{\lambda}_1(t) \\ \dot{\lambda}_2(t) \end{bmatrix}=\begin{bmatrix} -a & 0 \\ 0 & -b \end{bmatrix}\begin{bmatrix} \lambda_1(t) \\ \lambda_2(t) \end{bmatrix}+\begin{bmatrix} \dfrac{1}{b-a} \\ \dfrac{1}{a-b} \end{bmatrix}e(t)$$

初始条件为零，试求单位冲激信号和单位阶跃信号作用时系统的状态变量。

【分析与解答】

使用变换域法

$$\boldsymbol{A}=\begin{bmatrix} -a & 0 \\ 0 & b \end{bmatrix},\quad \boldsymbol{B}=\begin{bmatrix} \dfrac{1}{b-a} \\ \dfrac{1}{a-b} \end{bmatrix}$$

(1) 分解矩阵

$$\boldsymbol{\Phi}(s)=(s\boldsymbol{I}-\boldsymbol{A})^{-1}$$

$$s\boldsymbol{I}-\boldsymbol{A}=\begin{bmatrix} s+a & 0 \\ 0 & s+b \end{bmatrix}$$

$$\boldsymbol{\Phi}(s)=(s\boldsymbol{I}-\boldsymbol{A})^{-1}=\frac{1}{(s+a)(s+b)}\begin{bmatrix} s+b & 0 \\ 0 & s+a \end{bmatrix}=\begin{bmatrix} \dfrac{1}{s+a} & 0 \\ 0 & \dfrac{1}{s+b} \end{bmatrix}$$

(2) 状态变量 $\boldsymbol{\lambda}(t)$。

① 输入为单位冲激信号 $\delta(t)$。

$E(s)=1$，初始条件 $\lambda(0^-)=0$。

$$\boldsymbol{\Lambda}(s)=\boldsymbol{\Phi}(s)\lambda(0^-)+\boldsymbol{\Phi}(s)\boldsymbol{B}E(s)=\begin{bmatrix} \dfrac{1}{s+a} \\ \dfrac{-1}{s+b} \end{bmatrix}\frac{1}{b-a}$$

$$\boldsymbol{\lambda}(t)=\mathscr{L}^{-1}[\boldsymbol{\Lambda}(s)]=\frac{1}{b-a}\begin{bmatrix} \mathrm{e}^{-at} \\ -\mathrm{e}^{-bt} \end{bmatrix}$$

② 输入为单位阶跃信号 $u(t)$。

$$E(s)=\frac{1}{s}$$

$$\boldsymbol{\Lambda}(s)=\boldsymbol{\Phi}(s)\lambda(0^-)+\boldsymbol{\Phi}(s)\boldsymbol{B}E(s)=\begin{bmatrix}\frac{1}{s(s+a)} & 0\\ 0 & \frac{1}{s(s+b)}\end{bmatrix}\begin{bmatrix}\frac{1}{b-a}\\ \frac{1}{a-b}\end{bmatrix}$$

$$=\begin{bmatrix}\frac{1}{s(s+a)}\\ \frac{-1}{s(s+b)}\end{bmatrix}\frac{1}{b-a}=\begin{bmatrix}\frac{1}{a}\cdot\frac{1}{s}-\frac{1}{a}\cdot\frac{1}{s+a}\\ \frac{-1}{b}\cdot\frac{1}{s}+\frac{1}{b}\cdot\frac{1}{s+b}\end{bmatrix}\frac{1}{b-a}$$

$$\boldsymbol{\lambda}(t)=\mathscr{L}^{-1}[\boldsymbol{\Lambda}(s)]=\begin{bmatrix}\frac{1-\mathrm{e}^{-at}}{a(b-a)}\\ \frac{-1+\mathrm{e}^{-bt}}{b(b-a)}\end{bmatrix}$$

8.7　已知系统的状态方程和输出方程分别为

$$\dot{\boldsymbol{\lambda}}(t)=\begin{bmatrix}0 & 1\\ -1 & -2\end{bmatrix}\boldsymbol{\lambda}(t)+\begin{bmatrix}0 & 1\\ 1 & 0\end{bmatrix}\boldsymbol{e}(t)$$

$$\boldsymbol{r}(t)=\begin{bmatrix}1 & 2\\ -1 & 1\\ 1 & 1\end{bmatrix}\boldsymbol{\lambda}(t)+\begin{bmatrix}0 & 0\\ 0 & 0\\ 1 & 1\end{bmatrix}\boldsymbol{e}(t)$$

试求系统的转移函数矩阵和冲激响应矩阵。

【分析与解答】

因为 $\boldsymbol{\Phi}(s)=(s\boldsymbol{I}-\boldsymbol{A})^{-1}$，已知 $\boldsymbol{A}=\begin{bmatrix}0 & 1\\ -1 & -2\end{bmatrix}$，所以有

$$s\boldsymbol{I}-\boldsymbol{A}=\begin{bmatrix}s & -1\\ 1 & s+2\end{bmatrix},\quad |s\boldsymbol{I}-\boldsymbol{A}|=(s+1)^2,\quad (s\boldsymbol{I}-\boldsymbol{A})^*=\begin{bmatrix}s+2 & 1\\ -1 & s\end{bmatrix}$$

$$\boldsymbol{\Phi}(s)=\frac{(s\boldsymbol{I}-\boldsymbol{A})^*}{|s\boldsymbol{I}-\boldsymbol{A}|}=\begin{bmatrix}\frac{s+2}{(s+1)^2} & \frac{1}{(s+1)^2}\\ \frac{-1}{(s+1)^2} & \frac{s}{(s+1)^2}\end{bmatrix}$$

因为

$$\boldsymbol{H}(s)=\boldsymbol{C\Phi}(s)\boldsymbol{B}+\boldsymbol{D}=\begin{bmatrix}\frac{1+2s}{(s+1)^2} & \frac{s}{(s+1)^2}\\ \frac{s-1}{(s+1)^2} & \frac{-s-3}{(s+1)^2}\\ \frac{1}{s+1}+1 & \frac{1}{s+1}+1\end{bmatrix}$$

所以

$$\boldsymbol{h}(t)=\begin{bmatrix}(2-t)\mathrm{e}^{-t} & (1-t)\mathrm{e}^{-t}\\ (1-2t)\mathrm{e}^{-t} & -(1+2t)\mathrm{e}^{-t}\\ \delta(t)+\mathrm{e}^{-t} & \delta(t)+\mathrm{e}^{-t}\end{bmatrix}$$

8.8 已知一离散系统状态方程和输出方程分别为

$$\begin{bmatrix}\lambda_1(n+1)\\ \lambda_2(n+1)\end{bmatrix}=\begin{bmatrix}1 & -2\\ a & b\end{bmatrix}\begin{bmatrix}\lambda_1(n)\\ \lambda_2(n)\end{bmatrix}+\begin{bmatrix}1\\ 0\end{bmatrix}\boldsymbol{x}(n)$$

$$\boldsymbol{y}(n)=[1\quad 1]\begin{bmatrix}\lambda_1(n)\\ \lambda_2(n)\end{bmatrix}$$

当给定 $n\geqslant 0$ 时，$x(n)=0$ 和 $y(n)=8(-1)^n-5(-2)^n$，求：

(1) 常数 a 和 b；

(2) $\lambda_1(n)$ 和 $\lambda_2(n)$。

【分析与解答】

(1) 因为零输入响应

$$y(n)=8(-1)^n-5(-2)^n$$

所以特征值为 $\alpha_1=-1,\alpha_2=-2$，即为系数矩阵 $\boldsymbol{A}$ 的特征根。

常规的问题是矩阵求特征根，本题需由特征根确定矩阵，即确定矩阵参数 a 和 b。

由状态方程得特征方程为

$$|\alpha\boldsymbol{I}-\boldsymbol{A}|=\begin{vmatrix}\alpha-1 & 2\\ -a & \alpha-b\end{vmatrix}=\alpha^2-(b+1)\alpha+2a=0$$

特征根是特征方程的根，满足特征方程，将 $\alpha_1=-1,\alpha_2=-2$ 代入特征方程得

$$\begin{cases}a+b+1=0\\ 2a+3b+b=0\end{cases}\Rightarrow\begin{cases}a=3\\ b=-4\end{cases}$$

(2) 通常问题是已知状态向量求输出向量，本题需由输出向量求状态向量。

解法一：已知

$$\boldsymbol{A}=\begin{bmatrix}1 & -2\\ 3 & -4\end{bmatrix}$$

由于 $\alpha^n=C_0+C_1\alpha$ 且 $\alpha_1=-1,\alpha_2=-2$，可得

$$\begin{cases}(-1)^n=C_0-C_1\\ (-2)^n=C_0-2C_1\end{cases}\Rightarrow\begin{cases}C_0=2(-1)^n-(-2)^n\\ C_1=(-1)^n-(-2)^n\end{cases}$$

则

$$\begin{aligned}\boldsymbol{A}^n=C_0\boldsymbol{I}+C_1\boldsymbol{A}&=[2(-1)^n-(-2)^n]\begin{bmatrix}1 & 0\\ 0 & 1\end{bmatrix}+[(-1)^n-(-2)^n]\begin{bmatrix}1 & -2\\ 3 & -4\end{bmatrix}\\ &=\begin{bmatrix}3(-1)^n-(-2)^n & -2(-1)^n-2(-2)^n\\ 3(-1)^n-3(-2)^n & -2(-1)^n+3(-2)^n\end{bmatrix}\end{aligned}$$

由输出方程可得

$$y(n)=\lambda_1(n)+\lambda_2(n)$$

所以

$$\begin{cases}y(0)=\lambda_1(0)+\lambda_2(0)\\ y(1)=\lambda_1(1)+\lambda_2(1)\end{cases}$$

又因为 $y(n)=8(-1)^n-5(-2)^n$，可得

$$y(0)=3, y(1)=2 \Rightarrow \begin{cases} \lambda_1(0)+\lambda_2(0)=3 \\ \lambda_1(1)+\lambda_2(1)=2 \end{cases}$$

由状态方程可得

$$\begin{cases} \lambda_1(n+1)=\lambda_1(n)-2\lambda_2(n) \\ \lambda_2(n+1)=3\lambda_1(n)-4\lambda_2(n) \end{cases}$$

即

$$\begin{cases} \lambda_1(1)=\lambda_1(0)-2\lambda_2(0) \\ \lambda_2(1)=3\lambda_1(0)-4\lambda_2(0) \end{cases} \Rightarrow \lambda_1(1)+\lambda_2(1)=4\lambda_1(0)-6\lambda_2(0)=2$$

$$\Rightarrow \lambda_1(0)=2\lambda_2(0)=1$$

即

$$\begin{bmatrix} \lambda_1(0) \\ \lambda_2(0) \end{bmatrix}=\begin{bmatrix} 2 \\ 1 \end{bmatrix}$$

$$\begin{bmatrix} \lambda_1(n) \\ \lambda_2(n) \end{bmatrix}=\boldsymbol{A}^n\lambda(0)=\begin{bmatrix} 3(-1)^n-2(-2)^n & -2(-1)^n+2(-2)^n \\ 3(-1)^n-3(-2)^n & -2(-1)^n+3(-2)^n \end{bmatrix}\begin{bmatrix} 2 \\ 1 \end{bmatrix}$$

$$=\begin{bmatrix} 4(-1)^n-2(-2)^n \\ 4(-1)^n-3(-2)^n \end{bmatrix}$$

解法二：设 $\begin{bmatrix} \lambda_1(n) \\ \lambda_2(n) \end{bmatrix}=\begin{bmatrix} C_1(-1)^n+C_2(-2)^n \\ C_3(-1)^n+C_4(-2)^n \end{bmatrix}$，由输出方程及已知的 $y(n)$，得

$$y(n)=\lambda_1(n)+\lambda_2(n)=(C_1+C_3)(-1)^n+(C_2+C_4)(-2)^n$$

又因为 $y(n)=8(-1)^n-5(-2)^n$，所以

$$\begin{cases} C_1+C_3=8 \\ C_2+C_4=-5 \end{cases} \Rightarrow \begin{cases} C_3=8-C_1 \\ C_4=-5-C_2 \end{cases}$$

所以

$$\begin{bmatrix} \lambda_1(n) \\ \lambda_2(n) \end{bmatrix}=\begin{bmatrix} C_1(-1)^n+C_2(-2)^n \\ (8-C_1)(-1)^n-(5+C_2)(-2)^n \end{bmatrix} \qquad ①$$

由状态方程可得

$$\begin{cases} \lambda_1(n+1)=\lambda_1(n)-2\lambda_2(n)=(3C_1-16)(-1)^n+(3C_2+10)(-2)^n \\ \lambda_2(n+1)=3\lambda_1(n)-4\lambda_2(n)=(7C_1-32)(-1)^n+(7C_2+20)(-2)^n \end{cases}$$

令 $n=n-1$ 可得

$$\begin{cases} \lambda_1(n)=(16-3C_1)(-1)^n-\left(\dfrac{3}{2}C_2+5\right)(-2)^n \\ \lambda_2(n)=(32-7C_1)(-1)^n-\left(\dfrac{7}{2}C_2+10\right)(-2)^n \end{cases} \qquad ②$$

比较 ① 和 ② 可得

$$\begin{bmatrix} \lambda_1(n) \\ \lambda_2(n) \end{bmatrix}=\begin{bmatrix} 4(-1)^n-2(-2)^n \\ 4(-1)^n-3(-2)^n \end{bmatrix}$$

8.9　离散系统框图如图 8.4 所示。

(1) 列写状态方程与输出方程；

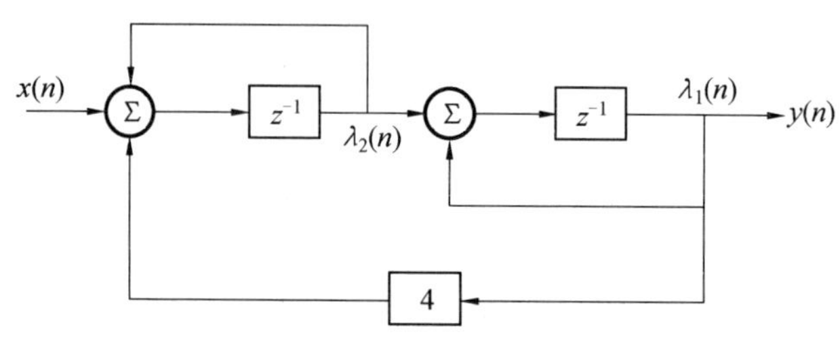

图 8.4　题 8.9 图

(2) 求系统单位函数响应；

(3) 初始条件 $\boldsymbol{\lambda}(0)=\begin{bmatrix}1\\1\end{bmatrix}$，$x(n)=u(n)$，求状态向量与响应 $y(n)$。

【分析与解答】

(1) 模拟图中单位延时器在 z 域表式：z^{-1}。系统由延时器与加法器构成，可以实现，为因果系统。

选取延时器输出作为状态变量，第 1 个延时器的输入为 $\lambda_2(n+1)$，第 2 个延时器的输入为 $\lambda_1(n+1)$。分别列两个加法器的输入－输出方程：

$$\begin{cases}\lambda_2(n+1)=x(n)+\lambda_2(n)+4\lambda_1(n)\\ \lambda_1(n+1)=\lambda_2(n)+\lambda_1(n)\end{cases}$$

则

$$\begin{bmatrix}\lambda_1(n+1)\\ \lambda_2(n+1)\end{bmatrix}=\begin{bmatrix}1&1\\4&1\end{bmatrix}\begin{bmatrix}\lambda_1(n)\\ \lambda_2(n)\end{bmatrix}+\begin{bmatrix}0\\1\end{bmatrix}\boldsymbol{x}(n)$$

系统输出为第 2 个延时器的输出，

$$y(n)=\lambda_1(n)$$

则

$$\boldsymbol{y}(n)=\begin{bmatrix}1&0\end{bmatrix}\begin{bmatrix}\lambda_1(n)\\ \lambda_2(n)\end{bmatrix}$$

(2) 先求 $\boldsymbol{A}^n$。可用 Z 变换法。

$$(z\boldsymbol{I}-\boldsymbol{A})^{-1}z=\begin{bmatrix}z-1&-1\\-4&z-1\end{bmatrix}^{-1}z=\frac{\operatorname{adj}\begin{bmatrix}z-1&-1\\-4&z-1\end{bmatrix}}{\begin{vmatrix}z-1&-1\\-4&z-1\end{vmatrix}}z=\frac{\begin{bmatrix}z-1&1\\4&z-1\end{bmatrix}}{z^2-2z-3}z$$

$$=\begin{bmatrix}\dfrac{(z-1)z}{(z+1)(z-3)}&\dfrac{z}{(z+1)(z-3)}\\ \dfrac{4z}{(z+1)(z-3)}&\dfrac{(z-1)z}{(z+1)(z-3)}\end{bmatrix}$$

$$=\begin{bmatrix}\dfrac{\frac{1}{2}z}{z+1}+\dfrac{\frac{1}{2}z}{z-3}&\dfrac{-\frac{1}{4}z}{z+1}+\dfrac{\frac{1}{4}z}{z-3}\\ \dfrac{-z}{z+1}+\dfrac{-z}{z-3}&\dfrac{\frac{1}{2}z}{z+1}+\dfrac{\frac{1}{2}z}{z-3}\end{bmatrix}$$

$$\boldsymbol{A}^n = \mathscr{Z}^{-1}[(z\boldsymbol{I}-\boldsymbol{A})^{-1}z] = \begin{bmatrix} \frac{1}{2}(-1)^n + \frac{1}{2}\cdot 3^n & -\frac{1}{4}(-1)^n + \frac{1}{4}\cdot 3^n \\ -(-1)^n + 3^n & \frac{1}{2}(-1)^n + \frac{1}{2}\cdot 3^n \end{bmatrix}$$

$$\boldsymbol{h}(n) = \boldsymbol{C}\boldsymbol{A}^{n-1}\boldsymbol{B} = [1 \quad 0]\begin{bmatrix} \frac{1}{2}(-1)^{n-1} + \frac{1}{2}\cdot 3^{n-1} & -\frac{1}{4}(-1)^{n-1} + \frac{1}{4}\cdot 3^{n-1} \\ -(-1)^{n-1} + 3^{n-1} & \frac{1}{2}(-1)^{n-1} + \frac{1}{2}\cdot 3^{n-1} \end{bmatrix}\begin{bmatrix}0\\1\end{bmatrix}$$

$$= \frac{1}{4}[3^{n-1} - (-1)^{n-1}]$$

(3)
$$\boldsymbol{X}(z) = \frac{z}{z-1}$$

$$\boldsymbol{\lambda}(n) = \mathscr{Z}^{-1}[\boldsymbol{\Lambda}(z)] = \mathscr{Z}^{-1}[(z\boldsymbol{I}-\boldsymbol{A})^{-1}z\boldsymbol{\lambda}(0) + (z\boldsymbol{I}-\boldsymbol{A})^{-1}\boldsymbol{B}\boldsymbol{X}(z)]$$

输出为

$$y(n) = \lambda_1(n) = \frac{7}{8}\cdot 3^n + \frac{3}{8}(-1)^n - \frac{1}{4}$$

8.10　某离散系统状态方程和输出方程为

$$\begin{cases} \lambda_1(n+1) = \lambda_1(n) - \lambda_2(n) \\ \lambda_2(n+1) = -\lambda_1(n) - \lambda_2(n) \end{cases}$$

$$y(n) = \lambda_1(n)\lambda_2(n) + x(n)$$

(1) 设 $\lambda_1(0)=2, \lambda_2(0)=2$，求状态方程的零输入解；

(2) 设 $\lambda_1(0)=2, \lambda_2(0)=2$，若 $x(n)=2^n u(n)$，求响应 $y(n)$；

(3) 列写系统差分方程。

【分析与解答】

(1) 状态向量的零输入分量为

$$\boldsymbol{\lambda}_{zi}(n) = \boldsymbol{A}^n\boldsymbol{\lambda}(0)$$

主要问题是求 $\boldsymbol{A}^n$。由 $\boldsymbol{A} = \begin{bmatrix} 1 & -1 \\ -1 & 1 \end{bmatrix}$，

$$|\alpha\boldsymbol{I} - \boldsymbol{A}| = \begin{vmatrix} \alpha-1 & 1 \\ 1 & \alpha+1 \end{vmatrix} = \alpha^2 - 2$$

特征根(共轭)：$\alpha_{1,2} = \pm\sqrt{2}$，代入

$$\alpha^n = C_0 + C_1\alpha,\quad \begin{cases} (-\sqrt{2})^n = C_0 + C_1(-\sqrt{2}) \\ (\sqrt{2})^n = C_0 + C_1\cdot\sqrt{2} \end{cases}$$

从而

$$\begin{cases} C_0 = \frac{1}{2}[(\sqrt{2})^n + (-\sqrt{2})^n] \\ C_1 = \frac{\sqrt{2}}{4}[(\sqrt{2})^n - (-\sqrt{2})^n] \end{cases}$$

$$\boldsymbol{A}^n = C_0\boldsymbol{I} + C_1\boldsymbol{A}$$

$$=\frac{1}{2\sqrt{2}}\begin{bmatrix}(\sqrt{2}+1)(\sqrt{2})^n+(\sqrt{2}-1)(-\sqrt{2})^n & (-\sqrt{2})^n-(\sqrt{2})^n \\ (-\sqrt{2})^n-(\sqrt{2})^n & (\sqrt{2}-1)(\sqrt{2})^n+(\sqrt{2}+1)(-\sqrt{2})^n\end{bmatrix}$$

因为 $\boldsymbol{\lambda}(0)=\begin{bmatrix}2\\2\end{bmatrix}$,所以,零输入响应为

$$\boldsymbol{\lambda}_{zi}(n)=\boldsymbol{A}^n\boldsymbol{\lambda}(0)=(\sqrt{2})^n\begin{bmatrix}1+(-1)^n\\(1-\sqrt{2})+(1+\sqrt{2})(-1)^n\end{bmatrix}$$

(2) 由状态方程知 $\lambda_1(n)$ 和 $\lambda_2(n)$ 与激励无关,因而其只由初始状态产生。尽管存在激励,但对状态变量无影响,后者形式与前面求得的结果相同。

将 $x(n)=2^nu(n)$ 及(1) 中的 $\boldsymbol{\lambda}(n)$ 代入输出方程:

$$\begin{aligned}y(n)&=\lambda_1(n)\lambda_2(n)+x(n)\\&=(\sqrt{2})^n[1+(-1)^n]\cdot(\sqrt{2})^n\left[(1-\sqrt{2})+(1+\sqrt{2})(-1)^n\right]+2^n\\&=3\cdot 2^n+2(-2)^n\end{aligned}$$

(3) 差分方程是输入－输出系统特性描述法,需联立状态方程与输出方程,将状态变量作为中间变量约掉,得到 $x(n)$ 和 $y(n)$ 的直接关系。由输出方程知,系统只有一个激励与响应,可用差分方程描述。

输出方程中包括非线性项 $\lambda_1(n)\lambda_2(n)$,响应与状态变量为非线性关系;为得到差分方程,应将 $\lambda_1(n)\lambda_2(n)$ 用 $x(n)$ 和 $y(n)$ 表示。非线性项的存在使建立差分方程的过程比线性系统复杂得多。

由状态方程构造 $\lambda_1(n+2)\lambda_2(n+2)$:

$$\begin{aligned}\lambda_1(n+2)\lambda_2(n+2)&=[\lambda_1(n+1)-\lambda_2(n+1)][-\lambda_1(n+1)-\lambda_2(n+1)]\\&=-[\lambda_1^2(n+1)-\lambda_2^2(n+1)]\end{aligned}$$

即

$$\lambda_1^2(n+1)-\lambda_2^2(n+1)=-\lambda_1(n+2)\lambda_2(n+2) \quad ①$$

状态方程取平方,

$$\begin{cases}\lambda_1^2(n+1)=[\lambda_1(n)-\lambda_2(n)]^2 & ②\\ \lambda_2^2(n+1)=[-\lambda_1(n)-\lambda_2(n)]^2 & ③\end{cases}$$

式 ② 减式 ③ 得

$$\lambda_1^2(n+1)-\lambda_2^2(n+1)=-4\lambda_1(n)\lambda_2(n) \quad ④$$

将式 ① 与式 ④ 比较,有

$$\lambda_1(n)\lambda_2(n)=\frac{1}{4}\lambda_1(n+2)\lambda_2(n+2) \quad ⑤$$

由输出方程得

$$\lambda_1(n)\lambda_2(n)=y(n)-x(n)$$

变量代换,令自变量为 $n+2$:

$$\lambda_1(n+2)\lambda_2(n+2)=y(n+2)-x(n+2)$$

考虑式 ⑤

$$y(n+2)-x(n+2)=4[y(n)-x(n)]$$

即

$$y(n+2)-4y(n)=x(n+2)-4x(n)$$

8.11　已知某离散系统状态方程和输出方程分别为

$$\begin{bmatrix}\lambda_1(n+1)\\ \lambda_2(n+1)\end{bmatrix}=\begin{bmatrix}\dfrac{1}{2} & 0\\ \dfrac{1}{4} & \dfrac{1}{4}\end{bmatrix}\begin{bmatrix}\lambda_1(n)\\ \lambda_2(n)\end{bmatrix}+\begin{bmatrix}1\\ 1\end{bmatrix}x(n)$$

$$y(n)=[2\quad 3]\begin{bmatrix}\lambda_1(n)\\ \lambda_2(n)\end{bmatrix}$$

初始状态 $\lambda(0)=0$，输入 $x(n)=u(n)$，试求系统响应 $y(n)$。

【分析与解答】

由状态方程和输出方程得 $\boldsymbol{A}=\begin{bmatrix}\dfrac{1}{2} & 1\\ \dfrac{1}{4} & \dfrac{1}{4}\end{bmatrix}$，$\boldsymbol{B}=\begin{bmatrix}1\\ 1\end{bmatrix}$，$\boldsymbol{C}=[2\quad 3]$，$\boldsymbol{D}=\boldsymbol{0}$，则

$$(z\boldsymbol{I}-\boldsymbol{A})=\begin{bmatrix}z-\dfrac{1}{4} & 0\\ -\dfrac{1}{4} & z-\dfrac{1}{4}\end{bmatrix},\quad (z\boldsymbol{I}-\boldsymbol{A})^{-1}=\begin{bmatrix}\dfrac{1}{z-\dfrac{1}{2}} & 0\\ \dfrac{\dfrac{1}{4}}{\left(z-\dfrac{1}{2}\right)\left(z-\dfrac{1}{4}\right)} & \dfrac{1}{z-\dfrac{1}{4}}\end{bmatrix}$$

$$\boldsymbol{A}^n=\mathscr{Z}^{-1}[(z\boldsymbol{I}-\boldsymbol{A})^{-1}z]=\begin{bmatrix}\left(\dfrac{1}{2}\right)^n u(n) & 0\\ \left(\dfrac{1}{2}\right)^n u(n)-\left(\dfrac{1}{4}\right)^n u(n) & \left(\dfrac{1}{4}\right)^n u(n)\end{bmatrix}$$

求 $\boldsymbol{\Lambda}(z)=(z\boldsymbol{I}-\boldsymbol{A})^{-1}z\lambda(0)+(z\boldsymbol{I}-\boldsymbol{A})^{-1}\boldsymbol{B}\boldsymbol{X}(z)$，

$$\lambda(0)=0$$

$$\boldsymbol{\Lambda}(z)=\begin{bmatrix}\dfrac{z}{\left(z-\dfrac{1}{2}\right)(z-1)}\\ \dfrac{z}{\left(z-\dfrac{1}{2}\right)(z-1)}\end{bmatrix}$$

由于 $Y(z)=\boldsymbol{C}\boldsymbol{\Lambda}(z)+\boldsymbol{D}\boldsymbol{X}(z)=10\cdot\dfrac{z}{z-1}-10\cdot\dfrac{z}{z-\dfrac{1}{2}}$，所以

$$y(n)=\left[10-10\left(\frac{1}{2}\right)^n\right]u(n)$$

8.12　某系统的状态方程和输出方程分别为

$$\begin{bmatrix}\dot{\lambda}_1(t)\\ \dot{\lambda}_2(t)\end{bmatrix}=\begin{bmatrix}-2 & 1\\ 0 & -1\end{bmatrix}\begin{bmatrix}\lambda_1(t)\\ \lambda_2(t)\end{bmatrix}+\begin{bmatrix}1\\ 0\end{bmatrix}e(t)$$

$$r(t)=\begin{bmatrix}1 & 0\end{bmatrix}\begin{bmatrix}\lambda_1(t)\\\lambda_2(t)\end{bmatrix}$$

初始条件 $\boldsymbol{\lambda}(0)=\begin{bmatrix}1\\1\end{bmatrix}$，输入 $e(t)=u(t)$，试求响应 $r(t)$。

【分析与解答】

时域法求解：

(1) 计算矩阵指数 $e^{\boldsymbol{A}t}$。

矩阵 $\boldsymbol{A}$ 的特征方程为

$$|\alpha\boldsymbol{I}-\boldsymbol{A}|=\begin{vmatrix}\alpha+2 & -1\\0 & \alpha+1\end{vmatrix}=(\alpha+2)(\alpha+1)=0$$

特征根 $\alpha_1=-1$，$\alpha_2=-2$。根据关系 $e^{\alpha t}=C_0+C_1\alpha$，可得

$$\begin{cases}e^{-t}=C_0-C_1\\e^{-2t}=C_0-2C_1\end{cases}\Rightarrow\begin{cases}C_0=2e^{-t}-e^{-2t}\\C_1=e^{-t}-e^{-2t}\end{cases}$$

所以

$$\begin{aligned}e^{\boldsymbol{A}t}&=C_0\boldsymbol{I}+C_1\boldsymbol{A}=(2e^{-t}-e^{-2t})\begin{bmatrix}1 & 0\\0 & 1\end{bmatrix}+(e^{-t}-e^{-2t})\begin{bmatrix}-2 & 1\\0 & -1\end{bmatrix}\\&=\begin{bmatrix}e^{-2t} & e^{-t}-e^{-2t}\\0 & e^{-t}\end{bmatrix}\end{aligned}$$

(2) 计算状态变量 $\lambda(t)$。

$$\begin{aligned}\boldsymbol{\lambda}(t)&=e^{\boldsymbol{A}t}\boldsymbol{\lambda}(0)+e^{\boldsymbol{A}t}\boldsymbol{B}*e(t)\\&=\begin{bmatrix}e^{-2t} & e^{-t}-e^{-2t}\\0 & e^{-t}\end{bmatrix}\begin{bmatrix}1\\1\end{bmatrix}+\begin{bmatrix}e^{-2t} & e^{-t}-e^{-2t}\\0 & e^{-t}\end{bmatrix}\begin{bmatrix}1\\0\end{bmatrix}*u(t)\\&=\begin{bmatrix}e^{-t}\\e^{-t}\end{bmatrix}+\begin{bmatrix}e^{-2t}*u(t)\\0\end{bmatrix}=\begin{bmatrix}e^{-t}+\frac{1}{2}(1-e^{-2t})\\e^{-t}\end{bmatrix}\end{aligned}$$

(3) 计算输出响应 $r(t)$。

$$r(t)=\boldsymbol{C\lambda}(t)+\boldsymbol{D}e(t)=\begin{bmatrix}1 & 0\end{bmatrix}\begin{bmatrix}e^{-t}+\frac{1}{2}(1-e^{-2t})\\e^{-t}\end{bmatrix}=\left(\frac{1}{2}+e^{-t}-\frac{1}{2}e^{-2t}\right)u(t)$$

8.13 某系统的状态方程和输出方程分别为

$$\begin{bmatrix}\dot{\lambda}_1(t)\\\dot{\lambda}_2(t)\end{bmatrix}=\begin{bmatrix}-1 & 0\\1 & 0\end{bmatrix}\begin{bmatrix}\lambda_1(t)\\\lambda_2(t)\end{bmatrix}+\begin{bmatrix}1\\1\end{bmatrix}e(t)$$

$$\begin{bmatrix}r_1(t)\\r_2(t)\end{bmatrix}=\begin{bmatrix}1 & 0\\0 & 1\end{bmatrix}\begin{bmatrix}\lambda_1(t)\\\lambda_2(t)\end{bmatrix}+\begin{bmatrix}1\\0\end{bmatrix}e(t)$$

初始条件 $\boldsymbol{\lambda}(0)=\begin{bmatrix}1\\1\end{bmatrix}$，输入 $e(t)=e^{2t}u(t)$，试求响应 $r(t)$。

【分析与解答】

用变换域法求解：

(1) 求分解矩阵

$$\boldsymbol{\Phi}(s)=(s\boldsymbol{I}-\boldsymbol{A})^{-1}$$

$$\boldsymbol{\Phi}(s)=(s\boldsymbol{I}-\boldsymbol{A})^{-1}=\begin{bmatrix}s+1 & 0\\ -1 & s\end{bmatrix}^{-1}=\frac{1}{s(s+1)}\begin{bmatrix}s & 0\\ 1 & s+1\end{bmatrix}=\begin{bmatrix}\dfrac{1}{s+1} & 0\\ \dfrac{1}{s(s+1)} & \dfrac{1}{s}\end{bmatrix}$$

(2) 求 $\boldsymbol{\Lambda}(s)=\boldsymbol{\Phi}(s)\boldsymbol{\lambda}(0)+\boldsymbol{\Phi}(s)\boldsymbol{B}E(s)$

$$e(t)=\mathrm{e}^{2t}u(t)\Rightarrow E(s)=\frac{1}{s-2}$$

$$\boldsymbol{\Lambda}(s)=\boldsymbol{\Phi}(s)\boldsymbol{\lambda}(0)+\boldsymbol{\Phi}(s)\boldsymbol{B}E(s)$$

$$=\begin{bmatrix}\dfrac{1}{s+1} & 0\\ \dfrac{1}{s(s+1)} & \dfrac{1}{s}\end{bmatrix}\begin{bmatrix}1\\1\end{bmatrix}+\begin{bmatrix}\dfrac{1}{s+1} & 0\\ \dfrac{1}{s(s+1)} & \dfrac{1}{s}\end{bmatrix}\begin{bmatrix}1\\1\end{bmatrix}\frac{1}{s-2}=\begin{bmatrix}\dfrac{s+1}{(s+1)(s-2)}\\ \dfrac{(s+2)(s-1)}{s(s+1)(s-2)}\end{bmatrix}$$

(3) 求 $\boldsymbol{R}(s)=\boldsymbol{C}\boldsymbol{\Lambda}(s)+\boldsymbol{D}E(s)$

$$\boldsymbol{R}(s)=\boldsymbol{C}\boldsymbol{\Lambda}(s)+\boldsymbol{D}E(s)=\begin{bmatrix}1 & 0\\ 0 & 1\end{bmatrix}\begin{bmatrix}\dfrac{s-1}{(s+1)(s-2)}\\ \dfrac{(s-1)(s+2)}{s(s+1)(s-2)}\end{bmatrix}+\begin{bmatrix}1\\0\end{bmatrix}\frac{1}{s-2}$$

$$=\begin{bmatrix}\dfrac{s-1}{(s+1)(s-2)}+\dfrac{1}{s-2}\\ \dfrac{(s-1)(s+2)}{s(s+1)(s-2)}\end{bmatrix}=\begin{bmatrix}\dfrac{2s}{(s+1)(s-2)}\\ \dfrac{(s-1)(s+2)}{s(s+1)(s-2)}\end{bmatrix}$$

(4) 计算 $r(t)=\mathscr{L}^{-1}[R(s)]$

$$r(t)=\mathscr{L}^{-1}[R(s)]=\mathscr{L}^{-1}\begin{bmatrix}\dfrac{2/3}{s+1}+\dfrac{4/3}{s-2}\\ \dfrac{1}{s}+\dfrac{-2/3}{s+1}+\dfrac{2/3}{s-2}\end{bmatrix}=\begin{bmatrix}\dfrac{2}{3}\mathrm{e}^{-t}+\dfrac{4}{3}\mathrm{e}^{2t}\\ 1-\dfrac{2}{3}\mathrm{e}^{-t}+\dfrac{2}{3}\mathrm{e}^{2t}\end{bmatrix}$$

8.14　系统状态方程与输出方程分别为

$$\begin{bmatrix}\dot{\lambda}_1(t)\\ \dot{\lambda}_2(t)\end{bmatrix}=\begin{bmatrix}-1 & 2\\ -1 & -4\end{bmatrix}\begin{bmatrix}\lambda_1(t)\\ \lambda_2(t)\end{bmatrix}+\begin{bmatrix}1\\1\end{bmatrix}e(t)$$

$$r(t)=\begin{bmatrix}1 & -1\end{bmatrix}\begin{bmatrix}\lambda_1(t)\\ \lambda_2(t)\end{bmatrix}$$

(1) 设 $\begin{bmatrix}\lambda_1(0^-)\\ \lambda_2(0^-)\end{bmatrix}=\begin{bmatrix}1\\ -1\end{bmatrix}$，$e(t)=u(t)$，求系统状态向量与输出；

(2) 选另一组状态变量 $\begin{bmatrix}g_1(t)\\ g_2(t)\end{bmatrix}=\begin{bmatrix}1 & 1\\ -1 & -2\end{bmatrix}\begin{bmatrix}\lambda_1(t)\\ \lambda_2(t)\end{bmatrix}$，试确定以 $g(t)$ 为状态变量的状

态方程及输出方程，并求 $e(t)=u(t)$ 时的状态向量与输出。

【分析与解答】

(1) 由题可知，$\boldsymbol{A}=\begin{bmatrix}-1 & 2\\-1 & -4\end{bmatrix}$，则 $|\alpha\boldsymbol{I}-\boldsymbol{A}|=\begin{vmatrix}\alpha+1 & -2\\1 & \alpha+4\end{vmatrix}=\alpha^2+5\alpha+6=0$，得特征根为 $\alpha_1=-2,\alpha_2=-3$。

$\boldsymbol{A}$ 为二阶，故

$$e^{\alpha t}=C_0+C_1\alpha。$$

代入特征根，得$\begin{cases}e^{-2t}=C_0-2C_1\\e^{-3t}=C_0-3C_1\end{cases}$，从而

$$\begin{cases}C_0=3e^{-2t}-2e^{-3t}\\C_1=e^{-2t}-e^{-3t}\end{cases}$$

因此

$$e^{\boldsymbol{A}t}=C_0\boldsymbol{I}+C_1\boldsymbol{A}=\begin{bmatrix}2e^{-2t}-e^{-3t} & 2e^{-2t}-2e^{-3t}\\-e^{-2t}+e^{-3t} & -e^{-2t}+2e^{-3t}\end{bmatrix}$$

所以状态向量为

$$\begin{aligned}\boldsymbol{\lambda}(t)&=e^{\boldsymbol{A}t}\boldsymbol{\lambda}(0^-)+e^{\boldsymbol{A}t}\boldsymbol{B}*e(t)\\&=[2e^{-2t}-e^{-3t}\quad 2e^{-2t}-2e^{-3t}-e^{-2t}+e^{-3t}]\begin{bmatrix}1\\-1\end{bmatrix}+\\&\int_{0^-}^{t}\begin{bmatrix}2e^{-2(t-\tau)}-e^{-3(t-\tau)} & 2e^{-2(t-\tau)}-2e^{-3(t-\tau)}\\-e^{-2(t-\tau)}+e^{-3(t-\tau)} & -e^{-2(t-\tau)}+2e^{-3(t-\tau)}\end{bmatrix}\begin{bmatrix}1\\1\end{bmatrix}u(\tau)d\tau\\&=\begin{bmatrix}1-2e^{-2t}+2e^{-3t}\\e^{-2t}-e^{-3t}\end{bmatrix}u(t)\end{aligned}$$

系统输出为

$$\begin{aligned}r(t)&=\lambda_1(t)-\lambda_2(t)=(1-2e^{-2t}+2e^{-3t})-(e^{-2t}-e^{-3t})\\&=(1-3e^{-2t}+4e^{-3t})u(t)\end{aligned}$$

(2) 新的状态变量 $g_1(t)$ 及 $g_2(t)$ 为 $\lambda_1(t)$ 与 $\lambda_2(t)$ 的线性组合。为建立其状态方程，应从 $\lambda_1(t)$ 与 $\lambda_2(t)$ 的状态方程着手。

由 $g_1(t)=\lambda_1(t)+\lambda_2(t)$，为建立 $g_1(t)$ 的状态方程，进行一阶微分：

$$\frac{dg_1(t)}{dt}=\frac{d\lambda_1(t)}{dt}+\frac{d\lambda_2(t)}{dt}$$

代入 $\lambda_1(t)$ 与 $\lambda_2(t)$ 的状态方程，

$$\begin{aligned}\frac{dg_1(t)}{dt}&=[-\lambda_1(t)+2\lambda_2(t)+e(t)]+[-\lambda_1(t)-4\lambda_2(t)+e(t)]\\&=-2\lambda_1(t)-2\lambda_2(t)+2e(t)\\&=-2[\lambda_1(t)+\lambda_2(t)]+2e(t)\end{aligned}$$

从而

$$\frac{dg_1(t)}{dt}=-2g_1(t)+2e(t)$$

由 $g_2(t)=-\lambda_1(t)-2\lambda_2(t)$，得

$$\begin{aligned}\frac{\mathrm{d}g_2(t)}{\mathrm{d}t}&=-\frac{\mathrm{d}\lambda_1(t)}{\mathrm{d}t}-2\frac{\mathrm{d}\lambda_2(t)}{\mathrm{d}t}\\&=-[-\lambda_1(t)+2\lambda_2(t)+e(t)]-2[-\lambda_1(t)-4\lambda_2(t)+e(t)]\\&=3\lambda_1(t)+6\lambda_2(t)-3e(t)\\&=-3g_2(t)-3e(t)\end{aligned}$$

状态方程为

$$\frac{\mathrm{d}}{\mathrm{d}t}\begin{bmatrix}g_1(t)\\g_2(t)\end{bmatrix}=\begin{bmatrix}-2&0\\0&-3\end{bmatrix}\begin{bmatrix}g_1(t)\\g_2(t)\end{bmatrix}+\begin{bmatrix}2\\-3\end{bmatrix}e(t)$$

即 $\boldsymbol{A}=\begin{bmatrix}-2&0\\0&-3\end{bmatrix}$。

对输出方程，应将有关 $\boldsymbol{\lambda}(t)$ 的输出方程右侧变换，得到关于 $g_1(t)$ 与 $g_2(t)$ 的形式。由

$$\begin{bmatrix}g_1(t)\\g_2(t)\end{bmatrix}=\begin{bmatrix}1&1\\-1&-2\end{bmatrix}\begin{bmatrix}\lambda_1(t)\\\lambda_2(t)\end{bmatrix}$$

$$\begin{bmatrix}\lambda_1(t)\\\lambda_2(t)\end{bmatrix}=\begin{bmatrix}1&1\\-1&-2\end{bmatrix}^{-1}\begin{bmatrix}g_1(t)\\g_2(t)\end{bmatrix}=\begin{bmatrix}2&1\\-1&-1\end{bmatrix}\begin{bmatrix}g_1(t)\\g_2(t)\end{bmatrix}$$

$$r(t)=[1\quad -1]\cdot\begin{bmatrix}2&1\\-1&-1\end{bmatrix}\begin{bmatrix}g_1(t)\\g_2(t)\end{bmatrix}=[3\quad 2]\begin{bmatrix}g_1(t)\\g_2(t)\end{bmatrix}$$

$\boldsymbol{g}(t)$ 为 $\boldsymbol{\lambda}(t)$ 的线性变换，$\boldsymbol{g}(t)$ 具有初始状态，其可由 $\boldsymbol{\lambda}(0^-)$ 由线性变换得到。

$$\boldsymbol{g}(0^-)=\begin{bmatrix}1&1\\-1&-2\end{bmatrix}\boldsymbol{\lambda}(0^-)=\begin{bmatrix}0\\1\end{bmatrix}$$

$$|\alpha\boldsymbol{I}-\boldsymbol{A}|=\begin{vmatrix}\alpha+2&0\\0&\alpha+3\end{vmatrix}=(\alpha+2)(\alpha+3)=0$$

$$\alpha_1=-2,\quad \alpha_2=-3$$

由

$$\begin{cases}\mathrm{e}^{-2t}=C_0-2C_1\\\mathrm{e}^{-3t}=C_0-3C_1\end{cases}$$

得

$$\begin{cases}C_0=3\mathrm{e}^{-2t}-2\mathrm{e}^{-3t}\\C_1=\mathrm{e}^{-2t}-\mathrm{e}^{-3t}\end{cases}$$

$$\mathrm{e}^{\boldsymbol{A}t}=C_0\boldsymbol{I}+C_1\boldsymbol{A}=\begin{bmatrix}\mathrm{e}^{-2t}&0\\0&\mathrm{e}^{-3t}\end{bmatrix}$$

$$\begin{aligned}\boldsymbol{g}(t)&=\mathrm{e}^{\boldsymbol{A}t}\boldsymbol{g}(0^-)+\int_{0^-}^{t}\mathrm{e}^{\boldsymbol{A}(t-\tau)}\boldsymbol{Be}(\tau)\mathrm{d}\tau\\&=\begin{bmatrix}\mathrm{e}^{-2t}&0\\0&\mathrm{e}^{-3t}\end{bmatrix}\begin{bmatrix}0\\1\end{bmatrix}+\int_{0^-}^{t}\begin{bmatrix}\mathrm{e}^{-2(t-\tau)}&0\\0&\mathrm{e}^{-3(t-\tau)}\end{bmatrix}\begin{bmatrix}2\\-3\end{bmatrix}u(\tau)\mathrm{d}\tau\\&=\begin{bmatrix}1-\mathrm{e}^{-2t}\\-1+2\mathrm{e}^{-3t}\end{bmatrix}u(t)\end{aligned}$$

$$r(t)=[3\quad 2]\boldsymbol{g}(t)=(1-3\mathrm{e}^{-2t}+4\mathrm{e}^{-3t})u(t)$$

8.15 已知某离散系统如图 8.5 所示。

(1) 若系统零输入响应为 $y(n)=\left[\frac{6}{5}\left(\frac{1}{2}\right)^n-\frac{6}{5}\left(\frac{1}{3}\right)^n\right]u(n)$，求常数 a 和 b；

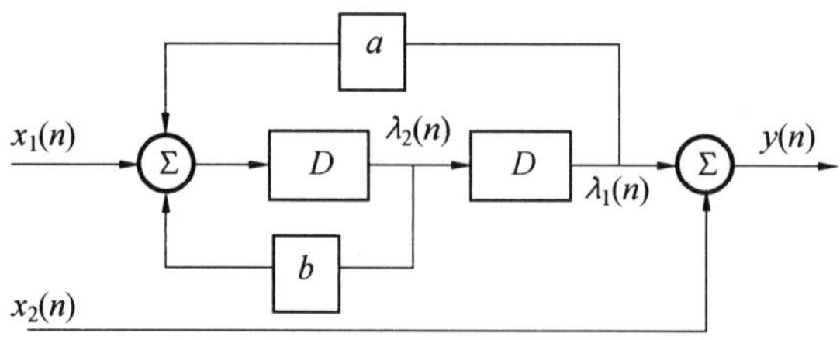

图 8.5　题 8.15 图

(2) 若 $\boldsymbol{x}(n)=\begin{bmatrix}\delta(n)\\u(n)\end{bmatrix}$，系统初始状态为零，求 $\boldsymbol{\lambda}(n)=\begin{bmatrix}\lambda_1(n)\\\lambda_2(n)\end{bmatrix}$。

【分析与解答】

(1)

$$y(n)=\left[\frac{6}{5}\left(\frac{1}{2}\right)^n-\frac{6}{5}\left(\frac{1}{3}\right)^n\right]u(n)$$

$$Y(z)=\frac{6}{5}\,\frac{z}{z-\frac{1}{2}}-\frac{6}{5}\,\frac{z}{z-\frac{1}{3}}=\frac{z}{5\left(z^2-\frac{5}{6}z+\frac{1}{6}\right)}$$

得零输入方程为

$$y(n+2)-\frac{5}{6}y(n+1)+\frac{1}{6}y(n)=0$$

所以

$$a=-\frac{1}{6},\quad b=\frac{5}{6}$$

(2) 由给出模拟框图可得

$$\begin{cases}\lambda_1(n+1)=\lambda_2(n)\\\lambda_2(n+1)=-\frac{1}{6}\lambda_1(n)+\frac{5}{6}\lambda_2(n)+x_1(n)\end{cases}$$

即

$$\begin{bmatrix}\lambda_1(n+1)\\\lambda_2(n+1)\end{bmatrix}=\begin{bmatrix}0&1\\-\frac{1}{6}&\frac{5}{6}\end{bmatrix}\begin{bmatrix}\lambda_1(n)\\\lambda_2(n)\end{bmatrix}+\begin{bmatrix}0\\1\end{bmatrix}\delta(n)$$

$$z\boldsymbol{I}-\boldsymbol{A}=\begin{bmatrix}z&-1\\\frac{1}{6}&z-\frac{5}{6}\end{bmatrix}$$

$$(z\boldsymbol{I}-\boldsymbol{A})^{-1}=\frac{\operatorname{adj}(z\boldsymbol{I}-\boldsymbol{A})}{|z\boldsymbol{I}-\boldsymbol{A}|}=\frac{\begin{bmatrix} z-\frac{5}{6} & 1 \\ -\frac{1}{6} & z \end{bmatrix}}{z\left(z-\frac{5}{6}\right)+\frac{1}{6}}=\frac{\begin{bmatrix} z-\frac{5}{6} & 1 \\ -\frac{1}{6} & z \end{bmatrix}}{\left(z-\frac{1}{2}\right)\left(z-\frac{1}{3}\right)}$$

$$\boldsymbol{\Lambda}(z)=(z\boldsymbol{I}-\boldsymbol{A})^{-1}z\boldsymbol{\lambda}(0)+(z\boldsymbol{I}-\boldsymbol{A})^{-1}\boldsymbol{B}\boldsymbol{X}(z)$$

$$=\frac{1}{\left(z-\frac{1}{2}\right)\left(z-\frac{1}{3}\right)}\begin{bmatrix} z-\frac{5}{6} & 1 \\ -\frac{1}{6} & z \end{bmatrix}\begin{bmatrix} 0 \\ 1 \end{bmatrix}=\begin{bmatrix} \dfrac{1}{\left(z-\frac{1}{2}\right)\left(z-\frac{1}{3}\right)} \\ \dfrac{z}{\left(z-\frac{1}{2}\right)\left(z-\frac{1}{3}\right)} \end{bmatrix}$$

$$=\begin{bmatrix} \dfrac{1}{6}+\dfrac{12z}{z-\frac{1}{2}}+\dfrac{-18z}{z-\frac{1}{3}} \\ \dfrac{6z}{z-\frac{1}{2}}+\dfrac{-6z}{z-\frac{1}{3}} \end{bmatrix}$$

所以

$$\boldsymbol{\lambda}(n)=\begin{bmatrix} \lambda_1(n) \\ \lambda_2(n) \end{bmatrix}=\begin{bmatrix} \delta(n)+12\left(\frac{1}{2}\right)^n u(n)-18\left(\frac{1}{3}\right)^n u(n) \\ 6\left(\frac{1}{2}\right)^n u(n)-6\left(\frac{1}{3}\right)^n u(n) \end{bmatrix}$$

8.16　离散系统框图如图 8.6 所示。

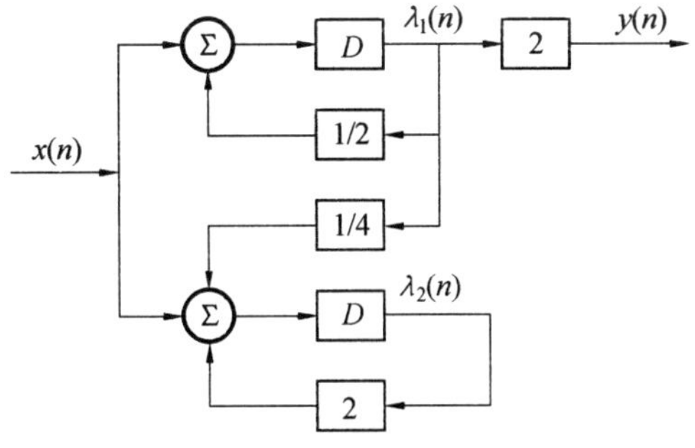

图 8.6　题 8.16 图

(1) $x(n)=\delta(n)$，求状态向量 $\boldsymbol{\lambda}(n)$；

(2) 列出系统的差分方程。

【分析与解答】

系统有两个延时器，因而有两个状态变量，为二阶系统。选取延时器输出作为状态变量。

(1) 列两个加法器的输入一输出方程：

$$\begin{cases} x(n)+\dfrac{1}{2}\lambda_1(n)=\lambda_1(n+1) \\ x(n)+\dfrac{1}{4}\lambda_1(n)+2\lambda_2(n)=\lambda_2(n+1) \end{cases} \quad ①$$

即

$$\begin{bmatrix} \lambda_1(n+1) \\ \lambda_2(n+1) \end{bmatrix}=\begin{bmatrix} \dfrac{1}{2} & 0 \\ \dfrac{1}{4} & 2 \end{bmatrix}\begin{bmatrix} \lambda_1(n) \\ \lambda_2(n) \end{bmatrix}+\begin{bmatrix} 1 \\ 1 \end{bmatrix}x(n)$$

$$|\alpha \boldsymbol{I}-\boldsymbol{A}|=\begin{vmatrix} \alpha-\dfrac{1}{2} & 0 \\ -\dfrac{1}{4} & \alpha-2 \end{vmatrix}=\left(\alpha-\frac{1}{2}\right)(\alpha-2)=0$$

$$\alpha_1=\frac{1}{2},\quad \alpha_2=2$$

代入

$$\alpha^n=C_0+C_1\alpha$$

得

$$\begin{cases} C_0=\dfrac{1}{3}\left[-2^n+4\left(\dfrac{1}{2}\right)^n\right] \\ C_1=\dfrac{2}{3}\left[2^n-\left(\dfrac{1}{2}\right)^n\right] \end{cases}$$

$$\boldsymbol{A}^n=c_0\boldsymbol{I}+c_1\boldsymbol{A}=\begin{bmatrix} \left(\dfrac{1}{2}\right)^n & 0 \\ \dfrac{1}{6}\left[2^n-\left(\dfrac{1}{2}\right)^n\right] & 2^n \end{bmatrix} \quad ②$$

初始条件为 0，$\lambda(n)$ 只包含零状态分量：

$$\begin{aligned} \boldsymbol{\lambda}_{zs}(n) &= \boldsymbol{A}^{n-1}\boldsymbol{B}*\boldsymbol{x}(n)=\sum_{i=0}^{n}\boldsymbol{A}^{n-1-i}\boldsymbol{B}\boldsymbol{x}(i) \\ &= \sum_{i=0}^{n}\begin{bmatrix} \left(\dfrac{1}{2}\right)^{n-1-i} & 0 \\ \dfrac{1}{6}\left[2^{n-1-i}-\left(\dfrac{1}{2}\right)^{n-1-i}\right] & 2^{n-1-i} \end{bmatrix}\begin{bmatrix} 1 \\ 1 \end{bmatrix}\delta(i) \\ &= \sum_{i=0}^{n}\begin{bmatrix} \left(\dfrac{1}{2}\right)^{n-1-i}\delta(i) \\ \dfrac{1}{6}\left[7\cdot 2^{n-1-i}-\left(\dfrac{1}{2}\right)^{n-1-i}\right]\delta(i) \end{bmatrix} \\ &= \begin{bmatrix} \left(\dfrac{1}{2}\right)^{n-1}u(n-1) \\ \dfrac{1}{6}\left[7\cdot 2^{n-1}-\left(\dfrac{1}{2}\right)^{n-1}\right]u(n-1) \end{bmatrix} \end{aligned}$$

由系统框图知 $y(n)=2\lambda_1(n)$，则

$$\boldsymbol{h}(n)=2\lambda_1(n)\big|_{x(n)=\delta(n)}=4\left(\frac{1}{2}\right)^n u(n-1)$$

即激励比响应延迟 1 个单位。尽管系统有两个延迟器，但第二个延迟器与响应无关。

(2) 可先由状态方程和输出方程求 $\boldsymbol{H}(z)$；由框图知为单输入－单输出系统，此时 $\boldsymbol{H}(z)$ 为特殊情况：一维函数 $\boldsymbol{H}(z)$；从而可得到差分方程。

解法一：由 $\boldsymbol{H}(z)=\boldsymbol{C}(z\boldsymbol{I}-\boldsymbol{A})^{-1}\boldsymbol{B}+\boldsymbol{D}$ 求 $\boldsymbol{H}(z)$。

由状态方程

$$\begin{bmatrix}\lambda_1(n+1)\\\lambda_2(n+1)\end{bmatrix}=\begin{bmatrix}\frac{1}{2} & 0\\\frac{1}{4} & 2\end{bmatrix}\begin{bmatrix}\lambda_1(n)\\\lambda_2(n)\end{bmatrix}+\begin{bmatrix}1\\1\end{bmatrix}x(n)$$

有

$$\boldsymbol{A}=\begin{bmatrix}\frac{1}{2} & 0\\\frac{1}{4} & 2\end{bmatrix},\quad \boldsymbol{B}=\begin{bmatrix}1\\1\end{bmatrix}$$

由系统框图得输出方程为

$$y(n)=2\lambda_1(n)=\begin{bmatrix}2 & 0\end{bmatrix}\begin{bmatrix}\lambda_1(n)\\\lambda_2(n)\end{bmatrix}$$

从而 $\boldsymbol{C}=\begin{bmatrix}2 & 1\end{bmatrix}$，$\boldsymbol{D}=0$。

$\boldsymbol{A}^n$ 已求出(式 ②)，由

$$(z\boldsymbol{I}-\boldsymbol{A})^{-1}=\mathscr{Z}[\boldsymbol{A}^n]\cdot z^{-1}$$

得

$$(z\boldsymbol{I}-\boldsymbol{A})^{-1}=\begin{bmatrix}\dfrac{1}{z-\frac{1}{2}} & 0\\\dfrac{1}{6}\dfrac{1}{z-2}-\dfrac{1}{6}\dfrac{1}{z-\frac{1}{2}} & \dfrac{1}{z-2}\end{bmatrix}$$

因此

$$\boldsymbol{H}(z)=\boldsymbol{C}(z\boldsymbol{I}-\boldsymbol{A})^{-1}\boldsymbol{B}+\boldsymbol{D}=\frac{2}{z-\frac{1}{2}}$$

所以差分方程为

$$y(n+1)-\frac{1}{2}y(n)=2x(n)$$

解法二：由输出方程 $y(n)=2\lambda_1(n)$ 可见，响应只与 $\lambda_1(n)$ 有关，与 $\lambda_2(n)$ 无关。由 $\lambda_1(n)$ 的状态方程可见，$\lambda_1(n)$ 只由 $x(n)$ 决定(与 $\lambda_2(n)$ 无关)，建立联立方程

$$\begin{cases}\lambda_1(n+1)=x(n)+\dfrac{1}{2}\lambda_1(n)\\y(n)=2\lambda_1(n)\end{cases}\qquad ③$$

将 $\lambda_1(n)$ 作为中间变量约掉，得到 $x(n)$ 与 $y(n)$ 的关系。

差分方程组 ③ 在时域处理很复杂，可利用 Z 变换，将差分运算转化为乘法运算：

$$\begin{cases} z\boldsymbol{\Lambda}_1(z) = X(n) + \dfrac{1}{2}\boldsymbol{\Lambda}_1(z) \\ Y(z) = 2\boldsymbol{\Lambda}_1(z) \end{cases}$$

从而

$$\begin{cases} \boldsymbol{\Lambda}_1(z) = \dfrac{X(z)}{z - \dfrac{1}{2}} \\ \boldsymbol{\Lambda}_1(z) = \dfrac{Y(z)}{2} \end{cases}$$

则

$$\frac{X(z)}{z - \dfrac{1}{2}} = \frac{Y(z)}{2}$$

做 Z 反变换得

$$y(n+1) - \frac{1}{2}y(n) = 2x(n)$$

参 考 文 献

[1] 张晔.信号与系统[M].5版.哈尔滨:哈尔滨工业大学出版社,2020.
[2] 陈后金.信号与系统[M].3版.北京:高等教育出版社,2020.
[3] 郑君里.信号与系统[M].3版.北京:高等教育出版社,2011.
[4] 管致中.信号与线性系统[M].6版.北京:高等教育出版社 ,2015.
[5] 陈后金.信号与系统学习指导及题解[M].北京:高等教育出版社,2008.
[6] 胡航.信号与系统学习与解题指导[M].哈尔滨:哈尔滨工业大学出版社,2013.
[7] 邢丽冬,潘双来.信号与线性系统学习指导与习题精解[M].北京:清华大学出版社,2011.
[8] 吴京.信号与系统考试要点与真题精解[M].长沙:国防科技大学出版社,2007.
[9] 吕玉琴,尹霄丽,张金玲,等.信号与系统考研指导[M].2版.北京:北京邮电大学出版社,2010.